DESCOBERTAS PERDIDAS

DICK TERESI

Descobertas perdidas
*As raízes antigas da ciência moderna,
dos babilônios aos maias*

Tradução
Rosaura Eichenberg

Companhia das Letras

Copyright © 2002 by Dick Teresi

Os capítulos 4 e 5 foram traduzidos por Pedro Maia Soares

Título original
Lost discoveries: The ancient roots of modern science — from the babylonians to the maya

Capa
Fabio Uehara

Imagem de capa
Stuart Dee / Photographer's Choice / Getty Images

Assistência editorial
Maria Guimarães

Revisão técnica
Iole de Freitas Druck (capítulo 2)
Roberto Dias da Costa (capítulo 3)

Preparação
Cacilda Guerra

Índice remissivo
Luciano Marchiori

Revisão
Ana Maria Barbosa
Isabel Jorge Cury

Dados Internacionais de Catalogação na Publicação (CIP)
(Câmara Brasileira do Livro, SP, Brasil)

Teresi, Dick
    Descobertas perdidas : as raízes antigas da ciência moderna, dos babilônios aos maias / Dick Teresi ; tradução Rosaura Eichenberg. — São Paulo : Companhia das Letras, 2008.

    Título original : Lost discoveries.
    Bibliografia.
    ISBN 978-85-359-1179-4

    1. Ciência - História 2. Ciência antiga I. Título.

08-00314   CDD-509.3

Índice para catálogo sistemático:
1. Ciência antiga : História   509.3

[2008]
Todos os direitos desta edição reservados à
EDITORA SCHWARCZ LTDA.
Rua Bandeira Paulista 702 cj. 32
04532-002 — São Paulo — SP
Telefone (11) 3707-3500
Fax (11) 3707-3501
www.companhiadasletras.com.br

Sumário

1. UMA HISTÓRIA DA CIÊNCIA — Redescoberta 7
2. MATEMÁTICA — A língua da ciência 25
3. ASTRONOMIA — Observadores do céu e muito mais 90
4. COSMOLOGIA — Aquela antiga religião 155
5. FÍSICA — Partículas, vazios e campos 189
6. GEOLOGIA — Histórias da própria Terra 225
7. QUÍMICA — Alquimia e mais além 270
8. TECNOLOGIA — As máquinas como medida do homem 313

Notas 357
Bibliografia selecionada 405
Conselho de consultores 415
Agradecimentos 417
Índice remissivo 419

1. Uma história da ciência
Redescoberta

A realização científica mais importante na história ocidental é comumente atribuída a Nicolau Copérnico, que no seu leito de morte publicou *De revolutionibus orbium coelestium* [Sobre as revoluções dos orbes celestes]. O historiador da ciência Thomas Kuhn deu à realização do astrônomo polonês o nome de Revolução Copernicana. Ela representou uma ruptura final com a Idade Média, um movimento da religião para a ciência, do dogma para o secularismo esclarecido. O que Copérnico fizera para tornar-se o cientista mais importante de todos os tempos?

Na escola, aprendemos que no século XVI Copérnico reformou o sistema solar, colocando no seu centro o Sol, e não a Terra, corrigindo assim a obra do astrônomo grego Ptolomeu, do século II. Ao elaborar o seu sistema heliocêntrico, Copérnico ergueu uma barreira entre o Ocidente e o Oriente, entre uma cultura científica e as culturas de magia e superstição.

Copérnico fez mais do que mudar o centro do sistema solar da Terra para o Sol. A própria mudança é importante, mas matematicamente trivial. Outras culturas a haviam sugerido. Duzentos anos antes de Pitágoras, alguns filósofos do norte da Índia tinham compreendido que a gravitação mantinha o sistema solar unido e que, portanto, o Sol, o objeto mais volumoso, tinha de estar no seu centro. O astrônomo da Grécia Antiga Aristarco de Samos propusera um sistema heliocêntrico no século III a. C.[1] Os maias haviam pressuposto um sistema solar heliocêntrico por volta de 1000 d. C. A tarefa de Copérnico foi maior. Ele teve de consertar a matemática falha do sistema ptolomaico.

Ptolomeu tinha muitos outros problemas além do fato de ter escolhido o corpo errado como ponto central. Quanto a isso, estava aderindo a crenças aristotélicas. Uma teoria viável da gravitação universal ainda estava para ser descoberta. Assim tolhido, ele tentou explicar matematicamente o que via de seu ponto de observação em Alexandria: vários corpos celestes movendo-se ao redor da Terra. O que apresentava problemas.

Marte, por exemplo, ao percorrer o nosso céu tem o hábito, como outros planetas, de às vezes inverter a sua direção. O que acontece é simples: a Terra ultrapassa Marte em velocidade, enquanto os dois planetas giram na sua órbita ao redor do Sol, como um automóvel ultrapassando outro. Como se explica tal fato num universo geocêntrico? Ptolomeu propôs o conceito de epiciclos, círculos em cima de círculos. Visualize uma roda-gigante girando ao redor de um centro. As cadeiras dos passageiros estão igualmente livres para rotar ao redor de eixos conectados ao perímetro externo da roda. Imagine as cadeiras rotando constantemente 360 graus, enquanto a roda-gigante também gira. Visto do centro, um ponto na cadeira poderia parecer estar às vezes andando para trás, enquanto também se desloca para a frente com o movimento da roda.

Ptolomeu dispôs os planetas superiores numa série de esferas, a mais importante das quais era a esfera "deferente", que continha o epiciclo. Essa esfera não era concêntrica com o centro da Terra. Movia-se a uma velocidade uniforme, mas essa velocidade não era medida ao redor de seu próprio centro, nem ao redor do centro da Terra, e sim ao redor de um ponto que Ptolomeu chamava o "centro do equalizador do movimento", que seria mais tarde chamado o "equante".[2] A distância desse ponto ao centro do deferente era igual à distância do centro do deferente à Terra, mas na direção oposta. O resultado era uma esfera que se movia uniformemente ao redor de um eixo que não passava pelo seu próprio centro, mas pelo equante.

A teoria é confusa. Nem uma porção de leituras e construções ajuda, porque o esquema de Ptolomeu é fisicamente impossível. A falha é chamada "o problema do equante", e aparentemente escapou aos gregos. O problema do equante não enganou os árabes, e durante o final da Idade Média os astrônomos islâmicos criaram vários teoremas que corrigiam as falhas de Ptolomeu.

Copérnico enfrentou o mesmo problema do equante. O nascimento de

Isaac Newton ainda demoraria um século, de modo que Copérnico, como Ptolomeu e os árabes antes dele, não tinha a gravitação para ajudá-lo a descobrir algum sentido na situação. Assim, ele não mudou imediatamente o sistema solar de geocêntrico para heliocêntrico. Em vez disso, aperfeiçoou primeiro o sistema ptolomaico, assentando a visão dos céus a partir da Terra numa base matemática mais sólida. Só então é que transportou todo o sistema de sua base centrada na Terra para o Sol. Essa foi uma operação simples, exigindo apenas que Copérnico invertesse a direção do último vetor que ligava a Terra ao Sol. O resto da matemática permanecia o mesmo.

Supunha-se que Copérnico tivesse sido capaz de unir esse novo sistema planetário usando a matemática existente, que a Revolução Copernicana dependesse de uma nova aplicação criativa de obras gregas clássicas como *Elementos*, de Euclides, e *Almagesto*, de Ptolomeu. Essa crença começou a ruir no final da década de 1950, quando vários estudiosos, entre os quais Otto Neugebauer, da Universidade Brown, Edward Kennedy, da Universidade Americana de Beirute, Noel Swerdlow, da Universidade de Chicago, e George Saliba, da Universidade Columbia, reexaminaram a matemática de Copérnico.

Descobriram que, para revolucionar a astronomia, Copérnico precisava de dois teoremas que não haviam sido desenvolvidos pelos gregos antigos. Neugebauer refletiu sobre esse problema: Copérnico elaborou ele próprio esses teoremas ou tomou-os por empréstimo de alguma cultura não-grega? Enquanto isso, Kennedy, trabalhando em Beirute, descobriu documentos astronômicos escritos em árabe e datados de antes de 1350 d. C. Os documentos continham geometria não-familiar. Ao visitar os Estados Unidos, ele os mostrou a Neugebauer.

Neugebauer reconheceu imediatamente a importância dos documentos. Continham geometria idêntica ao modelo copernicano para o movimento lunar. O texto de Kennedy fora escrito pelo astrônomo damasceno Ibn al-Shatir, que morreu em 1375. A sua obra abrangia, entre outras coisas, um teorema empregado por Copérnico e originalmente delineado por outro astrônomo islâmico, Nasir al-Din al-Tusi, que viveu cerca de trezentos anos antes de Copérnico.

O par de Tusi, como o teorema é agora chamado, resolve um problema de séculos que atormentou Ptolomeu e os outros astrônomos da Grécia Antiga: como o movimento circular pode gerar o movimento linear. Imagine uma grande esfera com uma esfera da metade de seu tamanho no seu interior, tendo a esfera menor apenas um ponto de contato com a maior. Se a esfera grande rota e a esfera pequena gira na direção oposta com o dobro dessa velocidade, o par de Tusi prescreve que o ponto original de tangência vai oscilar para a frente e para trás ao longo do diâmetro da esfera maior. Ao posicionar apropriadamente as esferas celestes, esse teorema explicava como o epiciclo podia se mover uniformemente ao redor do equante do deferente, e ainda oscilar para a frente e para trás em direção ao centro do deferente. Podíamos então fazer tudo isso, postulando esferas a se mover uniformemente ao redor de eixos que passavam pelos seus centros, evitando assim as ciladas das configurações de Ptolomeu. Uma analogia grosseira é o pistão de uma máquina a vapor, que se move para a frente e para trás enquanto a roda gira.

Um segundo teorema encontrado no sistema copernicano é o lema de Urdi, nomeado em referência ao cientista Mu'ayyad al-Din al-'Urdi, que o propôs em algum momento antes de 1250. Afirma simplesmente que, se duas linhas de igual comprimento saem de uma linha reta em ângulos iguais, interna ou externamente, e são conectadas em cima com outra linha reta, as duas linhas horizontais serão paralelas. Quando os ângulos iguais são externos, todas as quatro linhas formam um paralelogramo. Copérnico não incluiu uma demonstração do lema de Urdi na sua obra, muito provavelmente porque a demonstração já fora publicada por Mu'ayyad al-Din al-'Urdi. George Saliba, de Columbia, especula que Copérnico não lhe deu o crédito porque os muçulmanos não eram populares na Europa do século XVI.

Tanto o lema de Urdi como o par de Tusi estão, nas palavras de Saliba, "organicamente embutidos dentro da astronomia [copernicana], tanto assim que seria inconcebível extraí-los e ainda manter o edifício matemático intacto".

Saliba enfatiza que plágio não é a questão nesse ponto. Aqueles que estiveram envolvidos num caso de plágio conhecem provavelmente a defesa-padrão: *execução independente*.[3] Essa é uma defesa especialmente poderosa nas ciências, em que há soluções "certas" e "erradas". Se o teorema de Copérnico se parece com o de Tusi, talvez seja porque é a única resposta correta ao problema.

Os editores de mapas às vezes inserem ilhas fictícias ou outras características nos seus mapas para apanhar plagiários. Copérnico tomou emprestado o teorema de Tusi sem lhe dar crédito? Não há prova evidente, mas é suspeito o fato de que a matemática de Copérnico contenha detalhes arbitrários que são idênticos aos de Tusi. Qualquer teorema geométrico tem os vários pontos marcados com letras ou números, escolhidos à vontade por quem lhe deu origem. A ordem e a escolha dos símbolos é arbitrária. O historiador da ciência alemão Willy Hartner observou que os pontos geométricos usados por Copérnico eram idênticos à notação original de Tusi. Isto é, o ponto assinalado com o símbolo de *alif* por al-Tusi era marcado como *A* por Copérnico. O *ba* árabe era marcado como *B*, e assim por diante, sendo cada rótulo copernicano o equivalente fonético do árabe. Não se tratava apenas de alguns rótulos iguais — *quase todos* eram idênticos.

Havia uma única exceção. O ponto que designava o centro do círculo menor era marcado como *f* por Copérnico. Era um *z* no diagrama de Tusi. Na escrita árabe, entretanto, um *z* nessa forma de letra podia ser facilmente confundido com um *f*.

Johannes Kepler, que mais tarde no mesmo século estendeu as órbitas planetárias circulares de Copérnico para elipses, procurou saber por que este não havia incluído uma demonstração para o seu segundo "novo" teorema, que era de fato o lema de Urdi. A resposta óbvia tem escapado à maioria dos historiadores, porque é demasiado danoso para o nosso orgulho ocidental aceitá-la: a nova matemática na Revolução Copernicana surgiu primeiro nas mentes islâmicas, e não nas européias. De um ponto de vista científico, não é importante se Copérnico foi um plagiário. A evidência é circunstancial, e certamente ele poderia ter inventado os teoremas por sua própria conta. Não há dúvida, entretanto, de que dois astrônomos árabes o venceram na corrida.

A ciência ocidental é a nossa realização mais refinada. Alguma outra cultura, passada ou presente, pode se vangloriar de um edifício científico igual ao construído por Galileu, Newton, Leibniz, Lavoisier, Dalton, Faraday, Planck, Rutherford, Einstein, Heisenberg, Pauli, Watson e Crick? Há algo no passado não-ocidental que se compare à biologia molecular, à física das partículas, à química, à geologia ou à tecnologia de nossos dias? Pouco se discute a esse respeito. A única questão é de onde essa ciência veio. Quem contribuiu para ela? O consenso é que a ciência tem origem quase inteiramente ocidental. Por *ocidental*, queremos dizer a Grécia Antiga e a helenística, além da Europa desde a Renascença até o presente. A Grécia é tradicionalmente considerada européia, e não parte da cultura mediterrânea, que incluiria os seus vizinhos na África. Para os fins deste livro, *ocidental* significa a Europa, a Grécia e a América do Norte pós-colombiana. *Não-ocidental* significa em geral todos os demais lugares, inclusive as Américas dos ameríndios antes de Colombo. *Não-ocidental* compreende assim uma área considerável, e a opinião predominante é que a ciência moderna deve pouco aos povos dessas terras.

A forma curta da hipótese é a seguinte: a ciência nasceu na Grécia Antiga por volta de 600 a. C. e floresceu por algumas centenas de anos, até cerca de 146 a. C., quando os gregos cederam o lugar aos romanos. Nessa época, a ciência interrompeu de repente a sua trajetória e permaneceu adormecida até ressuscitar durante a Renascença européia, por volta de 1500. É o que se conhece como o "milagre grego". A hipótese supõe que os povos que ocupavam a Índia, o Egito, a Mesopotâmia, a África subsaariana, a China, as Américas e outros lugares antes de 600 a. C. não fizeram ciência. Descobriram o fogo, depois abandonaram a arena, esperando que Tales de Mileto, Pitágoras, Demócrito e Aristóteles inventassem a ciência no Egeu.

Tão surpreendente quanto o milagre grego é a noção de que por mais de 1500 anos, do final do período grego até os dias de Copérnico, não se fez ciência. O mesmo povo que se manteve ocioso enquanto os gregos inventavam a ciência supostamente não demonstrou nenhum interesse ou habilidade em continuar o trabalho de Arquimedes, Euclides ou Apolônio.

A hipótese de que a ciência surgiu *ab ovo* no solo grego, desaparecendo depois até a Renascença, parece ridícula quando declarada sucintamente por escrito. É uma teoria relativamente nova, forjada primeiro na Alemanha há cerca de 150 anos, tendo se embutido sutilmente em nossa consciência educacional. A única concessão feita às culturas não-européias é o islã. Diz-se que os árabes mantiveram a cultura grega e a sua ciência vivas durante a Idade Média. Agiam como escribas, tradutores e zeladores, sem pensar aparentemente em criar a sua própria ciência.

De fato, os estudiosos islâmicos admiravam e preservaram a matemática e a ciência gregas, servindo como um ducto para a ciência de muitas culturas não-ocidentais, além de construir o seu formidável edifício próprio. A ciência ocidental é o que é porque se baseou com sucesso nas melhores idéias, dados e até equipamento de outras culturas. Os babilônios, por exemplo, desenvolveram o teorema de Pitágoras (a soma dos quadrados dos dois lados perpendiculares de um triângulo retângulo é igual ao quadrado da hipotenusa) ao menos 1500 anos antes do nascimento de Pitágoras. O matemático chinês Liu Hui calculou um valor para pi (3,1416) em 200 d. C., que permaneceu a estimativa mais acurada por mil anos. Os nossos numerais de 0 a 9 foram inventados na antiga Índia, sendo os numerais Gwalior de 500 d. C. quase indistinguíveis dos numerais ocidentais modernos. "Álgebra" é uma palavra árabe, que significa "compulsão", como compelir a incógnita *x* a assumir um valor numérico. (Uma tradução tradicional, a de que álgebra significa "conserto de ossos fraturados", é pitoresca mas incorreta.)[4]

Os chineses observaram, noticiaram e dataram os eclipses entre 1400 e 1200 a. C. As Tabuletas de Vênus de Ammi-Saduqa registram as posições de Vênus em 1800 a. C. durante o reino desse rei babilônio. Al-Mamum, um califa árabe, construiu um observatório para que seus astrônomos pudessem revisar a maioria dos parâmetros astronômicos gregos, fornecendo-nos assim valores mais precisos para a precessão, a inclinação da eclíptica e outras coisas do gênero. Em 829, os seus quadrantes e sextantes eram maiores do que aqueles construídos por Tycho Brahe na Europa mais de sete séculos depois.

Vinte e quatro séculos antes de Isaac Newton, o *Rig veda* hindu afirmava que a gravitação mantinha o universo unido, embora a hipótese hindu fosse muito menos rigorosa que a de Newton. Os arianos de fala sânscrita endossavam a idéia de uma Terra esférica numa era em que os gregos acreditavam numa Terra plana. Os indianos do século V d. C. calcularam de algum modo a idade da Terra em 4,3 bilhões de anos; os cientistas na Inglaterra do século XIX estavam convencidos de que eram 100 milhões de anos. (A estimativa moderna é 4,6 bilhões de anos.) Os estudiosos chineses no século IV d. C. — como os árabes no século XIII e os papuas da Nova Guiné mais tarde — usavam rotineiramente os fósseis para estudar a história do planeta; no entanto, na Universidade de Oxford no século XVII, alguns membros do corpo docente continuavam a ensinar que os fósseis eram "pistas falsas semeadas pelo diabo" para enganar o homem. As análises químicas quantitativas registradas no *K'ao kung chi*, um texto chinês do século XI a. C., nunca estão mais do que 5% incorretas quando comparadas com os números modernos.

Os físicos moístas (chineses) no século III a. C. afirmavam: "A cessação do movimento é devida a uma força oposta [...] Se não há força oposta [...] o movimento nunca cessará. Isso é tão verdade quanto que um boi não é um cavalo". Transcorreriam 2 mil anos antes que Newton redigisse a *sua* primeira lei do movimento em termos mais prosaicos. O *Shu-Ching* (por volta de 2200 a. C.) afirmava que a matéria era composta de elementos separados e distintos dezessete séculos antes de Empédocles fazer a mesma observação, e formulava a hipótese de que os raios solares eram feitos de partículas muito antes de Albert Einstein e Max Planck proporem as idéias dos fótons e quanta. Big bang? Os mitos de criação do Egito, Índia, Mesopotâmia, China e América Central começam todos com uma "grande cópula cósmica" — não é exatamente o mesmo que uma grande explosão, porém mais poético.

Quanto a questões práticas, Francis Bacon dizia que três invenções — a pólvora, a bússola magnética e o papel e a impressão — marcaram o início do mundo moderno. Todas as três invenções vieram da China. Os incas nos Andes foram os primeiros a vulcanizar a borracha e descobriram que o quinino era um antídoto para a malária, que se propagava entre eles. Os chineses faziam antibióticos com coalho de soja 2500 anos atrás.

O ensino de ciência multicultural na década de 1980 mal começara quando foi confrontado por uma poderosa reação, grande parte da qual era justificada. Eu participei da reação, tendo aceitado no início da década de 1990 a incumbência de escrever um artigo sobre a ciência multicultural errônea que se ensinava nas escolas. Embora houvesse muito a desmascarar, o programa mais insigne era chamado de Ensaios de Base Afro-americanos de Portland, desenvolvidos pelo conselho das escolas públicas do condado de Multnomah, Oregon.

A parte científica do currículo era um desastre. Citava uma "evidência do uso de planadores no antigo Egito de 2500 a.C. a 1500 a.C.", acrescentando que os egípcios usavam os seus aeroplanos primitivos para "viagens, expedições e recreação". Os ensaios de Portland especulavam que esses planadores eram feitos de papiro e cola. A evidência citada para essa antiga força aérea egípcia era a descoberta, em 1898, de um objeto semelhante a um pássaro feito de madeira de plátano. Até 1969, ele encontrava-se dentro de uma caixa com outros objetos semelhantes a pássaros no porão do Museu do Cairo, quando um arqueólogo e seu irmão, um engenheiro de vôo, concluíram que o objeto era um planador modelo que lembrava nitidamente um aeroplano de carga Hércules americano por causa de sua "asa de diedro reverso". Os ensaios de Portland insistiam que esse objeto de catorze centímetros de comprimento era um modelo reduzido de planadores de tamanho normal que outrora haviam enchido os céus sobre as Grandes Pirâmides, as quais, pode-se assim supor, serviam como plataformas para antigos controladores de tráfego aéreo.[5]

Os ensaios de Portland também afirmavam que os antigos egípcios e mesopotâmios sabiam fabricar baterias. Potes de argila encontrados em 1962 em Bagdá continham núcleos de folha de cobre cilíndricos de 12,65 centímetros de comprimento com uma liga de chumbo-estanho no fundo. Dentro do tubo de cobre havia uma vara de ferro ou bronze, que se julgava ter sido envolvida por uma solução de sulfato, vinagre, ácido acético ou ácido cítrico. Um laboratório da General Electric demonstrou que dez dessas baterias conectadas em série podiam produzir até dois volts. Eram realmente baterias? É possível, embora os ensaios de Portland não expliquem como se sabia que fora usado ácido nos potes. Nem sabemos com que fim as baterias eram empregadas.

Os ensaios de Portland também exaltavam os egípcios como mestres do psi: precognição, psicocinese e visão remota. Os ensaios fazem uma distinção entre a magia, que eles desconsideram, e o psi, ou psicoenergética, que eles descrevem como sendo "ciência". Não gastaremos tempo discutindo as alegadas realizações dos egípcios na psicoenergética.[6] Podemos apenas nos perguntar por que essa civilização antiga, com aeroplanos e telecinese a seu dispor, ainda se dava ao trabalho de usar espadas e lanças para travar as suas batalhas.

Alguns multiculturalistas afirmaram que os guerreiros chineses do século XI lutavam armados com metralhadoras, e que os incas se divertiam sobre as planícies de Nazca em balões de ar quente. Certos estudiosos afrocêntricos têm feito afirmações dúbias: que o matemático grego Euclides era negro, por exemplo, e que as cabeças olmecas, imensas cabeças esculpidas com feições negróides encontradas no México, são a prova de que os núbios visitaram as Américas.

No número de 18 de abril de 1999, a *New York Times Magazine* escolheu as melhores invenções, histórias e idéias dos mil anos anteriores. Richard Powers escreveu que o acontecimento científico mais importante daquele milênio ocorrera no seu início, por volta de 1000 d. C., quando o cientista árabe Alhazen resolveu um problema secular: como funciona a visão? Alhazen, que nasceu Abu Ali al-Hasan ibn al-Haytham em Basra, onde agora é o Iraque, acabou com a "teoria do raio", que estivera em vigor desde a Grécia Antiga. Essa teoria, esposada por Euclides, Ptolomeu e outros, sustentava que o olho enviava um raio para o objeto a fim de "vê-lo". A teoria do raio parece ridícula hoje, porque conhecemos a velocidade da luz e como estão distantes as estrelas. Se nossos olhos tivessem de enviar raios, esperaríamos anos antes de poder ver até as estrelas mais próximas.

Em 1000 d. C., a teoria do raio parecia razoável. Alhazen realizou um experimento simples: ele e outros olharam para o Sol — doeu. Sem dúvida, se houvesse raios, eles estariam entrando no olho, e não saindo do globo ocular. Ele desenvolveu uma teoria abrangente da visão que dominou a óptica na Europa até 1610, quando Kepler a aperfeiçoou. Alhazen talvez não tenha sido mais inteligente que Euclides e Ptolomeu, mas trabalhava de forma bastante diferente. Os dois últimos seguiam o método grego clássico de anunciar um conjunto de axiomas, a partir dos quais era desenvolvido o raciocínio. Alhazen começou com as suas observações e experimentos sobre a luz, raciocinando depois em busca de uma teoria.[7] Ptolomeu e Euclides também recolhiam medidas e faziam observações, mas o ideal grego subordinava os dados ao preceito. Powers estava indo longe demais, talvez, quando afirmou que o questionamento da antiga teoria óptica proposto por Alhazen "conduziu às certezas da microscopia eletrônica, da cirurgia da retina e da visão robótica", mas ele estava correto ao declarar que "revestir o experimento de autoridade" e "rejeitar ceticamente o conceito em favor da evidência" não começou na Europa, mas no mundo islâmico.[8]

Para alguns, a falta de reconhecimento dos sucessos das culturas não-ocidentais não deriva apenas da ignorância, mas de uma conspiração. Martin Bernal, professor de estudos governamentais na Universidade de Cornell, é o autor de *Black Athena* [Atena negra], uma série de livros que questiona a nossa visão de história com raízes gregas. Bernal acredita que as raízes da civilização grega devem ser encontradas no Egito e, em menor grau, no Levante — o Oriente Próximo dos fenícios e cananeus. Usando a análise lingüística, ele determinou que 20% a 25% do vocabulário grego derivava do egípcio. As raízes da civilização européia são afro-asiáticas. Os gregos sabiam disso e escreveram a respeito, falando de colônias egípcias na Grécia durante a Idade do Bronze e até na Idade do Ferro. Os grandes sábios gregos, entre os quais Pitágoras, Demócrito e até Platão, viajaram para o Egito e trouxeram de volta idéias e conhecimento egípcios. (Temos os próprios escritos de Demócrito para reconhecer que seu talento matemático foi aperfeiçoado à sombra das pirâmides.) Os gregos reconheciam a sua dívida para com o Egito. Esse "modelo antigo" sustentava que a cultura grega surgira como resultado da colonização realizada pelos egípcios e fenícios por volta de 1500 a. C., e que os gregos continuaram a tomar empréstimos pesados das culturas do Oriente Próximo. Essa era a sabedoria convencional entre os gregos nas eras clássica e helenística. Esse antigo modelo, escreve Bernal, foi também adotado pelos europeus desde a Renascença até todo o desenrolar do século XIX. Os europeus, diz Bernal, estavam enamorados do Egito.

Por vários séculos, a Europa acreditou que o Egito fosse o berço da civilização. Isso começou a mudar no século XVIII, quando apologistas cristãos se preocuparam com o panteísmo egípcio e idéias de pureza racial começaram a vigorar entre Locke, Hume e outros pensadores ingleses. O que levou ao "modelo ariano" na primeira metade do século XIX. Essa visão negava a existência de colônias egípcias. Mais tarde, quando o anti-semitismo cresceu durante o final do século XIX, os proponentes do modelo ariano também negaram as influências culturais fenícias.

O modelo ariano foi refinado ao longo de muitos anos para estabelecer a Grécia Antiga como nitidamente européia. De acordo com ele, ocorrera uma invasão vinda do norte — não relatada na tradição antiga — que havia esmagado a cultura local egéia ou pré-helênica. Assim, a civilização grega era agora vista como o resultado da mistura dos helenos que falavam o indo-europeu e seus súditos nativos. Esse modelo ariano é o que foi ensinado à maioria de nós durante o século XX. Bernal advoga o retorno de um modelo antigo modificado, sustentado pelo historiador Heródoto e outros gregos antigos.

No número de 14 de janeiro de 2000, por ocasião do início do terceiro milênio, a revista *Science*, junto com a Associação Americana para o Progresso da Ciência (American Association for the Advancement of Science — AAAS), publicou uma linha do tempo, chamada "Trilhas da Descoberta", que detalhava 96 das realizações científicas mais importantes da história. A linha do tempo da *Science* incluía algumas escolhas sofisticadas que muitos educadores teriam deixado sem registro: o trabalho de William Ferrel, em 1856, sobre os ventos e as correntes dos oceanos; a teoria da célula de Matthias Schleiden e Theodor Schwann, em 1838-9; e a teoria de William Gilbert, em 1600, de que a Terra se comporta como um imenso ímã.

Dessas 96 realizações, apenas duas foram atribuídas a cientistas não-brancos, não-ocidentais: a invenção do zero na Índia, nos primeiros séculos da era cristã, e as observações astronômicas dos maias e hindus em 1000 d. C. Mesmo essas duas realizações foram abafadas pelos editores da *Science*. Aos indianos só foi dado o crédito pela criação do "símbolo para zero", e não do conceito propriamente dito. Os "observadores do céu" maias e hindus (a palavra "astrônomo" não foi usada) faziam suas observações, segundo a revista, apenas para "fins agrícolas e religiosos".

Muito interessante é a primeira entrada da linha do tempo: "Antes de 600 a.C., Era Pré-científica". A *Science* proclamava que durante esse tempo, antes dos filósofos pré-socráticos do século VI a. C., "os fenômenos [eram] explicados dentro dos contextos da magia, da religião e da experiência". A *Science* ignorava, assim, mais de dois milênios de história, durante os quais os babilônios inventaram o ábaco e a álgebra, os sumérios registraram as fases de Vênus, os indianos propuseram uma teoria atômica, os chineses inventaram a análise química quantitativa e os egípcios construíram pirâmides. Além disso, dava a Johannes Gutenberg o crédito pelo prelo em 1454, embora ele tivesse sido inventado ao menos dois séculos antes pelos chineses e coreanos. Um precursor essencial do prelo é o papel, que foi inventado na China e só chegou à Europa no século XIV.[9] A *Science* citava a obra de Francis Bacon como uma das 96 realizações, mas ignorava a sua opinião de que as invenções da China criaram o mundo moderno.

As realizações pré-colombianas no Novo Mundo se furtaram por muito tempo aos tradicionalistas. Os maias inventaram o zero mais ou menos na mesma época que os indianos, e praticavam astronomia e matemática muito mais avançadas que as existentes na Europa medieval. Os americanos nativos construíram no meio-oeste americano pirâmides e outras estruturas maiores do que qualquer coisa então edificada na Europa.

Muitos historiadores ocidentais tradicionais acreditam que pouca ciência original foi feita depois do colapso da civilização grega; que os árabes copiaram a obra de Euclides, Ptolomeu, Apolônio e outros; e que por fim a Europa recuperou a sua herança científica por meio do mundo islâmico. Durante a Idade Média, os estudiosos árabes procuraram manuscritos gregos e montaram centros de estudo e tradução em Jund-i-Shapur, na Pérsia, e em Bagdá, no Iraque. Os historiadores ocidentais raramente gostam de admitir que esses mesmos estudiosos também procuraram manuscritos da China e da Índia, e que criaram a sua própria ciência.

A erudição deslocou-se para o Cairo, depois para Córdoba e Toledo na Espanha, com a expansão do império muçulmano na Europa. Quando os cristãos recapturaram Toledo, no século XII, os estudiosos europeus caíram sobre os documentos.[10] Estavam interessados em todos os documentos árabes — traduções de obras gregas, mas também escritos árabes originais e traduções árabes de manuscritos de outras culturas. Grande parte do conhecimento científico do mundo antigo — Grécia e também Babilônia, Egito, Índia e China — foi canalizada para o Ocidente por meio da Espanha. George Saliba descobriu que houve um intercâmbio intenso de manuscritos árabes entre Damasco e Pádua durante o início do século XVI, e um número cada vez maior de documentos científicos, escritos em árabe, está sendo redescoberto nas bibliotecas européias. Saliba documentou que muitos estudiosos europeus da Renascença sabiam a língua árabe. Liam os documentos islâmicos e partilhavam as informações com seus colegas menos letrados.[11]

Um exemplo é Copérnico, que estudou em Pádua. Saliba aponta que, se Copérnico tomou realmente empréstimos dos astrônomos islâmicos — uma questão ainda em aberto —, ele tinha boas razões para não reconhecer a sua dívida intelectual. Não teria sido político, diz Saliba, mencionar a ciência islâmica, quando o Império Otomano estava à porta da Europa. Outro estudioso europeu que estudou em Pádua foi William Harvey, que estabeleceu a geometria do sistema circulatório humano em 1629, outro marco na ciência de acordo com a linha do tempo da AAAS na *Science*. Um documento árabe de 1241, observa Saliba, delineia a mesma geometria, inclusive a afirmativa crucial de que o sangue deve primeiro atravessar os pulmões antes de passar pelo coração, ao contrário da opinião do antigo médico grego Galeno e dos estudos médicos anteriores.[12]

O historiador Glen Bowersock, do Instituto para Estudos Avançados, escreve que "os antecedentes clássicos da civilização ocidental serviram por muito tempo para justificar o estudo da Grécia e Roma antigas", mas ele admite que

> a porosidade da cultura grega e os paralelos de suas realizações em outras culturas nunca foram segredo [...] Os gregos não surgiram, como Atena da cabeça de Zeus, plenamente equipados com o seu arsenal de cultura [...] Uma expressão como "o milagre grego" chamava a atenção para o grande teatro, as estátuas heróicas e o Partenon, mas tudo isso tinha o seu contexto histórico. Para os próprios gregos, o contexto era Fenícia e Egito.[13]

A AAAS e a revista *Science*, na sua linha do tempo das "Trilhas da Descoberta", reconhecem que do século IX ao XV "o fluxo de ciência e tecnologia corre principalmente *do* islã e *da* China *para dentro* da Europa" (o grifo é delas). Mas a *Science* relata que as contribuições do islã e da China estão entre aqueles acontecimentos que "representam os desvios, as voltas, as ironias, as contradições, as tragédias e outros detalhes históricos desalinhados que se sintetizam na realidade muito mais complexa e de múltiplas texturas da aventura científica". Outros desses acontecimentos listados são a prática da alquimia por Isaac Newton, a falsa descoberta dos "raios N" e o fracasso dos geólogos em aceitar a teoria da deriva continental.

Este será um livro de "detalhes históricos desalinhados" — um relato das raízes não-ocidentais da ciência. Comecei a escrever com o propósito de mostrar que a busca de evidências de uma ciência não-branca é um empenho vão. No entanto, senti que era no mínimo uma atitude responsável tentar descobrir o pouco que pudesse existir de ciência não-européia legítima. Seis anos mais tarde, continuava encontrando exemplos de ciência não-ocidental antiga e medieval que se igualavam à erudição grega e freqüentemente a ultrapassavam.

Meu embaraço por ter empreendido uma tarefa com a pressuposição de que os não-europeus contribuíram pouco para a ciência foi superado pelo prazer de descobrir montanhas de trabalho humano não valorizado, 4 mil anos de descobertas científicas realizadas por povos que eu aprendera a desconsiderar.

Não há uma boa definição de ciência. A AAAS, por exemplo, não tem essa boa definição. Depois de muitas tentativas, a Sociedade Física Americana (American Physical Society — APS) decidiu-se finalmente por uma definição. A APS achava que, se a definição fosse demasiado ampla, pseudociências como a astrologia poderiam entrar sorrateiramente na definição; se demasiado estreita, coisas como a teoria das cordas, a biologia evolucionista e até a astronomia poderiam ser excluídas.

Para os fins deste livro, a ciência é um estudo lógico e sistemático da natureza e do mundo físico. *Em geral* implica experimento e teoria. Essas teorias surgem normalmente do experimento ou são por ele verificadas. Isso é um pouco frágil, mas a maioria das definições da ciência o é. Grifei "*em geral*" porque, se precisamos absolutamente do experimento, poderíamos ter de excluir a astronomia, a ciência mais antiga, uma vez que não é possível recriar novas estrelas ou galáxias no laboratório, nem tornar a encenar a formação do sistema solar.

Mas as observações na astronomia com freqüência valem tanto quanto um experimento. O cometa Halley retorna com uma regularidade espantosa; o sol se levanta toda manhã.

O filósofo Karl Popper introduziu o requisito da "falsificação". A ciência é falsificável; a religião, não. Uma teoria ou lei científica nunca pode ser absolutamente provada, mas deveria poder ser falsificada. Por exemplo, Newton dizia que força é igual a massa multiplicada pela aceleração ($F = ma$). Não podemos provar que todo objeto em toda galáxia obedece a essa lei ou que todos os objetos *sempre* obedecerão a essa lei. Entretanto, podemos provar que ela está errada por meio de um experimento. (E Albert Einstein e alguns físicos quânticos *provaram* que alguns dos conceitos de Newton estavam errados.) Assim, os cientistas devem produzir apenas teorias que podem ser falsificadas, como disse Popper. Elas devem ser testáveis. Não existe esse requisito na religião.

Dito isso, problemas com essa definição permanecem. A astrologia, por exemplo, é falsificável. Se o seu astrólogo diz que você vai conhecer um belo estranho na terça-feira, você pode testar essa afirmação. Por outro lado, a teoria das supercordas, postulada por alguns físicos como "a teoria de tudo", exigiria um acelerador de partículas com um diâmetro de dez anos-luz para falsificá-la. A maior parte da biologia evolucionista também não pode ser verificada por experimentos. Não se pode tornar a encenar a evolução de uma nova espécie ou recriar os dinossauros a partir de um animal unicelular. Se seguimos a regra da falsificação com demasiado rigor, temos de incluir a astrologia e excluir a biologia evolucionista, a teoria das cordas e talvez até a astronomia.

Assim, não vamos levar a falsificação demasiado a sério. Do contrário, poderíamos ter de excluir toda a ciência praticada pelos gregos antigos. Os gregos não só evitavam os experimentos; eles os abominavam, confiando mais na razão que na evidência empírica.

Vamos nos restringir aqui às ciências mais exatas: a física, a astronomia, a cosmologia, a geologia, a química e a tecnologia. Vamos incluir também a matemática, porque é indispensável para a ciência e está inextricavelmente entrelaçada com ela. Vamos deixar as disciplinas mais inexatas — a antropologia, a agronomia, a psicologia, a medicina e outras afins — para outro momento.

Uma das coisas que não vamos considerar é o pragmatismo da ciência ou a motivação do cientista. Eles têm sido freqüentemente usados para desacreditar a ciência não-ocidental: *sim, é um bom trabalho, mas não era "puro"*; ou, inversamente, *não era prático*. Quanto à motivação, muitas descobertas científicas foram impulsionadas pela religião: os matemáticos árabes aperfeiçoaram a álgebra em parte para ajudar a facilitar as leis islâmicas de herança, e os indianos védicos resolveram raízes quadradas para construir altares de sacrifício de tamanho apropriado. Era a ciência a serviço da religião, mas ainda assim ciência.

A lei da eponímia de Stigler, formulada pelo estatístico Stephen Stigler, declara que nenhuma descoberta científica recebe o nome de seu descobridor original. O jornalista Jim Holt aponta que a própria lei de Stigler confirma a si mesma, dado que Stigler admite que ela foi descoberta por outra pessoa: Robert K. Merton, um sociólogo da ciência.[14]

O caso mais famoso da lei de Stigler é o teorema de Pitágoras, que sustenta que a soma dos quadrados dos lados perpendiculares de um triângulo retângulo é igual ao quadrado da hipotenusa. Ou, na linguagem matemática, $a^2 + b^2 = c^2$, onde *a* e *b* são os lados e *c* é a hipotenusa. Jacob Bronowski escreve:

> Até os nossos dias, o teorema de Pitágoras continua a ser o teorema singular mais importante de toda a matemática. Parece ousado e extraordinário afirmar tal coisa, mas não é extravagante; porque o que Pitágoras estabeleceu é uma caracterização fundamental do espaço em que nos movemos, e foi a primeira vez que isso foi traduzido em números. E o ajuste exato dos números descreve as leis exatas que unem o universo. De fato, os números que compõem os triângulos retângulos têm sido propostos como mensagens que poderíamos enviar a planetas em outros sistemas estelares como um teste para a existência de vida racional nesses lugares.

O único problema é que Pitágoras não é o primeiro matemático a apresentar o teorema. Como o próprio Bronowski admite, os indianos, os egípcios e os babilônios usavam "as ternas pitagóricas" para determinar os ângulos retos na construção dos edifícios. Uma terna pitagórica é um conjunto de três números que descreve os lados de um triângulo retângulo. A terna mais comum é 3 : 4 : 5 ($3^2 + 4^2 = 5^2$, ou 9 + 16 = 25). Outras que você provavelmente aprendeu na escola incluem 5 : 12 : 13, 12 : 16 : 20 e 8 : 15 : 17. Pitágoras inventou o seu teorema por volta de 550 a. C. Os babilônios, reconhece Bronowski, haviam catalogado talvez centenas de ternas por volta de 2000 a. C., muito antes de Pitágoras. Uma das ternas que os babilônios descobriram é a enorme 3367 : 3456 : 4825.

Ainda assim, Bronowski desconsidera as ternas babilônicas (bem como as ternas egípcias e indianas) como sendo meramente "empíricas". Isto é, acredita que esses povos chegaram de algum modo a ternas (ou tríades) como 3367 : 3456 : 4825 por tentativa e erro. Mas há considerável evidência de que os babilônios usavam várias técnicas algébricas derivadas de $a^2 + b^2 = c^2$ para gerar ternas pitagóricas. "Nem mesmo Deus teria como encontrar todas as ternas pitagóricas por tentativa e erro", diz o matemático Robert Kaplan.

O que Pitágoras defensavelmente realizou e que impressionou Bronowski e outros — com toda a razão — foi elaborar uma *demonstração* geométrica do teorema. O conceito da demonstração como mais importante do que o teorema propriamente dito foi promulgado dois séculos mais tarde por Euclides. Assim, a matemática não-ocidental tem sido vista como de segunda categoria porque tem base empírica, em vez de ser baseada na demonstração. Ambos os métodos são úteis. A geometria euclidiana, que a maioria de nós aprendeu, é axiomática. Começa com um axioma, uma lei que se assume ser verdade, e deduz teoremas raciocinando de cima para baixo. É dedutiva e presuntiva. Séculos mais tarde, Alhazen no Oriente e, notavelmente, Galileu no Ocidente ajudaram a popularizar um método indutivo e empírico para a ciência, parecido com o que os babilônios, egípcios e indianos tinham usado. Não se começa com pressuposições, mas com dados e medições, e depois se raciocina de baixo para cima até as verdades abrangentes.[15] A maior parte do que hoje chamamos de ciência é empírica. Quando coligiu dados sobre a passagem dos cometas, sobre as luas de Júpiter e Saturno e sobre as marés no estuário do rio Tâmisa para construir suas grandes sínteses em *Principia mathematica*, Isaac Newton estava sendo empírico e indutivo.

A matemática é um pouco diferente, mas muitos matemáticos vêem a necessidade de incluir tanto trabalhos baseados em demonstração como os que têm base empírica. Um exemplo no presente século é o grande matemático indiano Srinivasa Ramanujan, cujos cadernos contêm os germes da teoria das supercordas e cujo trabalho tem sido usado para estimar o valor de pi com milhões de algarismos depois da vírgula. Segundo sua esposa, Ramanujan fazia seus cálculos numa lousa de mão, depois transferia os resultados finais para cadernos, apagando a lousa; assim, temos poucas pistas sobre como chegar a essas equações, mas ninguém duvida de que sejam verdadeiras.[16]

Segundo certo relato histórico, Pitágoras trouxe o seu teorema epônimo de suas viagens ao Oriente e fundou a tradição da demonstração porque seus conterrâneos, menos capazes de lidar com números, recusavam-se a aceitar o teorema. Considere-se também o nome dado ao último teorema de Fermat, a obra do francês Pierre de Fermat no século XVII. O último teorema é uma derivação remota do teorema de Pitágoras, porém Fermat não cuidou de nos deixar uma demonstração — pelo menos nenhuma que pudéssemos encontrar. Mas, por mais de trezentos anos, o último teorema de Fermat tem funcionado. Alguns anos atrás, Andrew Wile, da Universidade de Princeton, delineou finalmente uma demonstração. Entretanto, ainda não ouvimos um clamor para mudar o nome do último teorema de Fermat para primeiro teorema de Wile. (É uma piada no meio dos matemáticos que o nome correto é a última conjectura de Fermat, sendo uma conjectura um teorema não demonstrado.)

Em 1915, mais ou menos na época em que, segundo Otto Neugebauer, os alemães estavam reescrevendo as suas enciclopédias para eliminar os fenícios da história grega, o historiador da ciência inglês G. R. Kaye exortou "os investigadores ocidentais da história do conhecimento" a procurar "vestígios de influência grega", porque as "realizações dos gregos" formam "os capítulos mais maravilhosos da história da civilização".[17] Os nossos historiadores da ciência para leigos — Bronowski, Daniel Boorstin, Carl Sagan e outros — foram certamente fiéis a essa diretiva. Os historiadores ocidentais também criticaram os cientistas não-ocidentais do passado, como os maias e os egípcios, por suas estranhas crenças religiosas, sugerindo que uma religiosidade aguçada desqualifica a obra de um cientista. Porém, quando demonstrou finalmente o "seu" teorema, Pitágoras ofereceu cem bois às Musas como agradecimento.[18]

Ciência é ciência. Pode ser prática ou não-prática. O físico dinamarquês Niels Bohr possuía uma cabana retirada, à qual convidava seus amigos cientistas para longas e intensas discussões sobre o significado da física quântica. Sobre a porta da cabana, via-se uma ferradura dependurada num prego. Seus convidados olhavam freqüentemente para a ferradura com uma expressão de desprezo incrédulo. Por fim, um deles tomou coragem e disse: "Convenhamos, Niels. Você não acredita nessa tolice, não é mesmo?".

Segundo a lenda, Bohr respondeu: "Aí é que está a beleza do fato. Funciona, quer eu acredite ou não". Para nossos fins, a ciência abrange aqueles fatos sobre o mundo físico que funcionam... quer acreditemos neles, quer não.

2. Matemática
A língua da ciência

A Mark's Meadow School é uma escola pública de ensino fundamental em Amherst, Massachusetts, na região oeste do estado. Localizada no outro lado da North Pleasant Street, na frente da Universidade de Massachusetts (UMass), ela é utilizada como laboratório para a faculdade de educação da universidade. Os universitários que se especializam em educação podem ficar num corredor escuro e elevado, observando secretamente os alunos por meio de espelhos bidirecionais no teto e ouvindo as conversas por um sistema oculto de som. No futuro, talvez devam ouvir com mais atenção as lições de matemática.

Há pouco tempo levei um grupo de alunos da quarta série da Mark's Meadow ao centro comercial da região, onde paramos para comer num Taco Bell. Os garotos leram o cardápio e começaram a rir. A piada era a seguinte: havia três tamanhos de bebida — pequeno, médio e grande; 350, 500 e 650 mililitros — e três preços — 1,19, 1,49 e 1,79 dólar. Os garotos riam do que estava escrito embaixo dos preços: SIRVA-SE QUANTAS VEZES QUISER!

Então um grupo de universitários com agasalhos da UMass juntou-se à fila. Estudaram o que estava escrito. "Ei, vamos comprar o tamanho grande", disse um.

"Sim", disse outro. "Aí realmente aproveitamos o 'sirva-se à vontade.'"

O que os alunos da quarta série compreenderam, e os universitários não, é o conceito de "conjunto infinito". No caso acima, um conjunto infinito é igual ao outro. Pegue uma régua e corte-a em segmentos infinitesimalmente pequenos, da marca dos 2,5 centímetros até a marca dos cinco centímetros. Haveria um número infinito de pedaços. Faça a mesma coisa da marca dos cinco centímetros até a marca dos trinta centímetros. Haverá dez vezes mais pedaços? Não. Se lidamos com números racionais, infinito é infinito. O mesmo princípio funciona para os nossos refrigerantes: 350, 500 e 650 mililitros multiplicados por infinito resultam igualmente infinito. (Em outros casos, entretanto, conjuntos infinitos *não* são iguais.)[1]

O conceito de conjuntos infinitos de números racionais foi compreendido por pensadores jainistas (indianos) no século VI a. C. e por Alhazen no século X d. C. Entrou na Europa quase mil anos mais tarde, quando o matemático alemão do século XIX Georg Cantor refinou e categorizou os conjuntos infinitos. Agora no século XXI, a idéia cruzou o Atlântico até a Mark's Meadow School. Ainda tem de dar um salto gigantesco para atravessar a North Pleasant Street e chegar à Universidade de Massachusetts.

Os estudantes da UMass não devem se sentir muito mal. Galileu ficou aturdido com o problema no século XVII. Ele imaginou uma coluna de todos os inteiros, começando do 1 e seguindo até o infinito. Depois imaginou os quadrados desses mesmos inteiros, começando de 1^2 e seguindo até o infinito. Percebeu que, se colocasse os quadrados lado a lado com o conjunto de todos os inteiros (1^2 ao lado de 1, 2^2 ao lado de 2, 3^2 ao lado de 3 e assim por diante), teria quadrados suficientes para parear com todos os números na coluna dos inteiros. Como é possível? Galileu decidiu deixar o problema de lado e voltar a algo mais fácil — a astronomia.

Imagine-se como um mercador alemão vivendo no século XV. Você quer que seu filho aprenda matemática suficiente para seguir uma carreira no comércio. Um professor, conhecido seu, sugere uma boa universidade alemã, onde ensinarão adição e subtração a seu filho. Mas, você pergunta, e quanto à multiplicação e à divisão? O professor explica que o estudo dessa matemática "avançada" não existe nas universidades locais; seu filho deve viajar para a Itália, o único país europeu em que tais operações podem ser aprendidas.

As "escolas de calcular", em que as operações aritméticas com os numerais indo-arábicos eram ensinadas, haviam começado a surgir na Itália.[2] Entretanto, o que seu filho encontraria muito provavelmente numa universidade italiana seria uma espécie de multiplicação que não se parece com o que chamamos multiplicação hoje em dia. Na Europa medieval, a multiplicação era simplesmente uma sucessão de duplicações. Por exemplo, nós multiplicamos 9 por 11 numa operação simples, da seguinte maneira:

$$\begin{array}{r} 11 \\ \times 9 \\ \hline 99 \end{array}$$

Mas, na Itália da Idade Média, um matemático imaginaria comumente a multiplicação de um número por 9 como oito duplicações e uma operação simples. Vamos multiplicar 11 por 9 no estilo medieval:

11 vezes 1 é igual a **11**	(1×) ◄
11 duplicado é igual a 22	(2×)
22 duplicado é igual a 44	(4×)
44 duplicado é igual a **88**	(8×) ◄

O estudioso medieval olha para os números na coluna à direita para encontrar uma combinação de múltiplos que, somados, dêem o multiplicador desejado, nesse caso 1× e 8× para dar 9. Entao o matemático soma os dois produtos, 11 e 88, para chegar à resposta, 99.

Agora tente algo um pouco mais complicado, 46 × 13. Hoje fazemos da seguinte maneira:

$$\begin{array}{r} 46 \\ \times 13 \\ \hline 138 \\ 46 \\ \hline 598 \end{array}$$

O matemático europeu medieval poderia fazer assim:

46 vezes 1 é igual a **46**	(1×)	◄
46 duplicado é igual a 92	(2×)	
92 duplicado é igual a **184**	(4×)	◄
184 duplicado é igual a **368**	(8×)	◄

Mais uma vez, ele encontra a combinação de duplicações que somam 13, aquelas indicadas acima, 1×, 4× e 8×. Depois ele soma as três somas resultantes para resolver o problema: 46 + 184 + 368 = 598. Lembre-se, tudo isso deve ser feito com algarismos romanos. (Não esqueça a técnica acima. Vamos encontrá-la de novo.) Da mesma forma, a divisão era um processo tedioso de "duplicar" o divisor até chegar ao número que se quer dividir, ou próximo a ele.[3]

Enquanto isso, na Índia, cerca de mil anos antes, os matemáticos estavam fazendo multiplicações e divisões à maneira "moderna", bem como álgebra e até uma forma rudimentar de cálculo.

Agora, imagine-se de novo na Itália do século XV. Você é, digamos, um livreiro. Precisa manter-se informado sobre as vendas e o estoque. Precisa pagar aos fornecedores, totalizar as vendas, calcular as despesas gerais, determinar o lucro ou a perda. Como faria tudo isso? Certamente, não com algarismos romanos; até a aritmética mais simples com algarismos romanos (ou gregos) estava fora do alcance de todos que não fossem especialistas avançados. Além disso, não há algarismo romano para o zero; de fato, não há nenhum conceito de zero, do nada, na matemática européia dessa era. Como fazer para fechar seu balanço de contas?

Como outros comerciantes, você mantém uma contabilidade secreta registrada nos livros-caixa, em algarismos gobar, ou Gwalior, os assim chamados algarismos hindu-arábicos, que datam aproximadamente do século I ao século VIII d. C. na Índia. Eles se parecem com os seguintes: 0, 1, 2, 3, 4, 5, 6, 7, 8, 9. Você conservaria esses livros em segredo porque em 1348 as autoridades eclesiásticas da Universidade de Pádua proibiam o uso de "cifras" nas listas de preços dos livros, estabelecendo que os preços deviam ser declarados com letras "simples". Um século antes, um edito florentino proibira os banqueiros de usar os símbolos dos "infiéis".[4]

Os números eram perigosos; ao menos, esses números indianos. Eram contrabando. O zero era o mais ímpio: um símbolo para o nada, um conceito hindu, influenciado pelo budismo e transplantado para a Europa cristã. Tornou-se um signo secreto, um sinal entre colegas viajantes. O *sunyata* era uma prática budista bem estabelecida de esvaziar a mente de todas as impressões, datando de uma época tão remota quanto aproximadamente 300 a.C.[5] O termo sânscrito para zero era *sunya*, significando "vazio" ou "em branco". Despachar um zero para outro mercador dava a entender que você usava numerais hindu-arábicos. Em muitos principados, os algarismos arábicos eram banidos dos documentos oficiais; em outros, os números eram completamente proibidos. A matemática era às vezes exportada para o Ocidente por "contrabandistas" de numerais hindu-arábicos. Há farta evidência desse emprego ilícito de números nos arquivos do século XIII na Itália, onde os mercadores usavam os numerais Gwalior como um código secreto.[6]

Imagine-se como um matemático desempregado na Itália no fim da Idade Média. Como você poderia se sustentar? Supondo que soubesse fazer multiplicações e divisões longas, haveria uma resposta óbvia: você poderia se tornar um performático de cálculos itinerante. Viajando de cidade em cidade, você se instalaria na praça da vila e executaria truques "mágicos" para o público. Naquela época, multiplicar 27 por 14 era considerado tão divertido quanto engolir espada ou fazer malabarismo, e poucas pessoas conseguiam fazê-lo. O público atiraria moedas na sua caneca. Você contaria o seu ganho ao fim de cada apresentação — usando secretamente numerais hindu-arábicos, é claro.[7] Ou você poderia arrumar emprego numa das novas escolas de calcular da Itália.

Não há nenhuma boa definição de matemática. Não aperfeiçoaremos essa situação neste livro. Como leigos, sabemos que a matemática envolve números, símbolos e lógica, e que inclui coisas como a aritmética, a álgebra, a geometria, a trigonometria e o cálculo. Os profissionais não se saem melhor ao defini-la.

O matemático George Gheverghese Joseph, da Universidade de Manchester (Inglaterra), dá o nome de matemática a "uma linguagem mundial com um tipo particular de estrutura lógica". Prossegue dizendo que ela "contém um corpo de conhecimento relativo ao número e ao espaço, além de prescrever um conjunto de métodos para chegar a conclusões sobre o mundo físico".[8] Os físicos talvez discordem dessa última declaração, argumentando que as revistas de física teórica estão cheias de matemática encantadora que diz pouco sobre o mundo físico.

Apesar de ser matemático por mais de quarenta anos, Barry Mazur, da Universidade Harvard, recusou-se a dar uma definição. O matemático Robert Kaplan chama a matemática de "uma atividade que tematiza a atividade". Pressionado um pouco mais, Kaplan produziu uma migalha provocante. "A matemática", disse ele, "descreve o que generaliza." Por exemplo, o mandamento "Não matarás" não é uma generalização. Permite matar em legítima defesa ou na guerra. A matemática trata de generalizações, verdades universais como o teorema de Pitágoras.

As pessoas às vezes tentam nos enganar. Os economistas e os psicólogos, por exemplo, enchem os seus estudos com curvas, números e equações. Parece matemática, mas em geral não é. Por exemplo, os economistas usam uma equação chamada "a função utilidade" para explicar por que as pessoas contratam seguros de residência apesar de as companhias de seguro terem virtualmente a garantia do lucro. A função é expressa em curvas e números. Nem sempre funciona; prediz, por exemplo, que as pessoas não vão jogar ou apostar em loterias.[9] Os economistas culpam a tolice das pessoas pelo colapso da função utilidade. A matemática descreve o que pode ser generalizado, não o comportamento humano.

Os antigos egípcios não tinham uma palavra para matemática. A nossa fonte primária para a matemática egípcia é um livro-texto escolar conhecido como *Papiro Ahmes* (ou *Rhind*). (Os estudiosos não-ocidentais preferem chamá-lo de *Papiro Ahmes*, em referência ao escriba que o compôs; estudiosos ocidentais preferem *Rhind*, em referência ao colecionador britânico que o adquiriu.)[10] Seu título é *O método correto para entrar nas coisas, para conhecer tudo que existe, toda obscuridade... todo segredo.* É uma definição tão boa quanto outra qualquer.

A matemática descreve a queda de rochas e as órbitas dos planetas, sendo uma veleidade comum entre os cientistas dizer que "a matemática é a linguagem da natureza". Isso é improvável. "Não acho que a natureza fale", diz Mazur. "*Nós* falamos."

O maior de todos os experimentadores ingleses, o físico oitocentista Michael Faraday, não falava matemática. Faraday aprendeu a ciência como encadernador, lendo os livros que encadernava, e, apesar de ter abandonado a escola no curso secundário, inventou o dínamo (gerador elétrico), que levou à eletrificação do mundo industrial. Faraday escreveu todos os resultados de seus experimentos em inglês simples. Mas nunca afirmou que "a natureza fala inglês".

Apesar de a matemática talvez não ser a língua da natureza, é certamente a língua da ciência. É o que a maioria dos cientistas fala. James Clerk Maxwell, famoso pelas equações de Maxwell, deixou a sua marca na história traduzindo a obra de Faraday para a matemática, uma língua muito mais útil para os físicos. É por isso que começamos com a matemática.

Há ciências modernas que não se prestam à matemática. A biologia, por exemplo, lida com grandes sistemas de células interativas que desafiam uma abordagem numérica. O biólogo evolucionista Paul Ewald, do Amherst College, diz que os números, embora úteis, não podem ser usados no final das contas para explicar a evolução. Não há equivalentes biológicos das equações de Maxwell que expliquem o ornitorrinco ou a girafa.

Vamos aceitar, para nossos fins, que a matemática é um fundamento essencial para a ciência. Somos forçados a aceitar essa idéia, porque é uma noção ocidental há muito acalentada. Se vamos dizer que as culturas não-européias tinham ciência muito antes que os europeus lhes exportassem esse produto, devemos provar que elas tinham matemática. Mesmo nos Estados Unidos, as ciências cujos princípios não podem ser reduzidos a fórmulas matemáticas têm sido freqüentemente descartadas como "ciências inexatas". Incluem a antropologia, a ciência médica, certamente a psicologia e, até este século, a biologia e a química. A química entrou pela primeira vez no clube das "ciências exatas" na década de 1920, quando a ordem útil, mas misteriosa, da tabela periódica dos elementos foi finalmente explicada pela física quântica e pelo princípio de exclusão de Pauli; a biologia tornou-se rigorosa (ou "exata") com a decifração da molécula de DNA e o advento da biologia molecular e seus rigorosos códigos matemáticos.

Poderíamos esperar que as culturas não-ocidentais fossem matematicamente fracas ao longo de toda a história. No entanto, em nenhum outro ponto a ciência não-ocidental é mais forte do que na matemática. O fundamento matemático da ciência ocidental é um presente intelectual dos indianos, egípcios, chineses, árabes, babilônios e outros. Os maias também desenvolveram uma matemática poderosa, seus sacerdotes julgavam empregando tanto sua capacidade de calcular quanto sua habilidade de rezar. Na civilização deles, saber lidar com os números era quase divino.

George Gheverghese Joseph, que nasceu na Índia mas leciona no Reino Unido, cita a seguinte frase do *Vedanga Jyotisa*, o mais antigo texto astronômico indiano existente (500 a. C.): "Como a crista do pavão, como a pedra preciosa da cabeça de uma cobra, assim a matemática está à frente de todo conhecimento". Poucos cientistas ocidentais discordariam dessa afirmação.

A história ocidental tradicional diz que a matemática foi criada pelos antigos gregos por volta de 600 a. C., e elaborada pela cultura greco-romana até 400 d. C., época depois da qual a disciplina adormeceu por mil anos, para ser revivida apenas na Europa pós-Renascença. Há amplas evidências, entretanto, de que culturas não-brancas e não-ocidentais deram contribuições significativas para a matemática européia — ou, no mínimo, desenvolveram técnicas matemáticas que antecederam as descobertas ocidentais. Por exemplo:

• Os indianos desenvolveram o uso do zero e de números negativos talvez mil anos antes que esses conceitos fossem aceitos na Europa. Os maias inventaram o seu próprio zero — utilizavam até várias notações para o zero — mais ou menos na mesma época que os indianos.

• Tabuletas de argila datadas de mil anos[11] antes da civilização grega revelam vestígios de uma álgebra sofisticada entre os sumérios. Papiros do século XVIII a. C. e ainda mais remotos mostram que os egípcios usavam equações simples para lidar com problemas na distribuição de alimentos e outras provisões.[12]

• No terceiro milênio antes da era cristã, os babilônios desenvolveram um sistema com valor posicional.[13] (Em nosso sistema de base 10, 348, por exemplo, representa oito unidades, quatro dezenas e três centenas.) O sistema numérico sexagesimal (base 60) babilônico talvez pareça incômodo a princípio, mas Copérnico usou frações sexagesimais para construir o seu modelo do sistema solar, e ainda usamos o sistema para contar o tempo e medir ângulos (sessenta minutos em cada hora, cada minuto dividido em sessenta segundos).

• Os escribas sacerdotais do Egito sabiam a fórmula para calcular o volume de um cilindro e, assim, reconheceram a existência do misterioso fator π (pi) muito antes dos gregos — de fato, muito antes que houvesse gregos letrados.[14] Os egípcios também desenvolveram o conceito do menor denominador comum, bem como uma tabela de frações que acadêmicos modernos estimam ter requerido 28 mil cálculos tediosos para ser compilada.[15]

• Em 2000 a. C., os astrônomos sacerdotais da Mesopotâmia, na área agora conhecida como o Iraque, tinham tabelas extensas de quadrados. Sabemos disso pelas tabuletas de argila em escrita cuneiforme encontradas nas bibliotecas dos templos.[16] Lembre-se de que os europeus no século XIV nem sequer tinham tabelas de multiplicação.

• Gottfried Leibniz, o co-inventor do cálculo, afirmou ter descoberto o segredo para decifrar os diagramas do antigo sábio chinês Fu Hsi. Leibniz sustentava que os diagramas de Fu Hsi correspondiam a seu próprio modo binário moderno de aritmética.[17]

• Os indianos inventaram uma forma incipiente de cálculo séculos antes de Leibniz inventar o cálculo na Europa.[18]

• Os árabes cunharam o termo "álgebra" e inventaram as frações decimais: 0,25 para $\frac{1}{4}$ etc.[19]

• Aristóteles dava aos egípcios o crédito de terem desenvolvido a matemática antes de seus conterrâneos, de um modo um tanto sarcástico: "As ciências matemáticas originaram-se nos arredores do Egito, porque ali a classe sacerdotal tinha direito ao ócio".[20]

Apesar disso, o mais ilustre historiador americano moderno da matemática, Morris Kline, escreveu: "Comparada com as realizações de seus sucessores imediatos, os gregos, a matemática dos egípcios e babilônios não passa de rabiscos de crianças começando a aprender a escrever, em oposição à grande literatura".[21] Na sua obra clássica *Mathematics: A cultural approach* [Matemática: Uma abordagem cultural], Kline reconhece que os babilônios e os egípcios foram os pioneiros da matemática muito antes dos gregos, mas ele os descarta como pragmáticos.[22] "Os egípcios e os babilônios atingiram realmente um estágio de trabalhar com números puros dissociados de objetos físicos. Mas, como as crianças de nossa civilização, eles não reconheciam que estavam lidando com entidades abstratas." Os gregos, disse ele, foram os primeiros a reconhecer os números como "idéias", enfatizando que era assim que deviam ser considerados.[23]

As regras continuam mudando. Quando discutirmos a física indiana antiga, no capítulo 5, os físicos ocidentais insistirão que ela é insignificante por ser abstrata, sem suporte empírico. No caso da matemática, Kline parece estar dizendo o oposto, que os babilônios e os egípcios não eram sofisticados porque *usavam* a sua matemática. Como essas civilizações viam a matemática como "uma simples ferramenta no comércio, na agricultura, na engenharia", diz Kline, quase nenhum progresso foi feito nessa área num período de mais de 4 mil anos.[24] Quanto à matemática necessária para construir as pirâmides, escreve Kline, "um marceneiro não precisa ser matemático".[25]

Outra acusação comum é que os matemáticos não-ocidentais não empregavam o antigo costume grego de elaborar demonstrações para seus resultados. Por exemplo, Pitágoras recebe o crédito pelo teorema de Pitágoras, dizem os estudiosos ocidentais, embora os babilônios tivessem o conceito séculos antes. Isso porque ele, ou seus seguidores, elaborou a primeira demonstração para esse princípio abrangente, enquanto os babilônios não o fizeram. Os críticos consideram o estilo grego de fazer demonstrações tão importante que sua inexistência em culturas não-européias, dizem eles, retira o crédito da matemática produzida ao longo de milhares de anos. A controvérsia sobre demonstrações é espinhosa. Alguns matemáticos afirmam que os povos não-ocidentais faziam provas, enquanto outros duvidam que se possa realmente "provar" qualquer conceito para toda a eternidade e em todo o universo. Veja um breve debate sobre o tópico na nota.[26]

O ceticismo é apropriado a toda pesquisa, mas o pesquisador da matemática não-ocidental deve enfrentar freqüentemente um grande obstáculo. Ayele Bekerie, da Universidade de Cornell, que estudou os antigos sistemas de numeração etíopes, descreve como os estudiosos ocidentais se recusaram no passado a aceitar que essa civilização africana havia desenvolvido seus próprios numerais. Os números etíopes se parecem, o que não é surpreendente, com os números egípcios mais antigos e, em menor medida, com os números gregos antigos — mais uma vez, não é surpreendente, por causa da proximidade geográfica da Etiópia com o Egito e porque o Egito influenciou a matemática grega. A controvérsia envolve cartas escritas por etíopes para os gregos. Essas cartas contêm números etíopes e gregos. Uma explicação é que as cartas foram escritas em ambas as línguas, para que os gregos pudessem compreender. Os céticos ocidentais sustentavam que os africanos não eram capazes de tal sofisticação, que essas cartas haviam sido na verdade escritas por gregos, que, assim, apresentaram aos etíopes um alfabeto e um sistema numérico toscos, que os etíopes agora afirmam ser seus. Claro, isso não faz muito sentido, porque as cartas foram encontradas na Grécia. Se os gregos tivessem escrito para os etíopes, as cartas deveriam ter sido encontradas na Etiópia. A disputa, segundo Bekerie, foi finalmente resolvida pelos químicos. A tinta no pergaminho da era pré-cristã em questão tinha um matiz incomum. A análise química mostrou que a tinta fora feita com frutinhas silvestres nativas da Etiópia.[27]

A nossa herança e orgulho matemáticos ocidentais são criticamente dependentes do triunfo da Grécia Antiga. Essas realizações têm sido tão exageradas que se torna muitas vezes difícil separar quanto da matemática moderna é oriunda dos gregos, e quanto é dos babilônios, egípcios, indianos, chineses, árabes, e assim por diante. A matemática dos gregos era maravilhosamente imaginativa e temos uma grande dívida para com eles. Mas, se a nossa matemática moderna fosse baseada inteiramente em Pitágoras, Euclides, Demócrito, Arquimedes e outros, seria uma disciplina altamente deficiente.

Antes de entrarmos na história da matemática dos antigos povos não-ocidentais, vamos primeiro discutir brevemente como é que a matemática que estudamos chegou às salas de aula ocidentais do século XX. Os diferentes caminhos descritos pelos estudiosos estão com freqüência em violento desacordo. Não vamos julgar aqui qual seria o correto.

A visão ocidental "tradicional" — e escrevo "tradicional" entre aspas porque essa tradição não tem nem um século — é mais bem resumida por dois respeitados historiadores matemáticos, Rouse Ball e Morris Kline. Em 1908, Ball escreveu: "A história da matemática não pode ser traçada com segurança até qualquer escola ou período antes da época dos gregos jônicos".[28] Em 1952, Kline escreveu: "[A matemática] obteve por fim um novo domínio sobre a vida no solo altamente apropriado da Grécia e cresceu com força por um período curto [...] Com o declínio da civilização grega, a planta permaneceu adormecida por mil anos [...] [até] a planta ser transplantada para a Europa propriamente dita e mais uma vez incrustada em solo fértil".[29] Com todos os detalhes, isso é freqüentemente interpretado como tendo havido três estágios na história da matemática:

1. Por volta de 600 a. C., os antigos gregos inventam a matemática, que prospera por mil anos até aproximadamente 400 d. C., época em que desaparece da face da Terra.
2. Segue-se uma era negra da matemática, que dura mais de mil anos. Alguns estudiosos admitem que os árabes mantiveram a matemática grega viva durante a Idade Média.
3. A matemática grega é redescoberta na Europa do século XVI, e a matemática refloresce a partir de então até o presente.

Essa visão é controversa. Os nossos algarismos modernos — 0 até 9 — foram desenvolvidos na Índia durante o estágio 2, a assim chamada era negra da matemática. A matemática existia muito antes de os gregos construírem o seu primeiro ângulo reto. Talvez possamos escusar Rouse Ball, que escrevia em 1908, por não ter ciência dos predecessores matemáticos dos gregos. Por outro lado, George Gheverghese Joseph aponta que Ball deveria ter tomado conhecimento da matemática indiana primitiva contida nos *Sulbasutras* [As regras da corda]. Escritos entre 800 e 500 a. C., os *Sulbasutras* demonstram, entre outras coisas, que os indianos desse período tinham a sua própria versão do teorema de Pitágoras, bem como um procedimento para obter a raiz quadrada de 2 com uma precisão de cinco casas decimais. Os *Sulbasutras* revelam um rico conhecimento geométrico que precedeu os gregos.[30]

A afirmação de Kline, diz Joseph, é mais problemática, ignorando um corpo rico de matemática não-européia que fora revelado até metade do século XX, incluindo a matemática da Mesopotâmia, Egito, China, Índia, o mundo árabe e a América pré-colombiana.[31] Há também o problema de que os próprios gregos — Demócrito, Aristóteles, Heródoto — foram pródigos em elogios aos egípcios, dando-lhes o crédito de serem seus gurus matemáticos (embora não usassem essas palavras). O fato é que muitos povos faziam contas antes dos gregos.

É impossível pensar numa cultura que não tenha possuído alguma forma de contagem, isto é, um método de casar uma coleção de objetos com um conjunto de números, marcadores ou outros símbolos de cômputos, quer escritos, quer na forma de contas, nós ou entalhes na madeira, pedras ou ossos. Contar é matemática e nem todos conseguem fazê-lo, mas toda cultura possui ao menos alguns indivíduos que sabem contar.

A trajetória clássica da matemática não dá crédito a civilizações não-ocidentais no desenvolvimento da matemática. (Segundo Joseph.)

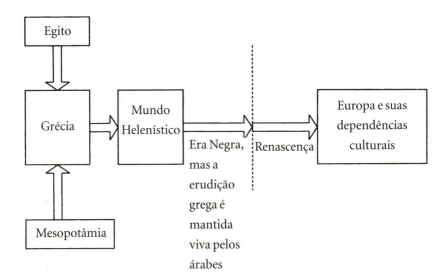

Recentemente, uma trajetória eurocêntrica modificada tem sido ensinada. Reconhece a matemática não-ocidental, mas pinta-a como subordinada à matemática européia. É também demasiado simplificada. (Segundo Joseph.)

Essa é uma pressuposição segura, visto que o matemático Tobias Dantzig demonstra que os animais possuem um "senso numérico", ainda que não possam ser chamados de "contadores" (eles não têm números nem varinhas de marcar quantidades). Dantzig cita o caso do "corvo contador" no seu livro de 1930, *Número: A linguagem da ciência*.

Um nobre, escreve Dantzig, queria matar um corvo que fizera um ninho dentro de sua torre de vigia. Quando ele entrou na torre e aproximou-se do corvo, o pássaro sabia o que ia acontecer e saiu do ninho. Ficou observando de uma árvore distante até o homem sair da torre, e só então retornou ao ninho. Assim, o nobre lançou mão de um truque. Ele e um amigo entrariam na torre, onde ficariam escondidos do corvo, mas só um dos homens sairia — a idéia era que o corvo seria enganado e retornaria ao ninho, para ser morto pelo caçador remanescente. O pássaro não quis saber disso, permanecendo na árvore. Assim, o nobre repetiu o experimento em dias sucessivos, usando dois, três, depois quatro homens, sempre sem sucesso. Por fim, cinco homens entraram na torre, e quatro saíram enquanto um permanecia. "Nesse ponto, o corvo perdeu a conta", escreve Dantzig. "Incapaz de distinguir entre quatro e cinco, ele logo retornou ao ninho."

Superficialmente, essa história famosa pareceria indicar que os corvos sabem "contar" apenas até quatro. Não podemos perguntar ao corvo o que o levou a retornar prematuramente ao ninho, mas parece óbvio que o senso numérico de um corvo é inferior ao dos humanos.

Dantzig aponta que é muito difícil testar o senso numérico dos humanos, porque a nossa espécie tem se baseado na contagem há tanto tempo que ela se tornou "uma parte integrante de nosso equipamento mental".[32] Os humanos estão sempre favorecendo, consciente ou inconscientemente, o seu senso numérico inato com artifícios como contagem, agrupamento mental e leitura de padrão simétrico. Com grande dificuldade, alguns psicólogos delinearam testes que eliminam esses artifícios. Chegaram à conclusão de que o nosso senso numérico visual direto vai até... quatro. Não somos melhores do que o corvo.

O mágico Harry Houdini sabia dessa característica humana, ao menos de modo intuitivo. Um de seus truques era chamado "Caminhar Através das Paredes". Houdini explica ao público que vai passar através de uma parede de tijolos. Diz que não há alçapão no palco e, para demonstrar esse detalhe, desenrola um tapete largo do fundo até a frente do palco. Isso bloqueará qualquer alçapão. Para salvaguardar ainda mais o palco, uma longa e pesada viga de aço é colocada sobre o tapete, novamente do fundo até a frente, apontando na direção do público. Aparecem alguns pedreiros, e eles constroem uma parede de tijolos sobre a viga. O público está de frente para a extremidade da parede. Houdini anuncia que vai passar *através* da parede, da esquerda para a direita. Biombos com cortina são colocados em cada lado da parede. Houdini desaparece atrás da cortina esquerda e, a um sinal, torna a se materializar magicamente no lado direito, saindo pela cortina direita, para o aplauso do público. Claramente, ele não passou por cima nem por baixo da parede. O truque: ele caminhou ao redor da parede, bem à vista do público.

O truque funciona porque os muitos pedreiros, dez ou mais, usam macacões idênticos enquanto correm pelo palco. Quando desaparece atrás do primeiro biombo, Houdini veste um dos macacões ali escondido, que o faz parecer um pedreiro. Houdini simplesmente caminha ao redor da parede bem à vista de todos e junta-se aos pedreiros que estão colocando o segundo biombo no lugar. Vai para trás do biombo, tira o macacão, voltando às suas roupas originais, e passa pela cortina. Ninguém percebe o pedreiro extra.

Houdini percebeu a limitação do senso numérico humano. Conseguiu enganar o público com dez pessoas. Se um membro do público tivesse se dado ao trabalho de contar os pedreiros, o truque teria fracassado. Mas quem conta? Contudo, ele precisou de mais que o dobro do número humano de quatro devido ao que Dantzig chama de "reconhecimento de padrão simétrico". Se houvesse apenas oito pedreiros, por exemplo, em algum momento com apenas quatro de um lado, a assimetria de cinco e quatro poderia ser percebida, quando Houdini se juntasse aos trabalhadores.[33]

O Grande Houdini deu inadvertidamente uma contribuição significativa para a ciência, provando que os humanos não têm um senso numérico maior que o dos corvos. Números, varinhas de marcar quantidades e outros artifícios são necessários. Deixe-me acrescentar que uma pesquisa interessante realizada desde a época de Dantzig tem mostrado que alguns animais também podem ser contadores sofisticados. Vamos tratar disso em breve.

O matemático alemão Karl Menninger tinha uma definição liberal de contagem. Ele fala dos wedda, uma tribo que vive na ilha de Ceilão. Se um wedda deseja contar cocos, ele reúne uma pilha de pauzinhos e casa os pauzinhos com os cocos. Os wedda não têm palavras para os números. "Isso significa que são incapazes de contar?", pergunta Menninger. "Nem um pouco. Eles traduzem a pilha de cocos assim dispostos na quantidade auxiliar de pauzinhos." Podem dizer se alguém roubou um dos cocos, arranjando os cocos e os pauzinhos numa ordem de um-para-um. Mas como conseguem descrever o número total de cocos? Apontam para a pilha de pauzinhos, explica Menninger, e dizem: "Tudo isso!"[34]

Em todo caso, contar — com números, pauzinhos ou algum outro dispositivo — estende o senso numérico inato muito além de seus limites modestos, propelindo os humanos acima das outras espécies. Outros estudiosos acreditam que talvez não sejamos a única espécie que conta. O quebra-nozes de Clark, por exemplo, um grande pássaro que vive no alto das montanhas onde o alimento é escasso durante o inverno, esconde milhares de sementes no tempo bom, desenterrando-as meses mais tarde. Num laboratório na Universidade do Norte do Arizona, os pássaros recuperavam as sementes dentro de uma grande caixa de areia com uma taxa de precisão de 90%. Especialistas em inteligência animal acreditam que o quebra-nozes usa um tipo de sistema vizinho-mais-próximo, escolhendo um ponto focal para o primeiro esconderijo, depois escondendo sementes sucessivas num padrão geométrico que ele de algum modo memoriza.[35] Se um quebra-nozes de Clark compara o primeiro conjunto (as sementes) com o segundo conjunto (o padrão), seria possível considerar que o pássaro está contando.

Há um debate sobre se contar, ou até fazer contas, se qualifica como matemática, mas George Joseph diz que a matemática surgiu inicialmente de uma necessidade de contar e registrar os números: "Pelo que sabemos, nunca houve uma sociedade sem alguma forma de contar ou marcar quantidades, isto é, casar um grupo de objetos com algum conjunto de marcadores facilmente manipulável, sejam estes pedras, nós ou inscrições como entalhes em madeira ou osso".[36]

O Osso Ishango é evidência — evidência controversa — de uma das primeiras sociedades contadoras, há cerca de 20 mil anos. Ishango é uma área ao redor do lago Edward, nas montanhas da África equatorial central, na fronteira de Uganda com o Zaire. Ishango é escassamente povoada hoje em dia, mas há 20 mil anos uma pequena comunidade pescava no lago, colhia alimentos e cultivava a terra ao longo de suas praias. A sociedade Ishango durou apenas algumas centenas de anos, antes de ser soterrada por uma erupção vulcânica.

O Osso Ishango propriamente dito é um objeto marrom-escuro, como o cabo de um instrumento de osso. Caracteriza-se por um pedaço pontudo de quartzo numa das extremidades, que pode ter sido usado para gravar, tatuar ou talvez escrever. Mais interessantes são as três colunas de entalhes. Eles estão assimetricamente agrupados, o que leva Joseph e outros a acreditar que são funcionais, em vez de decorativos. Os grupos de entalhes alinham-se da seguinte maneira:

>Fila 1: 9, 19, 21, 11
>Fila 2: 19, 17, 13, 11
>Fila 3: 7, 5, 5, 10, 8, 4, 6, 3

As varinhas de marcar quantidades são anteriores ao Osso Ishango. Entalhes em pauzinhos ou ossos (ou nós em cordões ou cortes em pedras) têm sido encontrados por todo o mundo. São registros de contagens, talvez os animais abatidos por caçadores. Uma fíbula de babuíno de 37 mil anos com 29 entalhes foi encontrada na Suazilândia. Uma tíbia de lobo de 32 mil anos, marcada com 57 entalhes — os primeiros 55 reunidos em grupos de cinco — foi encontrada na antiga Tchecoslováquia. Essas varetas usadas para contar são semelhantes às varinhas de calendário empregadas ainda hoje na Namíbia para registrar o tempo. O agrupamento — os romanos faziam algo semelhante — talvez tenha sido o primeiro passo para construir um sistema numérico.

J. de Heinzelin, o arqueólogo que desenterrou o osso, especulava que a sociedade Ishango não só tinha um sistema numérico, mas que esse sistema, por meio da transmissão de pontas de arpão e outras ferramentas, espalhou-se ao norte para o Egito e originou a matemática egípcia. Joseph comenta: "Um único osso pode muito bem ruir sob o peso de conjecturas empilhadas sobre ele". Temos de aceitar o ceticismo de Joseph e outros, dada a ambigüidade da evidência, embora Joseph aponte que eruditos tenham atribuído aos construtores de Stonehenge uma habilidade matemática monumental com base em umas poucas pedras grandes.[37]

Há outros exemplos de matemática não escrita, como os quipos incas, cordões cheios de nós usados para registrar números num sistema de base decimal, e as conchas de cauri dos iorubas do sudoeste da Nigéria. Mas vamos direto à primeira cultura que deu grandes passos para a matemática escrita.

EGITO

Como a própria civilização, a história da matemática egípcia é longa, começando por volta de 3200 a. C., quando um sistema de escrita foi inventado, e estendendo-se até 332 a. C., quando Alexandre, o Grande, conquistou e helenizou o Egito. As nossas fontes são escassas, porque o papiro se deteriora em condições úmidas. Os únicos documentos legíveis foram encontrados em cemitérios e templos na margem do deserto ao longo do vale do Nilo. Poucos papiros têm sido recuperados das principais cidades nas áreas férteis em torno do Nilo ou no delta. A maioria data do período do Médio Império, entre 2000 e 1700 a. C. No total, há apenas cinco papiros, um par de tabuletas de exercício feitas de madeira e uma lasca de pedra.[38] Mas encontramos uma rica tradição matemática. Quem sabe o que não estava sendo feito com números nas principais cidades?

Os egípcios usavam três sistemas numéricos diferentes: os sistemas hieroglífico e hierático, no início da história dessa civilização, e o demótico mais para o fim, durante os períodos grego e romano. Os números hieroglíficos eram obviamente pictóricos, cada caráter imediatamente reconhecível como um objeto comum, desde cordas ao homem e ao Sol. Todos os números podiam ser expressos por meio de combinações de apenas oito figuras, representando potências de 10 — de 1 a 10^7:

| 1 | 10 | 10^2 | 10^3 | 10^4 | 10^5 | 10^6 | 10^7 |

Os primeiros três símbolos, para 1, 10 e 10^2, eram variações de uma corda: uma extensão curta de corda, a corda em forma de U e uma corda enrolada, respectivamente. Talvez as imagens da corda fossem inspiradas pelos *harpedonaptai*, os "esticadores de corda", ou inspetores, que inspecionavam regularmente as terras do vale do rio Nilo. O 1000 (10^3) parecia um lótus; 10 000 (10^4), um dedo curvo; 100 000 (10^5), um girino; 1 000 000 (10^6), um homem com os braços levantados; 10 000 000 (10^7), um Sol, talvez Rá, o deus do Sol.

Os egípcios escreviam qualquer número que desejassem agrupando os símbolos acima. Por exemplo, 1321 seria escrito da seguinte forma:

$$1 + 2(10) + 3(10^2) + 1(10^3)$$

Como os egípcios não tinham zero nem indicador de posição, o hieróglifo podia ser arranjado em qualquer seqüência. Ter símbolos distintos para cada potência de 10 fazia qualquer sistema de notação posicional redundante. Em geral, os hieróglifos eram dispostos da esquerda para a direita em ordem crescente de magnitude, como acima — em outras palavras, ao contrário do modo como escrevemos os números hoje em dia. A adição era o processo de somar os vários símbolos, depois substituir aqueles símbolos dos quais havia mais do que dez pelo símbolo maior seguinte. Por exemplo, 547 + 624 = 1171 seria escrito da seguinte maneira:

O que, por sua vez, seria reorganizado para:

A subtração é o processo inverso, mas, nesse caso, um grande hieróglifo deve ser freqüentemente substituído por dez menores, sempre que necessário. Tome-se 32 - 5:

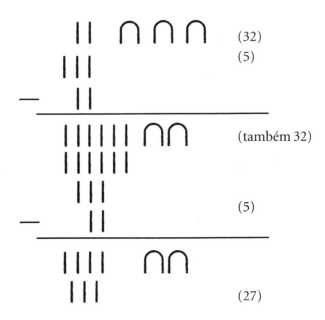

Explicar a multiplicação no antigo mundo egípcio requer que façamos um pouco de matemática real. Não é tão difícil quanto parece, e não gastaremos muito tempo com isso. Acho que, se tentar, você vai ficar satisfeito consigo mesmo, talvez até sentir certo parentesco com o mundo antigo.

Em primeiro lugar, os egípcios não tinham tabuadas de multiplicação. Memorizamos as tabuadas na terceira série, e estamos prontos para a vida. A multiplicação no antigo mundo egípcio era similar a um método usado no final da Idade Média na Europa, no qual a multiplicação era simplesmente uma série de duplicações, como demonstrado no início do capítulo. Vamos tomar o mesmo problema, 13 × 46, que o matemático egípcio decomporia numa série de potências inteiras de 2, ou duplicações.

46 vezes 1 é igual a 46	(**1×**) ◄
46 duplicado é igual a 92	(2×)
92 duplicado é igual a **184**	(**4×**) ◄
184 duplicado é igual a **368**	(**8×**) ◄

Mais uma vez, ele encontra a combinação de duplicações que soma 13, as indicadas acima, 1×, 4× e 8×. Depois adiciona as três somas resultantes para resolver o problema: 46 + 184 + 368 = 598. Claro, é um pouco mais difícil, porque ele está operando com numerais hieroglíficos em lugar dos nossos numerais indianos. O egípcio duplicaria da seguinte maneira (nota: a potência 0 de qualquer número é 1, e a primeira potência de qualquer número é o próprio número, assim $2^0 = 1$ e $2^1 = 2$):

46×1 (2^0) seria escrito:

46×2 (2^1) seria escrito:

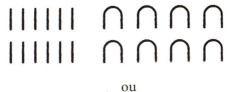

ou

 (92)

46×4 (2^2) seria escrito:

 (184)

E assim por diante. Dá para ter uma idéia. Era *relativamente* fácil fazer as duplicações. Cada passo requeria apenas escrever dois conjuntos de hieróglifos do passo anterior. Reconhecidamente, esse é um processo incômodo quando os números se tornam maiores e é preciso substituir constantemente os hieróglifos, reduzindo a quantidades menores do que dez. O método egípcio de multiplicação funciona por causa de um princípio básico da matemática: todo inteiro pode ser expresso como a soma de potências inteiras de 2 convenientes. Não importa qual número é o multiplicador, pode-se decompô-lo em parcelas escolhidas de uma lista de potências de 2.

Confie em mim quanto a isso. Ou tente, mas reserve muito tempo para a tarefa. A regra acima é bem conhecida hoje em dia. A questão é: os antigos egípcios estavam cientes da regra? Está no coração da sua matemática, mas os matemáticos ocidentais não acreditam que não-europeus que viveram há 5 mil anos tenham chegado a essa conclusão. A regra das potências inteiras está também no coração do método de multiplicação abaixo, uma variação relativamente moderna do método egípcio. Vamos resolver um problema fácil, 180 × 20 (que é, obviamente, 3600), para mostrar como a coisa funciona. Coloca-se o 180 na coluna da esquerda, o 20 na da direita. Depois duplica-se sucessivamente a coluna da direita, enquanto se divide pela metade a da esquerda. (Quando se divide um número pela metade e o resultado é um não-inteiro — digamos, 11 e 5,5 —, arredonda-se para o número menor, nesse caso 5.) Da seguinte maneira:

	Metade		Dobro
	180	×	20
	90		40
➤	45		**80**
	22		160
➤	11		**320**
➤	5		**640**
	2		1280
➤	1		**2560**

Hoje, conseguimos resolver esse problema de cabeça: 180 × 20 = 3600. Os antigos egípcios e os europeus medievais não conseguiam fazê-lo, então o exemplo dado representa um atalho do método egípcio clássico. Depois de duplicar a coluna da direita e dividir pela metade a da esquerda, percorra a coluna da esquerda e escolha todos os números ímpares, em seguida adicione as somas correspondentes na coluna da direita. Assim, 180 × 20 = 80 + 320 + 640 + 2560 = 3600. Por que isso funciona? Os números ímpares à esquerda correspondem àquelas potências de 2 que o multiplicando (180) abrange. Note-se:

2^0	180	×	20	
2^1	90		40	
2^2 ➤	45		80	($2^2 = \mathbf{4}$)
2^3	22		160	
2^4 ➤	11		320	($2^4 = \mathbf{16}$)
2^5 ➤	5		640	($2^5 = \mathbf{32}$)
2^6	2		1280	
2^7 ➤	1		2560	($2^7 = \mathbf{128}$)

As potências de 2 são iguais a 180: 4 + 16 + 32 + 128 = 180. Tomei um problema fácil, 180 × 20, para que você pudesse resolvê-lo, usando os métodos modernos, de cabeça. A técnica funciona para qualquer problema de multiplicação. Tente alguns.

George Gheverghese Joseph diz que a variação moderna acima do método egípcio original é até agora usada entre comunidades rurais na Rússia, Etiópia e Oriente Próximo, onde as tabuadas de multiplicação ainda não se tornaram populares. É às vezes referida como o "método do camponês russo". Quando deparei com a técnica pela primeira vez, ela me impressionou do mesmo modo que a madeleine impressionou Proust.

Meu pai, que abandonou os estudos no curso secundário, costumava me ensinar métodos estranhos de aritmética, inclusive o método do camponês russo, embora ele não o chamasse dessa maneira. Americano de primeira geração, ele aprendera uma variedade de técnicas de calcular exóticas com seu pai, que fora agricultor na Sicília. Meu pai era vendedor de frutas, entregava os produtos a pequenas lojas e restaurantes. Recusava-se a usar uma calculadora. Suas contas continham estranhos rabiscos numéricos, não de todo diferentes do cálculo acima. Seu contador temia o dia em que um auditor da Receita Federal americana franzisse o sobrolho ao ver esses disparates, embora os totais estivessem sempre corretos.

Como é que um vendedor de frutas trabalhando numa pequena cidade de Minnesota no século XX chega a usar técnicas matemáticas praticadas pioneiramente pelos antigos egípcios? Uma possibilidade — e apenas faço uma sugestão — diz respeito ao matemático grego Pitágoras, que aprendeu a lidar com os números no Egito e emigrou no século VI a. C. para a Itália, onde fundou a escola de matemática pitagórica. Ele não poderia ter espalhado técnicas dos antigos egípcios por toda a Itália e Sicília, onde foram transmitidas pelos camponeses durante milênios? Na verdade, não importa. O interessante é que agora, no século XXI, algumas pessoas em todo o mundo ainda fazem contas como um egípcio.

Mas não podemos enumerar todas as realizações matemáticas dos antigos egípcios. Vamos examinar apenas mais uma por enquanto. O *Papiro Ahmes*, um manuscrito de couro descoberto em 1927, revelou que os egípcios foram a primeira cultura a dominar as frações.[39] Em 1927, egiptólogos que aguardavam com grande expectativa as primeiras traduções do papiro ficaram desapontados quando souberam que o manuscrito continha apenas 26 identidades matemáticas rudimentares, como $\frac{1}{10} + \frac{1}{40} = \frac{1}{8}$. O primeiro tradutor gracejou que, se o *Ahmes* tivesse algum valor, seria o de fornecer compreensão sobre as técnicas de curtimento de couro daqueles tempos. No Ocidente do século XX, as frações são tomadas como um dado natural. O *Papiro Ahmes*, entretanto, revela que os egípcios foram a única cultura antiga a operar com frações unitárias. Os egípcios não usavam dinheiro. Permutavam, e as frações os ajudavam a trocar as mercadorias, dividir os alimentos e a terra, calcular a porcentagem de alimentos nas receitas.

Os egípcios gostavam de tabelas (a falta de uma tabuada de multiplicação continua a ser curiosa) e tinham quantidades copiosas delas para acelerar os cálculos. O papiro apresenta vários problemas, um dos quais desafia o leitor a dividir nove pães entre dez homens. (A cerveja e o pão eram padrões comuns de troca.) A nossa abordagem moderna é simples — cada homem recebe $\frac{9}{10}$ de um pão —, mas não nos dá nenhum método satisfatório para realmente dividir os pães físicos. Hoje cortaríamos $1\frac{1}{10}$ de cada pão. Nove homens receberiam $\frac{9}{10}$ de um pão. O décimo homem receberia nove bicos de pão. Matematicamente justo, mas não eqüitativo, a menos que se goste de casca de pão.

Os antigos egípcios, por sua vez, examinariam uma tabela de frações unitárias e descobririam que $\frac{9}{10} = \frac{2}{3} + \frac{1}{5} + \frac{1}{30}$. Cortariam então os nove pães em vários segmentos representando terços, quintos e trinta avos.

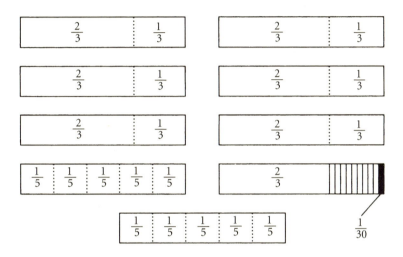

Corte do pão, estilo egípcio: o Papiro Ahmes *explica como dividir nove pães entre dez homens de modo que ninguém fique com todos as pontas. (Segundo Joseph.)*

Sete homens receberiam, cada um, três pedaços de pão: um $\frac{2}{3}$, $\frac{1}{5}$ e $\frac{1}{30}$ segmento de um pão. Os outros três homens receberiam quatro pedaços: dois $\frac{1}{3}$, um $\frac{1}{5}$ e um $\frac{1}{30}$. O método egípcio requer muitos cortes, mas divide o pão segundo a forma e a substância.

Vamos parar de cortar pão por um momento e continuar a examinar a influência dos egípcios, a primeira cultura conhecida a promulgar uma matemática escrita plenamente desenvolvida.

A principal queixa contra os egípcios é que suas contribuições foram triviais. O que os egípcios fizeram de errado? Segundo Morris Kline, o divulgador da matemática Lancelot Hogben e outros, os egípcios e os babilônios dependiam da evidência empírica, da experimentação com números e formas. Os gregos encontravam as suas respostas por meio da lógica.[40]

Quando se começa a dissecar esse argumento? O ataque de Kline ao empirismo — isto é, basear-se na evidência, e não na lógica — é um antigo ponto de vista grego. Por volta de 400 a. C., o grande matemático Demócrito de Abdera apresentou a proposição de que a mente é superior aos sentidos. Por meio da lógica, penetramos no conhecimento "legítimo", dizia Demócrito, enquanto a evidência empírica é o conhecimento "bastardo", colorido pelos sentidos nada confiáveis.[41] O que tem sabor doce para A pode ser amargo para B. Uma criança feia parece bela à sua mãe. Como podemos confiar na informação colhida por meio do paladar, da visão, da audição, do tato e do olfato?

Era um ponto de vista que estava sendo abandonado, mesmo no Ocidente, na época da Renascença. Quando Galileu deixou cair dois pesos desiguais da Torre Inclinada de Pisa em 1589, ele não só estava demonstrando que a aceleração é independente da massa (o objeto mais pesado atingiu o chão um pouco antes, mas não de forma significativa), como também que é necessário experimentar para determinar a verdade. O conhecimento "legítimo" de que os objetos mais pesados caem mais rápido, como insistia Aristóteles, deve acatar o conhecimento "bastardo" de que eles não caem mais rápido. Vamos ver num capítulo posterior que até Demócrito sucumbiria ao conhecimento bastardo, sendo a sua maior realização resultado do olfato, e não da lógica.

O historiador grego Heródoto se refere à geometria como o "presente do Nilo". Como o transbordamento anual do rio Nilo apagava as divisas das terras dos agricultores, os egípcios desenvolveram a geometria para tornar a determinar as linhas dos lotes. (É uma referência pitoresca, mas apenas parcialmente válida; os egípcios praticavam a geometria muito antes de 1400 a. C., a data citada por Heródoto.) A lógica de Heródoto e Kline é um tanto falha. O fato de haver um uso para uma invenção não implica necessariamente uma relação causal.

Denegrindo os egípcios pelo seu pragmatismo, Kline lhes dá o crédito de aplicar a matemática à astronomia, à contagem do calendário e à navegação. Os movimentos dos corpos celestes, diz ele, nos fornecem o nosso padrão fundamental do tempo, e suas posições em determinados períodos permitem que os navios calculem as suas localizações e que as caravanas encontrem o seu rumo nos desertos. Os egípcios precisavam predizer as enchentes do Nilo, para que os agricultores pudessem deslocar os seus pertences e o gado. O calendário egípcio acabou sendo adaptado pelos romanos e transmitido para a Europa (o nosso calendário atual é essencialmente o calendário juliano, encomendado por Júlio César).

MESOPOTÂMIA

A matemática no Egito e na Mesopotâmia abrange mais ou menos o mesmo período. As várias civilizações mesopotâmicas estenderam-se de 3500 a. C., quando os sumérios estabeleceram as suas primeiras cidades-Estados, até 539 a. C., quando a área foi conquistada pelos persas.

Uma cadeia de povos diferentes povoou a terra entre o Tigre e o Eufrates. Os sumérios foram os primeiros, construindo Ur, talvez a cidade mais famosa da Antiguidade, nas margens do Eufrates. São muitas as referências bíblicas à Suméria. *A epopéia de Gilgamesh* foi escrita na região, e ali os zigurates foram erigidos. Os sumérios deram lugar aos acádios, vindos do deserto circundante, que por sua vez foram esmagados pelo Primeiro Império Babilônico por volta de 1900 a. C., que foi então devastado pelos assírios em 885 a. C., os quais foram conquistados pelos caldeus, dando assim início ao Segundo Império Babilônico em 612 a. C., que deu lugar à invasão persa em 539 a. C. Nos intervalos estavam os hititas, os hurritas e outros intrusos. Por conveniência, quando o tema tratado é a matemática, o período é conhecido genericamente como a era babilônica. Quando se pode apontar com precisão o período mais antigo, usamos o termo sumério.

Felizmente, os nossos registros da Babilônia são indeléveis. Os babilônios escreviam em tabletes moldados com a argila das margens do Tigre ou do Eufrates. Os escribas faziam impressões em forma de cunha com um junco. Esses tabletes, secados ao sol ou cozidos em fornos, ainda são legíveis, ao contrário de muitos dos papiros do Egito.[42] Eles contêm muitos erros. Os escribas tinham de escrever rápido, antes que a argila secasse. Meio milhão de tabletes foram encontrados, porém menos de quinhentos contêm matemática. Embora a escrita cuneiforme dos sumérios tenha sido decodificada há cerca de 150 anos, os tabletes de matemática só foram estudados a partir da década de 1930.

Os tabletes que foram decifrados contam uma história interessante. Em certo sentido, os sumérios/babilônios desenvolveram uma matemática mais sofisticada que a dos egípcios. Por outro lado, era uma sofisticação imperfeita, que levava à ambigüidade, em oposição à clareza dos egípcios.

O triunfo dos babilônios é o seu sistema de notação com valor-posição, em que a posição de um algarismo determina o seu valor (o nosso número 111, por exemplo, representa uma centena, uma dezena e uma unidade). O sistema de notação babilônico não era dessemelhante ao nosso, mas diferia em várias maneiras. Primeiro, os sumérios tinham dois sistemas de base diferentes operando um dentro do outro. Eles contavam tanto 10s como 60s. Isso talvez pareça estranho, até lembrarmos que também temos um sistema sexagesimal em ação: a nossa hora de sessenta minutos, o nosso minuto de sessenta segundos, os 360 (6 × 60) graus da circunferência. Copérnico também fazia uso de frações sexagesimais no século XVI.

O sistema dos sumérios era incompleto. Eles usavam notação posicional apenas em base 60 e não tinham um sistema posicional para todas as potências de 60. Eis o que eles tinham:

1	10	60	600	3600
D	O	D	⊙	○

Por volta de 2000 a. C., os babilônios inventaram um sistema mais simples, usando um sistema de notação com valor-posição e com apenas dois símbolos, uma forma de pino para 1 e uma figura semelhante a uma asa para 10. Eis como escreveriam três números abaixo de 60:

4: ΤΤΤΤ , 28: ⟨ΤΤΤΤ / ⟨ΤΤΤ , 59: ⟨⟨ΤΤΤΤ / ⟨⟨ΤΤΤΤ Τ

De 2500 a. C. em diante, os babilônios descobriram que podiam dar valores múltiplos a seus dois símbolos, dependendo de suas posições relativas. Isso os colocou à frente dos egípcios, que tinham de inventar um novo hieróglifo cada vez que desejavam chegar a mais uma potência de 10. Como nós, os babilônios escreviam da esquerda para a direita, registrando 95 da seguinte maneira:

95 = 60(1) + 35: 𒁹 𒌋𒌋𒌋 𒁹𒁹𒁹𒁹𒁹

O primeiro "pino" vale 60, as três "asas" valem 30 e os cinco "pinos" finais valem 5, para um total de 95. Eles faziam as frações da mesma forma, com o denominador deslocado para a direita. Como distinguir as frações dos números maiores? Não era possível distingui-los com certeza. Os babilônios não tinham símbolo para o zero a essa altura, nem a vírgula decimal para distinguir entre o inteiro e as partes fracionárias de um número. Joseph aponta que nesse sistema, por exemplo, 160, 7240, $2\frac{2}{3}$ e $\frac{2}{45}$ são todos escritos da mesma forma.

No sistema babilônico, um símbolo escrito em tamanho um pouco maior teria um valor diferente do de seus irmãos menores.[43] Os babilônios não tinham zero para designar "colunas vazias" nos seus números (assim como diferenciamos 202 de 22 com o zero no meio). Por isso, deixavam espaço extra para representar as "colunas vazias". Essas sutilezas talvez escapem ao olhar moderno. Pequenas variações involuntárias ao escrever os números com um junco, ou mais tarde com um estilete de três lados,[44] ou interpretações errôneas do leitor quanto ao tamanho ou espaçamento podiam acarretar erros. Ao menos essa é a nossa perspectiva atual, e essa perspectiva deve ser um tanto precisa, porque os babilônios continuaram a aperfeiçoar o seu sistema, removendo por fim a ambigüidade. Entre 700 e 300 a. C.,[45] começaram a usar um indicador de posição que consistia em dois pequenos triângulos ou cunhas inseridos nas colunas vazias:[46]

▲
▲

Esses triângulos (que freqüentemente tinham outras formas) significavam "nada nesta coluna". Era um tipo limitado de zero. Assim, podia-se então escrever o número 7240 da seguinte maneira:

𒁹𒁹 ▲ 𒌋𒌋𒌋𒌋

Sem os apontamentos para o zero, o número seria 160; isto é, duas formas de pino (2 × 60) para 120 mais quatro "asas" (4 × 10) para mais 40. Mas as cunhas triangulares preenchem a coluna dos 60s, de modo que as formas de pino são promovidas a uma potência de 60, de 60 para 60^2 (ou 3600). Temos duas formas de pino para 7200 (3600 × 2) mais quatro asas para mais 40. Resultado: 7240.

Os babilônios nunca transformaram suas cunhas num zero de fato, num número real, pois só as usavam no meio de números, nunca no final. Tinham um sistema flexível, mas ambíguo.

O estudioso pioneiro da matemática babilônica na década de 1930 Otto Neugebauer acrescentou vírgulas, zeros e pontos-e-vírgulas ao sistema numérico mesopotâmico, para melhor estudar as operações matemáticas babilônicas. Modernizadas (na verdade, "indianizadas", pois o nosso sistema moderno vem da Índia antiga), as operações babilônicas diferem pouco da adição, subtração, multiplicação e divisão realizadas hoje em dia.[47]

É claro que os egípcios podiam fazer tudo isso, e com maior clareza. O que se podia fazer com o sistema numérico babilônico, entretanto, era a álgebra. Mesmo durante o Primeiro Império Babilônico, os matemáticos resolviam equações. Os babilônios tinham uma espécie de x, que eles chamavam *sidi*, para lado (como no lado de um quadrado a ser encontrado), e usavam *mehr* ("quadrado") para x^2. Eram capazes de resolver equações lineares e de segundo grau. Um problema típico do Primeiro Império Babilônico pergunta: "Multiplique dois terços de [sua cota de cevada] por dois terços [da minha parte] mais cem qa* de cevada para obter a minha cota total. Qual é [a minha] cota?". A técnica usada para resolver o problema é idêntica à que usamos.[48]

Os babilônios tinham tabuadas de multiplicação, bem como tabelas para quocientes recíprocos, quadrados, cubos e raízes quadradas e cúbicas.[49] Tinham até tabelas com os valores de $n^3 + n^2$ para os inteiros de 1 a 20 e para 30, 40 e 50. Esses valores ajudam a resolver rapidamente um tipo de equação chamada equação cúbica mista. Essas equações podem ser usadas, por exemplo, para calcular quanto tempo um montante de dinheiro levaria para dobrar, dadas várias taxas de juros.[50]

Ao contrário dos gregos, que os abominavam, os babilônios lidavam rotineira e confortavelmente com os números irracionais. Formalmente, os números racionais são aqueles que podem ser expressos como o quociente entre dois números inteiros; números como 3 (que pode ser expresso como $\frac{3}{1}$), 0,25 ($\frac{25}{100}$) e $\frac{1}{3}$. Talvez

---

* Antiga unidade de medida babilônica correspondente ao volume de um cubo cujos lados tenham o tamanho aproximado da palma da mão. (N.T.)

a melhor maneira de descrever números irracionais seja dizer que, quando expressos como decimais, eles não têm nenhum padrão repetitivo de dígitos depois da vírgula. O racional $\frac{1}{3}$, por exemplo, aparece como 1,33333333...; continua indefinidamente, mas há um padrão. O primeiro número irracional descoberto, a raiz quadrada de 2, por outro lado, é 1,41421356237309..., sem padrão repetitivo.[51] Outro irracional famoso é pi. Ou 3,14159265358979...[52] Um antigo tablete babilônica contém o número 1,41421297, a raiz quadrada de 2 com precisão de cinco casas decimais.[53] (Nem todos os matemáticos concordam que os babilônios compreendessem verdadeiramente os irracionais. Uma visão oposta encontra-se na nota.)[54]

Os babilônios eram sem dúvida geômetras fracos, quando comparados com os egípcios e, mais tarde, com os gregos. Para calcular a área de um círculo, por exemplo, eles primeiro usavam 3 como o valor de pi. Não era muito próximo. Mais tarde, melhoraram para 3,125. O que eles tinham era o "teorema de Pitágoras" — cerca de 1200 a 1500 anos antes de Pitágoras nascer.[55]

Na coleção Plimpton, na Universidade Columbia, existe um tablete babilônico datado de 1700 a.C. Ele é repleto de colunas de números, além de estar danificado por uma lasca profunda no lado direito. Parece que não havia mais nada no tablete, que foi quebrado ao ser escavado. Ainda assim, há muito a pensar: quinze conjuntos de três números cada um. Alguns estudiosos insistem que os números são ternas pitagóricas. Isto é, os números que descrevem os comprimentos dos lados e das hipotenusas de vários triângulos retângulos de acordo com o que afirma o teorema de Pitágoras, que a soma dos quadrados dos dois lados perpendiculares deve ser igual ao quadrado da hipotenusa.

Conhecemos algumas dessas ternas pitagóricas das aulas de geometria na escola: 3 : 4 : 5; 5 : 12 : 13; 8 : 15 : 17 e assim por diante. Alguns críticos da matemática babilônica insistem que a existência de quinze ternas pitagóricas num tablete não indica que os escribas tinham o conceito de $a^2 + b^2 = c^2$ relacionados aos triângulos retângulos em 1700 a.C., 1200 anos antes do nascimento de Pitágoras.

Mas é um pouco de coincidência: quinze ternas pitagóricas não interrompidas por outros números. Alguns apontam que as ternas não são organizadas do modo como agora as organizaríamos, numericamente, começando com os números menores. Isso necessariamente tira o crédito da compreensão do teorema pelos babilônios?

Outros matemáticos vêem um padrão mais sutil. Os próprios números das ternas estão contidos nas colunas 2, 3 e 5. A coluna 4 contém o número da fileira (1 até 15). Os números na coluna 1 continuam misteriosos. Uma explicação, proposta por George Joseph, é que os números na coluna 1 têm algo a ver com a dedução das ternas pitagóricas usada na construção de triângulos retângulos com lados racionais. Ele acha ser improvável que as ternas tenham sido encontradas por meio de tentativa e erro, porque são demasiado complicadas (a fileira 15, por exemplo, é 56 : 90 : 106). Joseph demonstrou como os números na coluna 1 podem gerar ternas, o que considera semelhante ao método usado pelo matemático grego Diofanto em 250 d. C. Ele nota que Diofanto é conhecido por introduzir as técnicas algébricas babilônicas na matemática grega.[56]

Há uma possibilidade mais intrigante. Mazur, de Harvard, aponta que os números naquela primeira coluna podem estar relacionados com funções trigonométricas. Os números na primeira coluna estão próximos dos quadrados de secantes de ângulos dos triângulos em questão. A secante é uma função trigonométrica; é a razão entre o comprimento da hipotenusa e o comprimento de um dos outros lados de um triângulo retângulo, sendo obviamente dependente dos ângulos envolvidos. Assim, parece que as quinze ternas estão arranjadas segundo os ângulos de incidência. O primeiro número na primeira coluna está próximo do quadrado da secante de um ângulo de 45 graus. O último número na coluna está próximo do quadrado da secante de um ângulo de 31 graus. Os treze números do meio correspondem aos ângulos de 44 a 32 graus. Isto é, os ângulos baixam de 45 para 31, um grau de cada vez.[57]

Talvez seja coincidência. Se é uma espécie de "tabela trigonométrica", diz Mazur, "então eles [os babilônios] tinham de possuir muita estrutura teórica".

Vamos dar uma rápida olhada naquilo que nos ensinaram ser o pináculo da realização no mundo antigo: a matemática grega. Como veremos, Demócrito, Pitágoras e outros viam os egípcios como seus mestres matemáticos. Um dos problemas da matemática grega nasce dos próprios números. Os gregos, como os romanos depois deles, usavam numerais incômodos, como a seguinte notação, do século V a. C., para 318:

$$\overline{\tau\iota\eta}$$

Nesse exemplo, τ, a 21ª letra do antigo alfabeto grego, representava 300; a décima letra, ι, representava 10; e a oitava letra, η, representava 8. Uma linha era traçada sobre todo o conjunto de letras para distinguir τ ι η, o número 318, da palavra grega τ ι η, ou "por quê".[58] O teórico dos números Tobias Dantzig escreveu que nem os gregos nem os romanos foram capazes de "criar uma aritmética que pudesse ser usada por um homem de inteligência mediana". As regras para operar dentro dos sistemas grego e romano eram tão complexas que qualquer homem com habilidade nessa arte era visto como "dotado de poderes quase sobrenaturais". Em certo sentido, a matemática grega era um empenho místico. Os gregos, escreve Dantzig, "nunca se libertaram completamente desse misticismo de número e forma".[59]

Dantzig confirma o desprezo grego pela ciência aplicada. É também possível que alguns gregos considerassem a matemática como algo não terrivelmente importante, deixando que seus escravos ensinassem a seus filhos a disciplina.[60] Apesar das realizações em geometria alcançadas por Euclides e outros, os gregos nunca desenvolveram sequer uma álgebra rudimentar.[61] Os egípcios já haviam dado passos pioneiros nessa área.

Os gênios matemáticos predominaram por toda a civilização grega. No entanto, como Dantzig aponta, a matemática grega "parou aquém de uma álgebra apesar de Diofanto, parou aquém de uma geometria analítica apesar de um Apolônio, parou aquém de uma análise infinitesimal apesar de um Arquimedes".[62] A matemática grega ficou aquém de muitos aspectos, em parte, diz Dantzig, por causa da falta de um simbolismo na notação. Ao contrário dos sumérios e, mais tarde, dos babilônios, os gregos não tinham um sistema de notação posicional (unidades, dezenas, centenas, e assim por diante) para simplificar os seus números. Algo que os romanos tampouco possuíam.

O matemático D. H. Fowler aponta que, embora os antigos gregos tivessem números e um sistema de marcas em reta numérica para os números positivos, a sua matemática era "completamente não-aritmetizada".[63] Isto é, eles realmente não conseguiam fazer operações significativas porque não tinham uma linguagem matemática, uma maquinaria conceitual com a qual o matemático pudesse trabalhar. Em outras palavras, o matemático tinha de usar a linguagem natural para abordar o seu problema. Hoje enunciamos o teorema de Pitágoras da seguinte maneira: *Num triângulo retângulo o quadrado da hipotenusa é igual à soma dos quadrados dos outros dois lados.* Note-se, em contraste, Euclides (*Elementos* 147): "Em triângulos com ângulos retos, o quadrado sobre o lado que subentende o ângulo reto é igual aos quadrados sobre os lados que contêm o ângulo reto". Para Euclides, o teorema pitagórico dos triângulos retângulos significava literalmente que o quadrado pode ser cortado em dois e manipulado em dois outros quadrados. Quando usava a expressão "quadrado da hipotenusa", Euclides queria dizer literalmente um quadrado. O grande quadrado feito a partir da hipotenusa é igual aos dois quadrados menores feitos a partir dos lados.

Hoje, o teorema acima é geralmente interpretado como:

$$r^2 = p^2 + q^2 \quad \text{ou} \quad a^2 = b^2 + c^2$$

Devemos explicar o que p, q e r representam (os comprimentos dos lados de um triângulo retângulo), e como eles podem ser multiplicados e somados. Isso nos parece natural hoje em dia. Traduzimos triângulos em números, e depois manipulamos esses números de várias maneiras. Transformamos esses triângulos em abstrações úteis. Toda a evidência aponta para a conclusão de que os matemáticos gregos não consideravam tais pensamentos. Antes, em vez de imaginar p ao quadrado (p^2), eles realmente visualizavam quadrados.

A prova disso, para Fowler, é a incapacidade de encontrar frações na matemática grega. "Note-se que as frações", escreveu, "sendo 'quantidades numéricas', pertencem ao que tenho chamado o estilo aritmetizado de matemática, e a abordagem não-aritmetizada pode ser freqüentemente assinalada pelo uso da terminologia alternativa das razões." Os gregos do período clássico falavam de razões, não de frações. Não conseguiam manipular os lados de um triângulo retângulo com, digamos, frações como $\frac{p}{q} \times \frac{r}{s} = \frac{pr}{qs}$, como fazemos hoje em dia, ou como os egípcios conseguiam fazer. Parece estranho, mas verdadeiro, dizer que os gregos podem ter sido matemáticos habilidosos, mas, segundo Fowler, não eram muito bons em aritmética.

Tomem-se os expoentes, que manipulamos com facilidade hoje em dia. Os gregos compreendiam 2^2 e 2^3, 2 ao quadrado e 2 ao cubo. Eles viam 2 ao quadrado como um quadrado real, um segmento de comprimento de duas unidades como lado de um quadrado. Dois ao cubo era um cubo real, que podia ser formado em três dimensões, medindo duas unidades em cada direção. Entretanto, números como 2^4, 2^5 ou 2^{12} não tinham significado para os gregos, pois não há equivalentes num mundo tridimensional para quartas potências e outras mais elevadas. Multiplicar 2×2×2×2 para obter 16, ou 2^4, parece lugar-comum hoje, mas requer considerar um conceito, 2^x, que originalmente representava uma forma física, e abstraí-lo para que possa ser manipulado aritmeticamente.

Na escola de Platão (ele morreu em 347 a. C.), os professores de geometria repudiavam suas raízes como as de uma disciplina prática para resolver problemas do mundo real, tomavam-na como um fim em si mesma e, com efeito, baniam a medição da matemática.[64] A obsessão pela pureza impediu os gregos de adotar os números irracionais. Eles descobriram que a raiz quadrada de 2, por exemplo, não é nem um número inteiro, nem uma fração. A raiz quadrada de 2 se encontra entre 1,41 e 1,42, mas não pode ser determinada com precisão, não importa quantas casas decimais sejam empregadas. Os gregos ficavam estarrecidos com a existência de uma grande coleção desses números — a raiz quadrada de qualquer número que não seja um quadrado perfeito, a raiz cúbica de qualquer número que não seja um cubo perfeito, e assim por diante. Pi, a razão entre o comprimento da circunferência de um círculo e o seu diâmetro, é também um número irracional. O termo "irracional" na matemática atual aplica-se a números que não podem ser expressos como um quociente de números inteiros. No tempo de Pitágoras, o termo significava "inexprimível e incognoscível". Diz a lenda que os pitagóricos lançaram ao mar a pessoa que descobriu os números irracionais para manter a abominável descoberta em segredo. (De fato, aponta o matemático Robert Kaplan, esses gregos antigos talvez não estivessem tão longe da verdade. Os irracionais são aparentemente "incognoscíveis" no sentido de que não podemos "conhecê-los" com o grau de precisão com que conhecemos os números racionais.)[65]

Os gregos nunca desenvolveram uma aritmética de números irracionais, o que outros matemáticos ocidentais tampouco fizeram até a Renascença.[66] Os egípcios e os babilônios, familiarizados com os números irracionais muito antes dos gregos, não perderam a calma por causa disso, empregando aproximações, como 1,4 para a raiz quadrada de 2, ou 3 para pi. Isso permitiu que fizessem cálculos jamais tentados pelos gregos.[67]

Os gregos foram matemáticos importantes. Diofanto (século III d. C.), um teórico precursor da teoria dos números, desenvolveu finalmente uma forma de álgebra para os gregos. Muito antes de René Descartes, ele usava letras em equações. *Elementos*, de Euclides, uma obra sobre a geometria plana e espacial escrita cerca de 300 a. C., é um livro do tipo "o melhor de", contendo os melhores resultados produzidos de 600 a 300 a. C. por dezenas de grandes matemáticos — os pitagóricos, Hípias, Hipócrates, Eudoxo, membros da academia de Platão e outros —, e seus conceitos ainda hoje são ensinados na escola fundamental e na média.

Se os gregos tomaram empréstimos pesados dos egípcios e outros, então uma civilização grega ignorante em matemática não seria um elogio para seus antepassados. O que pode ser dito é que a inclinação grega para a exatidão no pensamento se satisfazia, talvez excessivamente, mais com a geometria do que com a álgebra. Kline elogia os gregos por converterem os fatos geométricos esparsos dos egípcios e babilônios numa "estrutura imensa, sistemática e inteiramente dedutiva".[68] Eles construíram um sistema de teoremas e o raciocínio dedutivo. Em geometria, podemos desenhar figuras para representar o que estamos pensando. Os gregos viam a matéria como informe; moldar a matéria na forma de um triângulo conferia-lhe significação.

Kline admite que a tendência dos gregos a usar métodos geométricos para executar o que são naturalmente processos algébricos era um passo para trás, que a geometria grega era tão completa, tão admirável, que os matemáticos posteriores continuaram a vê-la como o pináculo da matemática, e isso retardou o desenvolvimento da álgebra. Dantzig adota uma visão um pouco diferente — talvez até contrastante —, dizendo que o pensamento grego era demasiado concreto para ser algébrico. A álgebra lida com símbolos, objetos despidos de seu conteúdo físico. Dantzig afirma que os gregos estavam interessados com demasiada intensidade nos próprios objetos, daí a sua fixação na geometria. Os gregos não entraram na trilha algébrica até Diofanto, por volta de 250 d. C., que foi o primeiro grego a reconhecer as frações como números, e o primeiro a manipular as equações de modo sistemático.[69]

No Ocidente, a geometria continuou a ser a matemática preferida. Por razões utilitárias, nossos livros-texto são freqüentemente escritos como se os europeus tivessem usado a álgebra muito antes de a terem de fato empregado. Um exemplo excelente é o da obra de Galileu no início de século XVII sobre os objetos em queda e em movimento. Ele mostrou como os objetos aceleram, fazendo uma bola rolar por um plano inclinado equipado com algumas cordas de alaúde. A bola emitia um clique ao passar sobre cada corda, e Galileu, um músico com notável domínio de ritmo, continuou a rearranjar as cordas até que os cliques acontecessem em intervalos iguais. Cantava uma melodia de marcha para ajudá-lo a obter o ritmo certo. Então, quando todos os cliques estavam igualmente espaçados no tempo, ele mediu as distâncias entre as cordas e descobriu que a aceleração aumentava geometricamente. Isto é, se o primeiro intervalo é um centímetro, o segundo será quatro centímetros, depois nove centímetros e depois dezesseis centímetros. Na notação moderna, essa progressão seria escrita como quadrados: $1^2, 2^2, 3^2, 4^2$ e assim por diante.

Assim, Galileu recebe freqüentemente o crédito pela seguinte equação:

$$d = At^2$$

onde d é a distância percorrida por um corpo em queda, t^2 é o quadrado do tempo que ele leva para percorrer essa distância, e A é um número que muda dependendo do ângulo de inclinação do plano.[70] Galileu nunca escreveu $d = At^2$. Era considerado um grande matemático, mas não dominava a álgebra. O que ele escreveu foi: "Se um corpo móvel abandona o repouso e desce em movimento uniformemente acelerado, os espaços percorridos em intervalos de tempo estão uns para os outros como o produto duplo da razão entre os tempos correspondentes; isto é, os espaços estão um para o outro como os quadrados dos tempos".[71]

Peter Machamer, professor de história da ciência da Universidade de Pittsburgh, escreve: "Para Galileu, matemática significava geometria". Traduzir as provas e teoremas de Galileu para a álgebra, diz Machamer, destrói "a estrutura mental, o esquema" com que os matemáticos do século XVII trabalhavam. Galileu afirmou em *Il saggiatore* [O experimentador]: "[O universo] está escrito na linguagem da matemática, e seus caracteres são triângulos, círculos e outras figuras geométricas".

Galileu raramente tentou descobrir a velocidade ou o peso real de qualquer coisa. Estava interessado em razões, em medir uma coisa mostrando a sua relação com outra.[72] Também raramente se interessou pelos números absolutos, como tinham se interessado os egípcios. Ele foi o produto dos gregos antigos, a uma distância de muitos séculos.

A ciência se moveria para o concreto, para o experimental, no século XVIII e nos seguintes. Um cientista atual, que mede os comprimentos em angström e o tempo em femtossegundos, talvez se sentisse mais confortável no Egito do terceiro milênio antes da era cristã do que na Grécia do século III a. C. ou mesmo na

Itália do século XVII. Os gregos talvez tenham levado a matemática pela estrada errada com sua abordagem rarefeita da geometria. Não há muita discussão, entretanto (embora muitos tenham tentado), quanto ao fato de que a matemática que construíram, eles o fizeram com verve, beleza e rigor intelectual.

Quem foram os seus benfeitores matemáticos? A resposta lógica tem sido sempre os egípcios, ao redor da curva do mar Mediterrâneo. Três dos primeiros matemáticos gregos estudaram, segundo os relatos, no Egito e mais além. Tales de Mileto (*c.* 600 a. C.) foi o primeiro a sugerir, segundo Aristóteles, que toda a matéria amplamente variada no universo tinha um elemento constituinte comum. Dizia que o denominador comum era a água, e estava errado, mas o conceito básico do reducionismo ainda rege a física atual. Tales, segundo a maioria dos eruditos ocidentais, desenvolveu um gosto pela geometria e o conhecimento dessa disciplina por meio de viagens no Egito.[73]

Pitágoras, que fundou a sua escola na região do sul da Itália em que se falava grego no século VI a. C., é uma figura mais misteriosa. Não deixou escritos e obrigou todos os seus discípulos a jurar sigilo. No entanto, historiadores concluíram que, como Tales, Pitágoras viajou para o Egito e também para o Irã e o Oriente — possivelmente para a Índia. Um filósofo grego, Jâmblico, escreveu no século IV d. C. que Pitágoras passou 22 anos no Egito.[74] De qualquer modo, ele retornou à Grécia com o novo conhecimento da matemática.

Demócrito (*c.* 430-370 a. C.) foi também um viajante prodigioso. Segundo historiadores ocidentais, Demócrito estudou com os magos caldeus na Babilônia, com os sacerdotes no Egito e com os Sábios Nus na Índia, entre outros.[75] Que os primeiros matemáticos gregos importaram grande parte da sua disciplina do Egito, é tema raramente contestado.

ÍNDIA

A matemática indiana mais primitiva de que se tem registro foi encontrada ao longo das margens do Indo. No início da década de 1920, arqueólogos revelaram um centro urbano em Harapa, no norte da Índia, que remontava a 3000 a. C. A precisão e abrangência da matemática presente na cultura de Harapa, que durou de 3000 a 1500 a. C., é difícil de determinar com exatidão, porque sua escrita nunca foi decifrada. Mas há indícios físicos.

A civilização de Harapa era primariamente agrária — o povo cultivava trigo e cevada e criava gado — e a medição parece ter sido importante. Os arqueólogos descobriram várias balanças, instrumentos e outros dispositivos de medição. Os habitantes de Harapa empregavam uma variedade de pesos de chumbo que revelam um sistema de pesos baseado numa graduação decimal. Por exemplo, um peso de chumbo básico em Harapa pesa 27,584 gramas. Se atribuímos a esse peso o valor de 1, outros pesos entram na graduação como 0,05, 0,1, 0,2, 0,5, 2, 5, 10, 20, 50, 100, 200 e 500. Esses pesos foram encontrados em sítios arqueológicos que abrangem um período de quinhentos anos, com pouca mudança de tamanho.

Os arqueólogos também encontraram uma "régua" feita de linhas de conchas separadas umas das outras por 6,7 milímetros com um alto grau de precisão. Duas dessas linhas são distinguidas por círculos e estão separadas entre si por 33,5 milímetros, ou 1,32 polegadas. Essa distância é a chamada polegada indiana. Um pouco de especulação: um *shushi* sumério é igual à metade de uma polegada indiana, exatamente, o que contribui para a suspeita há muito alimentada de que havia uma ligação entre as culturas suméria e indiana.[76]

As ruínas de Harapa contribuíram para uma linha ferroviária de 160 quilômetros entre Multan e Lahore no século XIX. Os britânicos desencavaram Harapa por causa de seus tijolos, que usavam para fazer o leito da estrada de ferro. Os tijolos contam uma história maior do que o seu uso na ferrovia. Os habitantes de Harapa aprenderam a explorar a enchente anual nas suas terras agrícolas para cultivar as safras sem precisar arar, fertilizar ou irrigar a terra. Para tanto, tinham de controlar a inundação com muros, por isso desenvolveram tijolos cozidos no forno, menos permeáveis à chuva e à água das enchentes do que os tijolos de barro. Os tijolos de Harapa não contêm palha nem material de ligação e ainda estão numa forma utilizável depois de 5 mil anos. Muito interessantes são as suas dimensões: embora encontrados em quinze tamanhos diferentes, o seu comprimento, altura e espessura estão sempre na proporção de 4 : 2 : 1.[77]

Os tijolos e a religião estão na raiz do período védico da matemática indiana. A literatura védica, uma das maiores e mais antigas coletâneas literárias — de 1000 a 500 a. C. —, abrange obras de hinos e orações, canções, fórmulas mágicas e feitiços e, mais importante para nós neste texto, fórmulas de sacrifícios. Uma coletânea da literatura védica, chamada *Brahmanas*, estabelece as regras para a realização de sacrifícios. Outra coletânea, conhecida como *Sulba-*

sutras, que significa "as regras da corda", prescreve as formas e áreas dos altares (*vedi*) e a localização dos fogos sagrados. Altares quadrados e circulares eram adequados para rituais domésticos simples, mas exigiam-se retângulos, triângulos e trapézios para as ocasiões públicas.

Esses altares às vezes assumiam formas extravagantes, como o altar do falcão, feito com quatro formas diferentes de tijolos: (a) paralelogramos, (b) trapézios, (c) retângulos e (d) triângulos.

Realizar um sacrifício sobre um desses altares permitia ao suplicante uma rápida viagem ao céu nas costas de um falcão. Os *Sulbasutras* foram escritos entre 800 e 500 a. C., o que os torna ao menos tão antigos quanto a matemática grega primitiva.[78] Segundo George Joseph, alguns pesquisadores no século XIX faziam questão de enfatizar a natureza religiosa dos *Sulbasutras* — e eles eram certamente religiosos —, mas ignoravam o seu conteúdo matemático. Joseph vê nos *Sulbasutras* uma ligação entre a cultura de Harapa e a cultura védica altamente letrada, por meio da tecnologia dos tijolos de Harapa, que foi empregada para fins geométricos e religiosos nos sacrifícios védicos. Ignorar o componente matemático dos rituais védicos é semelhante a caracterizar o calendário gregoriano como um exercício religioso em vez de uma realização matemática e da astronomia.

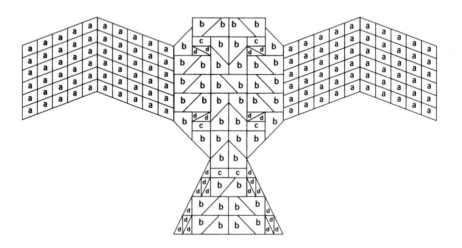

Esta primeira camada de um altar de sacrifício védico em forma de falcão combina as características rituais e religiosas da construção do altar nos Sulbasutras *com a tecnologia dos tijolos e a geometria: são usados 196 tijolos em quatro formatos diferentes (a, b, c, d). (Segundo Joseph e Thibaut.)*

Os *Sulbasutras* mais antigos foram compostos pelo sacerdote-artesão Baudhayana entre 800 e 600 a. C. e incluem um enunciado geral do teorema de Pitágoras e um procedimento para obter a raiz quadrada de 2 com precisão de cinco casas decimais.[79] As motivações de Baudhayana eram religiosas e práticas; ele precisava de uma matemática que ajudasse a reduzir proporcionalmente os altares até seu tamanho apropriado, dependendo do sacrifício. A sua versão do teorema de Pitágoras é: "A corda que é esticada ao longo da diagonal de um quadrado produz uma área que é o dobro do tamanho do quadrado original". Outro *sulbasutra* afirma: "A corda (esticada ao longo do comprimento) da diagonal de um retângulo cria uma (área) que os lados vertical e horizontal formam juntos".[80]

Os *Sulbasutras* contêm instruções para a construção de um *smasana*, um altar-cemitério sobre o qual o soma, uma bebida embriagante, era oferecido como sacrifício aos deuses. (Talvez você se lembre de que Aldous Huxley tomou emprestado o "soma" para seu romance distópico *Admirável mundo novo*. Era a bebida narcótica dada ao proletariado para mantê-lo alegremente distraído.) A base do *smasana* era uma forma complicada chamada trapézio isósceles, que compreendia, entre outras figuras, seis triângulos retângulos de diferentes tamanhos. É óbvio que os indianos dessa era conheciam a regra de Pitágoras.

O triângulo retângulo mais básico, com lados de três, quatro e cinco unidades de comprimento, poderia ter sido encontrado por acaso. Usar uma corda marcada com nós em três, quatro e cinco unidades permitiria que os construtores se assegurassem do caráter quadrado dos cantos, exatamente o que os egípcios, por exemplo, fizeram. Alguns matemáticos me apontaram que os antigos povos não-brancos poderiam ter descoberto por acaso um triângulo com lados de três, quatro e cinco unidades e notado que ele sempre formava um ângulo reto.

Entretanto, as instruções dadas para um *smasana* nos *Sulbasutras* prescrevem que sejam usados na construção seis triângulos retângulos, consistindo em lados de 5 : 12 : 13, 8 · 15 · 17, 12 : 16 : 20 (um múltiplo de 3 : 4 : 5), 12 : 35 : 37, 15 : 20 : 25 (outro múltiplo de 3 : 4 : 5) e 15 : 36 : 39.[81] É muita sorte. Além disso, os *Sulbasutras* empregavam triângulos retângulos com lados de comprimentos fracionários e até irracionais.

Os sacrificantes védicos inventaram um método de estimar o valor das raízes quadradas. Joseph suspeita que a técnica evoluiu de uma necessidade de dobrar o tamanho de um altar quadrado. Digamos que você deseja dobrar a área de um altar com lados que tenham uma unidade de comprimento. Obviamente, dobrar os comprimentos dos lados resultaria num altar quatro vezes maior. Torna-se claro ser necessário um quadrado cujos lados sejam a raiz quadrada de 2, e assim precisa-se de uma técnica para calcular raízes quadradas. A raiz quadrada de 2 do *Sulbasutra* é 1,414215...; o valor moderno é 1,414213... Ninguém sabe ao certo como os indianos descobriram o seu método, mas ele provavelmente implicava pressupor dois quadrados iguais com lados de uma unidade, depois cortar o segundo quadrado em várias tiras e acrescentar essas tiras ao primeiro quadrado para criar um quadrado com o dobro da área, e então converter as tiras em frações para construir uma fórmula numérica.[82] Esse pode ter sido o primeiro método registrado de estimar o valor das raízes quadradas.

A geometria indiana primitiva é cheia de construções dinâmicas fantásticas e fantasmagóricas, como o *sriyantra*, ou "grande objeto", que pertence à tradição tântrica. Nessa figura, nove triângulos isósceles básicos formam 43 outros, circundados por um lótus de oito pétalas, um lótus de dezesseis pétalas e três círculos, que por sua vez são rodeados por um quadrado com quatro portas. O meditador concentra-se no ponto central, chamado *bindu*, e passa adiante, abarcando mentalmente mais e mais formas, até chegar aos limites. Ou a meditação pode ser feita na ordem inversa.

O *sriyantra* é típico da geometria indiana, com sua originalidade religiosa, misticismo e até um caráter lúdico, qualidades que raramente vemos na geometria grega, que permanece "não contaminada" pela religião. Vários "números" especiais são integrados no *sriyantra*, tais como pi e outro número irracional, a razão áurea, ou aproximadamente 1,61803. A razão áurea é encontrada nas pirâmides de Gizé e nas construções posteriores do Partenon e outros edifícios gregos clássicos.[83]

Será 1,61803 um número melhor quando encontrado na arquitetura grega secular posterior do que nos padrões religiosos indianos mais antigos? O interessante é que, quando os sacrifícios védicos declinaram, por volta de 500 a. C., a prática da matemática também definhou entre os indianos.[84]

Os antigos indianos praticavam uma forma muito sofisticada de matemática. Tinham as operações aritméticas comuns — adição, subtração, multiplicação, divisão —, mas também álgebra, índices, logaritmos, trigonometria e uma forma nascente de cálculo. Na realidade, Joseph afirma que a Índia e o Japão são os únicos países fora da Europa que desenvolveram o cálculo.

O sriyantra. *Para meditar, concentre-se no ponto* (bindu) *no centro, depois passe para o triângulo menor, então avance para fora através dos triângulos maiores e das outras formas.* (*Segundo Joseph e Kulaichev.*)

A contribuição mais óbvia da matemática indiana é ter nos dado nossos números ocidentais. Os numerais indianos passaram por uma longa evolução, dos números Kharosthi, semelhantes aos numerais romanos, que remontam ao século IV a. C., aos numerais Brahmi, uma mistura de linhas e rabiscos de cerca de 100 d. C., e finalmente ao sistema Gwalior. Note a semelhança com nossos numerais.

	1	2	3	4	5	6	7	8	9	10
Kharosthi	I	II	III	X	IX	IIX	IIIX	XX		?
Brahmi	—	=	≡	⊻	╟	6	7	ら	?	∝
Gwalior	?	?	3	8	ყ	⊂	フ	⎿	୨	୨o

Os três ancestrais indianos de nossos números modernos, em ordem cronológica. Não há numeral Kharosthi para 9. É desconhecido.

Encontrados na cidade indiana de Gwalior, esses algarismos remontam pelo menos a 876 d. C.[85] Esses dez algarismos, incluindo um zero, num sistema decimal de numeração com valor posicional, são capazes de expressar qualquer número, não importa de que magnitude. Os nossos assim chamados algarismos arábicos vieram claramente da Índia.

A era mais rica da matemática indiana é o período clássico, desde 500 d. C. e passando por toda a Idade Média. No entanto, permanecem dúvidas sobre as realizações indianas durante esse período. O documento crítico é o manuscrito de Bakhshali.

Em 1881, na vila de Bakhshali, no noroeste da Índia, um agricultor estava cavando num cercado de pedra arruinado quando desenterrou setenta folhas de casca de bétula. Elas compunham um manuscrito escrito numa antiga forma de sânscrito, o agora famoso manuscrito de Bakhshali. Grande parte dele se desfez quando examinado, mas restou o bastante para contar uma história espantosa da matemática indiana nos primeiros séculos da era cristã, uma precursora da matemática do período clássico.

O manuscrito, cujo autor ou autores são desconhecidos, abrange tópicos como frações, raízes quadradas e até lucros, perdas e juros, bem como sistemas de equações, equações do segundo grau e progressões aritméticas e geométricas. Uma seção-chave trata da área crítica de notação. Curiosamente, os números negativos são anotados com um sinal de adição (+), um ponto que se torna importante mais tarde. A divisão é anotada colocando-se um numerador em cima do denominador, como nas frações atuais, exceto pelo fato de que no sistema Bakhshali não há uma linha horizontal entre eles. A multiplicação é denotada colocando-se os números lado a lado.

O manuscrito Bakhshali está agora numa biblioteca na Universidade de Oxford, Inglaterra. A sua importância foi diminuída consideravelmente pelo erudito inglês G. R. Kaye, que terminou a primeira tradução completa na década de 1930.[86] Infelizmente, o conhecimento do sânscrito de Kaye tinha falhas, e, como afirmado, a sua agenda era atribuir as realizações em matemática aos gregos, sempre que possível. O maior erro de Kaye foi datar o manuscrito de Bakhshali no século XII d. C. Isso entra em conflito agudo com as estimativas feitas antes e depois de seu pronunciamento. O primeiro tradutor inglês, Rudolph Hoernle, julgava que o manuscrito era uma cópia. Em essência, Kaye estava datando a cópia de um documento em vez de o próprio documento. Joseph acredita que o manuscrito Bakhshali data de 400 d. C. ou antes,[87] em parte por causa do uso do sinal de mais para os números negativos (abandonado depois de 500 d. C.), e em parte porque sua ingenuidade sobre certos tipos de equações, desenvolvidas mais tarde, indicaria uma origem primitiva.[88] Takao Hayashi, respeitado especialista japonês contemporâneo, estabelece para o manuscrito uma data que não passa do início do século VII.[89]

Muito importante é o fato de o manuscrito Bakhshali ser o primeiro documento que descreve uma forma de matemática indiana sem associações religiosas.[90] Não podemos abandonar o manuscrito Bakhshali sem apontar uma forma peculiar ali encontrada. É um ponto preto grande. Ele é freqüentemente usado nas operações para denotar o valor desconhecido que estamos procurando, de um modo bem semelhante ao uso que fazemos da letra *x* hoje em dia. O ponto era chamado *sunya*, a palavra sânscrita para "vazio" ou "nulo". Tornar-se-ia, talvez, o número mais importante já inventado.

CHINA

No filme *Infinity — Um amor sem limites*, baseado na vida do físico Richard Feynman, o ator Matthew Broderick, no papel principal, menospreza um comerciante chinês que faz cálculos com um ábaco. "Ele sabe tudo sobre contas", diz Broderick/Feynman, "mas nada sobre números."

A matemática chinesa, mesmo a antiga matemática chinesa, não é tão fraca quanto insiste o personagem do filme. (O Feynman real talvez não tenha sido tão arrogante, embora os repórteres tivessem o hábito de protegê-lo, fazendo essa figura mítica parecer mais simpática do que provavelmente era.)

Ainda assim, é difícil avaliar a matemática chinesa. Nós a estamos considerando fora de ordem aqui. Cronologicamente, podemos localizar os seus primórdios no terceiro milênio antes da era cristã — antes dos indianos — e estendê-la até a dinastia Ming, de 1260 a 1644 d. C.[91] Mas não sabemos ao certo o que fazer da matemática chinesa. Ela não atinge a sofisticação da indiana, nem sequer da matemática maia em alguns aspectos.

Os antigos chineses delinearam realmente um sistema numérico sofisticado entre 1500 e 1200 a. C. Ao lavrar um campo, alguns agricultores do século XIX encontraram os ossos oraculares Shang, uma coleção de conchas de tartaruga e ossos de animais — considerou-se primeiro que fossem os ossos de um dragão — com algarismos representando de 1 a 10 (sem zero) neles inscritos. Presumivelmente, os nobres Shang registravam profecias colhidas dos espíritos de seus ancestrais a respeito da melhor época para viajar, fazer a colheita e coisas semelhantes. Com esses dez numerais e outros poucos símbolos num sistema decimal, os chineses daquela era podiam representar qualquer número. Era o sistema numérico mais avançado de seu tempo, à exceção de um — o dos babilônios.[92]

Entretanto, a matemática dos antigos chineses parece menos interessante, porque era aparentemente dedicada a questões práticas: ensinar burocratas de menor importância a fazer cálculos. Parece haver pouco interesse na lógica subjacente aos procedimentos, não era a matemática "pura" como a entendemos hoje em dia. O texto mais influente é o *Jiuzhang suanshu*, da dinastia Han (206 a. C. a 220 d. C.). Contém 246 problemas e suas soluções, tratando de todas as questões que os escrivães calculistas da burocracia poderiam ter de enfrentar. O texto foi usado por mais de mil anos e inspirou grandes comentários.[93] Era sem dúvida observado cegamente, com pouco interesse pelos seus princípios subjacentes.[94] Ajusta-se à "caracterização das contas" de Feynman. Porém, talvez exista um nível mais profundo que se furte ao nosso olhar à distância de vinte séculos.

Por baixo de seus muitos livros práticos havia um considerável fundamento teórico. Estão agora desaparecendo as afirmações de que os chineses haviam descoberto o teorema de Pitágoras em 1000 a. C., quinhentos anos antes de Pitágoras. Há evidências, entretanto, de que os chineses tinham o conceito entre 700 e 400 a. C., uns dois séculos antes ou não mais do que um século depois que o matemático grego. No *Chou pei suan ching*, um texto do período, o duque Chou Kung e uma pessoa chamada Shang Kao discutem as propriedades dos triângulos retângulos, inclusive o teorema pitagórico. Num diálogo, eles demonstram como ele funciona geometricamente.[95]

Os chineses são conhecidos pelo ábaco, embora este tenha sido para eles um achado tardio. Os babilônios o possuíam antes; outras culturas também usavam o dispositivo. A maior realização da China foi o tabuleiro de contar, do qual o ábaco era um tipo de versão mais simples, como um laptop. O tabuleiro de contar parecia um tabuleiro de xadrez de pequeno tamanho, sobre o qual eram colocadas varinhas para representar os números. A cor era importante. As varinhas vermelhas representavam números positivos (*chang*); as varinhas pretas, os negativos (*fu*).⁹⁶ Nós, é claro, hoje invertemos esse sistema em nossa notação contábil; a tinta vermelha significa números negativos, ou perdas.

Colocando as varinhas em diferentes posições — verticais, horizontais, adjacentes, e assim por diante — sobre o tabuleiro de contar, os chineses podiam representar qualquer número. Eles não tinham um zero circular oficial até a obra de Chin Chiu Shao em 1247,⁹⁷ mas por muitos séculos os matemáticos chineses deixavam simplesmente um quadrado em branco no tabuleiro em lugar de um zero. Isso talvez denotasse o zero ou, como suspeita Kaplan, significava simplesmente "nenhum número aqui".⁹⁸

As varinhas de contar evoluíram para além dos dispositivos de cálculo, sendo por fim usadas para operações algébricas. Podiam ser arranjadas sobre um tabuleiro de contar para representar um sistema de equações. Por exemplo, o seguinte tabuleiro, do século I d. C.,

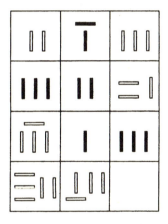

representa (lendo verticalmente):

$$2x - 3y + 8z = 32$$
$$-6x - 2y - z = 62$$
$$3x + 21y - 3z = 0$$

Sobre o tabuleiro de contar, as equações eram lidas de cima para baixo nas colunas, e os coeficientes de cada incógnita nas três primeiras linhas, e a última linha mostrava o lado direito das equações. As varinhas claras acima são vermelhas, o que significa números positivos; as varinhas escuras são pretas, o que significa números negativos. Alguns especulam que esse método do tabuleiro de contar foi um precursor primitivo das matrizes,[99] uma técnica matemática desenvolvida no Ocidente no século XIX e usada muito notavelmente por Werner Heisenberg na sua teoria da mecânica quântica. As matrizes continuam a ser uma das ferramentas mais amplamente usadas na matemática atual — na economia, na geografia, na demografia e na sociologia.[100]

Não fizemos justiça aos antigos chineses nesta apreciação, e sua matemática continua misteriosa e talvez mais profunda do que podemos avaliar. Esse é certamente o sentimento do grande matemático dos séculos XVII e XVIII, Gottfried Leibniz.

Nascido em Leipzig em 1646, Leibniz inventou o cálculo quase ao mesmo tempo que Isaac Newton e independentemente dele. Era um matemático polivalente e um adivinho. Percebeu a forma que a lógica matemática tomaria e imaginou uma máquina de computação universal. Alguns biógrafos encontram em sua obra premonições da mecânica quântica e da gramática do DNA.[101]

Leibniz era fascinado pela cultura chinesa e partilhava a visão jesuíta de que introduzir a ciência européia na China ajudaria a converter os chineses ao cristianismo. Trabalhava com uma aritmética binária (os únicos algarismos são 0 e 1), que hoje torna os computadores possíveis. Em 1716, numa carta a Pedro, o Grande, da Rússia, Leibniz afirmou ter decifrado os diagramas do antigo sábio Fu Hsi e ter descoberto correspondências entre eles e o seu código aritmético binário.

Os jesuítas de seu tempo acreditavam, incorretamente, que tinha sido Fu Hsi quem construíra o famoso diagrama "Anterior ao Céu" de 64 figuras, cada uma com seis hexagramas, derivado do *I ching* (O Livro das Mutações), a venerável obra da era de Confúcio no século VI a. C. (Segundo estudos mais recentes, o diagrama tem sido agora atribuído a um neoconfucionista posterior, e não a Fu Hsi.)

Leibniz veio a acreditar que seu sistema binário de progressão geométrica por duplicações correspondia ao sistema de Fu Hsi, que Fu Hsi havia desenvolvido uma aritmética binária a partir de uma obra religiosa e mística do século VI a. C., e que ele próprio havia reinventado a aritmética séculos mais tarde. Os computadores têm uma dívida antiga com o *I ching*? Provavelmente não. Mas o grande matemático gostava de pensar sobre isso. Leibniz veio a acreditar que o universo era binário, que Deus criou o mundo a partir de unidades de 0 (nada) e 1 (Deus). Ele dava a esse processo o nome de "o segredo da criação".[102]

MUNDO ÁRABE

A religião como uma força propulsora por trás da ciência é evidente no mundo árabe durante a era dourada da civilização islâmica. De 750 d. C. em diante, depois que a proliferação e a consolidação do domínio muçulmano cobriram metade do Velho Mundo, as ciências floresceram numa cultura islâmica em grande parte pacífica. Os muçulmanos dominaram do norte da África até a França, atravessaram a Pérsia e as planícies da Ásia Central até as fronteiras da China, e estenderam o seu domínio até o norte da Índia.[103] Numa das grandes sínteses de matemática, estatística e lingüística, os árabes inventaram a criptoanálise, a arte de pôr em ordem mensagens decifradas.

O estímulo para isso foram as revelações de Maomé, que mais de um século antes havia ditado mensagens que recebera do arcanjo Gabriel. Essas revelações foram reunidas num único texto, o Corão, mas não necessariamente na ordem em que Maomé as recebera. Para determinar a cronologia apropriada, os teólogos contavam as freqüências de palavras em cada revelação. Como algumas palavras haviam sido cunhadas mais recentemente do que outras, aquelas passagens com uma freqüência mais elevada dessas palavras deviam ter sido escritas mais tarde.

Al-Kindi, filósofo e cientista árabe do século IX, inventou uma técnica semelhante, chamada "análise de freqüência", para decifrar códigos. Em *Um manuscrito sobre decifração de mensagens criptográficas*, al-Kindi dizia que se contam simplesmente as ocorrências de cada letra do alfabeto de uma língua no uso comum, atribuindo uma graduação a cada uma: a mais comum, a segunda mais comum, e assim por diante. Depois, atribui-se a mesma graduação às letras na mensagem criptografada. Em inglês, por exemplo, a letra mais comum é *e*; a segunda mais comum é *t*. Assim, se a letra mais comum na mensagem codificada é *x* e a segunda mais comum é *p*, então *x* corresponde provavelmente a *e*, e *p* a *t*. O método de al-Kindi não é perfeitamente seguro, pois se baseia apenas em médias. A letra mais comum numa mensagem inglesa criptografada pode não ser *e* (por exemplo, em "Sink the *Bismarck*" ["Afundem o *Bismarck*"]).[104]

O físico e divulgador da ciência britânico Simon Singh, autor de *O livro dos códigos*, escreve: "Enquanto al-Kindi estava descrevendo a invenção da criptoanálise, os europeus ainda lutavam com os elementos básicos da criptografia. As únicas instituições européias a encorajar o estudo da escrita secreta eram os mosteiros, onde os monges estudavam a Bíblia em busca de significados ocultos, um fascínio que persistiu até os tempos modernos".[105]

Não é necessário explicar a matemática árabe com grandes detalhes. A matemática praticada pelos matemáticos árabes medievais diferia pouco do que o americano comum encontra desde a escola fundamental até a escola média, e talvez um pouco na universidade. Aritmética, geometria, álgebra, trigonometria e um pouco de matemática mais elevada — a matemática como é conhecida pela maioria dos universitários que não concentram seus estudos na ciência — eram usadas habitualmente no mundo árabe da Idade Média. Um árabe daquela época passaria com facilidade pela maioria das modernas escolas de ensino médio dos Estados Unidos, talvez até tentando um pouco de cálculo. Usava os mesmos algarismos, 0 até 9.

Que os matemáticos e cientistas islâmicos durante a Idade Média estavam muito mais adiantados do que seus equivalentes europeus, nunca foi tema de debate. O seu exato papel, entretanto, tem sido apaixonadamente discutido. A palavra preferida pelos eruditos ocidentais e atacada pelos não-ocidentais é "custódia". Eram considerados máquinas xerox islâmicas, cuja única função na vida consistia em preservar a cultura grega, traduzi-la e mantê-la bem azeitada e em boa forma, até que a Europa pudesse acordar de seu cochilo medieval e reclamar a sua herança intelectual.

Essa hipótese, embora bem disseminada nas escolas americanas, européias e outras, não pode ser verdadeira, ao menos em três níveis. Primeiro, como é que os árabes preservaram a álgebra e a trigonometria gregas, quando os antigos gregos não tinham essas disciplinas? Segundo, a hipótese ignora o fato de que a matemática árabe era baseada primariamente nos algarismos indianos, 0 a 9, e não em numerais gregos ou romanos.[106] Finalmente, mais do que meros escribas, os árabes desenvolveram uma matemática própria.

Os árabes foram, de fato, preservadores maravilhosos e, sim, guardiões das realizações intelectuais de outras culturas. A era dourada do islã propiciou uma sociedade estável em que os estudos prosperaram. O islã exige justiça, e a justiça requer conhecimento, de modo que os muçulmanos puseram-se a traduzir para o árabe textos babilônicos, egípcios, indianos, gregos, chineses, parses, sírios, armênios e romanos. Uma série de califas de 762 a 833 transformou Bagdá numa versão muçulmana de Alexandria, construindo um observatório e uma biblioteca. Em 815, o Bait al-Hikmah, ou Casa da Sabedoria, foi construído como um centro de tradução e pesquisa; continuaria a ser o epicentro intelectual do mundo árabe por duzentos anos.[107]

Um dos primeiros diretores da Casa da Sabedoria foi al-Khwarizmi, que era provavelmente de Khwarizm, a leste do mar Cáspio.[108] A nossa palavra "algoritmo", qualquer método especial de resolver um problema, é derivada de seu nome.[109] Al-Khwarizmi introduziu os algarismos indo-arábicos — essencialmente uma versão modernizada dos algarismos Gwalior — no mundo árabe por volta de 830 d. C. Os dez algarismos, inclusive o zero, não foram um sucesso instantâneo. Os árabes resistiram aos números indianos quase tanto quanto os europeus durante a Renascença, embora não por tanto tempo. Os árabes continuavam a usar o sistema sexagesimal inventado pelos sumérios para os cálculos da astronomia. Mesmo na álgebra, os matemáticos islâmicos usavam palavras em vez de números ("três quadrados e quatro é igual a sete coisas" em vez de $3x^2 + 4 = 7x$). Os números hindus foram por fim aceitos quando eram exigidos números grandes, o zero mostrando a sua destreza nessas questões.[110]

Entre aqueles matemáticos que preferiam a "álgebra em prosa" estava o próprio al-Khwarizmi. Foi ele quem deu o nome a esse ramo da matemática no seu livro *Hisab al-jabr w'al-muqabala* [Cálculo por restauração e redução].[111] *Al-jabr* é a palavra que ele usava para a operação de resolver equações. A explicação tradicional é que *jabr* partilha uma raiz comum com a palavra árabe para "o conserto de um osso quebrado". (*Algebrafista* é a palavra espanhola para "conserto de ossos".) Como mencionado no capítulo 1, George Saliba, de Columbia, diz que a conexão com um conserto de osso é incorreta, que "álgebra" é a palavra árabe para "compulsão", como em compelir a incógnita "x" a assumir um valor numérico.[112]

Com "restauração" (no título de seu livro), al-Khwarizmi está se referindo à transferência de termos negativos de um lado de uma equação para o outro. Com "redução", ele quer dizer a redução de muitos termos a um único,[113] como se faz comumente em álgebra. Al-Khwarizmi introduziu os números de 0 a 9 num outro livro e cuidou para dar o crédito aos indianos, mas várias traduções eliminaram esse ponto, razão pela qual esses números são chamados hoje "algarismos arábicos".¹¹⁴ Al-Khwarizmi também introduziu no mundo árabe o sistema das casas decimais desenvolvido pelos indianos.¹¹⁵

Al-Khwarizmi estabeleceu a latitude e a longitude de 1200 lugares importantes do globo e corrigiu o valor superestimado do comprimento do Mediterrâneo calculado por Ptolomeu.¹¹⁶ Ele ainda precisa ser lido em alguns estados árabes, porque aplicou a álgebra às leis de herança islâmicas, que podem ser misteriosamente complicadas.¹¹⁷ Por exemplo, um quarto dos bens de uma mulher vai para o marido, e o resto é dividido entre os filhos, mas os filhos homens devem receber o dobro das filhas. Se uma parte é legada a um estranho, ele não pode receber mais que um terço dos bens sem a permissão dos herdeiros naturais, e, no caso de haver permissão, aqueles que aprovaram o legado devem compensar os que não aprovaram pela quantia que excede um terço.¹¹⁸ É óbvio que os advogados muçulmanos especializados em patrimônio tinham de saber álgebra.

Outro algebrista árabe, nascido dois séculos mais tarde, foi o poeta Omar Khayyam. Nascido em Khurasan, agora parte do Irã, Omar descendia provavelmente de uma linhagem de fabricantes de tendas. Nós o conhecemos primariamente como o autor de *O Rubaiyat de Omar Khayyam*, mas ele também escreveu um livro sobre álgebra em 1070, classificando as equações segundo o seu grau e apresentando técnicas para resolver as equações do segundo grau¹¹⁹ (os babilônios resolviam equações do segundo grau 2 mil anos antes).¹²⁰ Ele realizou várias outras coisas de grande brilho, projetando, por exemplo, um calendário em que oito de cada 33 anos eram anos bissextos. Isso propicia uma aproximação mais acurada de um ano solar do que o calendário gregoriano, projetado séculos mais tarde.¹²¹ (O gregoriano emprega um sistema olvidável de anos bissextos a cada quatro anos, excluindo os anos múltiplos de cem, mas incluindo aqueles que são divisíveis por 400. Essa última regra foi ignorada por alguns programadores de computador em 2000 d. C., o que resultou na ausência de um 29 de fevereiro para aquele ano em muitos computadores.)

Uma contribuição mais importante de Omar Khayyam foi a sua reinterpretação da geometria grega. Euclides e outros gregos não consideravam que certas razões pudessem ser expressas como números aritméticos: por exemplo, a razão entre o perímetro de um círculo e o seu diâmetro (pi) ou a razão entre uma diagonal de um quadrado e o comprimento de seu lado (a raiz quadrada de

2). Omar estendeu o conceito de número para incluir nele os números irracionais positivos, uma idéia explorada mais tarde na Europa por René Descartes no século XVII e por Georg Cantor no século XIX. A contribuição seminal de Omar foi a sua solução geométrica para as equações cúbicas.¹²²

Os árabes medievais abordavam a matemática com o rigor dos antigos gregos combinado com o caráter lúdico dos indianos. Eram fascinados, por exemplo, pelos números perfeitos. Um número é perfeito se é igual à soma de seus divisores. O primeiro número perfeito é 6 (igual à soma de 1, 2 e 3). No mundo antigo, eram conhecidos apenas quatro números perfeitos: 6, 28, 496 e 8128. No século XIII, os árabes tinham acrescentado mais três — uma proeza não trivial, dado que esses números perfeitos contêm oito, dez e doze dígitos, sendo o terceiro 137 438 691 328.¹²³ A finalidade prática dos números perfeitos? Ninguém ainda pensou em alguma. O trabalho árabe nessa área é, assim, uma evidência de um interesse pela matemática pura.

Os estudiosos ocidentais podem apontar o respeito que os árabes demonstravam para com seus predecessores gregos. Um dos matemáticos proeminentes do islã foi Abul Hassan al-Uqlidisi, no século X. Seu nome era a prova de sua reverência pelos gregos. Ele copiou as obras de Euclides, daí o nome al-Uqlidisi. Um de seus legados é a matemática de papel-e-tinta. Na Índia e no mundo islâmico, os cálculos eram comumente feitos na areia ou na poeira, apagando-se os passos intermediários à medida que se avançava. Al-Uqlidisi recomendava papel e tinta. Sua motivação não era intelectual; ele simplesmente queria separar-se dos astrólogos ambulantes e de outros que faziam seus cálculos na rua.¹²⁴ A matemática escrita preserva o processo pelo qual se chega a uma solução, uma questão importante para os gregos.

Os árabes também relutaram em abandonar o limitado conceito ocidental de número, que para os gregos sempre foi um inteiro positivo ou uma fração composta de inteiros. Os árabes se agarraram a essa idéia antiquada por séculos. Apesar de introduzirem o zero em metade do mundo civilizado, parece que os árabes medievais nunca o aceitaram completamente como um número comum, por não ser um inteiro positivo (e os gregos nunca o tiveram).¹²⁵ Essa atitude começou a se esboroar, entretanto, com os astrônomos-matemáticos árabes, pois eles precisavam de uma quantidade de números maior do que o magro sortimento fornecido por Euclides e outros.

George Gheverghese Joseph aponta que os árabes quebraram a "camisa-de-força da tradição matemática grega".[126] Eles uniram a geometria dos gregos com a álgebra, a trigonometria e a numeração do resto do mundo.

MESOAMÉRICA

Uma pintura sobre um vaso maia clássico delineia um par de divindades. Um deus tem feições de macaco e carrega um códice. O segundo deus pousa uma das mãos nas costas do primeiro, com um rolo de pergaminho contendo numerais de barras e pontos que fluem de sua axila. O deus com o códice representa a escrita. O deus com os números fluindo da axila representa a matemática. A implicação é que os maias não eram meros contadores e calculadores, mas reconheciam a matemática como uma disciplina separada, em pé de igualdade com a escrita.[127] O significado dos números emanando da axila, uma imagem comum na arte maia, continua obscuro.

Temos um conhecimento limitado da grande civilização maia que outrora ocupou uma área que inclui as atuais regiões central e sul do México, Belize, Guatemala, El Salvador e partes de Honduras. Os conquistadores espanhóis do século XVI destruíram a maioria de seus escritos. Felizmente, alguns códices se salvaram, bem como pinturas e escritos rupestres e inscrições hieroglíficas sobre estelas — monumentos de pedras verticais que eram erigidos a cada vinte anos e continham a data de sua construção.[128] Esses vestígios escassos são suficientes para nos contar que a cultura maia, cuja era dourada se estendeu de 200 a 1000 d. C., adotou a matemática com paixão.

Como as estelas nos confiam, 20 era um número importante para os maias. Eles utilizavam um sistema numérico de base 20 ou vigesimal com dezenove numerais e um zero. Os numerais básicos eram compostos de dois símbolos, um ponto para 1 e uma barra vertical para 5. Esses símbolos eram usados em várias combinações para formar os números de 1 a 19. Um zero, que consistia numa forma elíptica semelhante à concha de um caracol, também representava 20. Não era um sistema direto como o nosso. Acrescentar um zero a um número não o multiplicava necessariamente por 20.

Os maias claramente amavam os números, e eles possuíam várias formas de números além da variedade bastão, bola e caracol. Havia os números da "variante cabeça", por exemplo, em que 1 a 20 assumiam a forma do típico estilo "história em quadrinhos" maia de caricaturas.

A matemática maia, pelo que sabemos, era baseada em inteiros. Os maias parecem ter se esmerado em evitar o uso de frações.[129] Ao registrar o tempo, os escribas usavam uma notação posicional que era escrita verticalmente, com as menores unidades, *k'ins*, ou dias, na parte inferior.[130] Parece que a notação posicional é muito antiga no Novo Mundo, precedendo até os maias, tendo sido encontrada em monumentos na Mesoamérica que remontam a 36 a. C.[131] É um conceito profundo e importante, diz Marjorie Senechal, professora de matemática do Smith College. "A notação posicional é para um matemático", diz ela, "o que o equipamento de laboratório é para um cientista experimental."[132]

Os maias eram obcecados por contas porque tinham obsessão pelo tempo — eram obcecados pela noção de que poderiam ficar sem o tempo, e o universo acabaria.[133] Eles tinham pelo menos seis calendários, inclusive um calendário venéreo de 584 dias, baseado nos anos de Vênus. Os maias contrabalançavam seus três calendários primários — o *tzolkin* de 260 dias, ou "ano sagrado", o *haab*, ou "ano civil", e o *tun*, ou "longa conta" — para evitar o desastre cosmológico. Eles temiam que, quando um calendário chegasse ao fim, o mesmo aconteceria com o universo, mas com vários calendários de diferentes extensões em operação simultânea sentiam-se mais seguros.

Se o ano *tzolkin* estava acabando, bem, o *tun* ainda poderia ter algum tempo de sobra. Naqueles raros dias em que o fim de um calendário coincidia com outro — como acontecia com o *haab* e o *tzolkin* a cada 52 anos —, os maias ofereciam sacrifícios sangrentos para afastar a aniquilação. O calendário *haab* empregava outro truque. Cada um de seus meses de vinte dias começava com 0.[134] Quando chega o dia zero, o mês está no início ou no fim? Com a morte e o renascimento ocorrendo simultaneamente, o fim é derrotado.

George Joseph comenta:

Os números maias "variante cabeça", de 1 a 19 e 0, baseavam-se em divindades. Esses números eram freqüentemente usados em calendários. (Segundo Joseph e Closs.)

Não é interessante que as duas culturas matemáticas que tiveram o mais desenvolvido sistema numérico posicional com um zero fossem ambas obcecadas pelo tempo, mas de modos muito diferentes? Os indianos viam o tempo como sem fim e, assim, mediam as eras em vastos períodos (*mahayugas*), e os maias temiam ficar sem tempo, por isso tinham de realizar sacrifícios para os deuses, com o propósito de tentar evitar essa calamidade.[135]

Os maias praticavam a geometria? Os códices remanescentes não contêm indícios disso. Muito se tem comentado, entretanto, a respeito do fato de que os locais de três templos importantes em Tikal formam um triângulo retângulo isósceles.[136] Talvez seja assim, mas vamos esperar que esses povos inteligentes, se realmente praticavam a geometria, realizassem essa prática de maneira mais eficiente do que construir três templos toda vez que precisavam de um triângulo.

Mais uma vez, a religião se apresenta. Uma classe sagrada de escribas era encarregada da matemática na civilização maia. Nem todos os escribas, entretanto, podiam fazer matemática. Aqueles que podiam manipular os números desfrutavam de grande prestígio.[137] Em nossa cultura científica, dizemos que os físicos só acatam a opinião dos matemáticos, e que os matemáticos só acatam a opinião de Deus. (Embora alguns afirmem que poucos matemáticos são tão modestos.) Entre os maias, o caminho para os deuses passava pelos escribas, e o caminho tomado pelos escribas passava pela matemática e pela astronomia.

ZERO

Vamos nos voltar para um conceito importante que pode ser verificado em muitos povos diferentes: o zero.

É um número incômodo ainda hoje. Alguns anos atrás, escrevi um artigo sobre o fato de os anos em nosso calendário gregoriano estarem mal numerados. Quando o monge da Cítia Dionísio, o Pequeno, instituiu o Anno Domini (A.D.), no século VI, começou com o A.D.1, o ano em que, segundo seus cálculos, Jesus nasceu. Nenhum problema nesse ponto — 1 é um bom número para começar. Dois séculos mais tarde, entretanto, são Beda, o Venerável, um monge anglo-saxão da Nortúmbria, pegou o sistema de Dionísio e o popularizou na sua obra clássica, *História eclasiástica da nação inglesa*, completada em 731 A.D., ou d. C.[138] Para preservar a história antes de Jesus, Beda estendeu o sistema para o passado, criando os anos a. C.

Havia um importante senão. Beda tinha apenas numerais romanos com que trabalhar, o que significa que ele não tinha zero. Portanto, construiu um calendário que foi diretamente de 1 d. C. para 1 a. C., sem zero no meio. Escrevi que a falta de um ano zero causa imensos problemas. Por exemplo, se contarmos o número de anos de 5 a 15 d. C., a resposta é dez. Se contarmos de 5 a. C. a 5 d.C., entretanto, encontramos... nove! Pular o ano zero cria uma situação confusa para os matemáticos, astrônomos, fabricantes de calendários e outros. De fato, por ser tão confuso datar os antigos eclipses e cometas com o calendário gregoriano, os astrônomos inventaram o seu próprio, um calendário com um ano zero. Em 1740, o astrônomo francês Jacques Cassini substituiu a. C. e d. C. por um sistema de - e +, em que 0 substitui 1 a. C., 2 a. C. se torna -1, 3 a. C. se torna -2, e assim por diante. Zero é um ano bissexto.[139]

Durante anos depois da publicação do artigo, recebi cartas apaixonadas de pessoas instruídas que insistiam que não havia necessidade de um ano 0. Zero é igual a nada, escreviam, e assim pode-se pular o zero, como se pula sobre o nada. Um grupo de professores disse que eu tinha dado um golpe na instrução matemática, tratando o nada como alguma coisa.

Na verdade, zero é mais do que nada, mas ainda hoje continua a ser um conceito difícil para muitos de nós. Eu telefonara antes para o departamento de matemática do Massachusetts Institute of Technology — MIT perguntando se um matemático poderia confirmar que zero é um número válido na contagem. Um porta-voz do departamento recusou-se a comentar, sugerindo que eu precisava de um pesquisador em teoria dos números, e que eu deveria telefonar para a Universidade Harvard. Harvard confirmou que o zero era na verdade um número, e que não poderia ser desconsiderado impunemente, assim como não se poderia desconsiderar 3, 8 ou 412 na contagem. Um desses cientistas, entretanto, advertiu que "zero é um conceito muito moderno"[140] e que as pessoas ainda têm problemas com ele.

Para compreender por que zero não é sinônimo de nada, tome este exemplo clássico: a média de pontos das notas escolares — *grade point average* (GPA). Num sistema de quatro pontos, um A é igual a 4, B é igual a 3, e assim por diante, até F, que é igual a 0. Se um estudante cursa quatro disciplinas e obtém A em duas delas, mas é reprovado nas outras duas, recebe um GPA de 2,0, ou uma média C. Os dois zeros puxam para baixo os dois As. Se zero fosse nada, o estudante poderia reclamar que as notas das disciplinas em que foi reprovado não existiam, e exigir uma média de 4,0. Seu reitor riria de tal lógica.

O conceito de zero era menos estranho para o antigo mundo não-ocidental do que é para nós hoje em dia. "Na história da cultura", escreveu Dantzig em 1930, "a descoberta do zero sempre se salientará como uma das maiores realizações singulares da raça humana." O zero, ele dizia, marcou um "momento crítico"[141] na matemática, na ciência e na indústria. Ele também notava que o zero não foi inventado no Ocidente, mas pelos indianos nos primeiros séculos depois de Cristo. Os números negativos seguiram-se logo depois.[142] Os maias inventaram o zero no Novo Mundo aproximadamente na mesma época.[143] A Europa, diz Dantzig, só aceitou o zero como um número no século XII ou XIII.[144]

Há muitas "biografias do zero", e o relato conciso e vivo de Dantzig sobre o nascimento de um número é adequado para a maioria de nós. Ele vê a invenção do zero aparecer numa tábua de contar indiana no, digamos, primeiro ou segundo século da era cristã. A tábua de contar indiana tinha colunas para as unidades, as dezenas, as centenas, os milhares, e assim por diante. Para "escrever" 302, por exemplo, um matemático colocaria um 2 na primeira coluna (direita) e um 3 na terceira, deixando a segunda coluna vazia. Num dia decisivo, como Dantzig o considera, um indiano desconhecido desenhou uma figura oval na segunda coluna. Chamou-a de *sunya*, para "vazia" ou "em branco". O *sunyata*, um conceito importante no budismo, é freqüentemente traduzido como "nada" ou "vazio".[145]

Os árabes transformaram *sunya* em *sifr* ("vazio" em árabe), que se tornou *zephirum* na Itália, e finalmente zero. Na Alemanha e em outros lugares, *sifr* se tornou *cifra*, e então, em inglês, *cipher*.[146] Em outras palavras, a civilização ocidental levou mil anos para aceitar um número para "nada". Dantzig culpa os gregos. "A mente concreta dos antigos gregos não podia conceber o nada como um número, quanto mais dotá-lo de um símbolo."[147]

Essa é a versão curta, e não é má. Você não vai querer ler a versão longa; assim, vamos nos contentar com uma história de tamanho médio.

O zero continuou a farfalhar nas ervas daninhas por muitos séculos, antes que os indianos o desenhassem numa tábua de contar. Era uma força não nomeada, não escrita. Depois que os indianos e os maias ousaram dizer seu nome, passaram-se muitos séculos até que o zero fosse promovido a um número pleno, amadurecido.

A Biblioteca do Congresso nos Estados Unidos defende o nosso calendário e sua falta de zero. "Nunca houve um sistema de registrar reinados, dinastias ou eras", afirma a biblioteca, "que não designasse o seu primeiro ano como ano 1."[148] Na verdade, Pol Pot começou o calendário do Khmer Vermelho com o ano 0. Os maias tinham não só anos 0 como dias 0.

Os babilônios não tinham zero, mas sabiam que algo estava errado. Se eles numerassem o primeiro ano do reinado de cada rei como ano 1, depois somassem o número de anos de cada reino em separado, acabariam com anos demais, a não ser que cada rei morresse pouco antes da meia-noite na véspera de Ano-Novo e o seu sucessor subisse ao trono depois da meia-noite. Assim, os babilônios davam ao primeiro ano de um rei o nome de *ano de ascensão ao trono*. O ano seguinte era o ano 1.[149] O ano de ascensão ao trono era uma espécie de ano 0. Pelo que sabemos, os babilônios nunca articularam o zero, mas pareciam perceber que havia a falta de um número no seu sistema.

O matemático contemporâneo que realizou a pesquisa mais rigorosa sobre o nada é Robert Kaplan, o autor de *O nada que existe — Uma história natural do zero*. Ao longo de toda a história o zero aparece em culturas diferentes como uma série de pontos e círculos, e Kaplan escreve sobre seguir "o enxame de pontos que encontramos em escritos de uma enorme quantidade de línguas durante grandes períodos, e sobre tópicos matemáticos e de outros gêneros".[150]

Kaplan traça as raízes do zero até a Suméria e a Babilônia. Os sumérios contavam por dez e sessenta, um sistema adotado pelos babilônios, que os eclipsaram na Mesopotâmia. Os babilônios, muito à frente dos futuros romanos e gregos, impuseram uma notação posicional ao antigo sistema sexagesimal sumério. Escrevendo seus números na argila, precisavam de um símbolo para colocar nas colunas "vazias", assim como hoje usamos o zero para diferenciar 302 de 32.

Entre os séculos VI e III a. C., os babilônios começaram a usar dois símbolos oblíquos semelhantes a tachinhas para inserir nas colunas vazias. Tomavam como empréstimo as tachas oblíquas de sua língua, na qual elas eram usadas como pontos, entre outras coisas.[151] Entretanto, os babilônios usavam o seu "zero" apenas no meio de números, nunca no final.[152] Claramente, não era um zero pleno.

Kaplan afirma que, ao invadir o Império Babilônico, em 331 a. C., Alexandre arrebatou o zero junto com as mulheres e o ouro. Pouco depois encontramos o símbolo 0 para zero nos papiros dos astrônomos gregos,[153] mas os matemáticos nunca adotaram o conceito. Por que não? Kaplan, Hogben e outros mencionam a antiga razão: os gregos antigos tinham pouco respeito pela contagem, deixando essa microadministração para os negociantes.[154] Kaplan também tem outra teoria: que os gregos guardavam o zero para si mesmos, um segredo que relutavam em expressar por escrito.[155] Não é uma idéia tão forçada. O zero continuou a ter má reputação entre os ocidentais. Em 967 d. C., o monge Gerbert, que se tornaria o papa Silvestre II, modelou um sinal de zero para um dos contadores na sua tábua de contar. Por mexer com o conceito de nada, Gerbert foi acusado de ter relações com os maus espíritos.[156]

Os gregos com freqüência punham pedras sobre suas tábuas de contar e depois salpicavam as tábuas com poeira ou areia, presumivelmente para fazer um registro temporário dos números quando as pedras fossem removidas. Kaplan especula que o símbolo 0 era a impressão deixada quando se extraía a pedra. Além disso, ele encontra o zero numa obra indiana de 270 d. C. chamada *O horóscopo dos gregos*. O autor indiano estava traduzindo em verso uma obra indiana anterior, de 150 d. C., que por sua vez era provavelmente a tradução de um original grego.

A hipótese de Kaplan é que os antigos gregos inventaram o zero, recusaram-se a usá-lo e depois, inadvertidamente, doaram-no aos indianos. Ele se apressa a acrescentar que está transpondo um abismo com base "nos mais tênues fiapos de indícios".[157] Estamos num estado de espírito generoso. Por que não dar aos gregos o crédito por inventar um dos conceitos mais importantes na matemática... e, ainda mais, pela sua generosidade em passá-lo adiante quase não usado? Isso lembra o homem que atira a antiga escrivaninha de sua tia-avó na calçada; um passante lojista a pega, raspa a madeira e descobre uma herança inestimável embaixo de todo o pó.

É o que os indianos encontraram no zero jogado fora pelos gregos. De um círculo na poeira a um número pleno, a trajetória do zero foi longa, e Kaplan sente que o zero nunca alcançou a cidadania plena a não ser na Europa do século XVII.[158] Durante o primeiro milênio da nossa era, os matemáticos se referiam aos nove algarismos indianos *e* ao zero, como se fossem separados. Até o matemático europeu Fibonacci, que cresceu no norte da África e teve professores árabes, escreveu no século XIII sobre os "nove [algarismos indianos] com o signo 0".[159]

Essa distinção entre "número" e "signo" era significativa? Provavelmente, mas não impediu os indianos (ou os maias) de operar com o zero — usando-o nas operações aritméticas, embora a divisão fosse um dilema.[160] Claramente, os indianos começaram a perceber que o zero era mais do que um signo. Em 600 d.C., Brahmagupta estabeleceu as regras para a adição e a subtração com zero, inclusive as operações com números negativos.[161] Os indianos descobriram que a raiz quadrada de zero é zero, e que 0^2 também é 0, mas não conseguiram descobrir como dividir com zero. (Não se *pode* dividir por zero.)

Hogben dá aos indianos o crédito por inventar números negativos, ainda que de um modo ambíguo. "Talvez porque os hindus com freqüência tivessem dívidas", ele escreve, "ocorreu-lhes que também seria útil ter números que representassem a quantidade de dinheiro que se deve."[162] Talvez possamos desculpar os antigos gregos por não terem inventado o zero ou os números negativos porque eles eram, do ponto de vista fiscal, demasiado responsáveis para imaginar como era estar falido ou com dívidas.

Eu me baseei bastante na versão de Kaplan, um erudito ocidental tradicional, para apresentar essa breve história do zero no mundo antigo. Outros estudiosos contam uma história um pouco diferente. Pode-se encontrar na nota uma breve história alternativa de George Joseph, um matemático que simpatiza com a filosofia e a história orientais.[163]

Combinado com a notação posicional, o zero se torna bem mais do que nada. Acrescentando zeros ao fim de uma soma, os indianos e os maias foram repentinamente capazes de descrever quantidades monstruosas. Não se pode tomar isso como se fosse natural.

Considere a difícil situação de Arquimedes, por volta de 250 a. C., escrevendo a Gelon, rei de Siracusa. Em sua carta, Arquimedes propunha contar o número de grãos de areia necessários para encher todo o universo. Os matemáticos gregos não tinham zeros para poder registrar números grandes. O que Arquimedes tinha era a miríade, grandeza que corresponde a 10 mil em nosso sistema. Assim, ele pensou numa miríade de miríades, depois criou ordens múltiplas de uma miríade de miríades, para chegar à sua estimativa do número de grãos de areia no universo. Sua resposta, na nossa notação, era 1 com 51 zeros, ou 10^{51}.[164]

Ele ficou impressionado consigo mesmo por ser capaz de pensar num número tão grande, e hoje nós reagiríamos com um sonoro "E daí?". Quando queremos um número grande, apenas empilhamos alguns zeros, ou, ainda mais rápido, usamos a notação científica (10^{23}, 10^{51} e assim por diante). Os indianos antigos podem não ter compreendido todas as ramificações matemáticas de seu novo brinquedo, mas sabiam que o zero pode ser recrutado no registro de números grandes. Por exemplo, eles rapidamente determinaram (não sabemos ao certo como) a idade da Terra em 4 300 000 000 anos, muito próximo de nossas estimativas atuais. Os maias eram mais exagerados. Como parte de seu esforço para se convencer de que havia tempo de sobra, os maias contavam a idade de seu universo em 2×10^{27} anos.[165] (Os cosmólogos modernos datam o nosso universo do big bang em meros $1,5 \times 10^{10}$ anos. O universo maia vence o nosso por dezessete zeros.) Os antigos indianos também eram fascinados pelos números imensos e tinham nomes para números com potências crescentes de 10 a 17 já em 500 a. C.[166]

Isso nos leva a sentir ainda mais respeito por Arquimedes. Pensar em números grandes não era proeza pequena. Sem o zero, Arquimedes teve de construir os seus números com tijolos muito menores. "Assim que o zero aparece", diz Robert Kaplan, "o cálculo se torna mais fácil, porém ele mata a imaginação."[167] Os burocratas e os cosmólogos gostam de espalhar números e estatísticas que são demasiado grandes para a compreensão da mente. A diferença entre 10^{48} e 10^{52} é imensa, mas nós a discernimos? Os químicos reclamam que o número de Avogadro, $6,022 \times 10^{23}$, uma constante usada para calcular o número de moléculas num elemento químico, é grande demais. Isto é, se alguém comete um erro e multiplica por 10^{22} ou 10^{24}, em vez de por 10^{23}, é um erro imenso, mas imperceptível aos humanos. Se o zero tem sido considerado obra do diabo, talvez o medo seja justificado. O nosso cérebro não é mais evoluído que o de Arquimedes. O zero é um software relativamente novo. Talvez o nosso hardware não esteja à sua altura.

Para aqueles que temem a mistura de religião e ciência, o zero contém horrores ainda maiores. Com os maias, o zero atingiu as proporções de um culto religioso e bastante sangrento. Não contentes com um símbolo simples, como 0, para o número, os maias precisavam de muitos. Havia a forma básica do caracol,[168] uma flor,[169] um homem tatuado com a cabeça jogada para trás,[170] e muitos outros. Barbara Fash, do Museu Peabody da Universidade Harvard, diz que o ponto central de uma flor é um "canteiro da criação", o zero significando tanto o início como a conclusão de um ciclo. O zero era uma afirmação de vida.

Havia um lado sombrio. Quando o ponto final do calendário sagrado coincidia com o ponto final do calendário civil, os maias sentiam a necessidade de afastar a morte do universo matando a própria Morte. Assim, realizavam um jogo de bola, uma espécie de torneio mortal, em que um oponente era o Herói e o outro era o Deus do Zero, ou a Morte. O jogo era encenado, mas os jogadores eram pessoas reais, e os danos e a morte que sofriam eram também reais. A "bola" era um refém importante, como um rei cativo, que fora poupado para o evento. Ele era amarrado como uma bola, e o Herói e o Deus do Zero o chutavam de um lado para o outro, acabando por matar a "bola", fazendo-a às vezes rolar por um longo lance de escada. Era um jogo de cartas marcadas, e o Herói sempre ganhava. O Deus do Zero era então sacrificado, tendo o maxilar inferior arrancado.

Do que vimos, a trajetória-padrão da matemática não tem possibilidade de ser verdadeira. Isto é, que a matemática foi inventada pelos gregos, que a entregaram aos árabes para uma custódia de mais de mil anos, depois dos quais ela foi transmitida aos europeus durante a Renascença. Claramente, os árabes serviram como um conduto, mas a matemática colocada no degrau da porta da Europa da Renascença não pode ser atribuída unicamente à Grécia Antiga. Ela incorpora as realizações da Suméria, Babilônia, do Egito, Índia e China antigos, e dos extremos confins do mundo islâmico medieval.

O "caminho do zero" está no passado e é virtualmente incognoscível, mas fornece pistas sobre como o conhecimento matemático em geral se moveu pelo mundo antigo. O zero foi talvez concebido na Suméria, gestado na Babilônia e na Grécia, parido na Índia e criado no mundo árabe medieval e na Europa renascentista. Estamos sendo muito amáveis com a Grécia Antiga nesse ponto — podemos ver o zero, se apertarmos bem os olhos — e talvez ingratos para com o Egito, que pode ter fornecido uma ajuda oculta. Em suma, talvez não haja trajetória num sentido estrito. As várias culturas podem ter agido como partículas num campo, com os conceitos ricocheteando livremente de um lado para o outro entre elas.

O zero maia é um desafio a quaisquer noções de superioridade branca. Separados do Velho Mundo por um oceano, é improvável que os maias tenham roubado o conceito. O zero foi usado pela primeira vez na civilização maia entre 292 e 357 d. C., conforme revelado pelos monumentos cronológicos chamados estelas. A estela mais antiga sem um zero é a estela 29 em Tikal, consagrada em 292, mas as estelas 18 e 19 em Uaxactún, datadas de 357, contêm um signo zero. Em algum momento entre essas datas os maias inventaram o seu próprio zero, sem a influência dos gregos ou de outro povo do Velho Mundo. Como explicamos que esses povos, agindo por sua própria conta, tinham cérebro bastante maleável para conceber o que Dantzig chama "uma das maiores realizações singulares da raça humana"?[171]

Morris Kline, o famoso historiador moderno da matemática, tem caracterizado a matemática babilônica e egípcia como "rabiscos de crianças". Ele chamou os matemáticos indianos de "tolos". Os estudantes estão sendo adequadamente informados sobre as contribuições das culturas não-ocidentais?

Barry Mazur, de Harvard, diz que a matemática é muito difícil de aprender e muito difícil de ensinar. É bem difícil encontrar professores de matemática talentosos, e mais ainda exigir que esses professores conheçam um espectro das formas ocidentais e não-ocidentais de matemática. "Ter uma visão ampla e séria da matemática", diz ele, "exigiria aprender várias línguas. Seria preciso passar a vida debruçado sobre esse material para compreendê-lo. Nenhum matemático moderno fez tal coisa." Então ele faz uma pausa. "Mas temos de ser melhores que Morris Kline."[172]

3. Astronomia
Observadores do céu e muito mais

Durante toda a existência humana temos olhado para o céu. Houve momentos que envolveram um monólito e o amanhecer de um solstício de verão como no prelúdio do macaco de Kubrick em *2001 — Uma odisséia no espaço*? Por que não? As observações astronômicas antecedem a escrita. A integração dos eventos do céu noturno numa visão humana mais ampla parece confirmar a existência de uma conexão do cérebro que confere um padrão e uma organização às idas e vindas celestes. Os movimentos dos corpos no céu têm sido registrados, anotados ou comentados de várias maneiras, mas o *continuum* da observação astronômica ao longo das culturas tem sido constante.

No presente, temos um equipamento melhor. Na abertura de seu livro *Frozen star* [Estrela congelada], o astrônomo George Greenstein escreve: "Ao sair para um passeio numa noite estrelada, ocorreu-me como é raro que nós, astrônomos, olhemos para o céu". Os dados dos satélites são transmitidos, em forma digital, para as telas de computador dentro de escritórios sem janelas banhados em luz fluorescente. Há mais dados, mas certamente há menos romance. Greenstein observou que os astrônomos antigos, com equipamento mais tosco, talvez tenham apreciado melhor o céu na sua totalidade. Quando Carl Sagan levantava o olhar, na série de tevê *Cosmos*, e falava com extravagante entusiasmo sobre bilhões e bilhões de estrelas, os comediantes zombavam dele. No entanto, ele estava indicando com razão que qualquer ser humano, mesmo sem telescópio, pode começar a entender o mundo olhando para o céu. (Sagan mais tarde afirmou que jamais usara a expressão "bilhões e bilhões".)

Fitar as estrelas não é o que costumava ser. As estrelas são tão brilhantes quanto eram nos tempos dos sumérios, mas a poluição luminosa de fontes terrestres obscurece o seu brilho. Para muitos, a real observação do céu foi substituída por imagens intensificadas de estrelas na mídia. Nós nos acostumamos com "fotografias" de galáxias, que aparecem como rodas grandes, fofas e bojudas de estrelas, cobertas com a espuma de uma espécie de glacê galáctico cremoso. Elas parecem bem apetitosas. Na realidade, as galáxias são coisas finas, mal visíveis a olho nu. As fotografias com que estamos familiarizados são tiradas com exposições de longa duração — para fazer com que as galáxias pareçam mais carnudas —, por meio de um telescópio poderoso.[1] Essas são galáxias de desenho animado, sem nenhuma semelhança com a realidade, que promovem a nossa visão moderna de um universo denso cheio de estrelas.

Todas as galáxias, inclusive esta em que vivemos, a Via Láctea, são primariamente espaço vazio com uma tintura esparsa de estrelas e matéria interestelar. Se duas galáxias se encontrassem face a face, elas poderiam passar uma pela outra com poucas colisões.[2] Se atirássemos um foguete aleatoriamente na Via Láctea, as chances de que ele atingisse uma estrela seriam uma em 1 bilhão de trilhões.[3] De fato, no início da década de 1970, a NASA enviou as naves não tripuladas *Pioneer 10* e *Pioneer 11* para fora do sistema solar. Elas levavam desenhos de humanos e outras mensagens supostamente endereçadas a alienígenas; mas isso era apenas um exercício, porque a NASA sabia que os foguetes tinham pouca chance de entrar em contato com uma estrela, quanto mais com um planeta.[4] Ainda assim, os mal informados pensavam que as mensagens se destinavam a olhos e ouvidos alienígenas.

Somente os modernos habitantes da Terra acreditam em galáxias de rosca gelatinosa, um universo tão congestionado de matéria que podemos enviar mensagens a nossos amigos extraterrestres. Na verdade, o céu noturno revela mais espaço do que estrelas.

As culturas antigas eram freqüentemente mais realistas na sua relação com o céu. Em décadas recentes, começamos a reconhecer a sofisticação astronômica de antigas culturas não-ocidentais. *Exact sciences in antiquity* [Ciências exatas na Antiguidade], obra de Otto Neugebauer de 1957, tornou-se um texto fundamental e estimulou o início de um novo campo multidisciplinar, a arqueoastronomia. Anthony Aveni, professor de astronomia e antropologia da Universidade Colgate, define a arqueoastronomia como o estudo da prática e do emprego da astronomia entre as antigas culturas do mundo, levando-se em consideração todas as formas de evidência, escritas e não-escritas.[5] Embora a arqueoastronomia só tenha aparecido no início da década de 1970, já alcançou sucesso considerável como ferramenta para interpretar as realizações astronômicas das culturas da pré-Renascença. Revigorado pelas interpretações do astrônomo do Harvard-Smithsonian, Gerald Hawkins, sobre os alinhamentos de Stonehenge — depois de algumas obras anteriores de sir Norman Lockyer por volta da virada do século XX —, o campo se expandiu para incluir culturas de toda parte.[6]

Nas culturas mais antigas em que a observação do céu era importante, os astrônomos desempenhavam também o papel de sacerdotes. Embora os cuidadosamente posicionados templos e campos de jogo de bola dos maias e astecas funcionassem como observatórios astronômicos, eram também templos e estruturas para o cumprimento de rituais cívicos e religiosos. Usando o observatório-templo, os antigos povos do México e dos Andes ligavam as estrelas à sua vida por meio do presságio e da profecia. Embora esse casamento de astrologia e astronomia comum à maioria das culturas antigas não-ocidentais tenha sido desacreditado aos olhos de alguns pesquisadores, seus feitos permanecem.

A astrologia gozou de alta estima no Ocidente por muitos anos. Johannes Kepler, o fundador da astronomia planetária, sustentava-se em parte traçando horóscopos, o que também fazia seu mentor, o nobre dinamarquês Tycho Brahe, às vezes reconhecido como o primeiro grande observador astronômico da Europa.

Foi um eclipse solar predito para 21 de agosto de 1560 que primeiro despertou o interesse do jovem de catorze anos Tycho Brahe por astronomia e astrologia. Ele ficou impressionado pelo fato de que os homens pudessem compreender o movimento das estrelas e dos planetas tão acuradamente a ponto de predizer a sua posição muitos anos antes. Como outros astrônomos, Tycho era fascinado pela regularidade do universo. Se podemos prever que o cometa Halley atravessará nosso céu a cada 75 anos, será tão forçado pensar que Tycho Brahe, Kepler e

Galileu consideravam concebível que a vida dos homens também pudesse ser traçada com semelhante regularidade? De fato, até o século XVI, "astrologia" era o termo correto para a ciência de estudar os planetas e as estrelas. "Astronomia" era a prática de nomear e identificar as estrelas e as constelações, uma insignificante ciência associada de classificação, muito semelhante ao modo como a taxonomia está para a biologia. (O sufixo -*nomia* significa "arranjar".)

Uma advertência. Aveni chama a nossa atenção para o fato de que, ao olharem para o céu, os antigos talvez tivessem em mente idéias diferentes das nossas. "Todos os povos", diz ele, "ocidentais e não-ocidentais, antes do Iluminismo, tendiam a abordar o céu de forma diferente." Ele realizou um estudo dos eclipses astecas e descobriu que aqueles que os astecas decidiam registrar para a história eram os que ocorriam nos "tempos certos" — isto é, os que ocorrem em ciclos de 52 anos, compatíveis com o seu calendário. Eles não eram necessariamente os eclipses mais espetaculares, que atraem o olhar moderno. "Não pensaríamos em ligar uma erupção vulcânica com a morte de um presidente, mas eles estabeleciam essa ligação", afirma Aveni.

O que os povos antigos buscavam? Aveni diz: "Acho que procuravam acontecimentos que validassem seus sistemas de crenças, ou, às vezes, que fizessem com que estes fossem alterados". Se estavam entre a elite governante, como acontecia na Babilônia e no mundo antigo dos maias e astecas, os astrônomos buscavam no cosmos sinais que validassem suas ações: guerrear, travar uma batalha, concretizar um casamento ou uma fusão de Estados, e assim por diante.

> Em geral, interpretamos isso de forma simplista e dizemos: "Bom, eles eram como uma espécie de Hitlers que apenas engambelavam as massas". Temos de compreender que essa era uma crença profundamente enraizada, que eles olhavam para o cosmos em busca de sinais dos deuses que indicassem como deviam se comportar, para que lado se voltar, de forma muito semelhante a como um presidente olha para o seu ministério.[7]

A astronomia não-ocidental antiga e medieval é pré-telescópio, uma astronomia a olho nu. Mesmo sem os instrumentos para observar, entretanto, os antigos indianos, muito antes de Copérnico, sabiam que a Terra girava ao redor do Sol e, mil anos antes de Kepler, sabiam que as órbitas dos planetas eram elípticas; os árabes inventaram o observatório e deram nome à maioria das estrelas famosas; os chineses mapearam o céu; e os ameríndios marcaram importantes eventos astronômicos com adagas de luz ou serpentes ópticas que nos emocionam até hoje.

Vamos começar nosso exame pelo Novo Mundo. A maioria das culturas do Novo Mundo não possuía uma língua escrita (com exceção dos maias, dos astecas e, possivelmente, dos incas), mas deixaram uma rica herança astronômica.

NOVO MUNDO

É fácil avaliar o impacto da astronomia do Velho Mundo sobre o hemisfério ocidental: não houve nenhum. As culturas da Mesoamérica e de outras regiões do Novo Mundo eram "hermeticamente isoladas", como diz Aveni, do resto de seus pares observadores do céu pelos oceanos Pacífico e Atlântico. Enquanto a maior parte da Europa definhava, as culturas mesoamericanas, influenciando apenas umas às outras, sintetizavam um pacote de astronomia que era complexo, preciso e unicamente delas.

Os interesses astronômicos da Mesoamérica eram inseparáveis de fins religiosos e sociopolíticos. (A Mesoamérica estende-se do noroeste do México à Guatemala central e El Salvador.) Como na antiga Mesopotâmia, China, Índia, Grécia e Itália, os deuses astronômicos formam o núcleo do panteão pré-colombiano. As sociedades da Mesoamérica viam os corpos celestes como deuses que influenciavam seu destino e que controlavam o que acontecia na Terra.[8] Elas também pensavam que, se tentassem com muito, muito esforço, podiam influenciar essas divindades.

Embora existissem centenas de grupos étnicos distintos, a existência de calendários partilhados e de um corpo de conhecimento astronômico sugere comunicação entre esses grupos ao longo de mais de 2 mil anos.[9] Alguns dos relatos astronômicos maias, escritos mais tarde, estão ligados a culturas mais antigas — fenômenos derivados das culturas epiolmeca, mixteca e zapoteca de 2 mil anos antes. Já no século XII a. C., os olmecas, os progenitores dos maias, astecas e outros povos da Mesoamérica, estavam construindo pirâmides cerimoniais de trinta metros de altura, provavelmente para obter uma visão melhor dos eventos celestes, bem como para fins rituais.

Pouco antes da era cristã, uma civilização misteriosa começou a construir a cidade de Teotihuacán num vale situado a uns sessenta quilômetros da atual Cidade do México. A Pirâmide do Sol de Teotihuacán tem 64 metros de altura e 213 metros de largura na base.[10] A preocupação dessa cultura com a observação do céu serviria como um modelo a ser seguido pela civilização mesoamericana.

O zênite solar desempenha um papel central em toda a Mesoamérica. No dia (em geral 21 de junho) em que o Sol chega a seu ponto de solstício de verão — isto é, quando ele cruza a linha vertical ou zênite —, algo especial ocorre a uma latitude de 23,5 graus norte. Ao contrário do que acontece em latitudes mais temperadas, nos trópicos o Sol atinge uma vertical verdadeira duas vezes por ano, ao meio-dia. Como a maioria das cidades da Mesoamérica eram localizadas ao sul dessa latitude, seus habitantes podiam observar o Sol exatamente acima de suas cabeças durante o tempo em que ele passava sobre sua latitude. A observação da passagem pelo zênite é possível apenas nos trópicos (isto é, entre 23,5 graus das latitudes norte e sul) e era desconhecida dos conquistadores espanhóis que baixaram em Yucatán no século XVI.[11] Os primitivos mesoamericanos decerto tinham consciência de que o zênite variava sutilmente quando eles viajavam para o norte e para o sul. Os primeiros complexos arquitetônicos mostravam orientações ajustadas à posição do Sol no horizonte local na data do zênite.[12]

Para todas as sociedades mesoamericanas, o Sol era o regente do tempo e do espaço. Os povos pré-colombianos modelaram a sua arquitetura visando integrar o tempo e o espaço. Os astrônomos usavam localizações fixas em templos e pirâmides para acompanhar o nascer e o ocaso do Sol e de outros corpos celestes. Eles marcavam os eventos solares colocando conjuntos de varinhas cruzadas ao longo de linhas de visada nos terraços e baluartes das edificações. A direção precisa do Sol no amanhecer era uma orientação fundamental.

Um sistema comum do conhecimento mesoamericano incluía não apenas a predição de eclipses solares e lunares, mas também a observação intensa do nascimento e ocaso sazonal de Vênus e, possivelmente, de Júpiter, Marte e Saturno, bem como o registro das datas de conjunção significativa de planetas, Lua, estrelas e constelações brilhantes. Esses eventos já eram registrados em monumentos desde o século I d. C.[13]

Dentre todos os antigos que cuidavam do acompanhamento do tempo, os mesoamericanos (especialmente os maias) desenvolveram os mais complexos e intricados sistemas de calendários. As mais antigas inscrições calendáricas mesoamericanas datam de 600 a. C. Eles projetaram um calendário de 260 dias chamado de contagem sagrada, usado para adivinhação, astrologia e registros religiosos. Esse calendário dava a cada dia um nome, de forma muito semelhante aos dias da semana contemporâneos. Havia vinte nomes de dia, cada um representado por um símbolo único. Os dias eram numerados de um a treze. Com vinte nomes de dia, depois que se chegava ao número treze o dia seguinte voltava a ser número um. O calendário da contagem sagrada de 260 dias foi empregado por toda a Mesoamérica durante séculos, provavelmente antes do início da escrita. Nenhum outro grupo cultural no mundo usou um calendário de 260 dias. Ninguém sabe exatamente quando, como ou por que os mesoamericanos se decidiram por um período de 260 dias. A localização geográfica comum e os padrões climáticos, bem como os ciclos agrícolas dos trópicos setentrionais, provavelmente influenciaram seu desenvolvimento. Ele pode unir vários eventos astronômicos, como as configurações de Marte, as aparições de Vênus ou as temporadas dos eclipses. Os mesoamericanos contemporâneos, que ainda usam o calendário de 260 dias para eventos rituais, têm sugerido que a conta de 260 dias é baseada na extensão do período de gestação humana.

O planeta Vênus desempenha um papel central na cultura mesoamericana, especialmente em tempo de guerra. O culto guerreiro de Vênus, reconhecido em muitos sítios mesoamericanos pela imagem de uma divindade de olhos esbugalhados conhecida como Tlaloc, originou-se aparentemente em Teotihuacán e pode ser encontrado ao menos desde o século VI d. C.[14]

Nos séculos entre 200 e 900 d. C., o período chamado maia clássico, a capacidade para astronomia, elaboração de calendários e contagem do tempo chegou ao ápice. Os maias reuniram todos esses elementos e os elevaram a um nível de originalidade e brilho. Eles foram provavelmente os astrônomos e os matemáticos mais sofisticados de sua era.

Se você visitar as praças arruinadas das cidades maias clássicas, ainda verá estelas esculpidas com inscrições de efígies e de proezas de reis e rainhas. Lerá que a linhagem real deles descendia dos deuses. Tudo isso é oferecido lado a lado com datas calendáricas complexas, que fixam a época do ano do evento e sua posição no ubíquo calendário ritual de 260 dias. Os feitos reais são também acompanhados pela fase correta da Lua, sua posição no zodíaco, a contagem dos dias desde o tempo da criação maia e inclusive desde os tempos míticos que antecederam a criação — um número de dias que chegava a milhões. Tudo era ligado com precisão a cada personagem real ou ocorrência.[15]

Durante o seu período clássico, os maias desenvolveram um calendário de Vênus com uma precisão de um dia em quinhentos anos, bem como uma tabela de previsões de eclipses que ainda funciona no século XXI. Eles criaram seu próprio zodíaco, além de tabelas para acompanhar a trajetória de Marte, da Lua, de Vênus e possivelmente de Júpiter e de Mercúrio. Para fazer todo esse trabalho de forma congruente, desenvolveram uma matemática sofisticada que facilitasse as computações. Projetaram seus contos astronômicos centenas de anos para o futuro e para o passado, até mesmo para eras que precediam a criação de sua versão contemporânea do universo. A astronomia maia atingiu um nível que podia ser comparado ao dos babilônios e que superava em certos aspectos o dos egípcios.[16] Quase tão notável quanto a precisão e o alcance da astronomia maia era o seu impulso para elaborá-la, uma preocupação com a contabilidade celeste que evoluiu para uma obsessão sem paralelo.[17]

Dentre os milhares de textos em que os maias registraram suas descobertas, apenas quatro sobreviveram às queimas de livros espanholas. É como se as únicas informações que o futuro tivesse de nós fossem baseadas em três livros de orações e em *O peregrino*,* como observou o estudioso dos maias Michael Coe.[18]

O *Códice Dresden* (os nomes dos códices indicam onde estão e são guardados, daí os nomes europeus) é o mais belo dos textos maias de telas desdobráveis. Tem vinte centímetros de altura e, quando desdobrado na sua forma semelhante a um acordeão, 3,35 metros de comprimento. Escrito numa longa tira de papel de casca de árvore coberta por uma fina camada de estuque ou gesso, aborda basicamente as contagens rituais dos 260 dias divididos de várias maneiras, estando as divisões associadas a deuses específicos.[19]

O *Códice Madri* e o *Códice Paris* são de execução menos perfeita. O segundo é muito fragmentado, mas sugere datas específicas para o prognóstico de eventos astronômicos. O *Códice Grolier* (assim nomeado em referência ao Grolier Club, da cidade de Nova York, onde foi exibido em 1971) está também em más condições, mas compreende metade de uma tabela de vinte páginas a respeito do ciclo de Vênus. A data de 1230 d.C. determinada por carbono-14 é agora con-

---

*Narrativa alegórica de temática cristã escrita em 1678 pelo pastor anglicano John Bunyan. (N. E.)

siderada precisa, tornando-o assim o mais antigo dos manuscritos com uma diferença de vinte anos.

Vênus é o planeta de importância religiosa primordial para os maias, que faziam cálculos extensos de suas múltiplas aparições. Ao contrário dos gregos da era homérica, entretanto, os maias sabiam que a estrela da manhã e a da tarde eram o mesmo objeto. Para mapear o período sinódico de Vênus (o tempo que o planeta leva para retornar à mesma posição relativa à órbita da Terra ao redor do Sol), os maias usavam o número de 584 dias (o número real é 583,92, tão próximo de 584 que não se vê diferença). Eles dividiam esse número em quatro períodos de duração variável; Vênus como a estrela da manhã era um deles. O segundo era o desaparecimento de Vênus na conjunção superior — o ponto em que o planeta fica invisível, por passar atrás do Sol. O terceiro era sua reaparição como estrela da tarde; o quarto, seu novo desaparecimento na conjunção inferior — quando é obscurecido pela sua passagem na frente do Sol. A primeira e a última aparições de Vênus eram de grande interesse; a primeira tem importância especial no *Códice Dresden*.

Em 1982, o lingüista Floyd Lounsbury, da Universidade Yale, revelou quão intensamente os maias ligavam Vênus à guerra, demonstrando que as imagens guerreiras são associadas à primeira aparição de Vênus no céu da manhã e da tarde. A escolha das datas indica que os eventos de guerra de grande importância para os maias se aglomeravam na estação seca, a época preferida para travar batalhas. Os estudiosos concluíram que a guerra era evitada durante os períodos em que Vênus ficava invisível na conjunção superior.[20] A aparição de Vênus como estrela da tarde em 3 de dezembro de 735, por exemplo, provocou um ataque ao sítio de Seibal em Peten, ao sul, na atual Guatemala, levando à captura de seu líder no dia seguinte. Esse infeliz, diz Coe, foi mantido vivo por doze anos, sendo finalmente sacrificado num jogo de bola ritual marcado para acontecer numa conjunção inferior de Vênus.

O ponto estacionário (no fim do período retrógrado) de Júpiter aparentemente assinalava o acesso de algum rei ao trono ou rituais inaugurais em Palenque. Os jogos de bola e os eventos sangrentos a eles associados parecem estar ligados com o período retrógrado de Júpiter. O acesso ao trono com 49 anos, e a apoteose 21 anos mais tarde, do grande governante de Palenque Kan Balam, foi determinada pelo segundo estágio de Júpiter.[21]

As estrelas eram os "olhos da noite" para os maias. As Plêiades, como eram chamadas no Velho Mundo, eram estrelas importantes no calendário. Os astrônomos usavam uma janela na torre do Caracol em Chichén Itzá, no México, para ver as Plêiades quando elas afundavam na penumbra no final de abril, e novamente antes do início das chuvas, na época do primeiro zênite solar, no final de maio. Os maias visualizavam Escorpião como um escorpião, e alguns templos eram orientados para o ponto de ocaso de suas estrelas. Havia uma associação antiga entre o período da conjunção de Órion e o plantio do milho.[22]

Aveni e seus colegas descobriram que os maias usavam edificações e vãos de portas para visões astronômicas, especialmente de Vênus. Em Uxmal, a capital do século X de uma antiga cidade-Estado no oeste do Yucatán, todas as edificações são alinhadas na mesma direção, exceto o palácio do governador. Ali, Aveni descobriu que uma medição perpendicular tomada a partir do vão da porta central atinge um pequeno monte solitário a 5,6 quilômetros de distância. Vênus teria nascido precisamente acima desse pequeno monte, quando o planeta atingiu o seu ponto extremo ao sul em 750 d. C.

Em 1975, Aveni descobriu que a orientação e as linhas de visada da edificação poderiam se aproximar desse nascimento de Vênus no ponto mais ao sul, um evento que ocorre apenas a cada oito anos. Na metade da década de 1990, David Rosenthal, explorador, fotógrafo e entusiasta dos maias, passou meses tentando fotografar o nascimento de Vênus no ponto mais extremo ao sul a partir do palácio, que é ricamente ornado com glifos desse planeta. Depois de muitas tentativas com neblina e nuvens, Rosenthal viu finalmente o evento numa manhã de janeiro de 1997. E ele descreveu algo mais do que o detalhe astronômico:

> Alguns relatos também indicam que o clima do Yucatán não teve alteração significativa nos últimos mil e poucos anos, e isso vale particularmente para sítios tão distantes das áreas urbanas como Uxmal. É possível que os antigos maias tenham estado sujeitos ao mesmo problema que experimentei.
>
> Mas isso era realmente um problema? O horizonte envolto em brumas das primeiras horas da manhã, visto de um promontório como o palácio de governador, parece a linha da praia de um oceano infindável. Essa visão é muito semelhante a uma idéia cosmológica maia na qual a beira do mundo encontra um mar infinito, que por sua vez constitui a superfície de Xibalba, o Mundo Subterrâneo. Como outros objetos celestes nascentes, Vênus emerge desse mundo misterioso para navegar pelo céu. Será que a minha perspectiva desse viajante luminoso subindo

livre da escuridão sombria foi a mesma procurada e partilhada pelos astrônomos-sacerdotes há mais de um milênio?[23]

Com sua colaboradora Sharon Gibbs, Aveni mostrou que por volta de 1000 d. C. todo o Caracol, uma torre redonda com janelas em Chichén Itzá, era alinhado com os extremos nortes de Vênus. Outra linha de visada diagonal das janelas correspondia à posição de ocaso do planeta, quando ele atingia a sua máxima posição sul.[24] O Castillo do período clássico de Chichén Itzá expressava claramente a relação maia Sol–monumento–ritual na sua orientação e em suas quatro escadas de 91 degraus de cada lado (que, quando somadas à plataforma do templo como último degrau, totalizam 365 degraus). No pôr-do-sol nos equinócios, sombras formadas nos nove níveis, ou estágios, da pirâmide criam o desenho de uma grande serpente deslizante ao longo da balaustrada em forma de serpente no lado norte do Castillo. Hoje milhares de pessoas vão até lá testemunhar esse acontecimento.

O hábito de incorporar o início do ano no solstício de inverno ao plano arquitetônico de um centro de cerimônias foi a primeira fase, na Mesoamérica, do ato de alinhar astronomicamente a cidade como um todo. Construída antes do nascimento de Cristo e logo abandonada por vários séculos durante a Era das Trevas européia, Teotihuacán foi cuidadosamente planejada. O centro de cerimônias de oitenta quilômetros quadrados era disposto num eixo e grade leste–oeste — aproximadamente 15,5 graus a leste do norte e 15,5 graus a oeste do sul.

Além disso, se pudéssemos retroceder 2 mil anos, parar ao lado de um marco na rua dos Mortos na época do ano apropriada e olhar para um petróglifo localizado no horizonte ocidental, veríamos o ocaso do aglomerado de estrelas das Plêiades. Quando reapareciam no leste, depois de terem ficado invisíveis à luz do Sol por quarenta dias, as Plêiades surgiam no dia preciso do zênite solar. Aqui, diz Aveni, estava um mecanismo altamente visível e conveniente para determinar o início do novo ano. Ligar o Sol às estrelas era diferente de começar o calendário solar marcando a passagem mais ao norte e mais ao sul do Sol. "Por serem proeminentes e por estarem no lugar certo no tempo certo, as Plêiades tornaram-se o marcador celeste de tempo preferido" dos astrônomos de Teotihuacán.[25]

Os astecas acreditavam que eram os filhos dos teotihuacanos, a quem consideravam deuses. Quando construíram seu capitólio, Tenochtitlán, por volta de 1325 d. C.,[26] tinham em mente Teotihuacán. O grande Templo Mayor em Tenochtitlán foi posicionado de modo que os raios do Sol nascente no equinócio da primavera (em geral em 21 de março) caíssem no espaço entre os templos gêmeos, os altares das divindades Tlaloc e Huitzilopochtli, no topo da pirâmide plana. Medindo as ruínas do templo, Aveni descobriu que ele está desviado quase 7 graus ao sul do verdadeiro leste para corresponder ao caminho do Sol sobre os elevados templos gêmeos no dia do equinócio.[27]

Como os mesoamericanos, os incas no antigo Peru (1220 a 1532 d. C.) criaram um sistema astronômico extraordinário na sua vasta estrutura organizacional. Eles codificaram seu calendário na arquitetura, como os maias, mas também construíram um sistema único baseado na topografia da cidade, no império e na própria paisagem andina.

Essa astronomia evoluiu do sistema *ceque* inca, um dispositivo organizacional para registrar o tempo.[28] O sistema *ceque* (que significa "raio") desenvolveu-se a partir do capitólio inca. Cuzco situa-se a 13,5 graus de latitude sul, na confluência de dois rios num vale de montanha a cerca de 3200 metros de altitude. Os incas talvez o chamassem Tahuantinsuyu, ou "Os Quatro Quartos do Universo". A cidade era o ponto zero no sistema *ceque*, que Aveni descreve como um cosmograma gigante, "um mapa mnemônico construído na topografia natural e na criada pelo homem em Cuzco". Sistema semi-abstrato e conceitual, consistia em várias linhas radiais imaginárias, os *ceques*, agrupadas como os raios de uma roda, irradiando a partir de Cuzco e estendendo-se até os confins do império. O eixo da roda, o epicentro do sistema, era o Coricancha, o templo sagrado do culto dos ancestrais.[29] O sistema *ceque* unificava as idéias incas sobre religião, organização social, calendário, astronomia e hidrologia.[30]

Havia um total de 41 linhas *ceque*. Cada uma podia ser traçada seguindo a linha de pequenos altares ou de lugares naturais sagrados, chamados *huacas*, que saíam do Coricancha paisagem afora. Havia 328 linhas ao todo. Cada *ceque* tinha uma família ou grupo social designado como responsável pela manutenção das *huacas*, posicionados a intervalos ao longo de cada linha.[31] Alguns pilares ou outros marcos ao longo do horizonte visível marcavam as posições de objetos celestes importantes. Pela visão direta de nascimentos e ocasos celestes sobre determinadas *huacas*, os astrônomos incas mantinham registros precisos de datas importantes do ano sazonal sem precisar anotá-las por escrito.[32] A própria Terra servia como códice.

Os pilares de pedra marcavam a passagem do Sol no meio de agosto, que assinalava o início da estação de plantio. Mas o tempo oportuno da estação de plantio ocorria em momentos um pouco diferentes em pontos mais altos ou mais baixos das elevações montanhosas. Os incas posicionavam as *huacas* em elevações diferentes para registrar o nascimento do Sol em tempos diferentes, de modo que o plantio começasse na data mais apropriada para aquela altitude.[33]

Segundo o antropólogo R. Tom Zuidema, que realizou um extenso trabalho de campo sobre a astronomia andina, o sistema de mapeamento *ceque* não era apenas um esquema de direção que incorporava eventos astronômicos que aconteciam no horizonte; era também um calendário sazonal, em que cada *huaca* representava um dia no ano, e um aglomerado de *huacas* representava um mês lunar.[34] Zuidema e outros viam o sistema *ceque* como uma versão macrocósmica do quipo, o instrumento inca de contar usado para diversos fins. O quipo era um conjunto de cordões coloridos atados a uma corda principal. Os nós em cada cordão representavam o equivalente numérico dos itens contados. Zuidema e outros perceberam o sistema *ceque* como um quipo gigante estendido sobre Cuzco; as linhas do *ceque* eram os cordões; as *huacas*, os nós.[35]

Embora os incas tenham construído um império em menos de um século, antes de serem destruídos pela invasão espanhola, há precursores do sistema *ceque* nos artefatos de culturas anteriores. Investigando as famosas linhas Nazca na costa desértica do Peru, Aveni detectou antigos vestígios do sistema *ceque*. Construídas pelo povo nazca nos primeiros séculos da era cristã, as linhas consistem em algumas figuras geométricas e representação de animais, mas basicamente em linhas retas, gravadas no deserto. Há aproximadamente oitocentas linhas, algumas com vários quilômetros de comprimento, emanando de 62 pontos focais. Todo o padrão organizado parece uma montagem de sistemas *ceque* atados numa rede estendida sobre 160 quilômetros quadrados. A pesquisa de Aveni sugere fortemente que essas linhas eram caminhos, provavelmente trilhados por participantes de um ritual da chuva, uma espécie de dança da chuva. A maioria começa e termina em fontes de água. A observação do Sol também pode ter desempenhado um papel. Um número significativo de linhas aponta para o lugar em que o Sol nasce durante a estação do ano em que a água começa a correr nos rios e canais subterrâneos.[36]

Zuidema teorizou que os incas se baseavam numa série de marcadores celestes em forma de pilares de pedra, mas por muitos anos não houve evidência que sustentasse essa teoria. Durante toda a década de 1980, entretanto, o arqueólogo Brian Bauer, da Universidade de Chicago, o astrofísico David Dearborn, do Laboratório Lawrence Livermore, e seus colegas procuraram ao redor de Cuzco os pilares descritos pelos cronistas espanhóis do século XVI, segundo os quais as estruturas eram suficientemente grandes para serem vistas contra o crepúsculo a uma distância de 14,5 quilômetros. Um desses grupos de pilares marcava o ponto em que o Sol se põe no solstício de junho, que é o ponto extremo norte em que o Sol cruza o horizonte. Uma combinação de pilhagem pós-conquista e crescimento urbano recente no vale de Cuzco destruiu a área em que os pilares se encontravam no passado. Segundo Bauer, muitos estudiosos da Antiguidade latino-americana acreditam que os incas construíram os grandes pilares para registrar a localização do Sol no horizonte nos solstícios de junho e de dezembro, mas os arqueólogos ainda não tinham encontrado evidência física dos pilares e não havia nenhuma investigação detalhada sobre a organização dos rituais dos solstícios, embora esse seja o estímulo para a pesquisa corrente de Zuidema.[37]

Durante um levantamento dos sítios pré-hispânicos na ilha do Sol, no lago Titicaca (na fronteira Peru–Bolívia), Bauer, Dearborn e outros descobriram ruínas de dois pilares de pedra. Encontraram também uma plataforma numa grande área situada no lado de fora dos muros de um santuário da ilha. A pesquisa arqueológica e astronômica da equipe, que eles apresentaram num número de 1998 de *Latin American Antiquity*, sugere que os incas usavam o sítio para apoiar a reivindicação das elites governantes pelo poder por meio de elaborados rituais solares. No início do século XV, o império inca expandiu-se na região do lago Titicaca e usurpou a ilha do Sol do controle local. A ilha e uma rocha sagrada, que os habitantes do lugar acreditavam ser o local do nascimento do Sol, haviam sido foco de culto por séculos. Sob os incas, tornou-se um dos mais importantes centros de peregrinação na América do Sul.

A pesquisa da equipe indica que no solstício de junho o rei inca e os altos sacerdotes do império reuniam-se numa pequena praça ao lado da rocha sagrada para testemunhar o ocaso entre os pilares de pedra. Suas descobertas também indicam que, enquanto a elite prestava tributo ao Sol de dentro do santuário, os peregrinos observavam o evento de uma segunda plataforma, fora do muro do santuário. Da perspectiva dos peregrinos, o Sol se punha entre os pilares de pedra e diretamente sobre a elite governante, que se autonomeava os filhos do Sol. "Embora ambos os grupos participassem do culto solar, os peregrinos prestavam simultaneamente tributo ao Sol e aos filhos dessa divindade. Essa segregação física enfatizava que apenas o inca tinha acesso direto aos poderes do Sol", escreveu Bauer.[38]

O estudo de David Dearborn sobre os incas começou no início da década de 1980, em Machu Picchu, no Peru. Ele e seus colegas descobriram evidências arqueológicas e etno-históricas que sustentavam o uso de certas estruturas de Machu Picchu e outros monumentos como observatórios funcionais, de onde os incas monitoravam o movimento do Sol. Numa das edificações, construída com uma das mais refinadas alvenarias de Machu Picchu, freqüentemente chamada de Torreón, Dearborn descobriu que uma janela estava voltada para a posição do nascimento do Sol no solstício de junho. Através de outra janela do Torreón, voltada para o sudeste, quando nos sentamos no chão, de costas para o altar da sala, podemos ver nascer as estrelas na cauda de Escorpião — uma constelação às vezes conhecida nos Andes como Collca, o armazém. Na era incaica, essas estrelas estariam nascendo enquanto o Sol do solstício de junho estaria se pondo. O antropólogo Gary Urton observou que o nome Collca era também dado às Plêiades. Nos tempos incaicos, começando por volta de um mês antes do solstício de junho, esses dois grupos de estrelas estavam nos lados opostos do céu. As Plêiades apareciam no céu da manhã, erguendo-se na janela do solstício de inverno.[39]

Menos óbvia que a astronomia dos mesoamericanos e dos incas é a habilidade de observar o céu dos povos norte-americanos. Mas eles claramente desenvolveram um corpo de conhecimento sobre os céus noturnos. Um fenômeno impressionante é a "adaga do Sol". A sua interpretação é dúbia, segundo alguns pesquisadores, mas seríamos omissos se não a mencionássemos.

Em 29 de junho de 1977, Anna Sofaer, uma artista que estudava a antiga arte rupestre dos anasazi, balançava-se na encosta de Fajada Butte, cerca de 120 metros acima do fundo do Chaco Canyon, no Novo México. (Os anasazi eram americanos nativos que habitavam os penhascos do sudoeste.) Ela subira a esse lugar precário para dar uma olhada num par de petróglifos espirais famosos por estarem abrigados atrás de três lajes de arenito erguidas contra um muro decorado. Perto do meio-dia, Sofaer viu a sombra embaixo das lajes ser perfurada pelo que ela chamou de uma "adaga" de luz solar. Quase dividia em duas partes a espiral maior, com trinta centímetros de largura, levando perto de doze minutos para passar por ela. Sabendo que o solstício de verão acabara de acontecer, Sofaer achou que a localização poderia ter sido designada para marcá-lo. Retornou ao mesmo poleiro elevado a intervalos mensais, bem como nos equinócios e solstícios.

Com outros especialistas, Sofaer convenceu-se de que os petróglifos de Fajada eram um marcador calendárico acurado e preciso. Ela e outros pesquisadores observaram que, no solstício de verão seguinte, a luz solar primeiro escorregou entre as lajes do meio e da direita cerca de uma hora antes do meio-dia. Um ponto de luz brilhou na borda superior da espiral maior, cresceu até tornar-se uma adaga fina e desceu cortando as voltas esculpidas, dividindo-as pelo centro. Dezoito minutos depois da primeira aparição, a luz desapareceu. Durante todo o ano, um ponto de luz solar surgiu perto da espiral menor e também transformou-se numa adaga. No solstício de inverno, duas adagas de luz emolduraram a grande espiral por 49 minutos a partir do meio-dia, quando a luz solar incidiu entre as três lajes aprumadas.

Não podemos saber com certeza se toda a estrutura foi construída intencionalmente para fins astronômicos ou se as formações rochosas caíram ali e foram usadas como um achado feliz. Os astrônomos acreditam que essa é uma forma primitiva do relógio de sol dos anasazi (datando por volta de 1000 d. C.), que funcionava como um marcador aproximado de solstício. Se as adagas foram criadas para funcionar com precisão, é uma questão em aberto, assim como continua em aberto uma teoria mais recente de que as espirais designavam os limites da sombra projetada pela oscilação de 18,6 anos do nascimento da Lua cheia, e eram usadas como parte de um plano para predizer eclipses.[40]

Há exemplos semelhantes da técnica anasazi para marcar solstícios na região Quatro Cantos do sudoeste. No Monumento Nacional Hovenweep, do Colorado, o antigo povo perdido ocupava muitos cânions ocultos. Num dos cânions, no que é conhecido como o grupo Holly House, abaixo de algo chamado a "sala do Sol", uma parede interna do corredor de pedra é decorada com muitos petróglifos, inclusive um conjunto de círculos concêntricos e duas espirais. Nas manhãs próximas ao solstício de verão, a luz solar penetra a fenda entre o ressalto e um bloco de pedra que forma a parede oposta do corredor. Nesse ponto, duas adagas de luz aparecem no painel decorado. Ambas se estendem horizontalmente pela parede sul, e a adaga esquerda penetra através das espirais. A adaga direita divide os círculos pela metade. À medida que a manhã avança, as pontas das adagas se encontram numa sinfonia de luz que se desenrola ao longo da pedra.[41]

No início da década de 1950, o astrônomo britânico Fred Hoyle sugeriu que registros da grande supernova de 1054, a brilhante explosão de uma estrela, poderiam aparecer junto com uma Lua crescente na arte rupestre do sudoeste norte-americano.[42] Pouco depois o astrônomo William C. Miller, de Mount Wilson, encontrou possíveis representações da supernova. Um petróglifo em Chaco Canyon em particular tornou-se famoso como um registro da supernova de 1054. Em 1975, os astrônomos John Brandt, da Universidade do Novo México, em Albuquerque, e Ray Williamson, da Universidade George Washington, fizeram cálculos que situam esse evento estelar extraordinariamente brilhante perto de uma Lua crescente na manhã de 5 de julho de 1054, mais ou menos como está retratado no petróglifo. Alguns críticos dizem que existem explicações mais simples. É muito mais provável, dizem, que o petróglifo represente a Lua crescente deslizando perto de Vênus como estrela da manhã ou da tarde.[43] A controvérsia continua.

Depois que Sofaer redescobriu as adagas do Sol em Fajada Butte, o interesse pela astronomia anasazi desabrochou até que, segundo o astrônomo Von Del Chamberlain, do Planetário Hansen em Salt Lake City, Utah,

> uma legião de pessoas estava pronta a não deixar nenhum fragmento de arte rupestre intocada pela luz solar, pelo luar, pela luz das estrelas, pela luz infravermelha, ou pela ausência de qualquer uma dessas luzes. A busca de luz e sombra projetando-se na arte rupestre parece próxima de se tornar uma religião, com devotos arrastando-se pelas pedras no solstício, no equinócio e, mais recentemente, nas datas dos sabás, para observar com veneração enquanto um feixe de fótons ou algumas sombras roçam as figuras fascinantes deixadas pelos povos antigos.[44]

Seria um erro menosprezar a busca dos americanos nativos pelo conhecimento astronômico, apenas porque havia pouca transmissão escrita e porque os europeus que escreveram a respeito eram tendenciosos. Os povos indígenas tendiam a integrar o seu conhecimento em diferentes conjuntos epistemológicos, bem mais do que faziam os europeus, que descartavam informações válidas como superstição nativa. Renomear um lugar sagrado como "Torre do Diabo", observa a arqueoastrônoma Paula Giese, é demasiado comum no continente. Na verdade, ela acrescenta, se vemos esses nomes religiosamente tão pejorativos ligados a características geológicas, podemos ter bastante certeza de que o sítio foi outrora sagrado para alguns povos indígenas.[45]

Os povos pré-históricos do leste da América do Norte construíam com freqüência fortificações, erguendo milhares de montes de pedras e pirâmides, provavelmente a serviço da astronomia, bem como da política e da religião. Um dos maiores remanescentes é o chamado monte do Monge (nomeado em referência a um mosteiro trapista do século XIX nas proximidades), encontrado perto do que é hoje Cahokia, em Illinois, cerca de treze quilômetros a leste do centro da cidade de St. Louis. O monte se localiza perto da confluência de dois dos maiores rios do continente, o Mississippi e o Missouri. Os arqueólogos afirmam que, para construí-lo, os habitantes de Cahokia arrastaram nas costas cargas de 25 quilos de cascalho tirado de escavações próximas. Devem ter repetido esse traslado 14,7 milhões de vezes ao longo de três séculos, para construir uma plataforma retangular em cima de outra até o monte de 0,6 milhão de metros cúbicos ser terminado, por volta de 1000 d. C.

Um tanto mais especulativo é "Woodhenge", um círculo reconstruído de 48 postes de madeira a oeste do monte do Monge. É chamado Woodhenge por causa de sua semelhança funcional geral ("*muuuuito* geral", diz Aveni) com o britânico Stonehenge, o círculo de grandes pedras erigido por volta de 1500 a 2000 a. C. na planície de Salisbury, que alguns acreditam ter sido usado para fins astronômicos. O círculo de Woodhenge talvez tenha servido para fins de calendário, porque um mastro no centro, quando alinhado com o poste mais a leste na frente do monte do Monge, marca os equinócios.[46]

Para os habitantes de Cahokia, o Sol, e não a Lua, tinha uma importância primária. Seguindo o caminho anual do Sol ao longo do horizonte, os governantes desse vasto centro econômico podiam regular o fluxo sazonal de bens e serviços, além de planejar cerimônias e feriados na frente do monte.[47]

Esse centro é agora protegido como o Sítio Histórico Estadual dos Montes Cahokia.

Em outros lugares, essa mesma cultura "mississipiana" manifestava esses projetos terrestres astronomicamente organizados, quase sempre montes com pirâmides truncadas com possíveis funções de calendário. Os mississipianos adentraram o século XVI e desapareceram na esteira do avanço de Hernando de Soto, que espalhou epidemias. A maioria de suas formas geométricas monumentais os seguiu no esquecimento. (Os epidemiologistas não sabem ao certo que doença De Soto espalhou, exceto que foi provavelmente transmitida pelo rebanho de porcos que os espanhóis carregavam como alimento.)[48]

Sabemos menos sobre os primeiros habitantes das Grandes Planícies do que sobre seus contemporâneos ao sul e seus parentes na Mesoamérica. "Estou surpreso que saibamos alguma coisa sobre eles, considerando como eram poucos e como era grande a área em que podiam ser encontrados", comenta John A. Eddy.[49] Eddy, astrônomo solar do Observatório de Alta Altitude do Centro Nacional para Pesquisa Atmosférica em Boulder, no Colorado, descobriu uma possível razão para os caçadores-coletores das planícies construírem monumentos de círculos de pedras ou rodas medicinais, dos quais sabemos que existem hoje aproximadamente cinqüenta nas Grandes Planícies, nas cordilheiras orientais das Rochosas e nas planícies relvosas do Canadá. A análise de Eddy empresta credibilidade à sofisticação astronômica dos índios das Grandes Planícies. Sua interpretação é amplamente contestada, por Aveni e outros.[50] Eu seria relapso em ignorar as descobertas de Eddy, mas as apresento como controversas.

Na década de 1970, Eddy começou sua análise astronômica das rodas, focalizando a Roda Medicinal Big Horn, em Wyoming, a uma altura de 2939 metros, num flanco varrido pelos ventos da montanha Medicinal. A roda é uma coleção de pequenos marcos (pilhas cônicas de pedras) e raios, com um marco central de sessenta centímetros de diâmetro e sessenta centímetros de altura. A própria roda não é mais elevada do que as rochas esparsas que a definem, mas o seu maior diâmetro tem 26,52 metros — é apenas um pouco menor do que o grande círculo de Stonehenge, na Grã-Bretanha.[51]

Irradiando do marco central para a borda estão 28 raios feitos de pilhas de pedras grandes. Os raios terminam com marcos. Eddy descobriu que a visão a partir de um marco no final de um raio, passando pelo marco central e estendendo-se sobre uma cadeia de morros baixos a noroeste, alinhava-se com o nascer do Sol no solstício de verão. Ele formulou a hipótese de que outras relações raio-marco revelariam um conjunto coerente de alinhamentos, inclusive três cujas linhas se orientavam sobre os pontos nascentes de quatro estrelas: Aldebarã, Rigel, Fomalhaut e Sirius. Em séculos passados, essas estrelas se erguiam de forma helíaca, apenas cintilando ao surgirem a um ou dois dias do solstício de verão de 1600 a 1800 d. C. (A precessão agora deslocou as estrelas, no que diz respeito aos solstícios.) Hoje os especialistas não concordam sobre se a Roda Medicinal Big Horn foi projetada para dar uma determinação precisa de informações sobre o solstício de verão,[52] ou se a roda servia apenas como um local para cerimônias — ou ambas as coisas. Alguns até chamam as rodas medicinais de computadores analógicos solares-estelares primitivos.[53] O local, reverenciado como sagrado por muitos povos indígenas, é designado como Marco Histórico Nacional da Roda Medicinal dentro da Floresta Nacional de Big Horn, sendo visitado até por 70 mil turistas durante os meses de verão, quando o sítio é acessível.

A existência das rodas medicinais é evidência de que os povos nômades das Grandes Planícies tinham um profundo interesse pelo céu noturno das estrelas brilhantes. Eles também deviam ter necessidade das ferramentas de navegação fornecidas pelos corpos celestes, para guiá-los nas viagens pelas extensões freqüentemente sem traços característicos das planícies.[54] Em 1977, Eddy verificou que outra ruína, 683 quilômetros ao norte de Big Horn, no Parque Moose Mountain, na província canadense de Saskatchewan, tinha o mesmo plano básico da roda de Wyoming. Os alinhamentos eram os mesmos. As partes mais antigas da roda de Moose Mountain talvez tenham 2 mil anos, pertencendo a uma tradição xamânica milenar.[55] A semelhança dos padrões das rodas e do emprego proposto, diz Eddy, sugere que um dos povos das planícies pode ter usado um calendário celeste ao menos por mil anos, e que as estrelas da aurora do solstício de verão eram uma parte importante de um saber duradouro.[56] "O problema", diz Aveni, "é que há dúzias dessas rodas. Eddy examinou apenas duas!"[57]

Talvez o registro mais extenso de constelações na América do Norte venha dos pawnee do Kansas central e de Nebraska. Um mapa de estrelas pintado em couro de gamo, agora exposto no Museu Field, de Chicago, contém centenas de símbolos de estrelas. Possivelmente com mais de trezentos anos, o mapa delineia estrelas de várias magnitudes por meio de cruzes simples de tamanhos diferentes. Uma faixa de estrelas representa a Via Láctea, com as constelações do inverno exibidas à esquerda e o céu do verão à direita. As constelações incluem Lira, Ursa

Maior e Menor, Cabeleira de Berenice e Andrômeda, todas indicadas mais ou menos como as vemos hoje.[58]

A concha e o cabo da Ursa Maior e a constelação de Cassiopéia são reconhecíveis. A Coroa Boreal (chamada de "Chefes em Conselho" pelos pawnee) parece especialmente proeminente e exagerada. Pintadas no lado oposto da Via Láctea estão as Plêiades. Bem longe do centro está o cinturão de Órion. Único artefato remanescente desse gênero, o mapa das estrelas era claramente um texto sagrado de enorme poder, bem como um dispositivo mnemônico para lembrar as muitas histórias que acompanham as aparições de várias constelações.[59]

Embora fosse possível a existência de influências européias na feitura do mapa das estrelas, os pawnee tinham um interesse agudo pelas configurações celestes. Arranjavam as suas vilas permanentes numa ordem prescrita, com quatro subvilas formadas ao redor de um grupo central e situadas como que nos cantos de um grande quadrado. Na ponta oeste de uma linha imaginária que passava pelo centro do quadrado ficava a quinta vila, com um altar derivado das posições da estrela do oeste, isto é, a estrela vespertina. Na ponta oposta, ficava uma vila com o altar da estrela do leste, isto é, a estrela da manhã. Ao redor desse agrupamento básico, eles dispunham sete outras vilas, para que o arranjo sobre a paisagem de Nebraska espelhasse o padrão formado pelas estrelas protetoras no céu.

O culto das estrelas era também refletido no plano e construção das cabanas de pau-a-pique dos pawnee do grupo skidi, o tipo comum de habitação nas vilas permanentes. O chão circular, de seis a quinze metros de diâmetro, simbolizava a Terra; sua superestrutura telhado-parede abobadada era uma miniatura do céu. Ao redor do poço de fogo central — que continha um pequeno pedaço do Sol, o fogo —, a superestrutura era sustentada por quatro grandes postes colocados mais ou menos nas direções semicardeais (noroeste, sudoeste, sudeste, nordeste). Os pawnee às vezes pintavam esses postes com cores codificadas para as direções. O vão da porta em forma de túnel da choupana abria para o leste, para que ao nascer o Sol pudesse brilhar sobre o altar doméstico.[60]

Von Del Chamberlain, do Planetário Hansen, que analisou a estrutura da cabana dos pawnee, a vê como um calendário em funcionamento. O caminho do raio solar do meio-dia que entrava no buraco da saída de fumaça da cabana mudava com o decorrer do ano, estendendo-se só parcialmente pela parede no solstício de inverno e por toda a parede até o chão em meados de fevereiro.

Quando os pawnee abandonavam as cabanas pelos seus tipis de verão, a imagem solar teria migrado para uma posição próxima ao centro da cabana.

Um observador poderia vislumbrar em pouco tempo os grupos de estrelas reconhecidas pelos pawnee, caso se sentasse contra a parede ao longo do eixo de simetria da cabana pouco antes do nascer do Sol no final de julho, e novamente pouco depois do ocaso por volta da época do solstício de inverno. A Coroa Boreal (os "Chefes em Conselho" dos pawnee) entrava no buraco da fumaça diretamente oposta no tempo em relação às Plêiades. Isso pode explicar as localizações opostas das duas constelações no espaço sobre o mapa de estrelas de couro de gamo. Os mapas de estrelas dos pawnee serviam como uma espécie de calendário, e as estrelas eram posicionadas de modo a expressar as suas relações ao longo de um ano, em vez de serem um instantâneo do céu em qualquer momento determinado. O posicionamento espacial das Plêiades e da Coroa Boreal era realmente temporal, guardando uma vaga semelhança com o mostrador de um relógio. Chamberlain pensa que, em vez de serem unicamente observatórios astronômicos ou faixas calendáricas temporais, a cabana e suas aberturas eram salas de aula de astronomia ao vivo, por meio das quais cenas virtualmente dramáticas do Sol e das estrelas podiam realçar as histórias e os contos morais.[61]

OCEANIA

Afora os vikings, os povos da Oceania foram defensavelmente os marinheiros mais perfeitos do mundo, antes que a instrumentação avançada tornasse a navegação de longa distância uma atividade relativamente segura. Muito antes de Colombo, viagens de ida e volta eram comuns por todas as muitas ilhas espalhadas e através da grande extensão do Triângulo do Pacífico, limitado pelas ilhas de Páscoa, pelas ilhas do Havaí e pela Nova Zelândia. Para povos da Oceania como os polinésios e os micronésios, os corpos celestes serviam como instrumentos acurados de navegação.[62]

A capacidade dos povos do Pacífico de sair de muitos atóis e fazer viagens sobre imensas extensões de mar aberto usando referências mínimas requeria um conhecimento aprofundado de navegação e astronomia. Nas ilhas Gilbert, da Micronésia, não havia palavra para "astrônomo"; se quiséssemos um conhecedor das estrelas, perguntaríamos por um *tiaborau*, um navegador.⁶³ Talvez não houvesse ninguém mais estimado numa sociedade local.⁶⁴

A localização da Polinésia facilitava as notáveis observações celestes e a sagacidade navegadora de seu povo. Como as civilizações astronômicas da Mesoamérica, os polinésios viviam perto do equador. As latitudes quase equatoriais oferecem um céu dividido muito mais simetricamente do que as latitudes mais distantes do equador. Nos trópicos, o observador vê o movimento dos objetos celestes subindo reto no leste e descendo reto no oeste. O observador parece estar no centro das coisas, com os hemisférios norte e sul comportando-se de forma idêntica.⁶⁵ Conseqüentemente, usar os objetos celestes como agentes de navegação era muito mais fácil para os viajantes equatoriais, e eles desenvolveram bússolas estelares altamente eficientes. Seu céu é muito mais ordenado do que aquele visto pelos povos que vivem bem mais ao norte ou ao sul, dependendo de o espectador estar no hemisfério norte ou no sul.

As ilhas Gilbert, numa latitude de 3 graus sul, estão quase em cima do equador. Assim, esses ilhéus, como a maioria dos polinésios, observavam as estrelas movendo-se de leste para oeste nascendo e se pondo em direções leste-para-oeste quase verticais, e dividiam o céu em caixas simétricas segundo os pontos cardeais. Isso lhes dava um método para descrever a localização de uma estrela ou constelação em termos de sua posição dentro de uma dessas caixas imaginárias.⁶⁶

A transmissão de conhecimento sobre o mapa das estrelas era uma parte crucial da cultura da Oceania. A instrução começava cedo. O registro a seguir no diário do navio missionário *Southern Cross*, viajando no final do século XIX, descreve três meninos das ilhas Santa Cruz, no sudoeste do Pacífico. O menino mais velho

> ensinava os nomes de várias estrelas a seus companheiros mais jovens, e fiquei surpreso com o número [de estrelas] que ele conhecia pelo nome. Além disso, a qualquer hora do dia e da noite, em qualquer direção que pudéssemos estar seguindo, esses meninos, mesmo o menor dos três, um garoto de dez ou doze anos, eram capazes de apontar para onde se encontrava a casa deles; proeza de que se mostraram capazes muitas centenas de milhas ao sul do grupo de Santa Cruz.⁶⁷

Mesmo hoje, em algumas ilhas, permanecem fixas certas estruturas de pedras, às vezes chamadas de canoas de pedra, alinhadas com as constelações.

Essas canoas de pedra serviam como treinadores de navegação, similares aos simuladores de vôo. Cada par de pedras na canoa estava alinhado com o lugar em que certas estrelas apareciam ou desapareciam no horizonte marítimo em diferentes momentos durante a noite. Em agosto numa das ilhas, por exemplo, a brilhante estrela Régulus alinhava-se com um par de pedras no pôr-do-sol, enquanto à meia-noite Arcturus ocupava a mesma posição. O aprendiz sentava-se entre as pedras, com a face voltada para um dos pontos cardeais, e memorizava as constelações que via e as posições que elas indicavam.

Os europeus que navegavam pelo Pacífico ficavam impressionados com a capacidade de orientação dos navegadores locais, embora exploradores como o capitão James Cook, no final do século XVIII, nunca tivessem percebido até que ponto os polinésios usavam a navegação celeste. Sua tripulação registrou um encontro com Tupaia, um navegador do Taiti que demonstrou com acuidade a posição de numerosas cadeias de ilhas, das Marquesas a Fiji, totalmente de memória, uma área maior do que a extensão do oceano Atlântico e contendo multidões de ilhas. Tupaia conduziu Cook a muitas ilhas desconhecidas para os europeus.[68]

Os polinésios usavam os pontos fixos do nascimento e ocaso das estrelas para estabelecer o norte, o sul, o leste, o oeste e toda e qualquer direção intermediária.[69] Os navegadores usavam estrelas zenitais, estrelas brilhantes que eles reconheciam como aquelas que passavam exatamente acima de suas cabeças, ou no zênite, a partir de ilhas específicas. A declinação — a distância angular ao norte ou ao sul do equador — da estrela zenital era igual à latitude com que estava associada. Assim, os navegadores podiam associar toda ilha com uma ou mais de suas estrelas-guias zenitais. Por exemplo, Sirius é a estrela-guia zenital para as ilhas Fiji, na latitude 17 graus sul; Rigel, a estrela zenital das ilhas Salomão, na latitude 7 graus sul; Altair, para as Carolinas, em 9 graus norte.[70] Se um navegador conhecesse as estrelas zenitais de diferentes latitudes, poderia determinar em que latitude se encontrava observando que estrela passava diretamente acima de sua cabeça à noite.

Os ilhéus também usavam pares de estrelas que nascem e se põem ao mesmo tempo como pistas para a latitude. Pares de estrelas nascem e se põem junto apenas em latitudes específicas. Por exemplo, quando isso ocorre com Sirius e Pólux, o observador está na latitude do Taiti, 17 graus sul. Quando o observador se move para o norte ou para o sul dessa latitude, uma estrela começará a nascer ou se pôr antes ou depois da outra estrela. Essa estratégia era mais fácil de usar com o ocaso do que com o nascimento das estrelas, porque o navegador podia observar o par a afundar na direção do horizonte, em vez de tentar antecipar a sua aparição.⁷¹

Atravessar o bem mais extenso oceano Pacífico não parecia insuperável aos polinésios. No mínimo, eles ligaram a Ásia com as ilhas do Pacífico. Aqueles que eram enviados em missão de descoberta de terras tinham de dominar as habilidades da navegação para encontrar o caminho de casa. Para muitos povos contemporâneos do meio do Pacífico, os seus ancestrais eram verdadeiros "Vikings do Nascer do Sol", nome cunhado por um etnólogo maori, Te Rangi Hiroa (também chamado sir Peter Buck, 1880-1951). Os polinésios, ele pensava, desenvolveram "rodovias" no oceano que eram mapeadas nos céus acima. E, sem temer cair da beirada de uma terra "plana", eles sentiam ainda mais estimulado o seu desejo de navegar bem longe no horizonte, até as Américas.

Te Rangi Hiroa presumia que os navegadores polinésios já tinham navegado para as Américas — como registrado na história oral, recitações, cantos e saber tradicional — séculos antes de Colombo. O fato de os polinésios terem se estabelecido em cada ilha habitável do Havaí à Nova Zelândia e à ilha de Páscoa séculos antes da chegada dos europeus é uma prova suficiente de sua capacidade de realizar as viagens por mar. Contudo, as evidências mais concretas dos contatos polinésio-americanos desapareceram, à exceção de uma, na forma de um tubérculo: a batata-doce (*Ipomoea batatas*).

Os botânicos determinaram que esse produto alimentício básico, comum a todas as ilhas polinésias, é nativo da América do Sul. Ou os polinésios fizeram navegações de ida e volta e retornaram com a batata-doce, ou os índios americanos as levaram para o Pacífico. Seja como for, a batata-doce foi transferida da América do Sul para a Polinésia entre 400 e 700 d. C. (Os especialistas afirmam que pássaros não seriam capazes de transportá-la.) A evidência lingüística estabeleceu o *kumar* do Peru e do Equador como a raiz para *kumara*, *kumala* e *'uala*, variedades de nomes para a batata-doce na Polinésia.⁷² Talvez haja, é claro, outras explicações. Citamos essa evidência com cautela.

VELHO MUNDO

É tentador dizer que a astronomia antiga do Velho Mundo era mais avançada do que a do Novo Mundo por ter introduzido a instrumentação na ciência da observação das estrelas. Não havia telescópios, é claro — essa inovação pertence ao Ocidente —, mas os astrônomos chineses e islâmicos desenvolveram elaborados dispositivos de metal para observar e mapear os céus. No entanto, a astronomia requer algo mais que hardware. Em primeiro lugar, como vimos, os astrônomos do Novo Mundo usavam a arquitetura, *huacas*, janelas e vãos de portas, pilares, casas, montanhas, adagas solares e outras estruturas naturais para delinear os movimentos dos fenômenos celestes; de algumas maneiras, esses métodos são mais criativos do que quadrantes ou coisas do gênero.

Além da instrumentação, a maior contribuição dos antigos astrônomos do Velho Mundo foi aplicar a matemática aos céus, estabelecendo uma base rigorosa para a astronomia sustentada em nada mais do que o olho nu e um domínio da lógica.

MESOPOTÂMIA

A astronomia da Mesopotâmia constitui uma das mais antigas abordagens científicas e sistemáticas do mundo físico. Procurando predizer o futuro por meio dos céus, os astrônomos antigos haviam desenvolvido um sistema complexo de progressões aritméticas e métodos de aproximação por volta do século IV a. C. Como não podiam ver o que havia no futuro da vida humana, eles se tornaram adeptos da prática de predizer eventos celestes. A massa de observações que coletaram e seus métodos matemáticos foram contribuições cruciais para o florescimento posterior da astronomia entre os indianos e os muçulmanos, bem como entre os gregos.

Por mais de 2 mil anos, os esforços dos astrônomos da Mesopotâmia permaneceram esquecidos sob as ruínas de palácios e zigurates na área que agora é principalmente o Iraque. Tudo o que se conhecia sobre esse assunto provinha de algumas passagens da Bíblia e de relatos de escritores gregos e romanos. O erudito romano Plínio, o Velho, por exemplo, escreveu que os babilônios inscreveram em tabuletas de argila cozida observações das estrelas durante 720 mil anos, um número duplicado vários séculos mais tarde por um filósofo grego, Simplício, para a espantosa quantidade de 1 440 000 anos.[73]

Na metade do século XIX, arqueólogos começaram a desenterrar milhares dessas tabuletas inscritas com escrita cuneiforme na Mesopotâmia. Cem anos mais tarde, um número estimado de meio milhão de tabuletas estava nos museus ao redor do mundo. Durante as breves tréguas nos conflitos com o Irã, as equipes internacionais de arqueólogos correram aos campos do Iraque e cavaram num ritmo sem precedentes para encontrar mais tabuletas. No sítio da antiga cidade de Sippar, bem ao sudoeste de Bagdá, por exemplo, as escavações descobriram uma biblioteca do último Império Babilônico contendo um imenso depósito secreto de registros astronômicos e exercícios matemáticos. Mas, quando o Iraque invadiu o Kuwait, toda a atividade arqueológica cessou, e as tabuletas foram supostamente engavetadas em algum lugar de Bagdá, para se juntar a apenas algumas centenas de tabuletas que foram traduzidas até agora.[74] O que sabemos sobre a antiga astronomia do Oriente Próximo talvez constitua apenas o início da história.

A fração de textos traduzidos revela a presença de uma astronomia na Mesopotâmia que remonta pelo menos ao século XVIII a. C. Os sumérios, que inventaram o sistema de escrita cuneiforme pouco antes de 3000 a. C., foram os primeiros a catalogar as estrelas mais brilhantes, esboçar um conjunto rudimentar das constelações zodiacais, observar os movimentos dos cinco planetas visíveis (Mercúrio, Vênus, Marte, Júpiter e Saturno) e mapear os movimentos do Sol e da Lua contra o pano de fundo das constelações. Eles deram nomes às constelações, denominações ainda familiares em alguns casos — Escorpião, Touro, Leão. O zodíaco com esses nomes estava em uso durante todas as ascensões e derrocadas dos impérios mesopotâmicos, até os últimos dias da astronomia babilônica, no início da era cristã.[75]

Os sumérios talvez tenham sido o primeiro povo do mundo a desenvolver um calendário baseado inteiramente na recorrência das fases completas ou sinódicas da Lua, bem como a usar os períodos sinódicos da Lua como a base de um ano de doze meses e 360 dias. Para manter o calendário do ano lunar em sintonia com o ano solar, eles de vez em quando intercalavam um mês extra, provavelmente quando os astrólogos reais percebiam que o calendário deixara de acompanhar o ritmo das estações. A decisão oficial de intercalar um mês foi tomada pelo rei Hamurabi, da Babilônia (1792-1750 a. C.). Os babilônios posteriores sabiam que o ano de 360 dias não se casava com o ano lunissolar, e talvez não tenham usado muito o ano solar.[76]

Durante toda a longa história da Mesopotâmia, a contagem do tempo esteve centrada num problema primário — saber o primeiro momento em que a nova Lua crescente seria visível ao nascer em cada período. A predição das posições da fase ou do período da Lua, bem como a correspondência desses períodos com os períodos dos planetas, evoluiu para se tornar a obsessão celeste dos babilônios posteriores. As soluções deles para esses problemas evoluiriam, por sua vez, para uma ciência e um método de pensamento científico que usamos hoje em dia.

Mas primeiro eles precisavam de um calendário baseado na Lua. Por volta de 1000 a. C., os assírios determinaram as regras desse calendário, chamado *Mul apin* [O arado], o primeiro compêndio desse gênero. Cada mês começava precisamente no pôr-do-sol com o primeiro crescente visível da nova Lua.[77] O *Mul apin* tinha as suas raízes num projeto de calendário desenvolvido ainda mais cedo, durante o segundo período de Ur, por volta do século XXI a. C. — e talvez até anterior a essa data, por volta de 2900 a. C. Assim, o seu modelo — que usamos em parte hoje em dia — poderia ter existido já nos momentos mais antigos da civilização. O calendário especifica doze meses para um ano, trinta dias para um mês e 360 dias para um ano, sendo o ancestral de nossa divisão da circunferência de um círculo em 360 graus.

Por volta de 500 a. C., os babilônios estabeleceram o seu sistema zodiacal final de doze signos em intervalos de 30 graus. Era um sistema de referência para a posição da Lua e planetas, bem como o sistema fundamental para a futura astronomia matemática da Babilônia.[78] Os textos babilônicos mais antigos ainda existentes foram escritos em formato astrológico durante o reinado do rei Ammi-Saduqa (1702-1682 a. C.). O grande *Enuma Anu Enlil* ("Quando os deuses Anu e Enlil..."), um equivalente babilônico do *Códice Dresden* maia e de outros códices, pode ter raízes nos prenúncios dos eclipses lunares da dinastia de Akkad e Ur, no final do terceiro milênio antes da era cristã.[79]

Observações de Vênus durante séculos foram incorporadas no *Enuma Anu Enlil*, particularmente na assim chamada Tabuleta de Vênus 63, mais popularmente conhecida como a Tabuleta de Vênus do rei Ammi-Saduqa.[80] Em cada declaração escrita, dizia-se que Vênus (Ishtar) desaparecia num determinado dia de um dado mês e retornava em outro. Os investigadores atuais, usando programas de computador, concentraram-se em 1581 a. C. como a escolha mais provável para o início da revolução sinódica de Vênus. Uma das efemérides primárias do *Enuma Anu Enlil*, isto é, dos seus bancos de dados, tornou possível predizer eclipses lunares e registrar os intervalos entre eclipses sucessivos.⁸¹ Em todas as culturas centradas na astronomia, os eclipses eram os primeiros fenômenos celestes dos quais derivavam as predições. E compreensivelmente, porque os eclipses eram eventos cheios de tensão, aterrorizantemente inexplicáveis se não fossem compreendidas as condições para as suas ocorrências. No mundo violento da Mesopotâmia — com suas guerras contínuas —, onde havia uma necessidade de predições e proteção contra os cataclismos, tanto os naturais como os provocados pelo homem, os prognósticos devem ter parecido até bem mais cruciais do que as previsões dos analistas das bolsas de valores atuais.

Como em outras escolas da astronomia antiga, a adivinhação foi uma força propulsora no desenvolvimento da ciência celeste mesopotâmica — embora haja um debate entre os especialistas sobre quanto os antigos adivinhos se dividiram nas disciplinas separadas da astrologia e astronomia, sobretudo durante a ascendência da astronomia matemática babilônica. A adivinhação estabelecia uma considerável motivação para o desenvolvimento de uma astronomia profética, mas o conteúdo da astronomia matemática que surgiu não pode ser justificado unicamente com base nas necessidades de presságios.⁸² Mesmo que a motivação para a astronomia matemática tivesse sido astrológica, o nível de sofisticação que surgiu, em termos de seu alcance profético e compreensão conceitual dos fenômenos celestes, ultrapassava em muito qualquer coisa refletida na literatura dos presságios.⁸³

As observações sobre as quais o *Enuma Anu Enlil* foi construído sugerem a futura astronomia matemática, especialmente nos fenômenos do nascimento e ocaso da Lua e dos planetas. Já está presente no *Enuma* uma função matemática que descreve por quanto tempo a Lua é visível no curso de um mês, bem como outra que elabora uma variação dessa função durante o período de um ano. Ambas as funções dão valores em graus-tempo (1 grau-tempo = $\frac{1}{360}$ de um dia = 4 minutos), refletindo o uso dessa unidade no século XVII a. C. Os dois expedientes computacionais usam um sistema sexagesinal de numeração apropriado para expressar esses valores.⁸⁴

A utilidade do sistema numérico sexagesimal babilônico vigora ainda hoje. Embora o uso da base 60 seja a sua característica mais conspícua, não foi essencial para o sucesso do sistema. A real vantagem do sistema numérico babilônico na astronomia e outros lugares é essa notação posicional. A sua invenção, diz Otto Neugebauer, pode ser comparada à invenção do alfabeto.⁸⁵

A notação posicional permitiu o desenvolvimento de um modo aritmético algébrico.

Desde o início, os babilônios trataram os problemas geométricos elementares de forma algébrica. Preferiam explicar os movimentos celestes de um modo primariamente temporal, em oposição ao modo grego espacial ou geométrico. Assim, as notações algébrica e posicional da Babilônia tornaram-se os fundamentos de uma astronomia teórica de caráter matemático. Essa astronomia reduzia os dados empíricos ao mínimo. Tomava fenômenos celestes de um caráter um tanto complicado e encontrava funções matemáticas simples, cuja combinação descrevia os fenômenos de forma inteligente e elegante.[86]

Do século VIII a. C. em diante, a compulsão babilônica de acumular registros de observações astronômicas estava a todo vapor. As origens da computação começaram nesses copiosos registros dos movimentos da Lua, dos planetas e do Sol. Ptolomeu observou que as primeiras observações a que teve acesso vieram do reinado do rei Nabonassar (747-734 a. C.), e ele usou os registros de eclipses desse reinado nas suas computações. Por essa época, os astrônomos babilônicos começaram a manter "diários" de observações diárias, mensais e anuais (fragmentos dos quais sobrevivem no Museu Britânico). Os diários contêm, tipicamente, para cada mês: intervalos de tempo para o ocaso e o nascimento do Sol e da Lua no meio do mês; descrições de eclipses lunares e solares; e datas em que a Lua se aproximou das assim chamadas Estrelas Normais. Essas eram um grupo de 31 estrelas no cinturão do zodíaco que os babilônios usavam como pontos de referência para o movimento da Lua e dos planetas.[87]

A meta da astronomia babilônica era ser capaz de computar, a partir de uns poucos elementos empíricos, as posições dos corpos celestes para qualquer dado momento. Durante séculos de observação e registros, os padrões começaram a se revelar. A imensa massa de dados coletados supria os astrônomos de valores médios bastante acurados para os tempos dos movimentos referentes à Lua, aos eclipses e aos eventos planetários. Uma vez de posse dessas médias, eles podiam fazer predições de curto prazo por métodos de cálculo que hoje chamaríamos extrapolação linear. Esse método de previsão, segundo Anthony Aveni,[88] era baseado numa seqüência simples:

LUGAR + INTERVALO ESPACIAL = ESPAÇO FUTURO

ou

TEMPO + INTERVALO TEMPORAL = TEMPO FUTURO

A primeira fórmula mapeia o futuro lugar no céu, onde um evento deve ser observado; a segunda, o tempo futuro em que um fenômeno deve ocorrer. Aveni demonstra como os babilônios poderiam usar, por exemplo, suas tabelas para computar em que ponto de Áries a Lua estaria no mês seguinte. Marcariam o primeiro lugar na constelação de Áries como 2° 02' 06" 20''' (o ''', que representa $\frac{1}{60}$ de um segundo, já não é usado na nossa geometria). A essa linha o astrônomo acrescentaria o intervalo: 28° 50' 39" 18'''. A soma seria 30° 52' 45" 38''', o ponto em Áries onde ocorreria a conjunção.[89]

Pelo século V a. C., os astrônomos babilônicos tinham começado a experimentar essas técnicas radicalmente novas de predizer fenômenos celestes. De natureza puramente matemática e abordagem racional, elas acarretavam a separação dos dados em componentes descritíveis por funções matemáticas, e combinavam-se para predizer os eventos em questão.[90] A essa altura, os astrônomos tinham percebido que deviam explicar o fato de que os movimentos aparentes do Sol e da Lua, de oeste para leste ao redor do zodíaco, não têm velocidades constantes. Esses objetos parecem se mover com uma velocidade crescente durante a metade de cada revolução até um valor máximo definido, e depois diminuir a velocidade até o mínimo anterior. Os astrônomos trabalhavam para representar esse ciclo de forma aritmética — dando à Lua, por exemplo, uma velocidade fixa em seu movimento durante a primeira metade de seu ciclo e uma velocidade fixa diferente para a outra metade. As tabelas matemáticas que resultaram desse esforço representam as principais contribuições dos babilônios à ciência da astronomia.

Alguns historiadores da ciência pensam que os métodos matemáticos primitivos foram desenvolvidos até um certo nível por um único homem não identificado. Ele concebeu uma nova idéia, que rapidamente gerou um método sistemático de predição a longo prazo. Essa idéia, agora familiar a todo cientista, consiste em considerar um evento periódico complicado como o resultado de vários efeitos periódicos menores, cada um tendo um caráter mais simples do que o fenômeno real. "Todo o método originou-se provavelmente da teoria da Lua, na qual o encontramos na sua mais elevada perfeição", escreve Neugebauer.

Os babilônios podiam calcular facilmente os movimentos das luas novas, se tanto o Sol como a Lua se movessem com uma velocidade constante. Talvez imaginassem que esse fosse o caso, e usavam valores médios para esse movimento ideal: isso lhes dava posições médias para as luas novas. O movimento real se desvia dessa média, mas oscila periodicamente ao seu redor. Alguns tratavam esses desvios como novos fenômenos periódicos e, por causa do tratamento matemático mais fácil, consideravam-nos linearmente crescentes e decrescentes.[91]

O astrônomo refinava o método matemático representando a velocidade da Lua como um fator que cresce linearmente do mínimo ao máximo durante metade de sua revolução, depois decresce do máximo ao mínimo no fim do ciclo. Usando descrições gráficas contemporâneas desse modelo, seria possível estimar a velocidade da Lua em relação à seqüência de meses como uma função em ziguezague composta de conjuntos alternantes de linhas retas inclinadas. O astrônomo antigo fazia o mesmo com números.[92]

Esse astrônomo não nomeado também percebeu que se poderia cuidar de outros desvios em órbitas, usando um método semelhante. Assim, começando com posições médias, ele aplicou as correções requeridas pelas tabelas periódicas do objeto, chegando a uma descrição próxima dos fatos reais. O que temos aqui, diz Neugebauer, é "o núcleo, a idéia de 'perturbações', que é tão fundamental para todas as fases do desenvolvimento da mecânica celeste, do qual se espalhou para todos os ramos das ciências exatas".[93] Não é claro quando e por quem essa idéia foi primeiro empregada, mas a coerência e a uniformidade de sua aplicação em alguns textos lunares indicam ser a invenção de uma única pessoa. Algumas dessas tabuletas, que se originaram nas cidades de Babilônia e Uruk, no rio Eufrates, têm os nomes de Naburiannu, que viveu por volta de 491 a. C., e Kidinnu (por volta de 379 a. C.), astrólogos que podem ter inventado esse sistema de cálculo.[94]

As teorias computacionais lunares são conhecidas pelos estudiosos atuais como Sistema A e Sistema B. Cada um consiste em um conjunto de funções aritméticas, inclusive a chamada função em ziguezague, arranjadas no formato de colunas em efemérides lunares (tabelas mostrando a posição diária da Lua) e em tabelas auxiliares pelas quais são calculados os períodos, as datas e a magnitude dos eclipses. A teoria poderosa do Sistema A só foi superada seiscentos anos mais tarde pelo *Almagesto*, a obra de treze volumes de Ptolomeu do século II d. C., que detalha as realizações matemáticas e astronômicas clássicas dos gregos. Essas sínteses matemáticas da astronomia babilônica propõem a questão de saber se a sua invenção não foi um acontecimento transformador na criação da ciência como a conhecemos.[95]

No Sistema A, diz John Britton, especialista que admira esse sistema, uma notável precisão impregna a teoria, incluindo um domínio evidente de todos os aspectos das propriedades e comportamento das funções lineares em ziguezague, uma afinidade com a formulação algébrica e um senso disciplinado de rigor que rege todos os aspectos de sua construção. Além desses aspectos, há uma sensibilidade estética na estrutura da teoria, expressa numa evidente preferência pela simetria e simplicidade. Em geral, o Sistema A favorece os números simples, mas com um visível cuidado para que isso não comprometa a sua precisão fundamental. Finalmente, diz Britton, há um ar de privacidade na teoria, pois sente-se que as sutilezas de sua estrutura não foram criadas para ser vistas, escondidas como estão sob o manto de várias posições sexagesimais adicionais. "É uma pena que não tenhamos o nome de seu autor", acrescenta Britton.[96]

A teoria matemática babilônica não era tão ambiciosa na astronomia planetária quanto na lunar. Não foi desenvolvida com o mesmo grau de refinamento, e provavelmente nem poderia ter sido, sem melhores instrumentos. Ainda assim, as posições planetárias foram calculadas, os movimentos para leste e retrógrados representados, as visibilidades e os desaparecimentos computáveis. A teoria planetária pode ter sido criada como uma aproximação de fenômenos demasiado complexos e irregulares para serem computados com absoluta precisão. A teoria talvez tenha se baseado em várias aproximações deliberadas para fins de computação.[97]

Os astrônomos continuaram a trabalhar no templo de Bel na Babilônia até o século I d. C. A essa altura, uma parte substancial de sua tradição havia passado para os astrônomos gregos e provavelmente para os indianos. A influência babilônica na astronomia grega, conforme refletida no *Almagesto*, incluía os nomes de muitas constelações, o sistema de referência zodiacal, o grau como a unidade básica de medida angular, as observações, especialmente de eclipses, remontando ao início do reinado do rei Nabonassar em 747 a. C., e parâmetros fundamentais entre os quais o valor para o mês sinódico médio.[98]

A destruição da tradição mesopotâmica teria sido completa na Europa medieval se a astronomia babilônica não tivesse encontrado, via distribuição grega, um novo e interessante desenvolvimento entre os astrônomos indianos. Depois, quando a conquista árabe atingiu a Índia, essa antiga ciência experimentou uma revivescência triunfante por toda parte no mundo muçulmano e preparou a cena para a astronomia na Renascença.[99]

EGITO

Os antigos egípcios não foram notáveis pela sua astronomia, mas eram um povo altamente prático, e possivelmente foi a sua abordagem realista da observação do céu e da contagem do tempo que nos deu duas grandes contribuições: o ano de 365 dias e a divisão de um dia e uma noite num ciclo de 24 unidades.

Talvez nenhuma instituição mantenedora de calendários tenha continuado por mais tempo do que a desse povo. Depois de seu funcionamento ininterrupto durante toda a história egípcia, o calendário egípcio foi adotado pelos astrônomos gregos para seus cálculos. Ptolomeu baseou certas tabelas do *Almagesto* em anos egípcios. Até Copérnico, em 1543, em *Sobre as revoluções das órbitas celestes*, empregou esse modelo, explicando simplesmente que os astrônomos são pessoas práticas e, como o principal requisito para toda unidade que mede o tempo é a constância, o calendário egípcio é uma ferramenta ideal.[100] O calendário consistia em doze meses de trinta dias cada um, com cinco dias adicionais no final e nenhuma intercalação. Não é de admirar, observa Neugebauer, que os astrônomos helenistas preferissem esse sistema ao calendário lunar babilônico, com seus meses irregularmente mutáveis combinados com uma complicada intercalação cíclica, para não falar do "caos dos calendários grego e romano".[101]

Por que os astrônomos egípcios impuseram aos cidadãos um calendário sem relação com o Sol e a Lua? Foi o puro caráter primitivo de suas observações? Muito provavelmente, havia um ciclo mais importante nas suas vidas. Para os antigos povos do Nilo, a enchente anual do grande rio, "a Inundação", parecia ocorrer bastante previsivelmente por volta do tempo de Sirius (Sothis). Estrela mais brilhante no seu firmamento, Sirius reaparecia no leste depois de desaparecer em conjunção. Aparecia então por alguns minutos antes da luz do dia, tendo sido obscurecida por setenta dias pelo Sol. Esse nascimento helíaco familiar ocorria perto do solstício de verão (no início de junho por volta de 4500 a. C.). Assim, o reverenciado evento Peret Sepdet (A Partida de Sothis) era uma referência, uma revisão do tempo, para reajustar o relógio dos anos e reiniciar a contagem dos meses.[102] O calendário era tão agrícola quanto astronômico, ou até mais agrícola que astronômico. Neugebauer mostrou que um simples registro das datas variáveis das inundações do Nilo levou a um intervalo médio de 365 dias. Somente depois de duzentos ou trezentos anos é que esse "calendário do Nilo" já não pôde mais ser considerado correto.[103]

Ao mesmo tempo, os egípcios observavam o ciclo lunar real, que tinha um significado religioso bem definido. Os dois calendários — o lunar e o civil com o mês de trinta dias — coexistiam, assim como houve calendários duais em grande parte da história da Mesopotâmia. Como Neugebauer aponta, o comportamento da Lua é tão complicado que foi só nos últimos séculos da história babilônica, por volta de 500 a. C., que os astrônomos elaboraram um programa satisfatório e suficientemente preciso que predissesse a extensão do mês lunar para qualquer período apreciável. Isto é, apenas uma mecânica celeste altamente desenvolvida podia fazer com que valesse a pena dirigir um império em tempo lunar. Além disso, as sociedades organizadas precisam ser capazes de determinar datas futuras, independentemente da fase da Lua. Um calendário simplificado é igualmente prático para guardar o registro do passado, porque elimina a necessidade de manter registros exatos da extensão real de cada mês. O mês de trinta dias satisfazia os requisitos para dirigir um país tão grande quanto o Egito, exatamente como na Babilônia as versões simplificadas do calendário serviam às necessidades dos cobradores de aluguel e dos mercadores que lidavam com as contas a receber. O mês de trinta dias não foi uma tentativa de estimar a realidade, mas constituía um modo de expressar o tempo em números redondos.[104]

Os primórdios do sistema das divisões noite-dia começaram provavelmente com os decanos (assim chamados pelos gregos — grupos de estrelas que marcavam períodos de dez dias). Criando uma divisão de doze unidades no período de escuridão total, os egípcios desenvolveram os decanos para medir o tempo à noite.[105] Esse método pode ter se originado quando os egípcios, sempre à espreita de Sirius, encontraram dificuldade em distinguir antes do amanhecer uma estrela brilhante de outra em pontos semelhantes do horizonte. Se uma estrela brilhante era parte de um grupo com três ou quatro outras mais fracas que formavam um padrão distintivo, nascendo alguns minutos antes de Sirius, então os astrônomos podiam avisar de antemão o nascimento da superestrela. Assim, identificavam as estrelas mais fracas como acompanhantes, a mais brilhante Sirius como a guardiã do portão, e o lugar da aparição da estrela como o portão. À medida que cada grupo sucessivo de estrelas dominava o portão do horizonte, o grupo nascente era associado com mitos específicos, caracterizando a ordem da seqüência. Mais tarde, quando registraram essas seqüências por escrito, os egípcios as organizaram como grupos de doze estrelas emergindo do mundo subterrâneo, um mundo subterrâneo com doze portões.[106]

Os decanos apareceram em desenhos e tabelas no interior das tampas dos caixões dos faraós da IX à XII dinastia. Os artistas dos caixões pintavam "relógios estelares" com os decanos — abrangendo um ano a intervalos de dez dias — nas tampas dos sarcófagos, para ajudar a viagem do morto pelo mundo subterrâneo e sua ascensão ao céu a fim de se juntar às estrelas imortais. Em 1100 a. C., os egípcios tinham traçado uma lista de estrelas de decanos e indicado as horas noturnas, combinando apenas aquelas estrelas que se assemelhavam a Sirius.[107]

Por uma semana, os relógios estelares marcavam as doze horas da noite segundo o nascer de uma estrela ou conjunto de estrelas específicas. Na semana seguinte, as estrelas mudavam de posição escorregando sobre uma hora; isto é, aquelas estrelas que nasciam para marcar a primeira hora da primeira semana marcavam então a segunda hora da segunda semana, e assim por diante. Cada decano saía do relógio ao fim de 120 dias, isto é, um terço de um ano.[108] Assim, dadas a tabela de estrelas e a aparição do céu noturno a qualquer momento, podia-se determinar a hora observando a posição tabular de uma estrela específica para uma data específica. Os relógios estelares não registravam o fato de que 365 dias não devolviam o Sol para a mesma estrela, e assim a cada quatro anos as tabelas apresentavam o erro de um dia. Depois de 120 anos, estariam com uma defasagem de um mês inteiro. Os egípcios evidentemente tentaram resolver esse problema deslocando os nomes das estrelas pelas quantidades apropriadas, para reajustar o relógio ao calendário civil. Mas eles haviam abandonado esse procedimento na época do Novo Império (1550-1070 a. C.).[109]

As horas marcadas pelos decanos não eram constantes, nem de sessenta minutos. Mas cada decano tinha de servir por dez dias como o indicador de sua hora, e essas horas não podiam ser uma parte do crepúsculo. Além disso, esse é um esquema simples de doze unidades que funcionava para todas as estações do ano. E uma simetria de dia e noite, de mundos superior e inferior, sugeria uma divisão semelhante de doze unidades para o dia. Mas foi só no período helenístico que a contagem do tempo dos babilônios, com sua divisão sexagesimal, combinou-se com essa norma egípcia de duas fases de doze horas e introduziu as 24 "horas equinociais" de sessenta minutos cada.[110]

Durante o Novo Império, a astronomia foi caracterizada por imagens de sacerdotes sentados diante de grades de estrelas nas tumbas de Ramsés VI, VII e IX. Elas representam o estágio final da contagem do tempo com estrelas. Em vez de observar o nascimento das estrelas, o novo procedimento envolvia qualquer estrela que transitasse o meridiano (o ponto mais elevado) e várias linhas latitudinais adjacentes. Esses astrônomos talvez usassem relógios de água para mapear as estrelas em trânsito. A primeira evidência direta do uso do relógio de água no Egito vem da inscrição de um príncipe, Amenemhat, por volta de 1520 a.C. O relógio de água parecia um vaso, tendo no interior uma balança que marcava as horas e um buraco no qual se ajustava um tampão finamente perfurado; o diâmetro do furo não era maior do que o de uma agulha hipodérmica. Enchia-se o relógio de água, a qual escapava por essa saída do furo diminuto.[111]

Acima de tudo, os egípcios manifestaram a sua percepção celeste nas pirâmides. O Antigo Império (2613-2125 a. C.) é às vezes chamado a Era das Pirâmides, com as pirâmides da IV dinastia em Gizé refletindo o zelo religioso-astronômico dos faraós do Antigo Império. Os egípcios tiveram a inspiração de modelar as pirâmides imitando o modo como as nuvens e o pó espalhavam a luz do Sol em faixas largas que formavam escadas para o céu. Na verdade, eles consideravam as pirâmides caminhos de pedra para os imortais — as estrelas circumpolares do norte. Os egípcios chamavam essas estrelas de *ikhemu-sek*, "aquelas que não conhecem a destruição", porque essas estrelas nunca se punham no mundo dos egípcios.

Todas as entradas das pirâmides estão voltadas para o norte, e seus corredores inclinam-se para baixo num ângulo que permite a visão das estrelas circumpolares do norte. As três pirâmides de Gizé têm uma orientação diagonal e deslocada em relação às outras, para que as suas fachadas do norte não bloqueassem a visão que cada uma tinha dessas estrelas circumpolares, especialmente a Alfa Draconis (Thuban), a estrela polar daqueles tempos. A orientação de Gizé era também regida pelo fato de que os egípcios acreditavam que a entrada para o mundo subterrâneo se encontrava no oeste, um ponto no horizonte em que o Sol se punha entrando na boca da deusa do céu, Nut, no equinócio da primavera. Esperava-se que o faraó passasse a salvo pelo mundo subterrâneo antes de se juntar aos deuses imortais.[112]

A Grande Pirâmide de Gizé inspirou várias interpretações astronômicas envolvendo alinhamentos de corredores internos e sombras lançadas pelo seu perfil. Diga-se o que se disser a seu respeito, não há dúvida de que a pirâmide está alinhada com bastante precisão e que os quatro lados de sua imensa base (abrangendo mais de cinco hectares) estendem-se para o norte, o sul, o leste e o oeste. A pior concordância de qualquer um dos lados com a orientação cardeal exata está no leste, e mesmo ali a falta de alinhamento com a verdadeira linha norte–sul é de apenas 5,5 minutos de arco. Preservar essa precisão na imensa escala da pirâmide não significa "torcer" os lados nos níveis mais elevados. O sucesso dos egípcios enfatiza o interesse que tinham pelos quatro pontos cardeais.[113]

Como os egípcios alinharam as pirâmides de Gizé com tanta precisão, apesar de sua astronomia bem menos que sofisticada, é um enigma. Recentemente, uma egiptóloga britânica anunciou que o resolvera. A melhor estimativa da era das tumbas reais, aproximadamente 450 anos, é baseada nas cronologias do período e reinado dos reis, tendo a sua precisão uma margem de cem anos.

Numa reportagem da *Nature* em novembro de 2000, Kate Spence, da Universidade de Cambridge, estimava que a construção das pirâmides começou entre 2485 e 2375 a. C., e que duas estrelas ajudaram os engenheiros a alinhá-las com o verdadeiro norte. Os egípcios estavam tentando encontrar o verdadeiro norte, mas não tinham uma estrela que marcasse o pólo. Assim, usavam duas estrelas, Kochab na Ursa Menor e Mizar na Ursa Maior, para encontrar o pólo. "Está numa linha entre essas duas estrelas", disse Spence. "Você mede quando as duas estrelas estão basicamente uma em cima da outra e, se você as alinha com uma linha de prumo, isso lhe dará o verdadeiro norte." Segundo dados astronômicos, 2467 a. C. é o ano em que a linha que existe entre as duas estrelas passa exatamente pela trajetória do pólo. "Se eles tivessem começado a construir nessa data, teríamos uma pirâmide absolutamente alinhada para o norte", acrescentou Spence. "Mas eles parecem ter começado a trabalhar uns onze anos antes disso, o que significa que ela ainda está alguns minutos longe do norte."[114] Aveni diz que a discussão sobre essa teoria ainda está em aberto, e observa que os egípcios eram "engenheiros muito bons" e que o problema do alinhamento talvez não seja tão difícil.[115]

O culto do Sol (Rá) atingiu o seu zênite durante a V dinastia (c. 2750-2400 a. C.), quando seis reis construíram imensos templos para glorificá-lo. Os templos de Rá tinham projetos especiais que tornavam mais fácil medir as horas noturnas para predizer o nascer do Sol. O templo do rei Userkaf, o primeiro dos seis, era associado com uma série de estrelas que tinha Denab como a mais brilhante, a estrela da qual Rá "nasceu". Os astrônomos, ou "Supervisores da Casa", talvez se colocassem de pé sobre o telhado para monitorar o cruzamento axial das estrelas usadas como marcadoras de horas. Empregavam um instrumento chamado *bay*, uma nervura de palmeira com um entalhe cortado numa das pontas. Esse era também usado com o *merkhet*, para verificar a orientação da própria construção e a linha axial do telhado. Ferramentas semelhantes foram provavelmente usadas para determinar a orientação das pirâmides e manter essa orientação à medida que a construção avançava.[116]

Mais de 1500 anos mais tarde, as tumbas reais do Novo Império foram cortadas nos penhascos do vale dos Reis, em Luxor. Ali, numerosas representações do "Grupo do norte", um retrato figurativo das constelações circumpolares, foram pintadas nos tetos dos corredores na tumba de Ramsés VI, um faraó da XX dinastia. A versão mais refinada desse tema aparece no alto da câmara funerária da tumba de Seti I, da XIX dinastia, que governou até aproximadamente 1292 a. C. Abrange a maior parte do céu do norte.[117] Depois da ascensão dos Ptolomeus (323 a. C. até 30 a. C.), as influências gregas e babilônicas eram visíveis na construção dos templos e na astronomia, e não há mais nada puramente egípcio a ser encontrado — exceto os duradouros calendários com anos de 365 dias e dias de 24 horas.

ÍNDIA

Segundo David Pingree, historiador da matemática da Universidade Brown que tem realizado um levantamento extenso da literatura sobre astronomia indiana, existem "no presente, na Índia e fora da Índia, alguns milhões de manuscritos[118] sobre os vários aspectos de *jyotihshastra* — textos sobre astronomia, matemática, astrologia e adivinhação. Essa enorme quantidade de manuscritos não foi nem catalogada nem traduzida, constituindo um território que continua notavelmente inexplorado".[119] Mas a astronomia indiana, talvez mais do que qualquer outra, tem servido como encruzilhada e catalisadora entre o passado e o futuro da ciência.

Muitas idéias fundamentais da astronomia indiana foram introduzidas a partir de outras culturas, e ela faz parte de amplas correntes de conhecimento, teoria e prática que entrecruzam as principais civilizações da Eurásia entre o final do segundo milênio antes da era cristã e o século XIX no Ocidente. A primeira origem dessa grande corrente multicultural foi a Mesopotâmia, mas dentro da Índia a tradição foi reconfigurada, mais tarde por uma matemática sofisticada, para adequar-se aos padrões sociais e intelectuais indianos.[120] As inovações matemáticas indianas tiveram um profundo efeito nas culturas vizinhas. A trigonometria e o analema (um sistema dos modos de reduzir problemas em três dimensões para um plano), por exemplo, influenciaram muito a astronomia islâmica e seus herdeiros na Europa ocidental. Ao servir como porta de entrada para novas idéias e dinamizadora que influenciou outros países, a Índia desempenhou um papel central no desenvolvimento das ciências astronômicas.[121]

As primeiras referências à astronomia na Índia devem ser encontradas no *Rig veda*, uma epopéia oral religiosa, moral e especulativa, registrada por escrito por volta de 2000 a. C. Os arianos védicos deificavam o Sol (Surya), as estrelas e os cometas. Como era comum em muitas culturas, a astronomia na Índia estava entrelaçada com a astrologia e a profecia. Os indianos integravam o Sol, a Lua e os planetas na determinação da fortuna humana.

Os Vedas reconheciam o Sol como a fonte de luz e calor, a fonte da vida, o centro da criação e o centro das esferas. Essa percepção pode ter plantado uma semente, levando os pensadores indianos a pensar na idéia de heliocentrismo muito antes que alguns gregos nela cogitassem. Um antigo dístico sânscrito também considera a idéia de múltiplos sóis: "*Sarva Dishanaam, Suryaham Suryaha, Surya*". Traduzido toscamente, isso significa: "Há sóis em todas as direções, estando o céu noturno cheio deles", sugerindo que os antigos observadores do céu talvez tenham percebido que as estrelas visíveis são semelhantes, em gênero, ao Sol.[122] Um hino do *Rig veda*, o "Taittriya brahmana", exalta o *nakshatravidya* (*nakshatra* significa estrelas; *vidya*, conhecimento).[123]

Como em tão grande parte da astronomia indiana, até os detalhes desse antigo conhecimento ritual são uma mistura de conhecimento nativo e exótico. Alguns dos hinos do *Rig veda* estão claramente relacionados com o conteúdo do *Mul apin*, o texto mesopotâmico do século XI a. C. O *Mul apin* fornece as datas do nascimento helíaco das constelações em termos de um "calendário ideal" de doze meses de trinta dias e um ano de 360 dias. Um hino tardio do *Rig veda* refere-se ao mesmo calendário. O *Mul apin* descreve a oscilação do ponto de nascimento do Sol ao longo do horizonte oriental nos solstícios. A mesma oscilação é descrita num hino védico, o "Areyabrahmana".[124]

No século V a. C. no vale do Indo, os indianos desenvolveram um relógio de água para fins de calendário. A operação do relógio era regida por uma função matemática linear em ziguezague, sendo de três para dois a razão do dia mais longo para o dia mais curto. Essa é também uma importação da Babilônia. Os textos de presságio mesopotâmicos do *Enuma Anu Enlil* foram igualmente importados por volta de 400 a. C. Embutidas nos textos estão teorias do movimento planetário para uso na formulação de predições aproximadas das datas dos acontecimentos planetários nefastos, coisas como a primeira e a última aparições, movimentos retrógrados e conjunções com as constelações.

As primeiras tentativas dos mesopotâmios para construir modelos matemáticos estão também nos textos, tais como dividir a eclíptica para cada planeta em vários arcos, tendo cada arco determinada velocidade e empregando intervalos-padrão de tempo. Uma forma mais avançada da teoria planetária babilônica, plenamente desenvolvida por volta de 300 a. C., está refletida em textos indianos posteriores. Esse material passou primeiro por intermediários gregos na forma de tratados astrológicos e astronômicos, entre os séculos II e IV d. C.[125]

Entre os antigos textos indianos estão os *siddhantas*, tratados sobre astronomia e matemática, que foram escritos na forma poética de hinos, provavelmente como um expediente mnemônico e porque, como em grande parte do mundo não-ocidental, os indianos não consideravam que a arte e a ciência existissem nos lados opostos de uma ravina conceitual, e sim realçavam o espírito uma da outra. Dos dezoito antigos *siddhantas*, apenas cinco sobrevivem como extratos, inclusive o principal livro-texto antigo sobre a astronomia hindu, o *Suryasiddhanta*, escrito por volta de 400 d. C. O *Suryasiddhanta* contém muitas coisas, entre as quais um método para encontrar as horas de ascensão planetária do arco da eclíptica, um problema fundamental da antiga trigonometria da Mesopotâmia.[126] Mas o *Suryasiddhanta* contém igualmente antigas doutrinas indianas, tais como a concepção dos cordões de ar que empurram e puxam os planetas no seu movimento irregular,[127] o que é uma sugestão, ainda que vaga, da força da gravitação. A palavra sânscrita para gravitação é *gurutvakarshan*. *Akarshan* significa ser atraído. Desde os tempos antigos, a própria língua refletia que o caráter dessa força era a atração.

Alguns estudiosos argumentam que esses textos antigos mostram que os antigos astrônomos indianos ao menos flertaram com o heliocentrismo e uma teoria da gravitação mil anos antes que esses conceitos fossem articulados por Copérnico, Galileu e Newton. Por exemplo: "Ele [o Sol] é denominado pelo ventre dourado, o abençoado; como sendo o gerador". O Sol é também referido como "a suprema fonte de luz sobre a fronteira da escuridão — ele gira, traz os seres à existência; o criador das criaturas". Além disso, o *Suryasiddhanta* dá aos Vedas o crédito de estabelecerem o Sol "dentro do ovo como o avô de todos os mundos; ele próprio então gira, causando a existência".[128] Bem, é uma interpretação forçada. Não há aqui nenhuma lei do quadrado inverso, como Newton articulou. George Saliba, da Universidade Columbia, chama a gravitação indiana de anacronismo. Aveni diz que tampouco para ele isso significa gravitação.

Por volta de 425 d. C., o *Paitamahasiddhanta* expressou modelos geométricos de esferas e mecânicas terrestres e celestes para explicar os movimentos planetários. O texto toma o modelo básico da Terra plana e o converte num universo esférico. Ali, dois epiciclos (em vez do epiciclo único de Ptolomeu) exercem sobre cada planeta forças de atração que o desalojam de sua longitude média, fazendo com que o movimento resultante seja descontínuo em vez de uniforme.[129]

O epiciclo, a construção mental que tanto dominou a astronomia précopernicana, é um expediente geométrico grego que foi universalizado por centenas de anos por Ptolomeu. Um modo de explicar o epiciclo é vê-lo como um círculo em que um planeta se move e que possui um centro que é, ele próprio, carregado ao redor na circunferência de um círculo maior. Isto é, as variações na distância de um planeta em relação à Terra podiam ser explicadas pela suposição de que o planeta se movesse num círculo, o epiciclo, cujo centro se movia ao redor de outro círculo, o deferente, centrado na Terra.

Hiparco propôs um conceito retificado, sugerindo que os planetas se moviam em círculos excêntricos ao redor da Terra, com seus centros orbitais situados a alguma distância do centro dela. Hiparco explicava os movimentos aparentes do Sol em termos de uma órbita circular fixa excêntrica em relação à Terra, usando epiciclos para descrever as órbitas dos planetas. Ptolomeu apropriou-se dos epiciclos e das órbitas excêntricas ao criar seu modelo celeste. Na época de Ptolomeu, eram necessários 41 círculos para explicar todos os movimentos que aconteciam no céu.[130] Assim, foi a essa luz, séculos mais tarde, que os astrônomos indianos manipularam o epiciclo com grande sucesso (erroneamente, é claro), inventando vários novos algoritmos para computar esses complexos processos dentro de processos a fim de explicar como os planetas giram sobre seus eixos enquanto giram ao redor da Terra.[131]

Uma escola de Paitamaha chamada Brahmapaksa teve ampla influência fora da Índia, começando com a adaptação ao menos de parte da sua matemática por matemáticos-astrônomos no Irã, por volta de 450.[132] Por essa época, os astrônomos individuais começaram a entrar no palco da história indiana. A escola Brahmapaksa exerceu influência não só sobre o Irã, mas também sobre o jovem astrônomo indiano Aryabhata, nascido na região que é hoje o estado de Kerala. Em 499, ele apresentou um tratado sobre matemática e astronomia, o *Aryabhatiya*. O *Aryabhatiya* é um resumo da matemática hindu até aquela data, incluindo astronomia, trigonometria esférica, aritmética, álgebra e trigonometria plana. Nesse texto, um dos principais objetivos de Aryabhata era simplificar a matemática computacional cada vez mais complexa da astronomia indiana. Ele tinha uma finalidade prática para essa tarefa: fixar o calendário hindu para uma previsão mais fácil dos eclipses e movimentos dos corpos celestes.

Ao longo do processo, o *Aryabhatiya* apresentou um novo tratamento da posição dos planetas no espaço. Propunha que a rotação aparente do céu era devida à rotação axial da Terra, uma visão do sistema solar que os futuros comentaristas não se dispuseram a acatar. Na verdade, a maioria dos editores posteriores mudou o texto para poupar Aryabhata de erros que consideravam grosseiros.

Pensador revolucionário em muitas áreas, Aryabhata determinava o raio das órbitas planetárias em termos do raio da órbita Terra–Sol — isto é, as suas órbitas como basicamente os seus períodos de rotação ao redor do Sol. Ele explicava que o brilho da Lua e dos planetas era o resultado da luz solar refletida. E, com uma incrível sagacidade, conceituou as órbitas dos planetas como elipses, mil anos antes de Kepler, com relutância (ele originalmente preferia círculos), chegar à mesma conclusão. Aryabhata escreveu que a causa dos eclipses lunares era a sombra da Terra, apesar da crença predominante de que eles eram causados por um demônio chamado Rahu. O seu valor para a duração do ano de 365 dias, seis horas, doze minutos e trinta segundos, entretanto, é uma estimativa levemente exagerada; o verdadeiro valor é menor que 365 dias e seis horas. Outro astrônomo, Bhaskara I, escrevendo um comentário sobre o *Aryabhatiya* cerca de cem anos mais tarde, tinha o seguinte a dizer:

> Aryabhata é o mestre que, depois de chegar às praias mais distantes e sondar as profundezas mais íntimas do mar do conhecimento essencial da matemática, cinemática, geometria e trigonometria, entregou as três ciências ao mundo erudito.[133]

O *Aryabhatiya* foi traduzido para o latim no século XIII. Por meio dessa tradução, os matemáticos europeus acabaram aprendendo métodos para calcular os quadrados de triângulos e os volumes de esferas, bem como as raízes quadrada e cúbica. A explicação sobre a causa dos eclipses e o fato de o Sol ser a fonte da luz da Lua pode não ter provocado muita emoção na Europa quando os astrônomos ali finalmente leram o tratado, porque àquela altura haviam aprendido essas coisas por meio das investigações de Copérnico e Galileu. Mas Aryabhata havia conceituado essas idéias mil anos antes dos europeus.[134]

Cinqüenta anos depois do *Aryabhatiya*, o filósofo, astrônomo e matemático Varahamihira escreveu o *Pancasiddhantika* [Cinco tratados], um compêndio da astronomia grega, egípcia, romana e indiana. O conhecimento de Varahamihira sobre astronomia ocidental era completo. Nessas cinco seções, a sua imensa obra avança pela astronomia indiana e culmina em duas análises da astronomia ocidental, mostrando cálculos baseados em cômputos gregos e alexandrinos e até apresentando mapas e tabelas matemáticos ptolomaicos.

Incluída na obra está a transformação indiana das tabelas de senos, criadas pelo astrônomo helenístico Hiparco, numa tabela de cordas, e a primeira aplicação de teoremas periódicos a problemas de trigonometria esférica — um campo, diz Pingree, "em que os astrônomos indianos foram brilhantemente inovadores".[135] Varahamihira, como Aryabhata antes dele, considerava a idéia de que a Terra fosse de forma esférica. Ele acreditava que poderia haver uma força atrativa que mantivesse os corpos presos à Terra. Se Varahamihira acreditava na gravidade, é seguro supor que ele também propunha uma força gravitacional geral.[136] (A gravitação é a força geral entre as massas; a gravidade é o efeito da gravitação sobre a superfície de um planeta.)

Em 628, Brahmagupta, o último e defensavelmente o mais realizado dos antigos astrônomos indianos, apresentou o seu sistema astronômico na forma característica de verso *siddhanta* no *Brahmasphutasiddhanta* [A abertura do universo].[137] Brahmagupta tornou-se o chefe do observatório astronômico de Ujjain, o principal centro matemático da antiga Índia, onde grandes matemáticos como Varahamihira haviam trabalhado e construído uma sólida escola de astronomia matemática.

O *Brahmasphutasiddhanta* contém 25 capítulos, estando os dez primeiros arranjados por tópicos como as verdadeiras longitudes dos planetas, os eclipses lunares, os eclipses solares, os nascimentos e ocasos, o crescente da Lua, a sombra da Lua, as conjunções dos planetas entre si e as conjunções dos planetas com as estrelas fixas. Os outros quinze capítulos parecem formar uma segunda obra — um adendo capital para o tratado original, incluindo reelaborações de tratados anteriores sobre astronomia e matemática e obras adicionais sobre álgebra, sobre o gnômon (um objeto semelhante a um relógio de sol), sobre medidores, sobre a esfera, sobre instrumentos e tabelas versificadas.[138] Grande parte do *Brahmasphutasiddhanta* foi traduzida para o árabe no início dos anos 770 e tornou-se a base de vários estudos do astrônomo Ya'qub ibn Tariq. Em 1126, ele foi traduzido para o latim. Essa tradução, junto com outros textos associados traduzidos do árabe, forneceu a base para o estágio indo-árabe da astronomia ocidental.[139]

A culminação da astronomia indiana do sul foi a tradição iniciada por Madhava em Kerala, pouco antes de 1400. Madhava era famoso por desenvolver a série infinita para pi e a série de potências para as funções trigonométricas. Seu aluno Paramesvara tentou corrigir os parâmetros solares e lunares realizando uma longa série de observações de eclipses entre 1393 e 1432. Nessas observações, ele usava um astrolábio, instrumento projetado para medir as posições de corpos celestes, para determinar o ângulo da altitude do corpo eclipsado e, possivelmente, o tempo das fases dos eclipses. Isso é notável, diz Pingree, porque o astrolábio fora introduzido numa tradução ou adaptação de um texto persa somente em 1370, e muito longe, no norte da Índia.[140]

Na astronomia indiana a observação desempenhava um papel secundário, e os instrumentos para isso foram introduzidos a partir das tradições islâmica e ptolomaica no final do século XIV. Essa nova coalizão indo-muçulmana da astronomia empírica culminou nos imensos observatórios de alvenaria edificados por Jayasimha em 1730, quando já eram obsoletos. No geral, os astrônomos indianos tiravam de fontes externas tanto os modelos teóricos como as equações, adaptando-os a suas tradições e necessidades. Essas necessidades eram a computação de seus complexos calendários, a contagem do tempo, o traçado de horóscopos, a predição de eclipses solares e lunares e de conjunções de planetas entre si ou com estrelas fixas. Para esses fins, eles empregavam uma matemática sofisticada de aproximação e desenvolveram elaborados arranjos de tabelas.

Os indianos desenvolveram a astronomia pela matemática, em vez de por deduções tiradas da natureza. Algumas dessas inovações matemáticas tiveram um profundo efeito nas culturas vizinhas — como, por exemplo, a trigonometria e o analema na astronomia islâmica — e na Europa ocidental medieval. Pela sua recepção de idéias externas e por suas influências sobre outras culturas, a Índia desempenhou um papel central no desenvolvimento das ciências astronômicas no resto do mundo.[141]

ISLÃ

Logo depois que o profeta Maomé morreu, em 632, os muçulmanos estabeleceram um Estado que se estendia da Espanha até a Ásia Central. Com a conquista, eles trouxeram a astronomia do povo árabe, que se misturou com o conhecimento local, especialmente com as tradições matemáticas da astronomia indiana, persa e grega, que eles dominavam e adaptaram às suas necessidades. A antiga astronomia islâmica era um pot-pourri, mas por volta do século X havia adquirido características distintivas próprias.[142] A partir de então e durante o século XV, os estudiosos muçulmanos foram inigualáveis na astronomia. A astrologia também fazia parte do seu conhecimento, e assim permaneceu; até os maiores astrônomos islâmicos, como al-Biruni, praticavam a arte oculta.[143] Nas profundezas de sua formação estava o legado da antiga Mesopotâmia, parcialmente intacto ao longo de milhares de anos.[144]

Os mais antigos documentos astronômicos em árabe talvez tenham sido escritos em Sind, no Afeganistão (no atual Paquistão), uma área conquistada pelos muçulmanos no século VII. Consistiam em textos e tabelas chamadas *zij*, conforme uma palavra pahlavi (antigo persa erudito) que significa "cordão" ou "fio" e, por extensão, "a urdidura de um tecido".[145] Por volta de 771, uma missão política indiana chegou de Sind à corte de al-Mansur, o califa de Bagdá. O grupo incluía um erudito versado em astronomia, que levava consigo o famoso *Brahmasphutasiddhanta*. O califa ordenou que o texto fosse traduzido para o árabe, e o resultante *Zij al-sindhind al-kabir* se tornou o trampolim para uma série de *zijs* escritos por grandes astrônomos islâmicos durante o século X. A tradição sindhi floresceu por toda parte até a Andaluzia, na Espanha, e como resultado a influência da astronomia indiana e islâmica se espalhou do Marrocos à Inglaterra no final da Idade Média.[146]

Na sua forma posterior, os *zijs* consistiam em várias centenas de páginas de texto e tabelas. Os aspectos da astronomia matemática que podiam ser encontrados num típico *zij* incluíam trigonometria, astronomia esférica; equações solares, lunares e planetárias; latitudes lunares e planetárias; estações planetárias; paralaxe; visibilidade solar e planetária; geografia matemática (listas de cidades com as coordenadas geográficas) determinando a direção de Meca; uranometria (tabelas de estrelas fixas com as coordenadas); e, não menos importante, astrologia matemática.[147] Num *zij*, o famoso astrônomo egípcio Ibn Yunus descreve quarenta conjunções planetárias e trinta eclipses lunares. Usando o conhecimento moderno da posição dos planetas, descobrimos que Yunus está absolutamente certo.[148]

Embora a religião não fosse toda a força propulsora que estimulava o desenvolvimento da astronomia no islã — ele era também promovido por uma sociedade tolerante, multirracial e altamente letrada, com uma língua predominante, o árabe —, as questões sagradas desempenharam um grande papel. O islã precisava de um método para descobrir como orientar todas as estruturas sagradas, bem como os devotos diários, na direção exata de Meca. O mapeamento celeste se originou dessa necessidade de estabelecer as coordenadas santas e a direção correta, ou *qibla*, para a Caaba, o altar de Meca em direção ao qual todos os muçulmanos se voltam cinco vezes por dia em oração.

Mas para que lado fica Meca? Nos tempos antigos, as autoridades religiosas provavelmente determinavam o *qibla* por meio da visão dos corpos celestes, como a estrela de Belém, que aparece na direção geral tomada pelos peregrinos que se dirigiam a Meca. A própria Caaba está alinhada com direções específicas; o seu eixo principal (sul) está posicionado na direção do nascimento da estrela Canopus; o seu eixo secundário, ou as fachadas leste e oeste, alinha-se com o nascimento do Sol no solstício de verão e com o ocaso no solstício de inverno.[149] Um estudioso num altar distante tinha de inventar estratagemas para virar-se na direção do segmento da Caaba correspondente à sua localização, como se estivesse realmente na frente daquele segmento do perímetro da edificação.[150]

No século IX, os astrônomos estavam usando trigonometria e outros expedientes computacionais para determinar o *qibla* a partir de coordenadas geográficas. O enigma foi facilmente transformado num problema de astronomia esférica pela consideração dos zênites das localidades envolvidas. No tratado do astrônomo al-Biruni sobre geografia matemática, por exemplo, a meta era determinar o *qibla* em Ghazni, no Afeganistão.

No século IX, um grande patrocinador da ciência, o califa abássida al-Ma'mun, reuniu astrônomos em Bagdá para criar a Casa da Sabedoria (Bait al-Hikmah). Ali os astrônomos realizavam observações do Sol e da Lua, com o propósito de determinar a latitude e a longitude locais a fim de estabelecer o *qibla*. Reuniram alguns dos melhores resultados num *zij* chamado "Testado" (*al-mumtahan*). Apenas no século XVIII e com a invenção do cronômetro marítimo é que foi possível medir corretamente as diferenças longitudinais. Àquela altura, tornou-se óbvio que a maioria das coordenadas medievais era incorreta. Até os *qiblas* derivados por procedimentos matemáticos corretos, mas baseados nessas coordenadas, apresentavam erro de alguns graus. Ainda assim, determinar o *qibla* era um dos problemas mais avançados enfrentados pelos astrônomos muçulmanos, e as soluções que eles encontraram tinham alta sofisticação.[151]

Junto com a direção sagrada vinha o tempo sagrado. Como o dos antigos babilônios, o calendário islâmico começa com a primeira visão do crescente depois da Lua nova no oeste. A determinação precisa do início e término dos meses é especialmente importante para fixar o tempo para o Ramadã, o mês sagrado de jejum. Os astrônomos projetaram uma ampla variedade de métodos para encontrar o início do Ramadã. Al-Khwarizmi, por exemplo, compilou uma tabela das elongações eclípticas mínimas do Sol e da Lua para cada signo zodiacal, computadas para a latitude de Bagdá. (Hoje a confusão sobre o início do

Ramadã é freqüentemente ainda maior que nos tempos medievais, porque a Lua crescente pode ser vista em algumas localizações ao redor do mundo em determinada época, e não em outras.)[152]

Havia também uma necessidade premente de saber as horas a fim de fixar as cinco horas de oração a cada dia. Mais uma vez, as disciplinas astronômica e matemática foram convocadas para o serviço; essa aplicação não tem quase nenhum paralelo na ciência da Grécia ou da Europa medieval. Era um esforço único e cada vez mais sofisticado, como atesta um enorme corpo de observações e cálculos registrados.[153]

Até o século IX, os especialistas determinavam as horas das orações pelas sombras e mansões lunares. Depois disso, eles usavam tabelas para calcular as horas, estabelecendo correlações entre os comprimentos das sombras e a altura do Sol para indicar a extensão dos intervalos entre as orações. Essas tabelas davam aos *muvaqqit*, os contadores oficiais do tempo empregados pelas mesquitas, a capacidade de informar os muezins da hora para cada uma das cinco orações, de modo que pudessem chamar os fiéis.[154] As tabelas proliferaram por todo o islã e começaram a evoluir para fontes de dados cada vez mais precisos e abrangentes, à medida que as observações a olho nu e o cálculo eram substituídos por recursos mais sofisticados — relógios de sol, quadrantes, astrolábios e bússolas.[155]

Era conveniente ter tabelas indicativas dos horários de oração para cada dia do ano. Na metade do século X, os astrônomos islâmicos haviam compilado duas tabelas mostrando as horas do dia como uma função da altitude meridiana solar computada para Bagdá. Esses estratagemas islâmicos para contar o tempo tornaram-se uma obsessão dos artesãos nos séculos XIII e XIV. Uma tabela para Damasco mostra doze funções relativas à contagem do tempo arroladas para cada dia do ano. Outra tabela tinha mais de 400 mil registros. (Hoje, as tabelas que os muçulmanos usam para saber os horários das orações são publicadas em jornais, diários de bolso, calendários e na internet. Os chamados dos muezins são registrados e amplificados por alto-falantes.)[156]

A análise e a contagem do tempo inspiraram os investigadores muçulmanos a entrar em zonas mais complicadas de abstração, como as análises de sombras. No século XI, al-Biruni escreveu um livro sobre a penumbra e as sombras, alguns fenômenos estranhos envolvendo sombras, a gnomônica, a história das funções tangente e secante, as aplicações das funções da sombra ao astrolábio e a outros instrumentos, as observações da sombra para a solução de vários problemas astronômicos, e as horas das orações muçulmanas determinadas pelas sombras.[157]

Al-Biruni introduziu técnicas para medir a Terra e as distâncias sobre ela usando a triangulação. Descobriu que o raio da Terra era de 6339,6 quilômetros (3930,6 milhas), valor só obtido no Ocidente no século XVI. Um de seus *zijs* contém uma tabela que apresenta as coordenadas de seiscentos lugares, e de quase todos esses ele tinha um conhecimento direto. Nem todos, entretanto, foram medidos pelo próprio al-Biruni, que tirou alguns de uma tabela semelhante apresentada por al-Khwarizmi. (Al-Biruni parece ter percebido que, para lugares apresentados tanto por al-Khwarizmi como por Ptolomeu, o valor obtido por al-Khwarizmi era o mais acurado.) Al-Biruni escreveu também tratados sobre o astrolábio e projetou um calendário mecânico. Fez observações sobre a velocidade da luz, afirmando que ela é imensa em comparação com a do som.[158]

O fascínio árabe pelos dispositivos mecânicos levou ao desenvolvimento da primeira coleção séria de instrumentos astronômicos projetados para adquirir dados precisos sobre o tempo, o movimento e a posição dos objetos celestes. Os instrumentos inventados no mundo árabe durante o período medieval eram muito mais complexos e mais ornados, além de fornecer informações bem mais precisas do que qualquer um de seus predecessores.[159]

O astrolábio era um dos objetos favoritos dos astrônomos islâmicos. Significando "captor de estrelas", era uma fonte de coleta de dados precisos para compilações de tabelas que abrangiam todo o mundo do Mediterrâneo sul desde o século X até o final do XV.[160] Inventado pelos gregos no século II a. C., foi aumentado ou, dizem alguns, aperfeiçoado pelos muçulmanos. Compacto, freqüentemente pequeno, o dispositivo funcionava como uma sofisticada régua de cálculo de engenheiro. Com seus discos substituíveis, podia ser calibrado para uso em diferentes localizações geográficas, e manipulado para fornecer muitos tipos de dados relativos à contagem do tempo e aos corpos celestes durante todo o ano, além de medições terrestres e informações astrológicas. Combinava as propriedades de visão do telescópio e a capacidade calculadora de um pequeno computador analógico.[161]

O observador olhava por um par de orifícios visores nas extremidades opostas de uma vara montada sobre uma lâmina circular. A face do astrolábio era equipada com uma série de lâminas de mapas estelares que podiam ser removidas e substituídas como CDs, uma para cada latitude. Os discos consistiam numa projeção estereográfica plana do céu sobre o equador celeste (a projeção do equador geográfico da Terra no céu). O orifício central marcava a posição na esfera celeste estimada pela estrela polar. Por cima dessa imagem, outra lâmina dava as coordenadas básicas nos sistemas do horizonte, do equador e da eclíptica.[162]

Uma vez que via o objeto-alvo pelos orifícios visores, o astrônomo lia as suas posições numa régua giratória. Outro círculo no verso do relógio estelar servia para fixar a hora da noite, o dia do mês e a posição do objeto vislumbrado sobre o zodíaco. Os artesãos modelavam os ponteiros do instrumento como dentes de dragão, línguas de serpente ou outras partes de animais. Feito de latão e filigrana, o astrolábio apresenta uma relação entre a ciência, a arte e a natureza, que era então possível entre as culturas do mundo, mas é coisa rara hoje em dia.[163]

Os muçulmanos desenvolveram outros instrumentos, entre os quais o astrolábio esférico. Foram escritos tratados a seu respeito desde o século X até o final do XVI. Al-Khwarizmi e outros astrônomos introduziram características como os quadrados de sombra e as grades trigonométricas na face posterior do instrumento, as curvas do azimute sobre lâminas para diferentes latitudes, e uma lâmina universal de horizontes. Um astrolábio esférico, datado de 1329, representa o auge da fabricação islâmica de astrolábios e não tem igual em sofisticação entre os instrumentos da Renascença européia. Enquanto os astrolábios-padrão requerem um lugar diferente para cada latitude, esse, de Ibn al-Sarraj, tem lâminas que servem para todas as latitudes. Os seus vários componentes podem ser usados para resolver todos os problemas de astronomia esférica para qualquer latitude.[164]

Os muçulmanos desenvolveram a esfera armilar, assim chamada pelas muitas armilas concêntricas, ou "braceletes", que a compõem. As esferas armilares criam uma representação física das características da esfera celeste, como os círculos do equador, do horizonte, do meridiano e os círculos tropical e polar.[165]

Outro conjunto de instrumentos criados com nova precisão foram os quadrantes. O quadrante astrolábico era um astrolábio simplificado, modelado como um pedaço de torta de 90 graus, que podia ser usado para resolver todos os problemas-padrão de astronomia esférica, especialmente aqueles que diziam respeito a mapear características da esfera celeste. Desenvolvido pelos muçulmanos no Egito nos séculos XI e XII, no século XVI substituíra o astrolábio em todo o mundo, à exceção da Pérsia e da Índia.[166] O quadrante, o sextante e o oitante, para medir a altitude, junto com a forma primitiva do trânsito de topógrafo, ou teodolito, são ferramentas que os trabalhadores das rodovias usam para o levantamento topográfico hoje em dia. É preciso lembrar que o sextante medieval e outras ferramentas não eram tão sofisticados como o sextante atual, que possui um telescópio embutido e uma escala de precisão para conferir os graus.

A demanda de dados precisos para preparar tabelas de horários de orações conforme o calendário deu origem aos observatórios. Outra força por trás de sua construção foi a sede sempre presente de previsões astrológicas. Os observatórios eram geralmente estabelecidos ou patrocinados por califas e outros governantes para servirem a seu interesse pela astrologia.[167] Como parte de seus projetos da Casa da Sabedoria, al-Ma'mun, o califa abássida (813-33) mandou construir observatórios em Bagdá e Damasco.[168] Esses centros atraíam eruditos eminentes e astrônomos célebres, que serviam como ímãs para chamar estudiosos ainda mais brilhantes de todas as regiões muçulmanas. O grande astrônomo-matemático al-Khwarizmi, por exemplo, participou das célebres Casas da Sabedoria em Bagdá e no Cairo durante o governo de al-Ma'mun. Thabit ibn Qurrah fez observações no estabelecimento de al-Ma'mun em Bagdá. No século XI, Ibn Yunus chefiou uma equipe do observatório no Cairo. Num observatório da corte em Ghazni, no Afeganistão, al-Biruni forneceu dados que formaram a base para os *zijs* mais significativos da astronomia islâmica.[169]

Em 1259, o matemático Nasir al-Din al-Tusi fundou um observatório com uma grande equipe profissional em Maragha, na Pérsia, onde os observadores empregavam três tipos de astrolábio: o planisférico, o linear e o esférico. Eram substancialmente iguais aos instrumentos usados mais tarde pelos astrônomos europeus até a invenção do telescópio.[170] O observatório de Ulugh Beg, em Samarkand, no território que é hoje o Uzbequistão, foi construído entre 1420 e 1437. Ulugh Beg equipou esse observatório de três andares com os melhores e mais precisos instrumentos então existentes, inclusive um sextante feito de mármore. Ele arranjou também um quadrante tão grande que parte do chão teve de ser removida para que o instrumento pudesse ser acomodado dentro do observatório.[171] Beg foi assassinado em 1449, o que provocou um abandono catastrófico do observatório, que perdeu a sua posição de centro importante de astronomia. Há pouca dúvida quanto ao fato de que a organização desse observatório e os instrumentos ali empregados influenciaram os famosos observatórios de Tycho Brahe — Uraniborg e Stjerneborg —, no século XVI.[172]

Tycho Brahe sempre foi apontado aos estudantes do Ocidente como o mestre da instrumentação pré-telescópica. Na realidade, al-Ma'mun construiu um observatório luxuoso em 829, equipando-o com um sextante de pedra com um raio de dezessete metros e um quadrante com um raio de seis metros, um quadrante maior do que o famoso instrumento de Tycho construído sete séculos mais tarde. Os sextantes de Beg chegaram a ter até 55 metros de raio, e alega-se que a margem de erro de seus instrumentos era, se não melhor, pelo menos tão boa quanto a dos instrumentos de Tycho, mais de um século depois. A obra teórica dos árabes era também superior. Como uma bala de canhão disparada para leste não ia mais longe do que uma disparada para oeste, Tycho concluiu que a Terra não girava, fazendo, assim, a astronomia retrogradar vários séculos.[173] Ele também desenvolveu um enorme modelo do sistema solar que suspendeu, ao menos por um tempo, a aceitação da visão copernicana.[174]

Em todos esses observatórios, os astrônomos tornavam a computar e refinavam as coordenadas de Ptolomeu para as estrelas, acabando por revisar o catálogo de estrelas do século II d. C. feito por ele. Esse catálogo, que dava as posições de 1022 estrelas, classificadas, como são hoje em dia, pela magnitude ou brilho, foi muito corrigido, notavelmente pelo astrônomo do século X Abd al-Rahman al-Sufi (Azophi), cujo *Livro das estrelas fixas* é o manuscrito astronômico ilustrado mais antigo de que se tem notícia. Ele ainda é considerado uma obra importante para o estudo dos movimentos exatos e das variáveis de longo período das estrelas. Al-Sufi foi o primeiro astrônomo a descrever a "nebulosidade" da nebulosa em Andrômeda no seu atlas das estrelas. (A cópia da Biblioteca Bodleian, obra do filho do autor, é datada de 1009, e o autor afirma expressamente que traçou os desenhos a partir de um globo celeste.)[175] Esses observatórios mapearam o céu com um detalhamento sem precedentes, fornecendo com isso uma estrutura inestimável para as observações realizadas por gerações posteriores tanto no islã como no Ocidente.[176]

Tem-se afirmado que o observatório — como instituição organizada e especializada — nasceu no islã e foi transmitido num estado altamente desenvolvido para a Europa. Os observatórios muçulmanos talvez tenham sido os primeiros a satisfazer as condições essenciais para que um observatório seja digno desse nome: grandes instrumentos de precisão, localizações fixas e especializadas, patrocínio real e vários cientistas e astrônomos especializados trabalhando em cooperação.[177]

Durante séculos o principal trabalho teórico realizado pelos astrônomos muçulmanos num observatório teve como foco central simplificar o modelo ptolomaico e alinhá-lo com o modelo aristotélico, que postulava órbitas circulares uniformes para os planetas. O *Almagesto* foi traduzido para o árabe pelo menos cinco vezes nos séculos VIII e IX, e esses textos estavam todos disponíveis no século XII, quando foram usados por Ibn al-Salah para a sua crítica ao catálogo de estrelas de Ptolomeu. As versões do *Almagesto* produzidas pelos astrônomos muçulmanos não só continham reformulações e paráfrases, mas também o corrigiam e criticavam. Dentro de sua fidelidade geral para com o cosmo de Ptolomeu, entretanto, os astrônomos muçulmanos começaram a expressar a sua crescente percepção da linha divisória entre o modelo grego do universo e a realidade observada por eles. As traduções deram origem a uma série de discussões sobre textos inteiros ou partes de textos, muitas delas críticas. Uma discussão de al-Haytham (*c.* 1025) tinha realmente o título de "Dúvidas sobre Ptolomeu".[178]

Os primeiros astrônomos gregos e indianos haviam lutado para compreender fenômenos como a precessão dos equinócios e o movimento retrógrado dos planetas. Ptolomeu refinara o mecanismo do epiciclo–deferente, acrescentando o equante — um ponto excêntrico, ou fora do centro —, em torno do qual gira o grande círculo ou deferente, em que está centrado o epiciclo que indica a trajetória do planeta. Esse equante devia explicar a aproximação aparente, o afastamento e o movimento retrógrado de um planeta. Representava a tentativa mais sofisticada de ajustar o que o olho observava com a maneira como, segundo a teoria, um planeta devia se mover.[179]

Os astrônomos muçulmanos acabaram opondo-se, em particular, ao modo como os movimentos dos epiciclos de Ptolomeu violavam o princípio da uniformidade do movimento, um princípio central para os conceitos gregos e indianos de todos os corpos celestes, bem como a pedra fundamental do sistema de Ptolomeu. Essa objeção acabou por provocar uma reforma da astronomia planetária, fazendo modificações nos modelos planetários de Ptolomeu. Uma escola dissidente atingiu sua expressão mais plena no século XIII, notavelmente com o persa al-Tusi e seus colegas.

No seu principal tratado, *Memória sobre astronomia* (*Al-tadhkira fi'ilm al'hay'a*), al-Tusi projetou um novo modelo de movimento lunar, essencialmente diferente do de Ptolomeu, abolindo o excêntrico, entre outras coisas. No seu modelo, al-Tusi inventou ainda um teorema, que tornou a aparecer 250 anos mais tarde nas *Revoluções* de Copérnico. Esse era o famoso par de Tusi, projetado para superar as objeções à noção de um equante. O par de Tusi decompunha o movimento linear na soma de dois movimentos circulares, com o objetivo de remover todas as partes do sistema de Ptolomeu que não se baseavam no princípio do movimento circular uniforme (ver capítulo 1). Apresentava um modelo hipotético de movimento de epiciclos envolvendo uma combinação de movimentos, sendo cada um deles uniforme em relação a seu próprio centro.[180]

Um século mais tarde, em Damasco, Ibn al-Shatir, que servia como *muwaqqit* na Grande Mesquita, desenvolveu um modelo baseado no par de Tusi. Mas foi só na década de 1950, quando essa obra foi redescoberta, que o estudioso Edward S. Kennedy observou que os modelos solar, lunar e planetário propostos por al-Shatir em seu livro *A busca final a respeito da retificação de princípios* (*Nahayat al-su*) eram totalmente diferentes daqueles propostos por Ptolomeu. Al-Shatir havia realmente apresentado os detalhes do que pensava ser uma verdadeira formulação teórica de um conjunto de modelos planetários que descreviam os movimentos dos planetas; e ele os propunha como alternativas aos modelos de Ptolomeu. Na verdade, eram matematicamente idênticos aos de Copérnico, que escreveu 150 anos mais tarde.[181]

Os europeus conheceram a astronomia islâmica por meio da Espanha, mas, por causa da agitação política e de problemas de comunicação, os escritos mais em voga nem sempre estavam disponíveis. É por isso que os europeus descobriram duas obras de primeira importância dos astrônomos al-Khwarizmi e al-Battani numa época em que esses trabalhos já não eram amplamente usados no islã. E isso explica por que tão poucas obras chegaram realmente à Europa. Por outro lado, algumas antigas pesquisas islâmicas orientais, mais tarde esquecidas no Oriente, foram transmitidas para a Espanha e para o Ocidente. Essas contribuições têm sido tomadas como desenvolvimentos europeus, porque a evidência em contrário não era óbvia. Por exemplo, o quadrante horário com um cursor móvel, que foi inventado na Bagdá do século IX e esquecido pouco depois, tornou-se o instrumento favorito na Europa medieval.[182]

CHINA

A astronomia chinesa se parece com a maioria das outras tecnologias de observação do céu pré-modernas pelo fato de ser impulsionada pela adivinhação. Mas ela diferia de todas as outras. Era realizada unicamente por uma burocracia governamental e baseada numa visão de mundo segundo a qual o governante era "o imperador sob todo o céu" — uma nomeação divina. Contudo, a conexão entre os eventos celestes e o destino humano talvez fosse ainda mais profunda. A ligação não era apenas entre as divindades celestes e o imperador; a Terra, o imperador e todo o cosmo estavam unidos numa entidade gigantesca, um superorganismo em que os cinco elementos ou "fases" — fogo, ar, madeira, terra e água — estavam em constante interação enquanto buscavam suas afinidades mútuas.[183]

Mas na China, como em outros lugares, a astrologia de presságios exigia observações cuidadosas e regulares dos eventos celestes. A importância cósmica de todo presságio no céu requeria que seus resultados fossem registrados com detalhes. Em conseqüência, os chineses possuem a mais longa série ininterrupta de registros astronômicos do mundo, observações de considerável importância para os astrônomos modernos, cuja pesquisa requer dados sobre eventos celestes de longo prazo.[184]

A China desenvolveu a astronomia muito cedo na sua história. As evidências remontam a 5 mil anos atrás. Os antigos escreviam textos carregados de estrelas de muitas maneiras — sobre canecas de vinho, conchas de tartaruga e seda. Os registros mais antigos de sítios arqueológicos da província Qinghai consistem em fragmentos de cerâmica, nos quais estão pintadas imagens de discos solares com seus raios e crescentes lunares.[185] Um pedaço de osso que se descobriu ter 3500 anos contém escritos mostrando que os chineses já sabiam que a extensão do ano era $365\frac{1}{4}$ dias. Há evidência de observação de estrelas desde antes do século XXI a. C.[186]

As primeiras inscrições astronômicas registradas datam dos séculos XVI a XIX a. C. na dinastia Shang, na província de Henan. Esses artefatos são exemplos de um sistema astronômico-divinatório, tecnicamente chamado escapulomancia, uma técnica que remonta aos tempos neolíticos. Selecionando uma omoplata (escápula) de boi ou gamo ou a concha de uma tartaruga, os adivinhos então secavam, poliam e perfuravam o material criando buracos. Inseriam um metal em brasa num dos buracos e examinavam o padrão das rachaduras resultantes no osso ou concha. O adivinho anotava o prognóstico e os resultados posteriores sobre o material rachado.[187]

A existência dos ossos oraculares só se tornou conhecida do mundo moderno em 1899, quando um erudito de Pequim ficou doente e mandou seu criado a uma drogaria em busca de remédios. Um ingrediente na poção que o farmacêutico lhe enviou tinha o rótulo "ossos de dragão". O erudito percebeu que eram fragmentos de ossos com palavras inscritas em chinês antigo — ossos oraculares.

Durante as décadas seguintes, a busca dos ossos chegou até um campo perto de An-yang, cerca de 480 quilômetros a sudoeste de Pequim. Durante as décadas de 1920 e 1930, foram desenterrados cerca de 25 mil ossos oraculares nesse lugar, do que pode ter sido um arquivo de palácio. Ao menos mais 135 mil pedaços foram desenterrados desde então, formando um tesouro de informações que remonta à era Shang. Essa imensa biblioteca registrada nos textos dos ossos permitiu que os historiadores modernos de astronomia fizessem retroceder, por meio de computadores, eventos celestes que ocorrem regularmente, para casá-los com os fenômenos no céu inscritos há milênios.[188]

Recentemente, astrônomos da NASA usaram ossos oraculares do século XIV a. C. para ajudar a determinar quanto a rotação da Terra está desacelerando. Baseados na análise das inscrições numa concha de tartaruga, Kevin Pang e seus colegas do Laboratório de Propulsão a Jato, em Pasadena, relataram que tinham fixado a data exata e a trajetória de um eclipse solar visto na China em 1302 a. C. Isso, por sua vez, levou-os a calcular que a duração de cada dia era $\frac{47}{1000}$ de um segundo mais curta em 1302 do que hoje.[189]

Um esconderijo de 5 mil pedaços de ossos oraculares, escavado em An-yang em 1972, revelou uma série de divinações de eventos celestes. O historiador da astronomia chinês Zhang Peiyu descobriu que seis datas registradas nas inscrições se casavam perfeitamente com uma série de eclipses solares visíveis da área de Henan no século XII a. C., meio milênio antes de registros de tais eventos obtidos na Babilônia e no Egito.[190] Outros ossos de Shang apresentaram inscrições de eclipses lunares.

Uma reconstrução de outro registro de ossos aproximadamente da mesma época revelou a observação de uma supernova. A inscrição, talvez o mais antigo registro existente da visão de uma supernova, diz, em parte: "No sétimo dia do mês [...] uma grande estrela nova apareceu em companhia de Antares". Os chineses chamavam essas supernovas de "estrelas visitantes".[191] Assim, eles sabiam bem o que estavam observando quando, em junho de 1054 (d. C.), uma estrela na constelação de Touro explodiu. Os observadores do céu chineses registraram que ela era tão brilhante quanto Vênus, aparente à luz do dia e visível por 23 dias. Os resquícios dessa explosão podem ser vistos hoje e são chamados de nebulosa do Caranguejo. (Os gregos não têm nenhum registro da supernova.) Especialistas atuais compilaram descrições detalhadas de explosões de supernovas que coincidem com fontes contemporâneas de raio X e rádio.[192]

No Ocidente influenciado pelos gregos, o Sol e o céu deviam ser imaculados. Mas os astrônomos chineses viam manchas no Sol. O mais antigo registro de uma observação desse fato é do astrônomo Kan Te no século IV a. C. Kan Te supunha que essas manchas eram eclipses que começavam no centro do Sol e espalhavam-se para fora. Embora estivesse errado, ele reconhecia as manchas pelo que elas eram — fenômenos solares.

A documentação de manchas solares seguinte é datada de 165 a. C., quando se noticiou que o caráter chinês *wang* apareceu no Sol — que tem a forma de uma cruz com uma barra embaixo e no alto. Ela é aceita como a mais antiga mancha solar datada com precisão no mundo. No Ocidente, a referência mais antiga a manchas solares é *Life of Charlemagne* [A vida de Carlos Magno], de Einhard, por volta de 807 d. C.[193] Joseph Needham encontrou 112 casos de manchas solares noticiadas em histórias chinesas entre 28 a. C. e 1638 d. C. Em outros livros chineses, ele encontrou mais centenas de registros, "mas ninguém teve tempo ou perseverança para reuni-los num corpo de conhecimento", comenta o sinólogo Robert Temple. Ainda assim, os registros de manchas solares constituem a mais antiga série contínua dessas observações. E, mais uma vez, são de grande utilidade para os astrônomos modernos. Os ciclos das manchas solares, por exemplo, afetam a ionosfera e o clima da Terra (as tempestades magnéticas estão relacionadas com o fenômeno). Analisando registros existentes, o astrônomo japonês Shigeru Kanda relata que detectou um ciclo de manchas solares de 975 anos. Se for verdade, isso pode ser bem significativo para os ciclos do clima.[194]

Os chineses foram também observadores cuidadosos de cometas. Computaram com tal precisão as órbitas aproximadas de cerca de quarenta trajetórias de cometas que muitas destas puderam ser desenhadas em mapas estelares apenas com a leitura dos textos antigos. Eles tinham interesse pela posição precisa e pela direção da cauda de cada cometa.

No ano de 240 a. C., os astrônomos documentaram oficialmente a aparição de um cometa hoje conhecido como Halley. Outro cometa registrado em 467 a. C. também parece ser o Halley. Nos anos 600 d. C., eles observaram que os cometas brilham por luz refletida, como a Lua. Perceberam que as caudas dos cometas sempre apontavam para longe do Sol, sugerindo que esse fenômeno era o resultado de uma "energia" solar. Hoje sabe-se que essa direção da cauda dos cometas é causada pela força do "vento solar", a radiação do Sol. Não era nem um pouco forçado, diz Temple, que os chineses formulassem a idéia de vento solar. Ela é compatível com suas pressuposições cosmológicas — a literatura chinesa está cheia de referências ao *ch'i* da radiação do Sol. O *ch'i*, traduzido como algo semelhante a uma "força emanante ou radiativa", provém do Sol. Para os astrônomos chineses, teria sido óbvio que o *ch'i* do Sol era suficientemente forte para soprar as caudas dos cometas como um vento forte. Os chineses concebiam o espaço como cheio de forças fortes.[195]

Como conseqüência da conexão divina entre o imperador e o cosmo, tornou-se uma tradição traçar um novo calendário depois de importantes mudanças de governo e sempre depois de trocas para uma nova dinastia. O costume estava bem estabelecido na era Han (206 a. C. a 220 d. C.) e gerou cerca de quarenta novos calendários, compostos entre os primórdios da dinastia Han e o início da dinastia Ming, em 1368.[196]

Segundo a teoria da monarquia, a dinastia regente permanecia apta a governar por causa do acordo que o imperador mantinha com a ordem celeste. O seu status especial na ordem da natureza lhe permitia manter uma ordem paralela no domínio político, pois o Estado era um microcosmo. Se o imperador não tivesse virtudes ou descuidasse de seus deveres, fenômenos desordenados apareceriam no céu como um aviso de potencial desastre político. Assim, os astrônomos tinham de incorporar o maior número de fenômenos possíveis num calendário "correto". O calendário, emitido em nome do imperador, tornava-se parte dos adornos do poder, demonstrando o direito de governar próprio de sua dinastia — uma função, escreve o sinólogo Nathan Sivin, "não inteiramente diferente da dos indicadores econômicos em uma nação moderna".[197]

Assim, a importância das observações astronômicas nesse mundo de extrema política tornava o sigilo absolutamente necessário. Como os dados podiam ser facilmente manipulados, era possível que fossem perigosos nas mãos de alguém que tentasse solapar a dinastia corrente. Constituía, portanto, política de Estado que o lugar apropriado para praticar a astronomia fosse a corte imperial. Em certos períodos, era ilegal praticá-la em outros lugares.[198] Com essas informações virtualmente classificadas como ultraconfidenciais, o astrônomo tornou-se um funcionário administrativo de alto nível numa região que desenvolveu a mais elaborada burocracia do mundo antigo. Os bancos de dados residiam num observatório do Estado, bem nas entranhas do palácio.[199]

Se não os maiores matemáticos astronômicos, os chineses foram os maiores fabricantes de mapas estelares antes da Renascença. Seu mapa estelar mais antigo remonta ao menos a 2000 a. C., a um entalhe num penhasco em Jiangiunya, na província de Jiangsu. O entalhe contém muitas estrelas, bem como cabeças de homens e animais. Há discos indicando o Sol em posições sazonais e os pontos em que várias estrelas brilhantes e a Lua aparecem durante as estações. Essa região brilhante pode ser reconhecida como a Via Láctea pela sua posição e aparência; a Via Láctea exibe lacunas e divisões que são retratadas no entalhe.[200]

Estando no hemisfério norte, a China se fixou nas estrelas circumpolares do norte, tanto para a orientação como para a expressão de seu conceito de governo divino. As estrelas circumpolares nas latitudes mais elevadas erguem-se bem alto no céu ao girar ao redor do pólo, de modo que a fixidez do eixo polar se tornou uma metáfora adequada para o direito divino dos imperadores. O ponto central em torno do qual ocorre essa rotação é conhecido como o pólo norte celeste. Os imperadores foram inteligentes ao adotar as estrelas do norte, como Cassiopéia e Cefeu. Essas estrelas estão localizadas perto do pólo celeste, de modo que nas latitudes temperadas da maior parte da China são eternamente visíveis no céu, jamais ocultas pelo horizonte.[201]

Os primeiros catálogos das posições das estrelas parecem ter sido traçados por Shi Shen, Gan De e Wu Xian, o astrônomo ilustre mais antigo da China, que trabalhou entre 370 e 270 a. C., dois séculos antes de Hiparco. Reunidas, as suas listas enumeravam 1464 estrelas, agrupadas em 284 constelações. (O Ocidente criou grupos maiores, com apenas 88 constelações.) Em 310 d. C., durante a dinastia Chin ocidental (265-317 d. C.), esse primeiro trabalho foi conferido pelo astrônomo real Qian Luozhi, que moldou um globo celeste de bronze, com as estrelas sobre a esfera coloridas de vermelho, preto e branco para distinguir as listagens dos três astrônomos. Já na dinastia Han, os astrônomos preparavam mapas estelares. Entalhes e relevos mostram as constelações ou asterismos individuais, indicados como pontos ou pequenos círculos ligados por linhas para delinear a própria constelação. Essa convenção tipo corrente-bolinha só apareceu no Ocidente no final do século XIX.[202]

Os mapas estelares precisavam de um meio para especificar as posições dos corpos celestes em sua relação mútua. A ciência da fabricação de mapas deu um salto para a frente no século II a. C., quando Chang Heng inventou o que é agora chamado de cartografia quantitativa. Chang, o inventor do sismógrafo e cientista de renome, aplicava um sistema de grades aos mapas, para que as posições, as distâncias e os itinerários pudessem ser calculados e analisados. As próprias obras de Chang Heng se perderam, embora uma história oficial da dinastia Han afirmasse: "Ele lançou uma rede de coordenadas sobre o céu e a Terra, e calculou com base nessa grade".[203] Nunca foram feitas cópias desses mapas, porque as informações neles contidas eram demasiado perigosas para que se corresse o risco de que caíssem em mãos erradas. Enquanto isso, na Europa, a fabricação de mapas tinha degenerado sob a influência da religião, diz Robert Temple, "até perder quase toda a credibilidade".[204]

Desenhar cartas celestes reais significa encontrar um meio de representar as posições como se estivéssemos desenhando um mapa. Preparar os mapas também implica o problema de mapear a superfície curva da esfera celeste sobre uma superfície plana, assim como mapear a superfície quase esférica da Terra requer o uso da projeção do mapa. Isso se torna ainda mais difícil se o céu é visto como um domo que se curva acima de nossa cabeça. Tanto na China como no Ocidente a projeção tem uma longa tradição no que se refere ao mapeamento da Terra. Mas, no que se refere a mapear as estrelas, Chang Heng foi o primeiro, desenhando na era Han um mapa que era uma projeção "Mercator".

A projeção de Mercator foi "inventada" na Europa pelo matemático e geógrafo flamengo Gerhard Kremer, também conhecido como Gerardus Mercator, e foi publicada pela primeira vez em 1568. Mas esse sistema de projeção havia sido usado pelos chineses séculos antes de Mercator. A projeção funciona por meio de um cilindro. Se inserimos um globo transparente da Terra (ou outra esfera celeste) no centro de um cilindro oco e acendemos uma luz dentro do globo, as características da superfície da esfera serão lançadas, ou projetadas, sobre esse cilindro e refletirão certa distorção. Quanto mais acima e quanto mais abaixo do centro da esfera, ou equador, mais as características são distorcidas. Quase inútil para viagens por terra, essa projeção tem a característica peculiar de fazer uma rota de navegação nela desenhada surgir como uma linha reta, enquanto nos outros mapas tais rotas são arcos.[205]

O mais antigo mapa de projeção ainda existente, um traçado de todo o céu visível, é pintado sobre papel e encontra-se na Biblioteca Britânica. Data de cerca de 940 d. C., provém de Dunhuang, na província de Gansu, e oferece uma representação plana do mapa de três cores de Qian Luozhi (o astrônomo real), que trabalhava a partir de seu globo celeste. Apresenta o globo celeste como projetado sobre uma superfície pela técnica de projeção cilíndrica, exibindo mais de 1350 estrelas em treze seções. Uma das seções é um planisfério — isto é, numa espécie de projeção Mercator ele retrata o círculo da esfera sobre um mapa plano centrado no pólo norte. Os doze restantes são mapas planos centrados no equador celeste.[206]

Um século mais tarde, em 1094, Su Sung publicou mais projeções de mapas no estilo Mercator em seu livro *Novo projeto para uma esfera armilar mecanizada e um globo celeste*. Um dos mapas tinha uma linha reta passando pelo meio como o equador e um arco acima dessa linha, a eclíptica. As caixas retangulares das mansões lunares são claramente visíveis, com as estrelas perto do equador mais densamente aglomeradas e aquelas perto dos pólos espalhadas, bem longe umas das outras.[207]

A evolução da instrumentação chinesa equipara-se à do Ocidente. Discos de jade chanfrados e tubos cilíndricos de observação datam do século V a. C., e provavelmente funcionavam como meios de computar ciclos celestes rudimentares. Os chineses usavam o gnômon já em 1500 a. C. Assim como haviam começado a padronizar pesos, medidas e outros detalhes práticos no século VI a. C., e mais amplamente nos três séculos seguintes, os chineses padronizaram o gnômon. Além da contagem do tempo, usavam o gnômon para determinar a distância terrestre correspondente a um arco do meridiano. A determinação dessa linha norte–sul era vital para uma feitura precisa do calendário, porque os calendários de precisão requeriam que se medisse a latitude daquelas estações em que as observações relevantes eram feitas. O gnômon foi também significativo no traçado de mapas e no fascínio dos chineses por determinar o tamanho da Terra — quase um milênio antes de Eratóstenes![208]

Entre 721 e 725 d. C., sob os auspícios do astrônomo e matemático budista Yi Xing e do astrônomo real chinês Nangong Yue, estudiosos chineses começaram a realizar essa tarefa. Para medir a Terra, eles selecionaram nove localizações que abrangiam a prodigiosa distância de mais de 3500 quilômetros (2175 milhas) num eixo quase norte–sul. Realizaram medições simultâneas de sombras nos solstícios de verão e inverno em todas as nove estações. O principal resultado dessa proeza: determinaram que a distância na Terra correspondente a 1 grau de latitude era de 155 quilômetros (97 milhas). Esse número é maior que o valor atual de 111 quilômetros (69 milhas), porém muito mais preciso que as tentativas anteriores. Na verdade, eles descobriram que a variação no comprimento da sombra com a mudança de latitude era quatro vezes o valor antes considerado. Não houve nenhuma pesquisa semelhante em qualquer outro lugar durante a Idade Média. Ao fazer as suas tabulações, Yi Xing usava "tabelas de tangentes". Considerava-se que essa teria sido uma invenção muçulmana do século IX, mas revelou-se que os chineses descobriram o emprego de tangentes e tabularam-nas pelo menos cem anos antes.[209]

O conceito muçulmano de grande observatório chegou à China no século XIII, e durante a dinastia Mongol, em 1276, o astrônomo Guo Shoujing construiu um gnômon gigantesco chamado Torre dos Ventos. Era um observatório para todas as finalidades, e a própria torre servia como gnômon. Uma vara horizontal numa abertura no nível do telhado — cerca de doze metros acima do chão — lançava uma sombra sobre o longo muro baixo que se estendia para o norte, embaixo. Uma câmara no topo destinava-se a observar as estrelas, enquanto as salas internas da torre abrigavam um relógio movido a água e uma esfera armilar.[210]

Os observatórios astronômicos modernos não derivam da tradição européia, mas da chinesa. Os modernos telescópios são orientados e montados no sistema equatorial, que na China remonta pelo menos a 2400 a. C. A montagem equatorial considera o equador como o círculo horizontal em torno da lateral do instrumento, e o pólo como o ponto mais elevado. Os europeus seguiam originalmente a tradição greco-indo-muçulmana, na qual os dois círculos importantes eram o horizontal e a eclíptica, o círculo que o movimento do Sol descreve no céu e que está no mesmo plano da órbita da Terra ao redor do Sol. Essa tradição mais ou menos ignorava o equador. Enquanto isso, a China ignorava em grande parte o horizonte e a eclíptica. No século XVII, os astrônomos europeus vieram a perceber que o sistema equatorial chinês era mais conveniente e muito mais promissor. Ele foi adotado por Tycho Brahe e seus sucessores, e ainda é a base da astronomia atual.[211]

Além disso, os chineses tinham as habilidades necessárias para construir os instrumentos precisos de observação que exibissem esse sistema. Tendo inventado o ferro forjado, eles construíram grandes instrumentos astronômicos de bronze e ferro que tomavam a forma de esferas armilares — imensos anéis de metal, graduados precisamente com os graus de um círculo.

Anéis diferentes que representavam círculos diferentes do céu eram reunidos nos dois pontos em que se cruzavam. Sempre com ênfase nos meridianos, um dos anéis representava o equador, o outro o meridiano do círculo celeste que passa logo acima e pelo pólo celeste. Esses dispositivos tinham tubos visores pelos quais os astrônomos podiam observar estrelas específicas. O astrônomo podia mover o tubo visor ao longo do anel do equador até encontrar uma estrela. Então ele contava para trás o número de graus marcados no anel até chegar ao anel do meridiano, do qual se erguia a 90 graus. Assim que contava os graus, ele podia detectar a posição exata da estrela ao longo do equador e determinar em que segmento do céu ela se encontrava. Esses instrumentos ajudavam os astrônomos a desenhar os mapas estelares com grande precisão.[212]

O mais antigo instrumento conhecido desse tipo foi construído em 104 a. C., e a instrumentação tornou se cada vez mais complexa até o século XIII. Ken Shou-Ch'ang criou em 52 a. C. o primeiro anel armilar equatorial permanentemente montado, e em 84 d. C. Fu An e Chia Kmuei acrescentaram um segundo anel para indicar a eclíptica. Chang Heng, o traçador de mapas, adicionou um anel para o meridiano em 125 d. C., bem como um anel para o horizonte. Mas Chang Heng ainda não estava satisfeito. Ele criou uma esfera armilar que girava por pressão de água por volta de 132 d. C. Para girar lentamente o instrumento, usava uma roda impulsionada por uma fonte de água de pressão constante num relógio de água. Esse instrumento era uma formidável ferramenta para demonstrar e computar os movimentos dos corpos celestes.[213]

Uma versão avançada da esfera armilar é o torquetum, inventado pelos árabes entre 1000 e 1200 d. C. (Alguns dão a al-Tusi o crédito pela invenção.) Nesse instrumento, todos os vários anéis já não estão aninhados numa única esfera, mas montados em várias partes diferentes de uma série de suportes, o que permite mais eficiência sem as restrições da esfera única. Em 1270, Kuo Shou-Ching fez um torquetum de metal chamado o "instrumento simplificado". Era puramente equatorial, tendo sido excluídos todos os componentes eclípticos arábicos. Ele ainda se encontra hoje em dia no Observatório da Montanha Púrpura, em Nanquim. De seu local de origem, em Linfen, Shaanxi, o instrumento foi transferido para o observatório durante a dinastia Ming, quando os funcionários do governo já não compreendiam que a diferença de $3\frac{1}{4}$ graus de latitude, causada pela mudança de local, o tornaria inútil.[214] Needham considerava esse "instrumento simplificado" o precursor de todos os telescópios de montagem equatorial. Ele acreditava que algum conhecimento desse instrumento acabou chegando a Tycho Brahe na Dinamarca três séculos mais tarde, o que levou Brahe a adotar a astronomia equatorial para os seus instrumentos. Na realidade, uma montagem equatorial do tipo projetado por Guo Shoujing só foi construída no Ocidente em 1791, quando foi usada para um telescópio feito na Inglaterra, e por isso seu projeto tornou-se conhecido como a "montagem inglesa".[215]

A astronomia foi a primeira ciência real praticada pelas antigas culturas do mundo. Era primariamente observação (em vez de experimentação), mas satisfaz a maioria dos critérios utilizados para determinar o que uma ciência deve ser. A seguir, vamos passar a uma disciplina associada, a cosmologia. Escrevo "disciplina" em vez de "ciência", porque, como se verá, não está claro o que é cosmologia. A cosmologia depende da astronomia, extrapolando seus dados para uma visão de mundo. O que não quer dizer que os astrônomos sempre concordem com as histórias tecidas pelos seus colegas da cosmologia.

4. Cosmologia
Aquela antiga religião

Isaac Asimov foi prolífico, tendo escrito mais de trezentos livros sobre temas que iam de bioquímica e física a Shakespeare e a Bíblia. Sua melhor obra foi uma das primeiras. Em 1941, ele publicou "O cair da noite", conto sobre uma civilização condenada do planeta Lagash,* que não gira em torno de um único sol, como a Terra, mas é mantido no campo gravitacional de seis sóis separados (Asimov não elabora a órbita do planeta — um problema de sete corpos! —, mas não o censuremos por isso). O resultado é que os habitantes de Lagash são banhados constantemente pela luz solar. Sem conhecer o céu noturno, seus astrônomos deduzem que o universo deles compreende apenas umas poucas dezenas de estrelas. Elas são luzes misteriosas que mal se vêem contra a luz dos seis sóis. Aqueles que dão importância às estrelas são considerados membros de uma seita. Ainda assim, há um sentimento de intranqüilidade em Lagash. Os arqueólogos descobriram os vestígios de nove culturas anteriores, e cada uma delas atingiu uma sofisticação tecnológica semelhante à da cultura atual e depois desapareceu. As camadas geológicas indicam que cada uma dessas civilizações durou cerca de 2 mil anos.

---

* O conto foi ampliado para romance em 1990 (com a colaboração do escritor Robert Silverberg), no qual o planeta passa a se chamar Kalgash. (N. T.)

No final da história, descobrimos a terrível verdade: a cada 2049 anos, todos os seis sóis se põem e cai a noite. Os lagashianos ficam aterrorizados com a escuridão e o frio. Acendem fogueiras e a cultura perece. Anthony Peratt, que foi físico do Laboratório Nacional de Los Alamos e do Departamento de Energia, destaca que os lagashianos são destruídos por algo mais que o fogo. O surgimento do céu noturno e de incontáveis estrelas destrói a cosmologia deles; esse evento abala a fé e a base filosófica da sociedade lagashiana, que então desmorona.[1]

A cosmologia é o estudo do universo como um todo, de sua história e sua origem. Baseia-se geralmente (mas nem sempre) na astronomia, junto com crenças religiosas e sociais. O antropólogo George P. Murdock listou 68 civilizações que criaram cosmologias. Algumas tinham pouca ciência e escassa astronomia. Assim que identificam um punhado de estrelas, os seres humanos constroem uma imagem de todo o universo. Barbara C. Sproul, diretora do programa de religião do Hunter College, na City University de Nova York, discorda dessa contagem: "*Todas* as civilizações possuem cosmologias de algum tipo que dizem como a realidade está estruturada. Por 'realidade' elas querem dizer *seu* universo, que pode ser apenas sua vizinhança, mas é o quanto elas podem ver". Como veremos, nosso universo atual talvez não seja muito maior.

Se alguém perguntar se justifico a cosmologia como uma ciência, eu me verei lutando para achar uma resposta. As raízes de "cosmos" referem-se a uma palavra que abrange *tudo*. Como podemos ter uma ciência que depende de conhecer tudo? Não sabemos nem o tamanho do universo. E, no entanto, aqui estamos. Posso dizer o seguinte: a cosmologia é interessante; a cosmologia é importante. Uma vez que está tão entrelaçada com as crenças e atitudes sociais gerais, ela é uma pista para a psicologia coletiva de uma civilização. E costuma conter um pouco de ciência também.

Suspeito que muitas culturas reagiriam como os lagashianos, quando sua cosmologia ruiu. Nossa psique desmorona quando nossa cosmologia se rompe. Como veremos, mesmo na idade moderna (talvez *especialmente* na idade moderna) entramos em pânico quando nosso modelo favorito, o big bang, é atacado.

Em 1966, quando o cosmólogo Edward Harrison aceitou um cargo de professor na Universidade de Massachusetts, deram-lhe o livro vermelho, um manual para os membros do corpo docente. Ele explicava o que era e o que não era a universidade, citando dois cursos que não se encontrariam em um currículo da educação superior: feitiçaria e cosmologia.

Décadas depois, Harrison conta isso como piada, mas na época não achou engraçado e exigiu que a universidade retirasse a menção à cosmologia do livro vermelho. Mesmo assim, ele admite que a cosmologia pode não ser uma ciência,[2] e é um dos poucos em seu campo que definiu com cautela o que a cosmologia é e o que ela não é. Na primeira frase de *Masks of the universe* [Máscaras do universo], Harrison declara: "O universo em que vivemos, ou pensamos que vivemos, é principalmente um mundo de nossa criação". Um grego antigo concorda. Sobre o universo, disse Sócrates: "Só sei que nada sei".[3]

Harrison diz que o verdadeiro Universo (com U maiúsculo) é desconhecido; é tudo, e jamais o conheceremos em si mesmo, independentemente de nossas opiniões cambiantes. No entanto, existem universos (com minúscula) que são nossos modelos do Universo, e a cosmologia é o estudo desses universos. "Um universo é uma máscara colada no rosto do Universo desconhecido", diz ele.[4]

Os cosmólogos sempre lutaram com objetivos ambiciosos e pouquíssimos dados. O mundo europeu cristão medieval era reconfortante e estático: os seres humanos no centro; céus povoados por espíritos; uma esfera de estrelas fixas; para além disso, o *primum mobile*, uma esfera mantida em constante movimento pela vontade divina; e, por fim, o empíreo, um reino de puro fogo em que Deus vive. Os cosmólogos medievais ocidentais davam a seus seguidores um propósito e um lugar no universo cristão. Era basicamente um modelo aristotélico. Os árabes contribuíram com o *primum mobile*.

Hoje, exilamos os anjos e as estrelas fixas de nosso universo. Nosso principal modelo cosmológico é o big bang (ou, como os cosmólogos escrevem, Big Bang). Com suas explosões abrasadoras, buracos de vermes, anãs brancas, gigantes vermelhos e buracos negros, o universo do big bang satisfaz nossa sensibilidade para coisas do tipo *Guerra nas estrelas*. Ele também apresenta um início abrupto para satisfazer nossos mitos de criação e está em constante expansão. O big bang é o universo com o maior orçamento de todos, com números estonteantes para nos impressionar — uma técnica inventada pelos cosmólogos indianos do século V, os primeiros a calcular a idade da Terra em mais de 4 bilhões de anos. Não estamos no centro físico do universo do big bang, e não existe nenhum Deus, mas ainda assim é um modelo antropocêntrico. Os números enormes — as potências comparativas das quatro forças, o excedente de matéria em relação à antimatéria, e assim por diante — são equilibrados delicadamente para resultar na evolução de vida inteligente. Ou seja, as forças conhecidas — eletromagnetismo, as forças nucleares fortes e fracas e a gravidade — estão em tal proporção em relação umas às outras de modo a permitir que nós (seres humanos) evoluamos e existamos. O minúsculo desequilíbrio da matéria em relação à antimatéria — para cada 100 milhões de pares quark-antiquark no big bang havia um quark extra — torna possível um universo com matéria (inclusive nós). Se tivesse havido quantidades iguais de matéria e antimatéria, elas teriam se aniquilado mutuamente, deixando um universo de pura radiação.[5]

Um universo construído pelo homem acaba tendo seres humanos, pelo menos matematicamente, em seu centro. Digo isso não para zombar do big bang, mas para enfatizar que ele compreende interesses e crenças modernas tanto quanto a astronomia e, nesse sentido, é pouco diferente dos modelos de universo do passado.

Harrison e eu discutimos o trabalho de dois físicos, Fred Adams e Greg Laughlin, que escreveram um livro em que aceitam os preceitos do big bang tão completamente que predizem o curso do universo para o próximo gugol de anos (um gugol é 10^{100}, ou 1 seguido de cem zeros). Extrapolações extravagantes como essa indicam que quem as faz tem uma confiança pétrea na sua própria cosmologia, que mapeamos com precisão todas as estrelas e as forças que as movem.

"A noção de que levantamos todos os véus", diz Harrison, "não pode ser verdadeira. Não deixaríamos nenhum universo novo para nossos descendentes descobrirem."[6] Hoje, acreditamos que culturas passadas estavam erradas em suas cosmologias; ao fazê-lo, ignoramos que aquelas pessoas acreditavam em seus universos com tanta firmeza quanto cremos em nosso universo do big bang.

"No universo babilônico", escreve Harrison,

> as flores dançavam e flutuavam na brisa, o Sol nascia e morria, a Lua crescia e minguava, as luzes das estrelas noturnas viajavam pelo céu e uma pedra era uma pedra, uma árvore era uma árvore. Mas a natureza dessas coisas e seu significado eram diferentes do que agora pensamos. Os estilos de vida e modos de pensamento dos babilônios, tão diferentes dos nossos, estavam em harmonia com o universo babilônico.[7]

Não sabemos o que os babilônios pensavam sobre os membros de sua sociedade que discordavam da cosmologia consensual. Seriam tolerados? Torturados? Em nosso tempo, sabemos que os cientistas que não endossam o big bang estão cometendo suicídio profissional. Os universos passados são descartados como religião. Harrison observa: "Nosso universo é o único universo racional. Os que vieram antes de nós são mitologias. Contemporâneos que discordam de nossa cosmologia estão pirados". Ele chama a cosmologia de "aquela nova religião".

Dito isso, o universo do big bang é uma bela teoria e parece superior às suas alternativas. Vamos dar uma breve olhada nessa hipótese para termos um padrão de comparação quando viajarmos ao passado para visitar sumérios, antigos ameríndios e outros.

Nos primeiros trinta anos do século XX, havia duas escolas de pensamento sobre o cosmo. Alguns astrônomos achavam que o universo era pequeno e estático. Acreditavam que a Via Láctea, onde se localiza nosso sistema solar, era o universo inteiro e que as tênues nuvens chamadas nebulosas que eles viam através de seus telescópios bem ao longe eram corpos gasosos insubstanciais. Essa teoria da "grande galáxia única" era contestada por aqueles que defendiam uma teoria dos "universos insulares", expressão cunhada pelo filósofo alemão Immanuel Kant. Essa hipótese sustentava que a Via Láctea era apenas uma pequena espiral num grande oceano de universos insulares semelhantes.[8]

O grande defensor da "grande galáxia única" era Harlow Shapley, um astrônomo do Missouri, que enfrentava todos os que entravam no debate. No inverno de 1921, Shapley estava na ocular do telescópio de cem polegadas do Observatório Monte Wilson, na Califórnia. Ele vinha tirando fotografias da nebulosa de Andrômeda, que, se ele estava correto, era composta somente de gases. Seu assistente noturno naquela época era Milton Humason.[9] Humason havia abandonado a escola aos catorze anos para ser mensageiro de hotel, depois fora condutor de animais de carga e mais tarde conseguira um emprego de zelador no observatório. Tinha se tornado perito em fazer placas astrográficas do céu e foi por fim promovido a astrônomo assistente.[10]

Na noite em questão, Humason estava "piscando as placas" de Andrômeda no estereocomparador, que compara duas placas diferentes tiradas em momentos diferentes para revelar novas características. O que ele viu foi surpreendente. As placas continham imagens de variáveis cefeidas, estrelas usadas como pontos de referência, fora da Via Láctea. Era uma prova de que a nebulosa era uma galáxia de estrelas. Confrontado com essa prova, Shapley explicou pacientemente a Humason que o universo compreendia apenas uma galáxia, pegou um lenço e limpou as placas.[11] Humason estava agindo como astrônomo e Shapley, como cosmólogo.

Pulemos um ano e meio para a frente, para o outono de 1923. Shapley havia ido para Harvard e outro astrônomo natural de Missouri, Edwin Hubble, estava na ocular do telescópio de cem polegadas. Hubble e Shapley não se davam bem. Na verdade, pouca gente gostava de Hubble. Ainda assim, ele era um grande astrônomo. Na noite de 5 de outubro, ele enfocou um braço em espiral de Andrômeda e expôs uma placa que, num exame posterior, revelou uma variável cefeida. As cefeidas pulsam e seus períodos de pulsação estão relacionados com seu brilho absoluto — sua "wattagem". Basta detectar uma cefeida, medir seu período e fica-se sabendo qual é a sua luminosidade. Isso nos dá uma medida da distância dela. O suposto universo de Shapley tinha cerca de 300 mil anos-luz de diâmetro. Pela medida de Hubble, a cefeida estava a uma distância de 1 milhão de anos-luz. A nebulosa de Andrômeda era, na verdade, uma galáxia com milhões de estrelas. Hubble havia expandido cem vezes o tamanho do universo.[12]

Em 1929, Hubble atacou de novo, dessa vez com uma descoberta ainda maior. Ele mediu os desvios para o vermelho (*redshifts*) das nebulosas (já se sabia que se tratava de galáxias, mas Hubble preferia o termo antigo, *nebulae*). A luz se estende ou se encolhe quando se desvia no espaço; se a fonte de luz está se aproximando do observador, as linhas do espectro desviam-se para o azul (*blueshift*); se está se afastando, elas se desviam para o vermelho. Trata-se de fenômeno análogo ao da mudança do apito de um trem quando ele se aproxima e quando se afasta do ouvinte. Esse efeito Doppler pode revelar a velocidade e a direção de uma fonte de luz.

A descoberta de Hubble foi sensacional. Ela mudou nossa visão do mundo, mesmo a de Albert Einstein, que até então acreditava num universo estático. Para qualquer lugar que Hubble apontasse o telescópio do monte Wilson, ele descobria que as nebulosas estavam fugindo dele — e depressa! Elas deslocavam-se a uma fração significativa da velocidade da luz. A conclusão quase universal foi de que o universo está se ampliando neste exato momento. A lei de Hubble, ou lei dos desvios para o vermelho, afirma que, quanto mais distante uma nebulosa, mais rápido ela se move; se a distância dobra, a velocidade dobra, se ela triplica, a velocidade triplica, e assim por diante. Imagine que você é um estudante numa sala de aula, diz Arthur Eddington. Seu colega a trinta centímetros de distância precisa deslocar-se apenas trinta centímetros para dobrar a distância. O estudante que está a seis metros de distância deve deslocar-se seis metros no mesmo período de tempo. Algo semelhante está acontecendo ao universo.

O trabalho de Hubble revelou dois fatos fundamentais: 1) o universo é maior do que se pensava; e 2) está ficando cada vez maior. Suas descobertas alimentaram a cosmologia pelo resto do século. O matemático russo Alexander Friedmann e o físico belga Georges Lemaître haviam apresentado teorias do universo em expansão na década de 1920, e os dados de Hubble deram-lhes credibilidade. As extrapolações máximas do trabalho de Hubble hoje são as várias teorias do big bang do físico russo-americano George Gamow e outros.

Derivar a idéia do big bang das descobertas de Hubble é simples. Digamos que temos um filme da vida do universo. Neste ponto no tempo, as galáxias estão se afastando umas das outras. Se passarmos o filme ao contrário, as galáxias mais distantes, que se movem mais rápido, se aproximariam das mais próximas e, por fim, o universo se aglomeraria num volume muito pequeno. Este seria o começo: todo o universo estava apertado num espaço minúsculo e explodiu;[13] ainda estamos explodindo. Não podemos voltar ao big bang — estimado agora em cerca de 12 bilhões ou 15 bilhões de anos atrás —, mas o cenário é certamente lógico.

É provável que a hipótese do big bang nunca tenha sido tão forte quanto logo depois da descoberta de Hubble. Naquela época, o universo em expansão do big bang era simples, elegante e fácil de entender. Isso foi antes de os astrônomos buscarem mais provas da teoria, às vezes com resultados infelizes. Nas décadas seguintes, surgiram vários furos no modelo. Os jornais e revistas celebram continuamente os "triunfos" do big bang. Na verdade, tais triunfos têm sido estratagemas para encobrir as brechas nas provas. O que antes era um paradigma estético parece agora uma máquina de Rube Goldberg.* Examinemos alguns dos problemas do big bang e suas supostas soluções.

Um defeito importante é a isotropia, o fato de que, para qualquer ponto do céu que se aponte o telescópio, vêem-se padrões semelhantes de estrelas, galáxias e poeira. Usando o satélite COBE — Cosmic Background Explorer (Explorador do Fundo Cósmico), os astrofísicos descobriram que o universo tem a

---

* Rube Goldberg (1883-1970): cartunista americano que desenhava máquinas estapafúrdias para executar tarefas simples como descascar uma maçã ou apontar um lápis. (N. T.)

mesma temperatura, independentemente da parte do céu que examinem (a temperatura pode ser extrapolada medindo os comprimentos de onda da radiação). Essas temperaturas combinam com precisão de .01%. Os cientistas não acham que isso seja uma coincidência. Eles pensam que todas as partes do céu devem ter estado em contato umas com as outras.[14]

Imagine-se dentro de um gigantesco bolo. Para qualquer lugar que olhe, você vê uma massa amarelada, estalactites encapeladas de massa assada projetando-se de todos os lados — e tudo a 180 graus Celsius. Você imagina que toda a massa estava em contato antes de cozinhar e se expandir, e com razão. O mesmo acontece com o universo. Exceto que os astrofísicos, passando o filme ao contrário, descobriram que as várias partes do universo não poderiam jamais ter estado em contato. Digamos que nosso bolo está assando há uma hora e os lados estão distantes doze centímetros uns dos outros, mas sabemos que a massa se expande a apenas cinco centímetros por hora. Se voltarmos no tempo, cada lado encolheria cinco centímetros — e jamais ficariam juntos. Temos o mesmo problema com nosso universo. Ainda que ele tenha se expandido à velocidade da luz, os números não batem. Os céus, correndo na direção uns dos outros no filme ao contrário, jamais se juntam.[15] (Outra metáfora culinária é o pão com passas, em que as passas representam as galáxias.)

Alan Guth, um físico das partículas do MIT, salvou o universo. Em 1980, ele propôs a teoria da inflação, ou o universo inflacionário, que resolve o problema da isotropia, e mais! Guth descobriu uma brecha na teoria da relatividade de Einstein, que normalmente afirma que nada pode se mover mais rápido do que a velocidade da luz. Guth imaginou que o próprio espaço, não sendo um objeto, estaria imune ao limite de velocidade cósmica e, portanto, poderia se expandir a velocidades supraluminares. Isso teria acontecido numa fração mínima de segundo após o big bang. O universo minúsculo, do tamanho de um próton, estava cheio de uma bizarra força explosiva, expandindo-se para o tamanho de uma bola de golfe. Não grande, mas isso tudo aconteceu em 10^{-33} (.00000000000 0000000000000000001) segundos. Isso resolve a isotropia. O universo expandiu-se mais rápido do que pensávamos. Diferentes partes do céu, como a casca do bolo, outrora se combinavam.

Essa inflação mágica também resolveu outros problemas. O *achatamento* do universo do big bang sempre perturbou os cientistas. O universo tinha três escolhas: fechado, aberto ou chato. Se houvesse muita massa, o universo teria se curvado para dentro e implodido rapidamente, porque a massa favoreceria uma atração gravitacional pesada. O *big crunch* [grande contração] e, então, o universo fechado. Com a matéria esparsa, ganhamos um universo aberto, ou uma expansão em fuga persistente. Hoje, o universo já teria se extinguido. O que temos é um universo Cachinhos Dourados — chato, no tamanho certo. Ele se expande, mas não se extingue. É o mais improvável de todos os universos. O achatamento do universo na idade de um segundo tem de ser quase perfeito.[16] Os cientistas não gostam dessas coincidências. Tem cheiro de plano inteligente. Tem cheiro de Deus.

A inflação resolve essa crise teórica e teológica. Um universo fechado é curvado para dentro, como a superfície de uma esfera. Um universo aberto é curvado para fora, como a superfície de uma cela. Um universo chato é chato. Com inflação, ele pode curvar-se para qualquer dos lados, porque a inflação toma um segmento de qualquer curva, para dentro ou para fora, e a faz parecer chata ao estendê-la enormemente. Em suma, a inflação torna qualquer universo chato.[17]

Depois, há o problema das protuberâncias. Um big bang deveria produzir um universo homogêneo, uniforme. No entanto, temos galáxias, grumos. A gravidade sozinha não é suficientemente forte para causar isso. De novo, a inflação vem para salvar a situação. Flutuações de porções fantasmagóricas podem levar às protuberâncias. A inflação as aumenta de tal modo que elas se tornam galáxias.

Se lermos bem rápido o que está escrito acima, tudo faz sentido. Porém, pouquíssimos dos fenômenos descritos foram vistos através de um telescópio ou reproduzidos em laboratório.

Além dos muitos indícios que desmentem a criação de nosso universo por um big bang espontâneo, sem ajuda, algo mais suspeito perturba os cientistas. Nosso universo atual é improvável. O big bang, se aconteceu, poderia ter resultado aleatoriamente em qualquer quantidade de universos. O mundo em que vivemos agora foi uma tentativa com pouca possibilidade de sucesso.

Naturalmente, a maioria dos acontecimentos é improvável. Como reza o paradoxo do estatístico: "Tudo é impossível, mas alguma coisa acontece". Eventos com uma chance em 1 bilhão acontecem constantemente. Uma bola de golfe jogada sobre um campo que contém 1 bilhão de folhas de grama deve cair em uma delas. No caso de nosso universo, porém, era acertar o buraco com uma única tacada contra o vento. Vivemos no mais improvável dos universos, em que o achatamento da massa, a relação da força eletromagnética com a gravidade, a força nuclear fraca e a força nuclear forte, junto com a presença improvável do carbono e outras coincidências bizarras, fazem nosso mundo, nas palavras de George Greenstein, "espantosamente hospitaleiro à vida". Greenstein, físico e professor de astronomia do Amherst College, cita a presença do carbono, o átomo da vida biológica, como um enigma. Para um big bang, é muito mais provável um universo composto inteiramente de elementos mais leves, como hidrogênio e hélio.[18]

Greenstein compilou uma lista de coincidências improváveis que ocorreram para garantir a vida (tal como a conhecemos): as vastas distâncias entre as estrelas, sem as quais haveria freqüentes colisões (mesmo quase-colisões tirariam os planetas de órbita); as condições peculiares no âmago das estrelas gigantes (como nosso Sol) que estimulam a criação de elementos pesados; as cargas elétricas exatamente opostas do elétron e do próton que permitem a formação da matéria; o leve excesso de peso do nêutron em relação ao próton, que permite que as estrelas brilhem por um longo tempo; a temperatura regular e uniforme do big bang.[19]

Uma espécie de solução é oferecida pelo filósofo britânico John Leslie. Suponha, diz ele, que você foi condenado a encarar um pelotão de fuzilamento composto de doze atiradores de elite. Eles disparam. Mas você descobre que não foi atingido. Você diz: "Hummm, curioso", e vai embora? Não. Alguma coisa extraordinária aconteceu. Deve ter havido um plano.[20] Nosso universo é como esse pelotão de fuzilamento. Essa analogia levou muita gente, inclusive o físico teórico inglês John Polkinghorne, a postular uma solução simples: Deus.[21]

Uma esperança para os ateus também ocorre a Leslie. Suponha, diz ele, que havia milhões de pelotões de fuzilamento executando gente sem parar no mundo inteiro. Ora, parece quase inevitável que pelo menos um deles erre o alvo. Essa é a interpretação que a maioria dos defensores do big bang aplica ao universo. Ela é chamada de hipótese dos muitos mundos. Se você vive num universo com uma chance em um zilhão, e há zilhões de outros universos com uma distribuição aleatória de qualidades, então não é tão estranho que um esteja certo.

Mas onde estão esses outros universos? A ciência não requer provas melhores do que a lógica estatística? Os cosmólogos dizem que esses universos estão separados do nosso no espaço e no tempo e não são observáveis.[22] A prova da existência deles é o próprio fato de que não podemos achá-los! Como se pode discutir isso? A hipótese dos muitos mundos foi promulgada pelos cosmólogos há cerca de duas décadas, embora não seja original para eles nem para Leslie. Em 1779, por exemplo, o filósofo inglês David Hume especulou se o universo atual não seria o produto final de uma série de erros. Numerosos universos, escreveu Hume, "podem ter sido remendados e atamancados durante uma eternidade antes que esse sistema fosse cunhado".[23]

A analogia do pelotão de fuzilamento pode então nos levar tanto a crer num Grande Designer como em muitos mundos, dependendo da predileção de cada um. Evidentemente, não há provas físicas de nenhum dos dois. Rocky Kolb, um dos cosmólogos mais respeitados dos Estados Unidos e diretor do grupo de astrofísica do Laboratório do Acelerador Nacional Fermi (Fermi National Accelerator Laboratory — Fermilab), em Batavia, Illinois, vê uma distinção clara entre as cosmologias do passado, como as da Índia e do islamismo, e a cosmologia moderna: "A visão ocidental do universo baseia-se na ciência, em vez de na religião ou filosofia".[24] Isso não é totalmente verdade, como veremos. O universo do big bang incorpora a filosofia da comunidade científica tanto quanto o universo cristão medieval incorpora a filosofia da Igreja, ou as cosmologias ameríndias, os constructos sociais dos americanos nativos.

Nem todos os cientistas modernos endossam o big bang. Atualmente, há pelo menos duas outras cosmologias importantes com discípulos inteligentes: o universo do estado estacionário e o universo de plasma.

Estado estacionário. Os cosmólogos Fred Hoyle, Thomas Gold e Hermann Bondi não discordam do conceito de que o universo está em expansão, mas não endossam a idéia de que tudo surgiu de uma singularidade primordial. Em vez disso, para eles, enquanto as galáxias se afastam, novas galáxias se formam no espaço vazio deixado para trás, num ritmo que faz com que o universo pareça imutável. Uma vez que existem tantas estrelas e galáxias, haveria mais ou menos o mesmo número delas há 10 bilhões de anos, apesar do surgimento das novas. Ao contrário do universo do big bang, o universo do estado estacionário não está em evolução. Isso viola a lei da termodinâmica, que afirma que a quantidade total de energia em um sistema fechado nunca muda. Por outro lado, o mesmo faz o big bang, que produz um universo inteiro do nada.

Cosmologia do plasma. Essa teoria explica o universo em termos de seu plasma, um gás ionizado de elétrons e íons positivos. De fato, a maior parte do universo é plasma. A beleza dessa teoria é que ela se baseia no eletromagnetismo para explicar a estrutura do universo, e o eletromagnetismo é 10^{41} vezes mais forte do que a gravidade, a força usada para explicar a estrutura do universo do big bang. Ela também se livra do problema das protuberâncias, porque há energia eletromagnética suficiente para fazer o que você quiser. A coisa esquisita é que a cosmologia do plasma não explica o sistema solar tão bem quanto uma teoria baseada na gravidade, como rebatem os defensores do big bang. Do ponto de vista local (no sistema solar), a gravidade explica de modo mais do que adequado grandes massas (os planetas) girando em torno de uma massa ainda maior (o Sol). No universo como um todo, em que domina o plasma carregado, o eletromagnetismo assume um papel maior, explicando a estrutura protuberante do universo com mais facilidade do que a gravidade. Cada uma das teorias tem sua força e seu calcanhar-de-aquiles.

Edwin Hubble nunca engoliu a hipótese do big bang, ainda que sua descoberta tenha desencadeado a coisa toda. De acordo com seu protegido Allan Sandage, ele não estava interessado em teoria, ou em "mundos que poderiam ser". Ele ficava com "aquilo que o universo nos dá".[25] Hubble achava a teoria do big bang sem sentido e nunca aceitou que sua descoberta fosse necessariamente uma prova de um universo em expansão.[26] Sempre cientista, disse que estava medindo desvios para o vermelho. Há outras explicações para os desvios para o vermelho diferentes de um big bang.

As histórias de criação encaixam-se basicamente em categorias: a mãe água ou terra primeva que cria espontaneamente o universo de seu corpo; o progenitor masculino único, como o Deus judaico-cristão, que cria o universo do pensamento ou da palavra; os "pais do mundo", cuja união procriadora dá origem ao cosmo; o ovo do mundo ou a árvore do mundo; a serpente cósmica.[27] Todas essas histórias referem-se a teorias cosmológicas de criação a partir do nada (por exemplo, o big bang), a criação a partir do caos (cosmologia do plasma), um universo sem começo ou fim (estado estacionário), ou ciclos de nascimento e destruição cósmica (universos alternantes).

Examinemos as cosmologias de quatro culturas pré-ocidentais: Mesopotâmia, Mesoamérica maia, Oceania e Índia. A Mesopotâmia virou cinzas há muito tempo; a civilização maia diminuiu muitíssimo, mas existem remanescentes dela (mais de 2 milhões de yucatecas referem-se a si mesmos como maias, falando 29 dialetos); há também vestígios das culturas originais da Oceania, e a cultura hindu da Índia ainda floresce em forma moderna. As sociedades mesoamericana, mesopotâmica e indiana representam civilizações complexas, letradas, enquanto as tradições orais da Oceania são descartadas por alguns com a palavra da moda "primitivo". Contudo, as quatro cosmologias têm semelhanças: uma separação inicial de elementos primordiais, um cosmo feito de níveis sucessivos e uma linhagem divina que conduz inevitavelmente a uma genealogia humana. A maioria das cosmologias, inclusive a nossa, contém incoerências e contradições. O físico moscovita Andrei Linde diz que os americanos têm uma fixação exagerada na coerência. Numa reunião de cosmólogos, ele contou que "na Rússia, quando cavamos um túnel, pomos uma equipe de operários em cada lado da montanha. Se eles se encontrarem na metade, temos um lindo túnel. Se não se encontrarem... dois lindos túneis".

O quadro abaixo dá uma visão prévia simplificada de algumas cosmologias.

CULTURA	TIPO DE UNIVERSO	MITO DE CRIAÇÃO
Mesopotâmia: Suméria	plasma	universo separado das águas primordiais da deusa-mãe
Mesopotâmia: Babilônia	plasma e big bang	universo formado a partir do cadáver da deusa-mãe, morta pelo neto
Índia: hindu	universos alternantes	universo sonhado na (e a partir da) existência
	big bang; plasma	universo nascido de ovo de ouro
Índia: jainista	estado estacionário	universo sempre existiu
Oceania: maiana	big bang, inflacionário	universo irrompe de inchaço na cabeça de deus
Oceania: Taiti	plasma	universo formado a partir de conchas
Oceania: mangaia	big bang, inflacionário	universo cresce a partir de uma raiz de coqueiro
Mesoamérica: maia	universos alternantes; hipótese de muitos mundos	os deuses fazem quatro tentativas para criar o mundo

MESOPOTÂMIA

As cosmologias mesopotâmicas, que refletem as civilizações da Suméria, Babilônia e Assíria, chegaram até nós em muitas formas. A mais completa é a do poema babilônico *Enuma elish*, que descreve como o mundo foi criado. Esse relato da história vem de Barbara C. Sproul, que apresenta em *Primal myths: Creating the world* [Mitos primordiais: Criando o mundo] um abrangente estudo dos mitos de criação, e de Wayne Horowitz, assiriólogo da Universidade Hebraica cuja década de pesquisas e traduções está reunida em seu livro *Mesopotamian cosmic geography* [Geografia cósmica mesopotâmica]. O texto do *Enuma elish* foi composto provavelmente por volta de 2000 a. C., logo após a queda da civilização suméria e a ascensão do poder babilônico, ou então setecentos anos depois, durante uma irrupção de nacionalismo babilônico, no reinado de Nabucodonosor I.[28]

O progenitor Apsu (que se manifesta como água potável subterrânea "doce") e a mãe primeva Tiamat (que se manifesta como água salgada ou salobra) são encontrados deitados lado a lado nas trevas primordiais. Da união deles surgem o lodo e o limo, Lahmu e Lahamu, que então criam os horizontes; estes criam o deus do céu, Anu, e o deus da água e da terra, Ea. Este então cria o belo e másculo deus do Sol e criador, Marduk, cuja missão é aniquilar Tiamat, cuja índole ficou subitamente ruim e se tornou um monstro do caos,[29] armada com "o Verme, o Dragão, [...] o Cachorro Louco, o Escorpião-homem, a Tempestade Uivante".[30]

Marduk sobe num carro de guerra e liquida Tiamat usando ventos, tempestades e enchentes, depois começa a reconstruir o universo com a precisão de um bom carpinteiro:

> *Então [Marduk] relaxou examinando o cadáver dela [...]*
> *Ele a cortou em duas, como um peixe seco.*
> *Então ergueu uma das metades e fez os Céus como teto.*
> *Esticou a pele dela e postou um guarda.*
> *Ordenou-lhe que não deixasse sair as águas.*[31]

Depois de medir o oceano subterrâneo de água potável de Apsu, Marduk caminha pelo céu (isto é, a metade superior de Tiamat) e declara que ela é igual a Apsu em dimensão e natureza — isto é, aquosa. Marduk divide ainda mais o espaço cósmico em superfície da Terra e uma área em que ocorrem ventos e tempestades, correspondente à atmosfera. Os céus mais altos são separados para a Casa de Anu, o tio de Marduk que é o deus do céu. Apsu, que é trisavô de Marduk, perde o caráter divino e se torna o mero local aquoso da Casa de Ea, pai de Marduk. Os céus intermediários são dados a Enlil, um deus dos ares da antiga Suméria.[32]

Após abrigar adequadamente sua família, Marduk

estabeleceu as constelações.
Ele fixou o ano, traçou linhas de fronteira.
Estabeleceu três estrelas para cada um dos doze meses.

Essas estrelas/constelações (a "Estrela do Arado", Piscis Austrinus e um terceiro corpo sem nome) são feitas às respectivas imagens de Enlil, Ea e Anu, e seguem três divisões leste–oeste do céu. Elas e o Sol e a Lua, todos criados da barriga de Tiamat, são postos nas "Alturas", em algum lugar abaixo da Casa de Anu.[33] A estrela de Marduk — Júpiter[34] — guia todas as estrelas do céu por suas órbitas, com a ajuda das estrelas de Enlil e Ea.[35]

Marduk faz então a Terra com a cabeça de Tiamat, cria o Tigre e o Eufrates dos olhos dela e entope suas narinas. Por fim, cria com a cauda e a genitália os laços que mantêm terra e céu juntos.[36] Olhando com lentes contemporâneas, é possível especular que se trata de um reconhecimento de como o poder procriador da mulher mantém unidos os laços da vida humana.

Marduk surge então como o herói brilhante da Babilônia, o poder do vale dos rios Tigre e Eufrates. Na terra, ele substitui o mar de água salgada de Tiamat, de onde nada podia nascer, pela "água doce" das fontes subterrâneas de Apsu, da qual a agricultura mesopotâmica dependia. No céu, ele estabelece uma correspondência entre a Babilônia e a região mais alta, a Casa de Anu, um vínculo direto entre os poderes humanos e divinos. Não devemos nos surpreender com o fato de que o *Enuma elish* foi escrito, de acordo com Barbara Sproul, "para louvar Marduk, o principal deus babilônico; para explicar sua ascensão de [...] divindade local a chefe de todo o panteão; e para homenagear a própria Babilônia como a cidade mais importante".[37] Anthony Aveni acrescenta: "Que tudo isso aconteça nas margens do golfo Pérsico, onde o Tigre e o Eufrates (água doce) se encontram, faz com que a narrativa tenha uma alta relevância geográfica".[38]

Ao voltar no tempo até a Suméria, encontramos uma história de criação diferente. O princípio masculino, Apsu, está ausente. A criação começa com a deusa Nammu, mãe dos deuses, que cria o céu e a terra sozinha. Enlil, o deus do ar, nasce do céu e da terra. Ele separa a terra do céu usando uma picareta. De acordo com E. O. James, professor de religião na Universidade de Londres, "parece que o cosmo foi concebido como um produto da união de [...] água, ar e terra, que Nammu deu à luz". A narrativa não trata do mecanismo, mas tem uma simplicidade enganosa que falta na versão babilônica posterior,[39] que se parece mais com a teoria atual do big bang, com suas cláusulas de inflação e outras compensações.

Nos textos sumérios, Nammu é também o mar cósmico eterno do qual toda a matéria emerge em ordem. Para Ewa Wasilewska, antropóloga e arqueóloga da Universidade de Utah que fez um amplo trabalho de campo no Oriente Médio, essa ordem é inerente à água primordial e permite uma progressão da criação limitada, mas evolucionária. O signo sumério de Nammu é o mesmo usado para *absu*, que na época significava tanto "mar de água doce" como "profundidade aquosa". Por isso, Nammu é a fonte histórica tanto da água pura de Apsu e Ea como da água salgada de Tiamat.

A importância de Nammu se reflete na divisão do céu. Ao mapear as trilhas leste–oeste das estrelas, como os babilônios,[40] os sumérios também dividiam o céu em três regiões norte–sul, que correspondiam a diferentes cidades-Estados: Nippur era norte e centro, associada a Enlil; Uruk, para oeste, e Elam, para leste, eram ambas centralmente situadas e estavam sob a influência de Anu. Mas Eridu, a mais antiga cidade-Estado da Suméria, ocupava o sudeste e estava associada a Nammu. Portanto, o culto de Nammu reflete a cosmologia mais duradoura e a entidade política mais antiga da Mesopotâmia.[41]

Contudo, quando a Suméria declinou e Babilônia ascendeu, Nammu foi rebaixada de deusa sumeriana da criação e da ordem para um monstro babilônico do caos. Ela perdeu a qualidade de fértil e sustentadora da vida da "água doce" para Apsu e ficou com as águas impotáveis, salgadas ou "amargas" (provavelmente alcalinas).[42] De acordo com Wasilewska, Marduk tornou-se o deus principal somente porque matou o "princípio feminino, Tiamat, a mãe de tudo, personificação das águas salgadas".[43]

As narrativas sumerianas e babilônicas exibem contradições e refletem com candura os contextos culturais da época. Mas é possível traçar certos paralelos entre a cosmologia moderna do big bang e os antigos. Totalmente isentas das constantes revisões, encontramos as separações da matéria primordial em polaridades. Na versão sumeriana, a água primeva separa-se espontaneamente em céu e terra primeiro, e depois antropomorficamente quando Enlil, o deus do ar, separa a terra do céu com uma picareta. Portanto, a criação vem do nada, sem causa.

ÍNDIA

Em *Cosmos*, Carl Sagan descreve vários mitos antigos de criação que são, segundo ele, "um tributo à audácia humana". Ao mesmo tempo em que chama o big bang de "nosso mito científico moderno", ele aponta para uma diferença fundamental, no sentido de que a "ciência é autoquestionadora, e que podemos realizar experimentos e observações para testar nossas idéias".[44]

Contudo, Sagan sente claramente uma atração pela cosmologia cíclica indiana, na qual Brahma, o grande deus criador, sonha o universo. De acordo com o estudioso das religiões Mircea Eliade, durante cada dia de Brahma, 4,32 bilhões de anos para ser exato, o universo vagueia de um lado para o outro. Mas no início da noite de Brahma, o deus, cansado de tudo, boceja e cai em sono profundo. O universo desaparece, dissolvendo os três reinos materiais da Terra, do Sol e do céu, que contém a Lua, os planetas e a Estrela do Norte (quatro reinos superiores não são destruídos nesse ciclo). A noite avança; então Brahma começa a sonhar de novo e outro universo nasce.[45]

O ciclo de criação e destruição continua indefinidamente, manifestado na divindade hindu Shiva, Senhor da Dança, que segura na mão direita o tambor que anuncia a criação do universo e na mão esquerda a chama que, bilhões de anos depois, o destruirá. Enquanto isso, Brahma é apenas um de incontáveis deuses que sonham seus próprios universos.[46]

Os 8,64 bilhões de anos que marcam um ciclo pleno de dia e noite na vida de Brahma são cerca da metade da estimativa moderna para a idade do universo. Os antigos hindus acreditavam que cada dia e cada noite de Brahma duravam um *kalpa*, 4,32 bilhões de anos, e 72 mil *kalpa* equivaliam a um século de Brahma,[47] ou seja, 311,040 bilhões de anos. Para Sagan, o fato de os hindus poderem conceber o universo em termos de bilhões (em vez dos milhares de anos prevalecentes na antiga cultura e doutrina religiosa ocidental) foi "sem dúvida acidental".[48] Sim, é possível que eles apenas tenham tido sorte.

Mas as semelhanças entre as cosmologias indiana e moderna não parecem acidentais. Talvez as idéias de criação do nada ou de ciclos alternantes de criação e destruição sejam inatas à psique humana. O tambor de Shiva certamente sugere o súbito impulso energético que poderia ter impelido o big bang. E se, como alguns teóricos propuseram, o big bang é apenas o prelúdio do *big crunch*, e o universo está preso a um ciclo infinito de expansão e contração, a antiga cosmologia indiana está claramente na vanguarda em comparação com a visão unidirecional do big bang. O número infinito dos universos hindus chama-se atualmente hipótese dos muitos mundos, que não é menos indocumentável ou impensável.

Esta é a parte simples. Se examinarmos com mais profundidade a cosmologia indiana antiga, as complexidades se multiplicam. Por exemplo, Brahma é apenas a manifestação masculina ativa de Brâman, o indiferenciado mundo-alma,[49] que existe haja ou não universo para existir nele. Brahma, de acordo com Eliade, está também sujeito à roda do tempo e morre no fim de um século bramânico. Todos os sete níveis do universo dissolvem-se então num nada feminino primordial — a "raiz sem raízes do universo".[50] Dependendo da tradição, somente Vishnu, o deus sustentador, e/ou Shiva, o destruidor, sobrevivem. Algumas narrativas mostram o Shiva masculino e o nada feminino primordial reunidos na "felicidade de Brâman", um estado "não-procriador".[51] Quando a felicidade acaba, Brahma ressurge (às vezes, do umbigo de Vishnu) como um bebê indesejado.[52]

Depois, há Prajapati, um deus que procede do segundo milênio antes da era cristã, que modela o universo a partir do próprio corpo, em um ato sacrifical de criação e destruição.[53] No *Rig veda*, do século XIII a. C., Prajapati é a força vital divina, nascida das águas infinitas como um embrião de ouro, e, contudo, alguém que também dá origem a si mesmo.[54] Mais tarde, na literatura sagrada dos Brahmanas de 1000 a 700 a. C., um ovo de ouro flutua nas águas primordiais, esperando por algo que aconteça. Então Prajapati emerge e se torna o universo e todas as suas forças, o fazedor de deuses, e o "Senhor de Brâman", uma espécie de primeira força para dar uma cutucada no autocriado Brâman. Depois de formar o caos aquoso, as estrelas, o Sol, a Terra e, por fim, o homem e os animais,[55] Prajapati desmembra-se e usa suas partes corporais para completar a criação,[56] dizendo "eu me reproduzirei, eu me tornarei muitos".[57]

Contraditório? Sim, mas há um tema que se repete aqui: do nada vem o Ser, do Ser vem uma multiplicidade atordoante de formas, todas faces do mesmo

Um: o ovo faz a galinha e a galinha faz o ovo. Metaforicamente, o ovo é o universo infante que, de repente, dá à luz todas as formas do universo. O big bang.

Outro mito do século VIII a. C. do *Chandogya upanishad* deixa os deuses de fora na maior parte do tempo: "No início, este mundo era apenas Não-ser. Era existente. Desenvolveu-se. Transformou-se em um ovo. Repousou durante o período de um ano. Partiu-se. Uma das partes da casca tornou-se prata, outra, ouro". Da prata, formou-se a terra, do ouro, o céu. Tal como o plasma cósmico que se dividiu em matéria e energia, todas as formas sucessivas de existência surgem dessa divisão básica entre prata e ouro, terra e céu.[58]

Mas, no espírito do autoquestionamento científico moderno, o autor do mito não se contenta com sua teoria. Ela viola alguma lógica interna, então ele a revisa no trecho seguinte e se pergunta: "Como poderia surgir o Ser do Não-ser?". Incapaz de dar uma resposta, tal como os modernos cosmólogos do big bang, esse cosmólogo antigo propõe uma teoria: "Ao contrário, meu querido, no começo este mundo era apenas Ser". Do ser vem o calor, do calor vem a água, da água (chuva) vem o alimento. E assim o universo torna-se ser sem nenhum deus e nenhum começo.[59]

Uma variante posterior dos mitos de Prajapati-ovo amarra os ciclos do tempo hindus, Brâman e Brahma em uma espécie de grande teoria unificada do campo. Além do ciclo de bilhões de anos, ciclos menores descrevem as idades do mundo. Muitos textos indianos dividem os *kalpa* em quatro eras, mas um ciclo descrito no século II a. C., Leis de Manu, dá catorze eras em um *kalpa*, cada uma delas governada por Manu, um antepassado da humanidade. Aqui Brâman, somente pelo pensamento, cria tanto as águas primordiais como o ovo que acaba por dar à luz ele mesmo. Dentro do ovo, Brâman (agora dividido em Brahma, Primeiro Homem, e a descendência das águas primordiais)[60] divide o ovo pela metade, usando de novo apenas o pensamento, e forma o céu e a terra, um reino entre eles, os pontos cardeais e os oceanos.[61] Tal como no caso do big bang, cada revisão acrescenta mais uma camada de complexidade à origem do universo.

Uma discussão da cosmologia indiana estaria incompleta sem uma olhada para os contextos sociais. Acrescentemos agora "brâmane" a Brahma e Brâman. Todos derivam da raiz *brh*, que significa "ser forte".[62] Mas, enquanto Brahma e Brâman se referem a divindades, brâmane se refere aos seres humanos. Os brâmanes indianos eram os altos sacerdotes dos arianos védicos que conquistaram os dravidianos de pele escura a partir de 2500 a. C. De acordo com um estudo de Albert Schweitzer, "Brâman" também significa "poder sagrado", e os brâmanes consolidavam sua posição na sociedade por meio de uma conexão com esse poder divino.[63] A literatura védica de 800 a. C. menciona pela primeira vez Brahma, que parece surgir "como um processo de apoteose do sacerdote brâmane", de acordo com outro estudioso indiano. Espelhando a vigilância de Brahma sobre o universo até que 72 mil *kalpa* completem seu ciclo e o universo seja destruído pelo fogo, os brâmanes cuidavam dos ritos sacrificais que garantiam a continuação da sociedade até sua decretada destruição.[64]

O jainismo, seita concorrente com origem no século V a. C., não aceita a história de Brahma/Brâman, apesar de sua atração para as classes altas (os jainistas talvez estivessem cansados de vizinhos que se consideravam logo abaixo dos deuses). De qualquer modo, nada afirma de modo tão explícito um universo de estado estacionário como os textos jainistas. As objeções à cosmologia hindu escritas por Jinasena, um professor do século IX d. C., assemelham-se às objeções de hoje ao big bang (basta substituir "Criador" ou "Deus" por "big bang"):

Alguns homens insensatos declaram que o Criador fez o mundo [...]

Se Deus criou o mundo, onde ele estava antes da criação?
Se você diz que ele era transcendente então, e não precisava de apoio, onde está ele agora?

Nenhum ser sozinho tem a habilidade de fazer este mundo,
Pois como pode um deus imaterial criar aquilo que é material?

Como Deus poderia ter feito o mundo sem qualquer matéria-prima?
Se você diz que ele fez isso primeiro, e depois o mundo, você se defronta com uma regressão sem fim.

Se você declara que essa matéria-prima surgiu naturalmente, cai em outra falácia.
Pois todo o universo pode então ter sido seu próprio criador e ter surgido também naturalmente.

Jinasena continua nessa linha por algum tempo e termina dizendo:

> *Saibam que o mundo é incriado, como o próprio tempo, e não tem começo nem fim*
> [...]
> *Incriado e indestrutível, ele perdura sob a compulsão de sua própria natureza.*[65]

OCEANIA

Eis outra história de big bang, desta vez vinda da ilha Maiana, uma das ilhas Gilbert, no Pacífico sul.

> Na Arean [...] estava sentado sozinho em um espaço, como "uma nuvem que flutua no nada". Ele não dormia, porque não existia sono; não sentia fome, pois ainda não existia fome. Assim ficou por muito tempo, até que lhe veio um pensamento à cabeça. Ele disse para si mesmo: "Vou fazer uma coisa". Então fez a água em sua mão esquerda e bateu nela com a mão direita até que ela ficou lamacenta; então achatou a lama e sentou nela. Ao sentar, um grande inchaço cresceu em sua testa, até que no terceiro dia explodiu e dele brotou um pequeno homem.[66]

Na Arean fez a separação inicial do universo em suas dualidades fundamentais (matéria/energia ou terra/água) antes de a inflação inchar como um ego inflado para criar sua glória máxima, a humanidade.

As cosmologias dos povos da Oceania são tantas quantas são as ilhas que eles habitam. Barbara Sproul relata dezesseis histórias diferentes que vêm de doze diferentes culturas insulares.[67] No entanto, elas têm muitas coisas em comum: a separação inicial do universo em duas partes, por exemplo, ou o surgimento do cosmo a partir de uma raiz comum.

O estudo do falecido antropólogo Alfred Gell, da London School of Economics, sobre a cosmologia e os rituais polinésios, identifica um tema unificador, no qual o universo começa em um estado amorfo que não é existência nem inexistência, do qual o deus criador separa as duas dualidades fundamentais que impulsionam o universo em expansão. Na Polinésia, tratava-se da divisão entre *po*, escuridão, noite, as profundezas do oceano, morte e o mundo dos deuses, e *ao*, luz, dia, vida e o mundo dos humanos. Essa divisão, básica em muitas cosmologias, é então enfeitada pelas diferentes ilhas para produzir algumas cosmologias complicadas.[68]

No Taiti, o deus criador é chamado de Ta'aroa, que significa "o cortador".[69] Após separar *po* de *ao*, Ta'aroa cria o resto do universo a partir de uma série de conchas que o cobrem como um ovo. A primeira concha, ele vira para formar o céu; a segunda, ele tira de si mesmo com um caranguejo em muda para fazer a Terra; depois, como Tiamat na Suméria e Prajapati na Índia, ele se desmembra (isto é, destrói a homogeneidade original) para criar as cadeias de montanhas a partir de sua espinha, as nuvens de seus órgãos internos, a "gordura" da terra de sua carne, seres com conchas de suas unhas e céu vermelho e arco-íris de seu sangue.[70] No relato do mito feito pela etnógrafa Teuira Henry feito em 1928:

> Assim como Ta'aroa tem crostas, conchas, tudo tem uma concha. O céu é uma concha [...] o espaço sem fim em que os deuses colocaram o Sol, a Lua, as Espórades e as constelações [...] A Terra é uma concha para as pedras, a água e as plantas [...] A concha do homem é mulher porque é por ela que ele vem ao mundo e a concha da mulher é mulher porque nasce da mulher. Não se podem enumerar as conchas de todas as coisas que este mundo produz.[71]

A noção de reinos celestes que se elevam em níveis em forma de concha encontra-se em muitas culturas da Oceania. No vizinho Havaí, nove níveis ascenderam da Terra, e os três mais elevados continham o Sol, a Lua e as estrelas, e eram sólidos. Os níveis intermediários eram coletivamente "o espaço em que as coisas pendem ou balançam", e incluíam o reino das nuvens.[72]

A narrativa taitiana reflete também uma crença antiga comum de que "tal como é acima, assim é embaixo": o que governa os deuses e o céu manifesta-se no nível da vida humana de todos os dias, e todas as coisas estão conectadas ao divino. O que funciona na escala do cosmo também deve funcionar para a menor partícula de matéria. Acreditamos nisso hoje, mas ainda precisamos formular uma teoria da gravidade quântica, combinando nossas regras para partículas com a gravidade.

Outras culturas, de Fiji ao Havaí, usavam raízes como metáforas para a origem do cosmo e do homem. Para culturas insulares cercadas pelo oceano, estar enraizado devia significar o mesmo que sobreviver; em numerosas ilhas polinésias, a vida e a terra eram concebidas como evoluindo das profundezas do oceano,[73] exatamente como as raízes sustentam as plantas. Os habitantes de Fiji tinham uma serpente criadora, Ndengei, que era rei dos "deuses-raízes", assim chamados porque "estavam lá primeiro [...] enraizados em Fiji antes que houvesse qualquer influência polinésia ou européia".[74] Quando Ndengei dormia, criava a noite; quando se remexia e se virava no sono, causava terremotos; quando acordava, criava o dia.[75] Ele é uma espécie de raiz animada, com movimentos de serpente e forma de raiz.

Nas ilhas Mangaia, parte do arquipélago das ilhas Cook, encontra-se outra versão dessa cosmologia. De acordo com um mito registrado pelo mitologista Charles Long, o universo mangaiano é um coco oco que se estreita para baixo através de uma longa raiz principal até um ponto que representa a origem de todas as coisas, "a raiz de toda existência". Dentro, na ponta estreita da casca, está uma mulher (também conhecida como a Grande Mãe),[76] chamada de "o verdadeiro começo". Segundo Long, "é de tal ordem a estreiteza de seu território que seus joelhos tocam o queixo e nenhuma outra posição é possível".[77] Em termos modernos, trata-se do universo infante comprimido até o tamanho de um ponto antes de inflar subitamente para fora — ou seja, expandir-se da raiz principal para o coco esférico.

Da Grande Mãe vêm os filhos. Cada filho vive num nível diferente no interior do coco, representando os estágios temporais da ancestralidade mangaiana e os mundos espaciais em diferentes estágios de evolução geológica — por exemplo, "oceano profundo", ou "as rochas cinza ocas". "A terra fina" que está diretamente abaixo do alto do coco é o lar dos ancestrais mitológicos imediatos dos mangaianos, os Primeiros Pais.[78] Acima do coco, dez céus ascendem em uma série de abóbadas e causam o movimento do Sol, da Lua e das estrelas. Para os mangaianos, o Sol e a Lua ocupam a primeira abóbada e se elevam por um furo no coco até o leste, e se põem através de outro furo no lado oposto, a oeste.

Os Primeiros Pais também saíram para a superfície do coco através do furo usado pelo Sol e pela Lua.[79] Mas, se o universo é um coco, o que veio antes da raiz? Esse mito mangaiano não nos conta, mas muitos mitos da Oceania voltam a um vazio e/ou caos primordial. Um canto maori relata os três estágios da criação. Primeiro vem o pensamento desencarnado, depois a noite, depois a luz:

Do nada, a geração
Do nada, a propagação
[...] O poder de propagar
O sopro vivo;
Ele habitou com o espaço vazio,
E produziu a atmosfera que está acima de nós
[...] O grande firmamento acima de nós habitou com a alvorada
E a Lua nasceu;
A atmosfera acima de nós habitou com o calor
E daí originou-se o Sol
[...] Então o Céu tornou-se luz.[80]

O universo maori é impulsionado por forças físicas, aparentemente despidas de influência divina e que emergem do nada. Porém, tal como na cosmologia ocidental moderna, o momento exato da criação depende de uma contradição.

Um canto muito mais longo das ilhas Tuamotu (originalmente chamadas de Havaiki) começa com Kiho, "a fonte das fontes", sentado em um vazio que, não obstante, tem qualidades espaciais:

Sob os alicerces de Havaiki que era chamado de reino-escuro-sem-brilho-de-Havaiki,
Morando lá embaixo Kiho não tinha pais [...] não havia ninguém além dele; ele não
[*era a raiz, era a estabilidade.*

Na verdade, como a terra que se solidifica após uma erupção vulcânica, esse estado de não-existência torna-se cada vez mais sólido, descrito como onze tipos de "alicerces", o "suporte colunar da terra", "a casa que sustenta as regiões celestiais". Então, como em muitas cosmologias do mundo, Kiho cria o universo com seu pensamento: "Que eu possa ser eloqüente de meu conhecimento oculto em que moro; que eu possa ser expressivo de minha eloqüência que se extravasa [...] que todos os seres reunidos ganhem ouvido!".[81]

Seus pensamentos agitam "o ímpeto interior" da água e da terra, os dois componentes primordiais. Após uma longa lista de características da terra que são atualmente inexistentes (a estratificação, a viscosidade, a multiplicidade), Kiho finalmente irrompe em ação com terremotos e olhos flamejantes. Ele é, na verdade, um vulcão, que rearranja água e terra ao seu bel-prazer. Cada movimento de seu corpo, que agora flutua na superfície do oceano, dá origem a oito reinos celestes e oito reinos terrestres, emparelhados ao longo de planos de existência conectados.[82]

Do ponto de vista do big bang, o amorfismo polinésio que precede o universo parece mais próximo das idéias modernas de plasma cósmico do que da criação do nada.[83] Esta última idéia está realmente fora do pensamento polinésio, de acordo com Gell, que vê os deuses criadores como forças de separação. Falando especificamente da cosmologia taitiana, ele diz: "O que o deus faz é articular, ou diferenciar, o mundo em seus distintos componentes e qualidades, mas a substância do cosmo recém-articulado permanece o que sempre foi, nada mais do que o próprio deus".[84]

Não obstante, o conceito ocidental de um universo que explode do "nada" em oposição às idéias polinésias de um caos primordial que não é "nada" nem "alguma coisa" parece se resumir a uma questão de semântica mais do que a uma diferença fundamental de perspectiva. No início, tudo era viscoso, tenebroso e desconhecido.

MESOAMÉRICA MAIA

Isolada das culturas do Velho Mundo, a civilização maia, situada onde são hoje o sul do México e a Guatemala, surgiu por volta da época do nascimento de Cristo, floresceu e desapareceu abrupta e misteriosamente. Além das pirâmides de pedra e estelas gravadas com hieróglifos elaborados, a história deles está preservada em uns poucos códices, entre eles o *Popol vuh*, livro de criação escrito em quiché (língua do grupo étnico maia). Apesar do isolamento, a cosmologia maia apresenta muitas semelhanças com as outras culturas: com a indiana nos ciclos de destruição e criação e nos enormes períodos de tempo desses ciclos; com a mesopotâmica no meticuloso rastreamento dos corpos celestes que são manifestações dos deuses; com a cosmologia moderna na cuidadosa experimentação e revisão levada a cabo pelos deuses, e na condenação igualmente implacável de teorias antiquadas.

Antes da humanidade, o universo maia se desdobra bastante inconsútil. Como em muitas cosmologias, ele tem início com um mar primordial. Assim começa o *Popol vuh*: "Esta é a relação de como tudo estava em suspenso, tudo em calma, em silêncio; tudo imóvel, calado, e vazia a extensão do céu". O tradutor para o inglês Dennis Tedlock chama a cena de uma espécie de "ruído branco" — o som que precede o som. Somente os deuses do mar e da terra, chamados coletivamente de Coração do Lago e Coração do Mar, estão presentes: Criador, Formador, Portador, Procriador e Soberana Serpente Emplumada.[85] Unindo-os, estão o Coração do Céu e os deuses primordiais do céu, chamados Furacão, Raio Recém-nascido e Raio Súbito. Depois de conferenciar, os deuses da água e do céu concordam em criar a Terra e a vida numa seqüência que se parece com a "sopa primordial" da biologia do século XX: uma Terra coberta pelo oceano e sujeita a violentos raios, que ajuda a produzir os primeiros aminoácidos. Assim ocorrem as separações cósmicas, sendo a primeira a separação preexistente dos deuses da água e do céu, a segunda, a ativa separação feita pelos deuses da terra e da água, e do céu e da terra.[86]

Em seguida, o Sol, a Lua e estrelas são plantados. Os antigos maias concebiam isso como "semeadura", e também como "alvorada", porque ligavam a plantação de sementes, que crescem do subsolo, com o nascer dos corpos celestes, que, eles acreditavam, viajavam através do mundo subterrâneo antes de nascer no leste.[87]

A arte antiga maia representava o céu como uma serpente de duas cabeças, com símbolos de Vênus — que nasce pouco antes do amanhecer — de um lado e o Sol do outro. A cosmogonia maia retrata uma Terra cuja base é um monstro terrestre reptiliano e um céu sustentado por pilares que são um jacaré e uma onça. Todas as noites, o Sol é consumido pelo monstro terrestre e volta para o subterrâneo, para levantar-se todas as manhãs no leste.

Portanto, Vênus e o Sol (apresentados no *Popol vuh* como meninos gêmeos) surgem todas as manhãs um depois do outro, como fazem os gêmeos humanos no nascimento. Diz Anthony Aveni: "A imagem sinuosa de uma serpente celeste de duas cabeças oferece uma representação gráfica do modo como a linha imaginária que conecta Vênus acima do horizonte com o Sol abaixo pode ser seguida ao longo do tempo".[88] Vênus nasce na "parte frontal do monstro cósmico que emerge do mundo subterrâneo".[89] À medida que o dia avança, os dois corpos se movem através do céu e se põem um depois do outro ao anoitecer. O *Popol vuh* narra essa órbita celestial como a batalha dos gêmeos com Zipacna, o monstruoso jacaré do terremoto, e como a descida deles para o mundo subterrâneo, o reino de Uma Morte e Sete Mortes. Após uma série de disputas, os gêmeos emergem para renascer no dia.[90]

Tomados em conjunto, temos um monstro reptiliano sob a Terra, uma serpente celestial recobrindo o céu e jacarés servindo de pilares entre os dois. Como uma conjectura total, tal como o alimento passa através do corpo de uma serpente gigante (fazendo uma grande protuberância), assim os maias viam o Sol e as estrelas passando através das grandes órbitas serpentinas acima e abaixo do plano terrestre.

Porém, as complicações e problemas parecem começar com o homem e dão origem à versão maia da hipótese dos muitos mundos. Segundo o *Popol vuh*, os deuses criaram primeiramente aves, veados, jaguares e cobras para cuidar da floresta e fazer oferendas a seus criadores. Mas os animais não podem louvar os deuses; eles não falam e, quando os deuses se dão conta disso, decretam que os animais servem apenas para ser comidos.[91]

Então os deuses tentam de novo. Desta vez, criam um ser humano a partir do barro. Mas o barro é mole e não se sustenta sozinho. "Não vai durar", dizem os deuses escultores. "Parece estar se desfazendo. Que se desfaça então. Não pode andar nem pode se multiplicar, então que seja apenas pensamento." E os deuses abandonam sua criação.[92]

Na terceira criação, os deuses decidem que precisam de algo mais sólido. Então fazem criaturas de madeira, que são insensíveis. Esses protótipos se parecem com gente, falam como gente e se reproduzem como gente, mas não têm sentimentos, não pensam e, o que é pior, não se lembram de seus criadores (não rezam para seus deuses). Os homens de madeira estão ocupados em povoar a Terra quando os deuses os destroem com uma inundação; com o Arrancador de Olhos; com o Sangrador Súbito, que lhes corta fora a cabeça; com o Jaguar Triturador, que os come; e com suas próprias pedras de moer, que os pulverizam. Tal como um cosmólogo do plasma apanhado numa conferência sobre o big bang, não sobra muito depois disso. E assim termina a terceira criação.[93]

Mas os deuses são empiristas e aprendem com experimentação, colaboração e tentativa e erro, no que Aveni chama de "aproximação sucessiva da construção do universo". Na quarta e última criação, e depois de muito conferenciar, eles escolhem o milho para a carne, a água para o sangue e a banha para a gordura. O resultado são os primeiros seres realmente humanos, que falam e louvam seus criadores. Há um defeito. Como relata o *Popol vuh*: "Perfeitamente eles viam, perfeitamente eles sabiam tudo sob o céu, para onde quer que olhassem [...] Enquanto olhavam, seu conhecimento tornou-se intenso". Ninguém gosta de concorrência, então os deuses anuviaram o conhecimento humano de tal modo que os homens "foram velados como a superfície de um espelho é embaçada pelo sopro [...] E tal foi a perda de [...] compreensão, junto com os meios de conhecer tudo".⁹⁴

Três tentativas de criação fracassam antes do surgimento de um universo que sustentará a vida humana (as tentativas malfeitas lembram a cosmologia de David Hume já citada). E assim surge o mundo atual, embora ele também vá ser destruído no final de sua era. Os maias, tal como os indianos, concebiam grandes ciclos de tempo entretecidos que geravam criações e destruições com a mesma facilidade com que uma árvore faz brotar folhas e depois as deixa cair.

Estranhamente, as datas da quarta e última criação maia combinam com as do quarto e último ciclo indiano: 13 de agosto de 3114 a. C. e 5 de fevereiro de 3112 a. C. para os maias, de acordo com Linda Schele, e 17-18 de fevereiro de 3102 a. C. para os indianos, segundo Aveni.⁹⁵ Na Índia, essas datas se alinham com uma conjunção planetária em Áries. Na mitologia maia, as duas datas representam dois atos dos deuses para criar o universo. Em 13 de agosto de 3114, eles acenderam a lareira cósmica ao levar as três estrelas do cinturão de Órion para o centro do céu; dois anos depois, em 5 de fevereiro, eles plantaram a árvore cósmica, que é a Via Láctea. Tal como na Índia, os dois dias correspondem a eventos astronômicos. Schele, epigrafista e professora da história da arte da Universidade do Texas, que vê os mitos maias como "mapas estelares", afirma que em 13 de agosto de 3114 a. C., as três estrelas de Órion ocupavam o centro do céu ao amanhecer. A Grande Nebulosa (M42), desconhecida para os europeus até 1610, pode ser vista entre essas estrelas e foi chamada pelos maias de fumaça da cozinha cósmica.⁹⁶ Um ano depois, os deuses plantaram a árvore cósmica, que se manifestou como a Via Láctea, que conectava as treze camadas do céu com as sete camadas do mundo subterrâneo. De acordo com Schele, "em 3112 a. C. [...] na manhã de 5 de fevereiro, toda a Via Láctea surgiu no horizonte oriental, até que, ao amanhecer, estendeu-se de norte a sul através do céu".⁹⁷ Aveni concorda com a primeira interpretação, mas tem dúvidas sobre as asseverações quanto à Via Láctea em 5 de fevereiro.

Na mente dos sacerdotes maias, esses eventos celestiais marcavam a aurora de uma nova era, que foi determinada com o uso da "contagem longa", um registro linear dos dias que começa com a quarta criação maia, em 3114 a. C., e prevê o fim do universo atual para 23 de dezembro de 2012 d. C.[98] Dentro dos 5 mil anos de duração do universo, muitos ciclos menores de tempo marcavam a duração de ritmos políticos, naturais e astronômicos entremeados.

Tedlock, ao traduzir o *Popol vuh*, trabalhou bastante com Andres Xiloj Peruch, um líder espiritual maia moderno, para interpretar o texto antigo de acordo com crenças maias ainda existentes. As lareiras dos maias de hoje incluem três pedras que formam um triângulo, uma representação de uma moderna constelação de pedras de lareira maia-quiché, formada por três estrelas em Órion — Alnitak, Saiph e Rigel.[99] Durante a destruição da terceira criação, diz o *Popol vuh*, "as [...] pedras de lareira projetaram-se para fora do fogo, indo para a cabeça [dos homens]".[100] Segundo Xiloj Peruch, trata-se da imagem de um vulcão e uma referência oblíqua ao fogo cósmico. Outros indícios vêm de antigos escribas maias de Palenque e Quirigu, que escreveram que, no fim da era anterior, três pedras de lareira anunciaram uma nova era.[101] (Schele e Tedlock discordam quanto à data de agosto de 3114 e quanto à ascensão das estrelas em Órion representar o fim da era dourada ou o começo da nova era,[102] mas está claro que as pedras de lareira representam um ponto de inflexão importante.)

Outra narrativa de criação dos maias do Yucatán reforça a mistura de ciclos políticos e cósmicos. De acordo com Aveni, quando morreu, em meados do século VIII d. C., Pacal, rei de Palenque, havia consolidado o poder de sua cidade-Estado contra desafios de cidades vizinhas. Chan Bahlum, filho de Pacal, precisava de um sinal celestial para cimentar sua legitimidade política, ligando sua ancestralidade aos progenitores da família real de Palenque, três deuses nascidos 4 mil anos antes. A linhagem divina, esculpida num templo, representa o deus primogênito como Vênus e o segundo como o Sol. A identidade do terceiro deus é desconhecida.[103]

De qualquer modo, em 690 d. C., no início do reinado de Chan Bahlum, uma conjunção planetária alinhou Saturno, Júpiter, Marte e a Lua, que se moveu junto com os planetas através do céu para deitar-se diretamente sobre o templo do antigo rei. Desse modo, o mandato real e a linhagem divina foram afirmados por um sinal claro dos deuses. Que esse evento não tenha envolvido Vênus nem o Sol não deve ter sido algo que tenha perturbado os maias. Aveni destaca que a cosmologia maia não exige uma correspondência exata, apenas alguma conexão entre o plano astral e o humano.[104]

Todas as nossas cosmologias, dos sumérios e maias às dos modernos professores do Caltech ou Cambridge, estão limitadas por uma falta de visão fatal. Timothy Ferris começa seu livro *Coming of age in the Milky Way* [Maioridade na Via Láctea] com esta observação: "Quando os antigos astrônomos sumérios, chineses e coreanos subiam com dificuldades os degraus de seus zigurates de pedra para estudar as estrelas, eles tinham motivos para supor que obtinham uma vista melhor desse modo [...] porque haviam chegado apreciavelmente mais perto das estrelas".[105]

De que serve subir algumas centenas de metros quando sabemos hoje que a estrela mais próxima está a seis anos-luz de distância? Em termos humanos, melhoramos significativamente nosso poder de ver com enormes telescópios na Terra e mais ainda com o telescópio Hubble em órbita, que nos eleva acima da ofuscação da atmosfera. Mas, em termos cósmicos, um satélite a 675 quilômetros mal nos põe mais perto dos céus mais distantes, a vários bilhões de anos-luz da Terra, do que um zigurate. Especialmente se as outras galáxias estão se afastando de nós a cada segundo. Como mencionamos, o tamanho de nosso universo é desconhecido.[106] Sua parte visível pode ser apenas uma pequena parte do universo completo, e é possível que alguma luz jamais chegue até nós. Vivemos no que é chamado de esfera sub-Hubble; é possível que a parte invisível do universo seja um zilhão de vezes maior e, neste caso, o que observamos através de nossos telescópios são movimentos aleatórios e esotéricos de galáxias locais, não o verdadeiro fluxo do próprio espaço.[107]

Os cosmólogos do big bang dizem que podem driblar esses problemas de observação estudando o universo primordial em aceleradores de partículas, "despedaçadores de átomos". Rocky Kolb, do Fermilab, diz que uma coisa que separa nossa cosmologia da dos antigos é que podemos reproduzir a nossa. Ele relata um mito de criação chinês do terceiro século da era cristã:

> O mundo nunca ficou pronto até P'an Ku morrer. Somente sua morte poderia aperfeiçoar o universo. De seu crânio foi moldada a abóbada celeste [...] Seu olho direito tornou-se a Lua, seu olho esquerdo, o Sol. De sua saliva ou suor veio a chuva. E dos vermes que cobriram seu corpo nasceu a humanidade.[108]

Kolb observa que isso não é muito diferente em grau do big bang, mas é um mito porque "ninguém pode reproduzir a morte e a decomposição de P'an Ku". Porém, ele diz que podemos reproduzir o big bang.

Kolb nota que a maquinaria matemática do modelo do big bang pode predizer a temperatura do universo em qualquer momento de sua expansão. Trata-se de uma declaração audaciosa, uma vez que não há prova empírica dessas temperaturas, mas, em benefício do argumento, vamos supor que Kolb esteja correto (a temperatura média do universo hoje é de cerca de 3 graus Kelvin, ou 3 graus abaixo do zero absoluto, e, à medida que voltamos no tempo, ele fica cada vez mais quente).[109] "Estudamos o universo primordial fazendo um pequeno pedaço dele no laboratório", diz Kolb.[110] Com isso ele quer dizer que no Fermilab, em um tubo de 2,5 quilômetros, prótons circulam e colidem com antiprótons que aceleram na direção oposta. As colisões resultantes podem atingir temperaturas de 3 000 000 000 000 000 (3×10^{15}) graus Celsius, a temperatura do universo aproximadamente 0,000000000004 (cerca de 10^{-12}) segundo (um milionésimo de milionésimo de segundo) após o big bang.[111] Por causa disso, Kolb afirma que podemos recriar por um breve instante "as *condições* que não existiram no universo durante 14 bilhões de anos" (grifo meu). Hoje, está na moda os cosmólogos dizerem que essas colisões de partículas de alta energia comprovam suas teorias, que essas pequenas colisões dentro dos tubos de berílio dos aceleradores são big bangs minúsculos. Como diz Anthony Aveni: "O fato de que lutemos tanto para mostrar que somos superiores a todos os nossos predecessores pode dizer alguma coisa a nosso respeito".[112]

Kolb trabalha no Fermilab, mas admite que, embora exista um acelerador a pouca distância de seu escritório, ele jamais realizou uma experiência lá, jamais produziu um desses pequenos universos sobre os quais escreve. Ele é sincero: "Jamais olhei os próprios eventos [das partículas]. Também não olho para imagens de telescópios".

Henry Frisch, físico da Universidade de Chicago, realizou muitos experimentos no Fermilab. Ele chama a prova da colisão de partículas do big bang de "um monte de conversa fiada". Há vários problemas. Frisch diz que, antes de mais nada, os cosmólogos não entendem como poucos "eventos" (como eles os chamam) atingem os níveis de energia citados porque não compreendem a física envolvida. Os prótons no raio do Fermilab possuem, de fato, energia para reproduzir a temperatura do universo de 10^{-12} segundos de idade, mas esses eventos são raros. O próton não é uma partícula elementar, mas um conglomerado (uma "lata de lixo", nas palavras do físico Leon Lederman) de quarks e glúons. Só se obtêm energias ótimas naqueles eventos improváveis em que um quark colide diretamente com outro quark. Em 2000, diz Frisch, isso não aconteceu mais do que seiscentas vezes — ou um evento em cada 500 *bilhões* de colisões — no Fermilab.[113] Muito pouco para estabelecer o que o universo era em T = 10^{-12} segundos; e, de qualquer modo, ninguém estava olhando para as colisões com esse objetivo.[114]

O mais importante é que esses eventos particulares não recriam as *condições* (plural) do universo primordial, como insistem os cosmólogos. Eles reproduzem apenas uma condição: a temperatura. Digamos que você queira passar as férias em Akumal, na península de Yucatán, onde faz 30 graus Celsius em janeiro. Você mora na ilha de Baffin, onde faz -30 graus. Então você gira seu termostato para 30 graus positivos. Desse modo, em sua toca você "recriou as condições de Akumal". Está faltando alguma coisa, não? Ainda que você vista um biquíni e beba *piña colada* com um daqueles enfeites de sombrinha de papel, não é o mesmo que passar férias no México.

Ocorre o mesmo com as colisões de partículas e o universo primordial: a única coisa em comum é a temperatura. Frisch diz que as "densidades de partículas e campos" são totalmente diferentes. Em outras palavras, o big bang teve mais coisas nele, ou não estaríamos aqui hoje. Toda a matéria que vemos ao nosso redor — o carro na garagem, a gordura de bacon no pote embaixo da pia, várias galáxias — foi comprimida no mesmo espaço de uma colisão de partícula no acelerador. Porém, no acelerador, há apenas dois quarks naquele volume. Não se consegue muito universo a partir disso. E, enquanto essas colisões são muito quentes, o *volume* de calor é ridículo: igual ao de um fósforo aceso. Não tem muito bang nisso.

Além desses detalhes óbvios, Frisch diz que se sente incomodado com a conexão partícula–cosmo porque "descendo de uma longa linhagem de rabinos". Não podemos recriar as condições iniciais do universo e, portanto, jamais poderemos recriar T = 0. "Não me sinto à vontade discutindo T igual a zero. E, se não conheço T igual a zero, não me sinto à vontade com T igual a dez menos doze", diz Frisch.

A cosmologia continua a ser uma disciplina interessante, baseada na astronomia e na física. Precisamos imaginar nosso mundo, mesmo que essa visão seja inexata ou incompleta. Os antigos indianos, babilônios e maias combinavam ciência com religião e constructos sociais para completar o quadro. É uma ilusão achar que fazemos diferente. Se nossa cosmologia parece livre de religião é porque a construímos dentro de sua própria religião secular.[115] Ao contrário dos físicos e químicos, que recebem bem as ameaças aos seus paradigmas, os cosmólogos modernos são lagashianos e defendem seu modelo escolhido contra todas as evidências. Como disse o físico russo Lev Landau, "os cosmólogos cometem erros freqüentes, mas jamais duvidam".[116]

O mundo da cosmologia ortodoxa do big bang não suporta dissidentes. Halton Arp, que estudou em Harvard e no Instituto de Tecnologia da Califórnia [California Institute of Technology — Caltech] e foi um protegido de Edwin Hubble,[117] nunca abandonou o rigor intelectual de seu mentor, sustentando que os desvios para o vermelho não são necessariamente prova de um universo em expansão. Astrônomo experiente, Arp encontrou objetos no céu que renderam manchetes nos jornais e desafiaram a ortodoxia do big bang. Ele fotografou quasares com altos desvios para o vermelho na mesma área de galáxias de baixo desvio, com algum indício, ainda que vago, de que os quasares e as galáxias estão ligados por gás hidrogênio. Se os desvios para o vermelho significam o que os defensores do big bang pensam, então um objeto com alto desvio não pode estar na mesma parte do céu que um objeto de baixo desvio. Como os patrões de Arp nos Observatórios Carnegie reagiram a suas descobertas? Afastaram-no do telescópio de duzentas polegadas do Observatório Monte Palomar. Ele foi forçado a trabalhar "no exílio", como diz a revista *Science*, no Instituto Max Planck de Astrofísica, na Alemanha.[118] Carnegie (agora parte do Caltech) agiu de acordo com a venerável tradição de Harlow Shapley, limpando as placas.

Até cientistas ortodoxos não resistem a invocar o nome de Deus. Um dos recentes salvadores do big bang é o astrofísico George Smoot, que, em 1992, mostrou que o universo primordial, 300 mil anos depois do big bang, estava "enrugado". Isto é, usando o satélite COBE, ele descobriu minúsculas flutuações de temperatura no céu antigo. As diferenças eram de apenas alguns milionésimos de grau, mas as áreas menos quentes foram consideradas "sementes" da formação de galáxias. Essas áreas "mais frias" eram mais densas, mostrando que o universo primordial não era homogêneo, mas era suficientemente encrespado para resultar em galáxias, estrelas e nós. Como vimos, é mais provável que um big bang resultasse numa nuvem de gás, com um céu "negro inexorável", como diz Smoot. E, continuou ele, "não estaríamos aqui para observá-lo".[119] Ele deveria ter parado por aqui, mas havia repórteres por perto, e ele finalmente disse: "Se você é religioso, é como ver Deus".[120] Algumas semanas depois, um repórter foi ao Laboratório Lawrence Berkeley para entrevistar Smoot e viu este interessante grafite no corredor: "Se você é Deus, é como ver George Smoot".

As assim chamadas rugas no universo foram citadas por muitos cosmólogos como "prova" da inflação de Guth. Kolb prefere a expressão "sustentadora da inflação". E se eu acreditasse em unicórnios, perguntei a Kolb, e achasse esterco no mato: isso seria sustentador de unicórnios, uma vez que eles provavelmente defecam? Ele respondeu: "Bem, se você achasse um tremendo monte de esterco, poderia pelo menos dizer que não era de coelho". O que não significa que a teoria do universo inflacionário seja um tremendo monte de alguma coisa.

5. Física
Partículas, vazios e campos

O maior acelerador de partículas dos Estados Unidos faz um círculo de 6,5 quilômetros nas pradarias do norte de Illinois, nas proximidades da cidade de Batavia. No Laboratório do Acelerador Nacional Fermi, raios de prótons e antiprótons circulam no longo tubo de aço inoxidável e são comprimidos em dois pontos, dentro de detectores, para que as partículas e antipartículas colidam, produzindo quantidades tremendas de energia. Os físicos examinam as conseqüências dessas colisões, quando novas partículas — algumas não vistas neste universo desde uma fração de segundo depois do suposto big bang — se fundem a partir das explosões de energia.

Quando o acelerador está desligado para manutenção, guias do Fermilab conduzem visitas através do seu túnel pintado em cores vivas. As visitas começam no átrio do Wilson Hall, o edifício da administração, e cruzam a estrada para chegar ao acelerador. No átrio do Wilson Hall há também uma lanchonete.

Uma guia me contou que certa vez notou um homem idoso em seu grupo de visita que lhe pareceu familiar. Ele estava fascinado com o acelerador, enfiando o nariz para ver tudo o que ela mostrava. De volta ao Wilson Hall, ele lhe agradeceu pela visita, dizendo que estava assombrado com o que havia visto naquele dia. Ela então comentou: "O senhor me parece familiar. Já nos encontramos antes?". Ele disse que sim e deu seu nome. Tratava-se de uma pessoa que trabalhava no Fermilab havia mais de uma década. Era um teórico, que atuava no laboratório teórico, no Wilson Hall — ao contrário dos cientistas experimentais, que trabalham nas salas de controle do detector, no próprio acelerador. O teórico agradeceu profusamente de novo e admitiu que era a primeira vez que tinha visto o acelerador. Sua visita fora um acidente, é claro. Ele havia pensado que estava na fila do almoço.

Essa história exemplifica a desconexão entre teoria e experiência na física moderna. O chefe do departamento de teoria do Fermilab assentiu com a cabeça quando lhe contei. "Não exigimos que nossos teóricos visitem o acelerador", disse. "Mas insistimos que saibam que há um lá fora, em algum lugar do terreno." (Essa separação entre teóricos e cientistas experimentais é um fenômeno recente.)[1]

A física ocidental não deveria ser assim. Costuma-se citar Galileu como o primeiro físico verdadeiro, aquele que decidiu que as leis da natureza não podiam ser verificadas pela pura razão. E, apesar de ser matemático, Galileu pôs a matemática abaixo do experimento. A matemática era uma linguagem apropriada para descrever os resultados de uma experiência, mas era preciso fazer a experiência. Ele deixou cair objetos de um edifício alto e inclinado e os fez rolar por planos inclinados. Mediu e comparou suas taxas de aceleração e assim destruiu um importante pedaço da teoria aristotélica. Essa combinação de experimento e teoria, de ação e matemática, é a chave para a física moderna. Em anos recentes, a imprensa se fixou apenas na teoria, mas a experiência continua sendo o alicerce da física moderna.

A física é chamada com freqüência de rainha das ciências. Ernest Rutherford, o cientista que descobriu o núcleo do átomo, disse: "Toda ciência ou é física ou é coleção de selos".[2] Há certo exagero nisso, mas o que distingue a física das outras disciplinas é sua busca pela simplicidade, por princípios abrangentes. Ao longo dos milênios, os físicos propuseram questões básicas. O que é matéria? O que é energia? O que é luz? (Eles também estão atrás de coisas mais mundanas, é claro, salienta o físico David Park, do Williams College, como "um supercondutor de alta temperatura com boas propriedades mecânicas".)[3]

O objetivo da física fundamental é reduzir as leis da natureza a uma teoria final simples que explique tudo. Steven Weinberg, físico ganhador do prêmio Nobel, observa que as regras fundamentais são as que satisfazem mais (ao menos para ele). As leis básicas de Isaac Newton que prevêem o comportamento dos planetas são mais satisfatórias do que, digamos, um almanaque que mostre a posição de cada planeta a cada ponto do tempo. Weinberg adverte que a física não pode explicar tudo, e que não pode explicar eventos, exceto em termos de outros eventos e regras. Por exemplo, as órbitas dos planetas são resultado de regras, mas as distâncias entre os planetas e o Sol são acidentes, não uma conseqüência de uma lei fundamental. E ele acrescenta que nossas leis também podem naturalmente ser acidentes. Weinberg diz que os físicos estão mais interessados em regras do que em acontecimentos, em coisas que são intemporais — a massa do elétron, por exemplo, em vez de um furacão perto de Tulsa.

Ele apresentou essas idéias recentemente em uma palestra intitulada "Pode a ciência explicar tudo? Pode a ciência explicar *alguma coisa*?". Weinberg demonstrou que há limites para a física. Ele ainda estava tonto com os adiantamentos do exterior sobre seu livro recente, *Sonhos de uma teoria final*. Por que, ele se perguntava, a França deveria pagar apenas 10% do que a Itália paga? Os físicos jamais explicarão os franceses; os planetas são mais fáceis de contemplar. Ainda assim, Weinberg acha que haverá uma teoria final. "Estamos avançando na direção de uma explicação do mundo", disse ele. "Essa imagem será uma visão do mundo satisfatória." E, para ser satisfatória, acrescentou, qualquer explicação final "deve ser suficientemente rica para *nos* incluir". É claro que essa teoria final não vai responder a todas as questões, explica David Park: "Por exemplo, conhecemos *toda* a física fundamental da molécula da água há sessenta anos, mas ninguém explicou ainda por que ela ferve a 100 graus Celsius. Por que não conseguimos? Somos patetas demais. E imagino que ainda o seremos quando aquilo que Weinberg chama de explicação do mundo estiver à mão".[4]

A atual explicação dos físicos para a subestrutura da matéria é chamada de "modelo-padrão". Ela inclui as doze partículas elementares e três forças que, quando misturadas e combinadas, podem construir tudo o que existe no universo, de sopas a galáxias, e pode explicar todas as ações. As partículas são os seis famosos quarks (*up, down, strange, charm, bottom, top* [acima, abaixo, estranho, charme, superior, inferior] — não pensamos que existam mais do que esses) e seis léptons (o elétron e seus dois primos mais pesados, o múon e o tau, e seus três nêutrons associados). As três forças são eletromagnetismo, a força nuclear forte (que segura os quarks) e a força nuclear fraca (responsável pela radioatividade). Há uma quarta força — gravitação. Ela é importante, mas ninguém sabe como ela cabe no modelo-padrão. Todas as partículas e forças do modelo são quantizadas, isto é, seguem as regras da teoria dos quanta. Ainda não existe uma teoria da gravitação quântica.

O modelo-padrão é menos do que satisfatório. Os cientistas pensam que, além de ser incompleto, ele é complicado demais. Deve haver um plano mais simples. O físico ganhador do prêmio Nobel Leon Lederman diz que uma boa teoria final deveria ser concisa o suficiente para caber na frente de uma camiseta. O modelo atual exige duas pessoas caminhando lado a lado, uma com as partículas, a outra com as forças.

Outro problema é a massa. Todas as partículas têm massas diferentes, e ninguém sabe de onde elas vêm. Não há nenhuma fórmula, por exemplo, que diga que o quark *strange* deveria pesar o dobro (ou seja lá o que for) do quark *up*, ou que o elétron deveria ter $\frac{1}{200}$ qualquer outro valor) da massa do múon. As massas estão todas sobre a mesa e precisam ser "postas manualmente", como costumam dizer — cada uma medida separadamente por experimento. Por que, na verdade, as partículas deveriam ter alguma massa? De onde ela vem?

Para resolver esse problema, muitos físicos das partículas acreditam hoje em algo chamado de campo de Higgs. Trata-se de um campo misterioso, invisível e etéreo que permeia todo o espaço. Ele faz a matéria *parecer* pesada, como um homem correndo em óleo invisível. Se pudéssemos encontrar esse campo, ou, antes, a partícula que é manifestação do campo — chamada de bóson de Higgs —, avançaríamos muito no sentido de compreender o universo. Para supostamente achar o bóson de Higgs, apresentou-se a proposta de construção, no Texas, do supercolisor supercondutor — Superconducting Super Collider (SSC) —, um acelerador de 86 quilômetros. O Congresso americano não aprovou a dotação de fundos para o SSC em 1993.

Como veremos, o campo de Higgs apareceu há muitos séculos na antiga Índia, com o nome de "maia", que descreve um véu de ilusão que dá peso a objetos no mundo material.

Houve duas grandes viradas na física ocidental. A primeira aconteceu com Galileu e Newton, que afastaram a ciência dos antigos ideais gregos de razão pura, e a tornaram exata e dependente de dados experimentais e causas — rejeitando noções como, por exemplo, a de que a luz é uma "qualidade", e tentando quantificar coisas como luz, força e matéria. Weinberg ainda considera Newton o cientista mais importante da História: "Ele transformou o mundo intelectual instaurado por Aristóteles". Em termos de metodologia e visão de mundo, Weinberg diz que ainda vivemos no mundo newtoniano (os físicos contemporâneos tratam Aristóteles com algum desprezo, mas existem visões diferentes).[5]

Apesar disso, outra grande mudança aconteceu no século XX, com o advento da teoria dos quanta. Galileu, Newton, o grande cientista experimental inglês do século XIX Michael Faraday e seu equivalente teórico James Clerk Maxwell, entre outros, haviam erguido o magnífico edifício da física clássica. Sabíamos como as coisas se moviam mecanicamente, como a luz se refletia nos objetos, como as radiações eletromagnéticas se propagavam pelo universo — uma grande quantidade de conhecimentos sobre o mundo físico. A segunda lei de Newton — $F = ma$ (força igual a massa vezes aceleração) —, por exemplo, é um dos mantras da física clássica. Então, a física quântica entrou no átomo e descobriu um mundo novo.

Bem, na verdade, não era um mundo novo. Costuma-se dizer que as leis newtonianas e maxwellianas governam o mundo macro e que a teoria dos quanta vale para o mundo micro. Isso faz supor que existem dois universos com suas leis separadas. Não é verdade. Trata-se apenas de uma maneira conveniente, embora desleixada, de descrever a situação. Existe apenas um mundo, e o mundo verdadeiro é o dos quanta. Porém, nossas leis clássicas são *suficientes* para funcionar no mundo macro.

Newton e outros pensavam as partículas como pequeninas bolas, seguindo as leis clássicas. Os físicos do século XX — Max Planck, Rutherford, Niels Bohr, Werner Heisenberg, Max Born, Erwin Schrödinger, Paul Dirac, Wolfgang Pauli e muitos outros — descobriram que partículas subatômicas como os elétrons são, na verdade, coisas esponjosas, hesitantes. Não podemos prever exatamente onde estão em qualquer momento do tempo. Podemos apenas determinar por centagens — há 70% de chance de que o elétron estará *aqui*, 30% de chance de que estará *lá*. E a coisa é ainda pior. Às vezes, a luz se comporta como radiação (é contínua, uma onda) e, outras vezes, como matéria (é uma partícula — neste caso, o fóton). E, inversamente, partículas materiais podem se comportar como ondas. Há um mundo incerto lá dentro do átomo.

A razão de ele parecer um outro mundo completo aqui na superfície é que toda essa incerteza se equilibra em média, quando se unem zilhões de partículas. Leis newtonianas como F = ma são boas médias, uma espécie de tabelas atuariais de uma companhia de seguro. Uma bola de beisebol está abarrotada de partículas, e a todas é concedido o luxo do acaso e da incerteza. Mas, quando amontoadas, a incerteza tende a desaparecer. A sua companhia de seguro não sabe quando você vai morrer. Mas sabe como alguns milhões de pessoas como você vão se comportar, e quantos de vocês morrerão em qualquer dado ano. Roger Maris* sabia quanta força seria necessária para mandar uma bola de beisebol além da defesa adversária. Uns poucos quarks ou elétrons talvez se rebelem; como um grupo, entretanto, eles obedecem a Newton.

Muitas culturas antigas tinham idéias vagas da teoria quântica. De onde vinham? Rutherford teve uma fonte radioativa de partículas alfa para sondar o núcleo. J. J. Thomson teve tubos de raios catódicos para descobrir o elétron. Os antigos não possuíam esse equipamento. De onde veio o conceito de campo, tão novo para nós, mas predominante em culturas passadas? Michael Faraday teve de construir um dínamo (gerador elétrico) para fabricar sua teoria de campo.

Demócrito de Abdera, filósofo grego do século V a. C., conhecido como o "filósofo risonho" porque se divertia com as fraquezas dos homens, às vezes é também chamado o pai da física de partículas. Ele teve algumas idéias prescientes. Em determinado ponto de sua vida, caiu numa depressão profunda e decidiu se matar, recusando-se a comer. Suas irmãs o enganaram. Ao preparar a comida para celebrar a festa de Deméter, elas fizeram pão. O aroma se espalhou até o quarto de Demócrito, que assim recuperou as forças — não só físicas, mas intelectuais. Ele se perguntou como é que a essência do pão passara da cozinha, no andar de baixo, para o seu quarto, no andar de cima. Sua solução foi o átomo, literalmente "aquilo que não pode ser cortado". Ele supôs que os pãezinhos se desfaziam em átomos que percorriam a distância até seu nariz. Demócrito propôs que toda a matéria é composta de partículas finitas, invisíveis e indivisíveis que se combinam de várias maneiras para produzir todos os objetos que vemos ao nosso redor.

Hoje, usamos a palavra "átomo" para nos referir aos pedaços individuais de elementos na tabela periódica: hidrogênio, oxigênio, chumbo, urânio, e assim

---

* Roger Maris: famoso jogador de beisebol do New York Yankees. (N. T.)

por diante. No entanto, eles não são *a-tomos* (que não podem ser cortados, indivisíveis) no sentido de Demócrito. São complicados e eminentemente divisíveis em partes menores. Nossos quarks e léptons são átomos democritianos (embora sempre exista a possibilidade de que os quarks se revelem divisíveis).

Embora chamemos Demócrito de o primeiro físico das partículas, a idéia dele não era nova. Steven Weinberg diz que os "metafísicos" indianos tiveram a idéia do átomo séculos antes do filósofo grego[6] que propôs muitas idéias adotadas hoje pelos físicos. A declaração de Demócrito de que "tudo é fruto do acaso e da necessidade" poderia ser a definição da teoria dos quanta. Ou seja, que aleatoriedade e causalidade funcionam de mãos dadas. Não podemos predizer, por exemplo, quando determinado píon vai se decompor, mas podemos predizer quando metade de um grande grupo deles vai se decompor (daí a expressão "meia-vida"). Demócrito acreditava também no vazio, no vácuo, no nada. Depois de haver ideado os átomos, ele precisava de um lugar para pô-los. "Nada existe exceto átomos e espaço vazio", escreveu. "Todo o resto é opinião."[7]

Encontramos essas idéias também em culturas não-ocidentais. Onde não as vemos é na Grécia Antiga ou na Europa até séculos bem recentes. Demócrito era grego, e algumas de suas idéias eram compartilhadas por outros filósofos pré-socráticos. Mas, em geral, suas teorias científicas foram rejeitadas pela corrente principal da filosofia grega — por Aristóteles e Platão, para nomear dois. Com efeito, Platão quis queimar todos os livros de Demócrito.[8] Leucipo, Demócrito e outros filósofos pré-socráticos buscavam explicações para o mundo quantitativas, em vez de qualitativas, e formulavam a pergunta "como?" em vez de "por quê?", ao contrário da abordagem mais abstrata e teleológica dos gregos posteriores.

Um conceito de Demócrito adotado por seus colegas gregos e que perdurou até a Renascença foi o de *eidolon* [imagem, simulacro]. Não foi uma das suas melhores idéias. A luz fascinou todas as culturas antigas e medievais, e boa parte de sua física se concentrava nela. Dois conceitos criados na Grécia Antiga que arrebataram o Ocidente durante séculos foram o do raio e o do *eidolon*.

No século V a. C., Empédocles (mais conhecido por postular que toda matéria é feita de terra, ar, fogo e água) sugeriu que a visão ocorre porque um raio visual sai do olho e sente o que está diante dele.[9] O olho é um participante ativo da visão, emitindo raios como sondas que reúnem informações visuais. Algumas décadas depois, Demócrito propôs o *eidolon*. Assim como os objetos desprendem átomos, eles também soltam uma fina camada visual deles mesmos, talvez de um átomo de profundidade. Este é o *eidolon*, uma casca física do objeto que flutua no espaço até o olho do observador.[10] Sabemos agora que dos olhos não emanam raios. Os cientistas árabes descartaram essas idéias.

Nenhuma cultura antiga ou medieval praticava a física no nível que testemunhamos no Ocidente durante os últimos quatrocentos anos. O que marca a física ocidental é o entrelaçamento entre experimento e teoria. Algumas das culturas que vamos examinar eram fortes em teoria, mas fracas em experimentos, ou vice-versa. Começaremos com uma civilização que valorizava mais os dados do que as hipóteses.

CHINA

Os físicos da China antiga e da medieval não prefiguraram aspectos da teoria dos quanta. Porém, realizaram experiências; seu conhecimento era mais empírico do que intuitivo. Talvez graças a isso, os físicos chineses do passado espelhem a física clássica do Ocidente a partir da era de Galileu até o começo do século XX — antes do início da era dos quanta. As técnicas experimentais do mundo antigo e medieval produziam naturalmente resultados clássicos. Acrescentemos logo que os chineses, conforme David Park, nunca formularam uma teoria dinâmica totalmente abrangente, como fez Isaac Newton.[11]

De acordo com o sinólogo britânico Joseph Needham, os antigos chineses, tal como Aristóteles,[12] viam o universo como uma continuidade, em vez de uma coleção de átomos. A dualidade yin–yang que domina a natureza era vista como uma ascensão e queda, como cristas e depressões de uma onda, e frouxamente ligada às marés. Um escritor chinês do primeiro século da era cristã diz: "Yang, tendo atingido seu clímax, recua em favor de Yin; Yin, tendo atingido seu clímax, recua em favor de Yang".[13] Assim como as forças básicas oscilam, os objetos individuais também oscilam em uma rede de "influências mútuas", refletindo a crença chinesa nos ritmos inerentes em toda a matéria. *Ch'i*, o conceito chinês de energia, alma, éter, não era feito de partículas, mas agia sobre os objetos e os conectava. Needham diz que essas influências funcionavam a longa distância, vibrando de acordo com os ritmos específicos da matéria tangível e com a oscilação cósmica do ciclo yin–yang.[14]

Uma expressão traduzida como "poeira brilhante da janela" — referência aos pontos de pó captados pela luz do Sol — era usada pelos alquimistas chineses no século II d. C. como metáfora para ouro potável e também refletia a concepção deles da luz como emanação (alguns acreditavam que o ouro era uma forma sólida da luz do Sol). No século XII d. C., Wu Tscheng comentou: "Se o elixir [da vida] for conseguido, ele parecerá um pó impalpável, como poeira brilhante da janela. Se tal elixir (tão cheio de movimento, energia e vitalidade) for ingerido, ele irrigará [...] o corpo do homem (com uma água doadora de vida)".[15] Needham escreve:

> A idéia de uma substância sólida tão finamente pulverizada que se torna um pó impalpável capaz de penetrar em toda parte, até em sólidos aparentemente impenetráveis, atraía muito a imaginação [dos chineses]. Daí a expressão "poeira brilhante da janela" [...] Talvez fosse uma característica chinesa que essas observações não provocassem [...] qualquer idéia de natureza atomista. Ao contrário, os poetas enfatizavam a permeação, a penetração e o repouso, em oposição ao movimento incessante. Eles achavam que os elixires, se feitos corretamente [...] deveriam consistir dessa matéria sutil, capaz de passar como fumaça de incenso. [...] Aqui tocamos em algo muito arraigado na filosofia natural chinesa medieval [...] a assimilação da matéria, quase infinitamente dividida, a *chii, pneuma*, vapor ou emanação.[16]

Emanações luminescentes atraíam a imaginação chinesa. Os chineses antigos e medievais descreveram a eletricidade estática, organismos fosforescentes, fogos-fátuos e fluorita (que brilhava quando friccionada). Needham sugere que os chineses da dinastia Sung fabricavam fósforos artificiais. Um manuscrito do século XI descreve uma pintura de um boi "que durante o dia parecia estar comendo capim do lado de fora de um curral, mas à noite parecia estar deitado dentro dele". O alquimista dessa época Lu Tsan-Ning explicou que secreções de determinada ostra poderiam ser misturadas com tintas para criar cores que apareciam somente no escuro. Essa história parece fantástica, mas em 1768 John Canton descreveu a produção de um fósforo de sulfito de cálcio a partir de conchas de ostras ("fósforo de Canton"). Quando misturado com outras substâncias químicas, o fósforo podia criar luminescência de diferentes cores.[17]

Os fogos-fátuos (*ignes fatuis*), luzes vistas acima de pântanos e de matérias em decomposição, eram associados pelos chineses a sangue e morte. (A noção de *ch'i* como emanação da vida no sangue humano e também como vapor talvez influenciasse essa associação. Os astecas e indianos faziam uma ligação similar do sangue com energia.) O texto do século II d. C. *Po wu chih* [Registro da investigação das coisas] descreve fogos-fátuos e sugere uma conexão com a eletricidade:

> Estas luzes grudam no chão e nos arbustos e árvores como orvalho [...] os viandantes entram em contato com elas às vezes; elas então aderem aos corpos deles e ficam luminosas. Quando limpas com a mão, dividem-se em outras inumeráveis luzes, estalam suavemente, como ervilhas sendo assadas. [...]
>
> Atualmente acontece que quando as pessoas estão penteando os cabelos, ou quando estão se vestindo ou despindo, essas luzes seguem o pente, ou aparecem nos botões quando as roupas são abotoadas ou desabotoadas, acompanhadas também de um pequeno estalido.[18]

As idéias em torno do som também se baseavam em conceitos de ondas. Nos dois primeiros séculos da era cristã, Wang Chong, em *Discursos ponderados na balança*, comparou a propagação do som às ondas da água:

> Um peixe com um *chi* [24 centímetros] de comprimento movendo-se na água fará com que a água dos dois lados vibre. A área central da vibração teria apenas uns poucos *chi* de diâmetro. [...] A extensão da vibração não chegaria a mais de cem passos, e a uma distância de um *li* [1800 *chi*], tudo estaria quieto [...] porque a distância é grande demais. Um homem produzindo som pela manipulação do ar é como um peixe, a mudança do ar é como a da água.[19]

Wang Chong não declara especificamente que o som é uma onda. Isso pode ser inferido ou não, dependendo do leitor.

Muito mais tarde, durante a dinastia Ming (1368-1644), o estudioso Song Yingxing asseverou: "O ar tem substância. [...] Quando uma flecha o atravessa, produz som ao chocar-se com ele; quando a corda de um instrumento musical é dedilhada, o som é produzido pela vibração. [...] Quando alguém joga uma pedra na água [...] o lugar onde a pedra cai não é maior do que um punho, mas as ondas se espalharão para fora em círculos. A vibração do ar é a mesma".[20]

A aplicação e compreensão chinesa da acústica também está associada à vibração e ao movimento das ondas. Um conjunto de 64 sinos de bronze do século V a. C. ilustra a tecnologia chinesa relacionada com a acústica.[21] Do ponto de vista da física, o mais interessante é que cada sino tem dois "pontos de toque" que emitem duas notas, o que exigia uma massa assimétrica. De acordo com o historiador Cheng-Yih Chen:

> O uso de assimetria na distribuição de massa para obter outro modo de vibração [...] exige uma análise acústica bastante avançada, de tal forma que cada modo pode ser individualmente estimulado sem interferência apreciável. [...] É somente quando as linhas nodais de um dos padrões vibracionais se alinham com as linhas antinodais do outro que os dois modos de vibração [...] podem ser estimulados individualmente para produzir suas correspondentes freqüências de ressonância sem interferência.[22]

Desse modo, o "ponto de toque frontal" está situado exatamente onde o antinodo vibracional mais baixo se encontra com o modo vibracional mais alto, enquanto as notas laterais são o inverso disso.[23]

As explorações teóricas vieram depois (talvez a escuta das pulsações causadas por notas não exatamente afinadas tenha levado ao conceito de vibração). De qualquer modo, os chineses reconheceram que pulsações lentas de vibração estavam relacionadas com notas graves, e pulsações rápidas com notas mais agudas.[24] A ressonância foi descrita já no século IV ou III a. C., quando os músicos notaram que, quando uma corda da cítara era tocada, outras cordas das mesmas notas também vibravam. Na dinastia Tang (618-907), Nianzu contou a história de um monge que tinha uma sineta em seu quarto que soava sem causa perceptível. O monge ficou doente por causa disso; um amigo visitante, notando que a sineta tocava no mesmo momento que o sino central do mosteiro, curou o monge enchendo parte da sineta. O raciocínio do amigo? O sino do mosteiro era a causa e, com a interdição de parte da sineta, sino e sineta deixaram de tocar na mesma freqüência.[25]

Em contraste com a luz e o som, os progressos chineses em óptica e mecânica estavam amplamente baseados na lógica e na dedução, em vez de na teoria harmônica. Atribui-se a Mo Zi (*c.* 450 a. C.) a fundação da escola moísta, um sistema lógico e filosófico com comunidades na China antiga do século IV ao II

a. C.²⁶ Os moístas compilaram o *Mo jing*, uma obra de cânones e explicações que cobria tópicos da mecânica e da óptica à lógica.²⁷

Mo Zi, ou as pessoas que o seguiam, fez experiências com a luz e concluiu que ela viajava em linha reta. Os moístas criaram uma imagem invertida usando uma parede com um pequeno furo. A sala interior era escura e o lado de fora ficava à luz solar, com o furo alinhado com o Sol. Os moístas descobriram que uma pessoa que ficasse entre o furo e o Sol lançava uma imagem invertida sobre a parede do fundo da sala, antecipando assim em seiscentos anos a câmara obscura do século XIII na Europa. Os moístas analisaram o fenômeno deste modo: porque a cabeça da pessoa bloqueava a luz solar que vinha de cima, a sombra da cabeça aparecia embaixo, e porque o pé bloqueava a luz solar que vinha de um ângulo baixo, a sombra do pé aparecia em cima.²⁸

Os moístas observaram também a sombra de aves em vôo e aplicaram a isso a idéia de linhas retas. Em qualquer momento, a sombra dos pássaros não está se movendo, porque o corpo da ave bloqueia os raios de luz. Portanto, a "sombra movente" era, na verdade, uma sucessão de sombras imóveis.²⁹ Numa compreensão precursora da luz solar difusa e direta, eles sugeriram que as sombras resultavam da "ausência de luz". As sombras parciais eram conseqüência de várias fontes de luz, situação em que a luz de uma fonte bate num objeto e é bloqueada, enquanto a luz de outra fonte passa pelo objeto e ilumina parcialmente a sombra.³⁰

Os moístas exploraram a mudança de tamanho das sombras, a formação de imagens num espelho plano e o fato de um espelho côncavo criar imagens invertidas e verticais, enquanto um espelho convexo cria só uma imagem vertical. Usando espelhos esféricos, eles descobriram que um objeto colocado no centro da esfera se funde com sua imagem. Desse modo, entenderam a diferença entre o centro de um espelho e seu ponto focal (chamado de "fogo central").³¹ Mil e quinhentos anos depois, Zhang Hua, escritor da dinastia Jin, usou um pedaço de gelo esférico para focar a luz do Sol e pôr fogo em folhas secas.³² O cânone moísta desapareceu no século IV d. C. e só voltou a ter ampla circulação no século XVIII.³³

O cientista Shen Gua (1033-97), da dinastia Sung, estudou as imagens em relação a espelhos côncavos. Não está claro se conhecia o trabalho anterior dos moístas quando escreveu: "O espelho ardente reflete a luz e forma imagens invertidas. Isso se deve ao fato de o ponto focal estar entre o objeto e o espelho.

[...] É análogo a remar quando um remo se move contra a forquilha".[34] Mais tarde, ele observou: "A forquilha constitui uma espécie de 'eixo central' ([...] literalmente 'cintura'). Esse movimento oposto também pode ser observado da seguinte maneira: quando a mão de alguém se move para cima, a imagem do pequeno furo se move para baixo e vice-versa".[35]

No século XIII, o taoísta Zhao Youqin prosseguiu com as experiências do pequeno furo. Seu experimento foi feito em uma sala com dois poços circulares, um com 1,2 metro tanto de profundidade como de diâmetro, o outro com o mesmo diâmetro, mas o dobro de profundidade. Uma mesa de 1,2 metro de altura foi colocada no poço mais profundo, trazendo o fundo efetivo do poço para 1,2 metro.

Mil velas foram colocadas em cada superfície, e o topo dos poços foi bem coberto, exceto por um único furo no centro. Havia uma tela móvel suspensa do teto da sala, na qual a luz das velas foi projetada. Os poços separados ofereceram muitas variáveis para serem estudadas, tais como a distância entre a luz e a tela, ou entre a luz e o objeto, enquanto a estabilidade das velas no poço e a fonte de saída permaneciam estáveis. Mesas de tamanhos diferentes podiam ser colocadas nos poços para variar a distância da tampa.[36]

Zhao descobriu que um pequeno furo resultava numa imagem invertida com a mesma forma da fonte de luz, independentemente do formato do furo, ao passo que um furo suficientemente grande produzia uma imagem que não era invertida e que seguia o formato do furo. Descobriu também que o brilho das velas projetadas na tela diminuía à medida que o furo diminuía; o brilho também decrescia quando a distância entre as velas e a tela aumentava.[37]

Um estudioso do século XX chamado Jing-Guang Wang escreveu que a idéia básica de Zhao era: "1) existe um ponto de luz na tela que corresponde a uma única vela; 2) se mil velas estão queimando, deve haver mil imagens. Essas imagens podem se sobrepor. Toda a imagem muda quando o espaçamento das velas muda. É evidente que Zhao compreendia o princípio da propagação retilínea e da superposição da luz".[38]

A tecnologia chinesa antiga usava o conceito de centro de gravidade, tal como aparece na dinastia Chin (221-207 a. C.). Potes de água eram projetados para ficar de pé quando cheios de água, mas para virar quando vazios.

A força é sugerida como conceito no *Mo jing*, vindo da experiência das pessoas com o trabalho, embora o sinólogo A. C. Graham sustente que os moístas pensavam apenas em termos de "pesos e trações", não em forças.[39] O *Mo jing* conecta a força mecânica à força humana, chamando o corpo de *xing*, ou "forma", enquanto as ações realizadas pelo corpo, como erguer um peso, são chamadas de *fen*, ou "esforço". "Força", de acordo com o *Mo jing*, "é aquilo que faz a 'forma' se 'esforçar'."[40]

Os chineses concebiam a física em termos de equilíbrio. O que Dai Nianzu, um estudioso moderno da tecnologia chinesa, chama de "momento de força" é discutido também em relação a pesos numa balança. Como na óptica, os moístas pareciam interessados no ponto central, onde um objeto estaria em equilíbrio com um peso. Centenas de anos antes de Arquimedes, eles perceberam que as distâncias entre o fulcro e o objeto e o peso eram críticas para manter o equilíbrio. Eles chamavam a distância entre o fulcro e o objeto de *ben*, e a distância entre o fulcro e o peso deslizante de *biao*, que correspondem aos conceitos atuais de braço de esforço e braço de resistência.[41]

"Se a massa é mais pesada do que o peso deslizante, mas o nível está horizontalmente equilibrado, isso ocorre porque *ben* é mais curto do que *biao*. Se em ambos os pontos de suspensão se acrescenta o mesmo peso, o lado *biao* deve abaixar."[42] Quando um lado descia, era devido ao peso e ao *ch'uan*, termo mais ou menos correlato a "poder, alavanca [e] vantagem posicional de um governante [humano]".[43]

O *Mo jing* faz tentativas de análises do estresse e da deformação dos materiais. Os moístas observaram que uma viga de madeira que não se curvava sob uma carga era suficientemente forte para suportar sua carga, e compararam isso com uma corda horizontal que se curva sob o próprio peso: "As cordas nessa posição são muito ruins [...] para suportar uma carga perpendicular", concluíram. Os moístas exploraram os motivos por trás disso ao analisar o cabelo. A facilidade com que um cabelo se parte depende, diz Nianzu, "de se a substância coesiva em um cabelo está distribuída homogeneamente ao longo de toda a extensão, e se a carga é suportada igualmente [...] sem uma ligação fraca quando o cabelo é esticado".[44] Graham diz que a flexão de um objeto horizontal depende tanto do peso como de seu *ch'i*, aqui significando "toda a extensão do que suporta o peso".[45]

De acordo com o pensamento moísta, um objeto vertical é sustentado por suspensão ou descansando sobre algo embaixo: "A colocação de pilares, sustentando de baixo, é explicada pelo princípio [...] de que todo peso tende verticalmente para baixo. A 'colocação de pilar' em estática é a contraparte de *ch'ieh*, 'puxar para cima, suspender', assim como a contraparte em dinâmica é *shou*, 'receber de baixo'", diz Graham.[46] O cânone ilustra isso da seguinte forma:

> Com uma pedra quadrada a trinta centímetros do chão, ponha pedras sob ela, pendure um fio acima dela. [...] A pedra quadrada não cai porque está sustentada por baixo. Amarre o fio, tire as pedras: ela não cai porque está suspensa de cima. Quando o fio se rompe, é devido à tração da pedra quadrada. Sem nenhuma alteração, exceto a substituição do nome, é um caso de "receber de baixo".[47]

Os físicos modernos também pensam nesses termos. Por exemplo, eles propuseram a questão: se a gravidade nos puxa para o centro da Terra, o que nos impede de ir para lá? A resposta é o eletromagnetismo, a força primária que mantém a matéria unida e resiste à gravidade. Com efeito, os físicos calcularam quão alta pode ser uma montanha no planeta levando-se em conta a gravidade da Terra (a resposta não é tão surpreendente: mais ou menos da altura do Himalaia, a cadeia montanhosa mais alta do planeta).[48]

Os conceitos mais antigos de flutuação precedem Arquimedes. Os moístas declaram: "Quando um corpo muito grande flutua na água com apenas uma pequena parte submersa, isso significa que o equilíbrio constante entre a parte submersa e o corpo todo já foi estabelecido". Porém, eles não levam essa idéia adiante, para o deslocamento da água,[49] conceito relacionado descoberto por Arquimedes (princípio de Arquimedes, século III a. C.) supostamente quando estava imerso no banho e que o teria levado a sair correndo nu pelas ruas da Grécia Antiga gritando "Eureca!".

Mais de 2 mil anos antes de Newton, os moístas trataram das leis do movimento. Eles notaram que "quando um carro que está avançando puxado por um cavalo é parado subitamente, há uma tendência de o carro continuar se movendo para a frente".[50] Eles levaram isso adiante: "A cessação do movimento se deve à força oposta. [...] Se não há força oposta [...] o movimento jamais parará. Isso é tão verdade quanto um boi não ser um cavalo".[51] Hoje, a primeira lei do movimento de Newton é geralmente definida nos seguintes termos: "Todo corpo continua em seu estado de repouso, ou de movimento uniforme em uma linha reta, exceto se for obrigado a mudar esse estado por forças exercidas sobre ele".[52]

A diferença na proposição de Newton é que ele começa com um "estado de repouso" como base antes de ir para o movimento. Em certo sentido, podemos inferir que os moístas são um pouco mais modernos ao começarem com o movimento. Os físicos subatômicos de hoje vêem o universo em movimento, não estático. De qualquer modo, não é óbvio para o observador na Terra que um objeto em movimento permanecerá em movimento se não sofrer uma ação. Não é nossa experiência com carros de bois ou automóveis, em que é preciso açoitar os animais ou pisar no acelerador para manter a velocidade. Os moístas tiveram de imaginar o universo não ofuscado pela resistência do ar e a fricção mecânica, tal como fizeram Galileu, Newton e Descartes. De que modo eles imaginaram isso a partir de suas experiências terrestres, não foi registrado. (Mas, como Park observa, nem os moístas, nem Galileu ou Descartes, apresentaram a segunda lei do movimento de Newton: força igual a massa vezes aceleração, ou $F = ma$.)[53]

Os moístas também voltaram a atenção para a análise do tempo e do espaço. Sem muita elaboração, o *Mo jing* apresenta teorias do espaço, infinito, movimento, tempo, duração e relatividade. Eis alguns trechos curtos:

PRINCÍPIO: O espaço inclui todos os diferentes lugares.
EXPOSIÇÃO: Leste, oeste, sul e norte estão todos contidos no espaço [...]

PRINCÍPIO: Fora do espaço limitado nenhuma linha pode ser incluída.
EXPOSIÇÃO: Uma área plana não pode incluir todas as linhas, pois tem um limite. Mas não há linha que não possa ser incluída se a área for ilimitada [...]

PRINCÍPIO: A finitude é possível para uma área limitada dentro de uma área ilimitada de espaço.
EXPOSIÇÃO: Finitude significa que o movimento do corpo está restrito a uma área limitada de espaço [...]

PRINCÍPIO: Os limites do espaço [...] estão em mudança constante. A razão disso refere-se a conceitos semelhantes à extensão, como comprimento e duração, que são mensuráveis.

EXPOSIÇÃO: Extensão: o corpo em movimento que atravessa um comprimento definido ocupa uma posição no universo espacial [...]

Espaço: comprimento: que o sul seja oposto ao norte é equivalente à oposição entre leste e oeste. O movimento de qualquer corpo, apesar do Sol, pode ainda ser medido no espaço (comprimento) e tempo. [...]

PRINCÍPIO: As posições espaciais são nomes para o que já é passado. A razão disso refere-se à realidade.

EXPOSIÇÃO: Sabendo que "isto" não é mais "isto" e que "isto" não está mais "aqui", ainda o chamamos de *norte* e *sul*. Ou seja, o que já é passado é visto como se ainda estivesse presente [...]

PRINCÍPIO: A duração inclui todos os tempos particulares (diferentes).

EXPOSIÇÃO: Tempos anteriores, o tempo presente, a manhã e a noite estão combinados para formar a duração [...][54]

O estudioso moísta Zhang Yinzhi parece estabelecer uma conexão com a declaração de Newton de que "o tempo absoluto, verdadeiro e matemático [...] de si mesmo e por sua própria natureza flui igualmente sem levar em conta nenhuma coisa externa".[55]

ÍNDIA

Os indianos chegaram mais perto das modernas teorias do atomismo, da física quântica e de outras teorias atuais. A Índia desenvolveu teorias atomistas da matéria precoces e duradouras. É possível que tenha influenciado o pensamento atomista grego através das civilizações persas.[56] Porém, os indianos careciam da sofisticação experimental dos chineses antigos, dos árabes medievais ou dos europeus a partir do Iluminismo. O *Rig veda*, que data de algum momento entre 2000 e 1500 a. C., é a primeira literatura indiana a apresentar idéias que se parecem com leis universais da natureza.[57] A lei cósmica está ligada à luz cósmica, a deuses e, mais tarde, especificamente a Brâman.

Por volta da época de Buda (500 a. C.), os *Upanishads*, escritos ao longo de um período de vários séculos, mencionavam o conceito de *svabhava*, definida como "a natureza inerente dos respectivos objetos materiais" — isto é, sua peculiar eficácia causal, tais como queimar, no caso do fogo, e fluir para baixo, no caso da água.[58] O pensador jainista Bunaratna diz: "Tudo que existe vem a ser graças à operação de *svabhava*. Assim, [...] a terra se transforma em um pote e não em tecido. [...] Dos fios se produz o tecido, e não o pote".

Em contraste, o conceito de *yadrccha*, ou acaso, também existia desde tempos muito antigos, embora não fosse amplamente aceito. *Yadrccha* implicava a falta de ordem e a aleatoriedade da causalidade.[59] Ambos os conceitos se encaixam na asserção do grego Demócrito, expressa meio século depois: "Tudo no universo é fruto do acaso e da necessidade".[60]

O exemplo dado por Demócrito — semelhante ao dos fios do tecido — foi o da papoula. Que a semente da papoula se enraíze ou morra é uma questão de acaso, dependendo se cai em terreno fértil ou rocha árida. Mas o fato de que cresça e se torne uma papoula, e não uma oliveira, é uma questão de necessidade. A importância do acaso, ou *yadrccha*, foi rejeitada por Aristóteles e outros gregos antigos que vieram depois de Demócrito.

O tradicional argumento ocidental reza que Demócrito escreveu sobre física e que os *Upanishads* tratam de metafísica, embora as palavras sejam semelhantes. Park resume: "Os *Upanishads* referem-se a um cosmo simbólico imaginário. Demócrito fala sobre o modo como as coisas são realmente ou (melhor) podem ser. São diferentes mundos do discurso. Não podem ser comparados".[61] Por outro lado, nem os antigos indianos nem Demócrito derivam suas idéias de experimentos e, nesse sentido, podemos descartar ambos por fazerem filosofia em vez de ciência. Ou poderíamos ser mais católicos e aceitar que duas culturas antigas diversas chegaram a conclusões similares sobre o mundo. Tanto os indianos como os gregos pré-socráticos chegaram à crença nos átomos por meio da lógica, usando diferentes caminhos lógicos. Demócrito simplesmente pressupôs que deveria haver átomos — pedaços indivisíveis da matéria. Imagine, disse ele, uma faca mágica com a qual se pode cortar uma fatia de queijo em pedaços cada vez menores. Pode-se cortar para sempre? Não, concluiu. Acaba-se chegando ao átomo. Mas isso não passa de uma pressuposição, uma boa adivinhação. Por que *não* cortar para sempre? Os indianos chegaram à mesma conclusão por uma rota diferente. Tome-se uma montanha e um montículo de terra, diziam. Qual deles tem mais partículas? A montanha, obviamente. Isso significa que não se pode cortar para sempre, que há uma partícula finita indivisível. Se as partículas fossem infinitesimais, a montanha e o montículo teriam igual número de partículas e perderiam qualquer sentido real — de novo, uma pressuposição, mas, de certo modo, mais do que a adivinhação de Demócrito. E os indianos, ao contrário de Demócrito, tinham uma compreensão rudimentar dos conjuntos infinitos.

A partir da lei e da luz unificadora de Brâman, os *Upanishads* do século VII a. C. desenvolveram as primeiras classificações primitivas da matéria: "Brâman, desejando ser muitos, criou *tejas* (fogo), *ap* (água) e *ksiti* (terra), e entrou nesses três", afirma o *Chandogya upanishad*. Mais tarde, a classificação evoluiu para cinco elementos, acrescentando ar e *akasa* (grosseiramente traduzível por "espaço", "éter" ou outra entidade imaterial difusa) aos três originais.[62] Isso precede o grego Empédocles e seus quatro elementos: terra, ar, fogo e água (*c.* 460 a. C.).

O sistema filosófico Samkhya (séculos VI e V a. C.) relaciona cada um desses elementos aos cinco sentidos e às qualidades percebidas por esses sentidos: tato, visão, audição, paladar e olfato. Desse modo, o universo intangível e eterno visto através de suas leis torna-se tangível em matéria "bruta". Diferentes materiais foram formados por diferentes configurações dos cinco elementos. Muito moderno e ocidental em sua abordagem, o Samkhya afirmava que a matéria não podia vir do não-ser, mas resultava do que estava "potencialmente presente", isto é, "o não-manifesto torna-se manifesto". Desse modo, é postulada a transformação perpétua da matéria a partir da matéria potencial:[63] "o universo material emana de *prakrti* [...] a 'raiz sem raízes do universo'".[64] Como brinca Park, "parece bem aristotélico".

Os filósofos do Samkhya consideravam que tanto o mundo externo como os fenômenos internos do eu — a fonte de toda experiência — pertenciam à "esfera da mutação ou mudança", ou seja, ao mundo da realidade. Contudo, desenvolveram também o conceito de "não-ser", o que os budistas chamavam de "maia": ilusão. De acordo com S. N. Dasgupta, cientista natural e filósofo indiano, "somente a camada mais interna do eu como o 'supremamente ditoso' começou a ser considerada a única realidade imutável".[65]

Maia, na filosofia budista, dá peso ilusório ao universo. Nisso e em outros aspectos, maia é similar ao campo de Higgs, um campo invisível e totalmente difuso que enche o universo como um éter, ao menos como alguns físicos contemporâneos propõem. Eles estão confusos devido aos variados pesos das partículas no modelo-padrão. Parece não haver fórmula que gere essas massas. Na verdade, por que a massa deveria existir? Uma solução possível é o campo de Higgs, que atribui mais peso a algumas partículas do que a outras, fazendo-as parecer pesadas. A partícula responsável por esse campo, o bóson de Higgs, ainda está sendo buscada nos aceleradores de hoje.

Os indianos explicavam o universo visível em termos de átomos, a menor unidade de matéria que não podia ser criada nem destruída. Três sistemas filosóficos fundamentais são importantes no atomismo indiano: as escolas Nyaya-Vaisesika, jainista e budista. Embora o atomismo indiano (desenvolvido por volta de 600 a. C.) pareça ter surgido mais ou menos na mesma época do atomismo grego (em torno de 430 a.C.), ele perdurou até a Idade Média. É questão ainda em disputa se a cultura indiana influenciou a grega ou vice-versa, ou se ambas evoluíram independentemente.[66]

A escola ortodoxa Nyaya-Vaisesika criou a teoria atômica mais duradoura e estabelecida da Índia. Em 600 a. C., Kanada fundou a escola Vaisesika; ele foi um (ou talvez o único) dos primeiros expoentes do atomismo (seu nome, que significa "aquele que come grãos", é aparentemente uma referência a sua teoria atômica). O texto mais antigo, que aparece no século I d. C., é chamado de o *Vaisesika-sutra* de Kanada.[67] Ele descreve um universo em mudança contínua e postula uma teoria da causalidade em que causa e efeito são diferentes, mas conectados. É feita uma conexão entre o todo e suas partes: de um lado, a escola Nyaya-Vaisesika dizia que o todo tem uma existência própria e não existe enquanto partes separadas — quase um conceito da matéria como força ou onda — e, de outro, dizia que, quando o todo se desintegra, as partes continuam com sua existência separada.[68] Esse raciocínio é contra-intuitivo, mas o mesmo ocorre com boa parte da teoria dos quanta de hoje.

Os antigos indianos concebiam que os átomos em movimento tinham o potencial para se combinar com outros átomos da mesma classe, formando uma díade, que também acreditavam ser sem tamanho. Contudo, o conceito de "dois" dava à díade uma magnitude, embora invisível. Para ser perceptível, era preciso que se formasse uma tríade, composta de três díades.[69] Há vagos paralelos aqui com a teoria dos quarks, na qual três quarks se combinam para formar prótons, nêutrons e outros hádrons.

O sistema jainista reflete certo pensamento atomista moderno (o jainismo é uma derivação do hinduísmo parecida com o budismo). Sutras jainistas de 100 a 200 a. C. discutem a natureza da matéria e como ela se combina (boa parte do que o químico inglês John Dalton afirmou em sua teoria atômica, em 1803, é uma reiteração de idéias básicas jainistas).[70]

Os pensadores jainistas rejeitavam a noção de uma dualidade todo–parte e afirmavam que o átomo é tanto causa como efeito da matéria, em vez de ser o efeito, como acreditava a escola Nyaya-Vaisesika. Para os jainistas, o universo não tinha começo nem fim,[71] e as substâncias eram eternas e imutáveis.[72] O *Tattvarthadhigama sutra* (*c.* 150 a. C.-100 d. C.) descreve substâncias que sofrem modificações "ao mesmo tempo em que mantêm sua natureza original. Um lingote de ouro pode ser transformado em um anel ou colar, sem perder sua qualidade de ouro. [...] A posse de atributos [imutáveis] e modificações [mutáveis] é característica para se qualificar uma substância".[73]

As substâncias sem forma são *dharma* (meio do movimento, ao contrário da definição mais moderna de "justeza, lei"), *adharm* (meio do repouso), *akasa* (espaço), *kala* (tempo) e *jiva* (alma). Mas as substâncias com forma, *pudgala*, têm a ver com o mundo de matéria e energia e incluem *anu* (átomo) e *skandha* (molécula).[74] As substâncias com forma ocupam espaço e, como em outras filosofias indianas, têm os atributos de "gosto, cor, tato e odor". De acordo com Jain, "o tato pode ser experimentado pela dureza, densidade, temperatura e atributos cristalinos ou elétricos".[75]

O átomo jainista, a menor unidade indivisível de matéria, é "distinto e poroso, tendo assim uma capacidade de extensão e condensação".[76] (Dalton afirmou mais tarde que o átomo era "duro e indivisível".)[77] O átomo era um ponto no espaço (ou "campo") e efêmero em relação ao tempo;[78] ou, como diz Mrinal Kanti Gangopadhya, professor de sânscrito na Universidade de Calcutá, cada átomo ocupava um ponto (*pradesa*) do espaço.[79] Essa teoria parece incoerente. Como pode uma coisa ser ao mesmo tempo um "ponto" e "porosa"? Onde se põem os furos em um ponto?

Não obstante, há semelhanças entre os átomos jainistas e as partículas elementares de hoje, que são similares a pontos, com raio zero, que criam campos. "Pontos com atração" é outra maneira de pensar os quarks, elétrons e quejandos. Desse modo, os atomistas jainistas ecoaram em Roger Joseph Boscovich, um geômetra da Dalmácia que, em 1760, propôs que as partículas não tinham tamanho, que eram "pontos de força" geométricos que, por sua vez, criavam campos de força. Liquidava-se assim o velho conceito europeu de "ação fantasmagórica à distância" que permitia que uma partícula afetasse outra.[80] Boscovich foi bastante ignorado. No século XIX, Michael Faraday, baseado em Boscovich, elaborou todo o conceito de "campo", idéia que permeia a física moderna.

A idéia de partículas que são pontos geométricos sem dimensões é muito indiana e ainda é contra-intuitiva para nós. Como se pode ter um bloco de matéria que não tem raio? Como algo pode ser nada? A prova está nos experimentos. Não se pode medir um raio de zero e realmente diminuí-lo até zero, mas, com o aperfeiçoamento dos equipamentos, a mensuração dos elétrons avançou cada vez mais. Em 1990, o elétron foi medido em menos de .000000000000000001 polegada. É o máximo em termos de zero que um físico pode oferecer. Apesar disso, o elétron tem massa, carga elétrica, algo chamado giro. O físico Leon Lederman compara o elétron ao gato de Cheshire:* ele desaparece aos poucos, até que resta apenas seu sorriso: giro, carga e massa.[81]

Os teóricos indianos postulavam que os átomos se combinam para formar agregados, que, por sua vez, compõem todas as manifestações da matéria física.[82] O átomo jainista vinha em dois tipos opostos — "*snighda*, positivo ou suave, e *ruksha*, negativo ou áspero" — que combinavam, uma idéia que antecipava o conceito moderno de ligação iônica.[83]

As moléculas são definidas como "agregados de átomos capazes de existir em forma bruta e que sofrem o processo de associação e dissociação". Como os átomos jainistas vibravam, diferentes tipos de moléculas assumiam a vibração com diferentes intensidades.[84] O conceito de vibração também é moderno. De cada molécula emanam uma ou mais ondas de radiação, formas de vibração. Hoje, é possível usar a espectroscopia para identificar elementos químicos por essas vibrações.

Havia várias classes de moléculas na Índia antiga; a mais simples era descrita curiosamente como "molécula superior formada por dois *anus*". As moléculas formadas por dois *anus* eram o conceito jainista da ligação química mais simples de dois átomos e refletem como os átomos de oxigênio, nitrogênio e muitos outros elementos se combinam em pares.[85]

---

* Personagem de *Alice no País das Maravilhas*, de Lewis Carroll. (N. T.)

* * *

Das quatro filosofias budistas, somente duas, as escolas Vaibhasika e Sautrantika, abrangiam a realidade do mundo externo (as escolas posteriores Yoga e Madhyamika, chamadas coletivamente de Mahayana, ensinavam que toda realidade é ilusão). Vaibhasika e Sautrantika definiam o átomo como a menor unidade perceptível aos sentidos. Os budistas descreviam os átomos como "indivisíveis, não-analisáveis, invisíveis, inaudíveis, não-testáveis e intangíveis". A única palavra que não bate com o pensamento científico moderno é "não-testável". Como comenta Park: "Essa palavra põe tudo a perder. É tudo conversa, nenhuma experiência". Por outro lado, hoje consideramos científica a teoria das supercordas, uma assim chamada Teoria de Tudo promovida por alguns físicos teóricos, apesar do fato de não ser hoje testável. (A teoria das cordas exigiria um acelerador de partículas com dez anos-luz de diâmetro para ser verificada.)

Porém, e talvez mais relevante para a física moderna, o átomo budista era visto como transitório, passando continuamente por mudanças de fase.[86] De acordo com o historiador da ciência D. M. Bose, o átomo budista era mais uma força ou energia presente em toda matéria — ou seja, um "átomo-força de repulsão terrestre". Isso combina com a crença budista de que toda existência é momentânea e que a matéria estável é uma ilusão (cito aqui uma fonte moderna, B. V. Subbarayappa):

> O que é essencialmente real é o ser instantâneo. Como as coisas têm uma existência momentânea, isto é, elas desaparecem assim que aparecem, os budistas não consideram o movimento em referência a qualquer matéria. Mas, como diz Santiraksita, "a essência da realidade é o movimento. A realidade é, com efeito, cinética [...] a interdependência dos movimentos que se seguem um ao outro evoca a ilusão de estabilidade da duração, mas eles são forças [...] cuja existência é um lampejo, sem nenhuma substância duradoura".[87]

A doutrina Mahayana do *sunyata* (vacuidade) também combina com isso, concebendo um verdadeiro vazio como fundação de toda existência (Mahayana é uma das duas grandes escolas do budismo, ao lado da Hinayana). O sábio budista Nagarjuna sugeria que o vazio está no começo e no fim de toda matéria física, que surge da vacuidade e retorna a ela.[88] A escola Madhyamika comparava a realidade a uma amostra de tecido, que à distância parece sólido, mas que ao ser examinado de perto revela apenas um ajuntamento solto de fios. No século XX, os físicos ocidentais descobriram a realidade quântica. A mesa "sólida" que sustenta nossos pratos do jantar não é de forma alguma sólida, pois os átomos são compostos principalmente de espaços vazios, e a interação das partículas em movimento constante e violento dá a ilusão de estabilidade e solidez.

Em contraste com a teoria atômica, os indianos concebiam um campo etéreo que permeava todo o universo conhecido. John Maxson Stillman, estudioso da alquimia indiana, descreve-o como "infinito em extensão, contínuo e eterno. Não pode ser apreendido pelos sentidos, [...] Também é descrito por certas autoridades como [...] ocupando o mesmo espaço que é ocupado pelas várias formas de matéria".[89] Para fazer a física de suas épocas funcionar adequadamente, Newton e James Clerk Maxwell também postularam um misterioso éter invisível que penetrava em todo o espaço. Descobriu-se que isso não existia.

Em 600 a. C., Kanada aplicou sua lógica à luz e concluiu que luz e calor são duas formas da mesma substância: "A luz é colorida e ilumina outras substâncias; e é quente aos sentidos, o que é sua qualidade distintiva. Ela é definida como uma substância quente aos sentidos". Como outras substâncias, a luz existia tanto em estado real como potencial, o que ficava provado por suas qualidades sensórias associadas. Kanada fez observações como esta: "O calor da água quente é sentido, mas não é visto; o brilho da Lua é visto, mas não é sentido".[90]

Kanada também afirmava que a luz tinha uma natureza tanto holística como particularizada: "[A luz] é eterna, como átomos; não, como agregados". Essa afirmação refletia a dualidade todo–parte da escola Nyaya-Vaisesika: na forma "sutil" atômica, a luz seria sem dimensões e eterna, enquanto na forma "bruta" molecular seria temporária.[91] Ele prosseguia: "O grão de poeira, que é visto sob um raio de sol, é a menor quantidade perceptível. Sendo uma substância e um efeito, deve ser composto do que é menos do que ele mesmo; e isso é da mesma forma uma substância e um efeito; pois a parte componente de uma substância que tem magnitude deve ser um efeito. Isso de novo deve ser composto do que é menor; e essa coisa menor é um átomo". Hoje, é claro, costumamos nos referir à dualidade onda–partícula da luz. Ela se comporta tanto "holisticamente", continuamente, como radiação (ondas), quanto em forma quântica, como fótons.

ORIENTE MÉDIO: PÉRSIA

As tradições do antigo zoroastrismo e, mais tarde, do maniqueísmo, oferecem uma ligação importante entre conceitos de luz e ordem da Índia, de um lado, e aqueles do Egito e Grécia antigos, de outro. De acordo com o que o historiador Jacques Duchesne-Guillemin escreveu na década de 1960, o zoroastrismo tinha raízes na filosofia dos arianos do século XVI a. C. que, em várias ocasiões, ocuparam a região onde hoje estão Irã, Paquistão e a região do Turquistão, e que invadiram a Índia na pele dos arianos védicos. Estudiosos mais recentes julgam que essa conexão não está clara, mas não discutem que ambas as culturas surgiram dos indo-europeus originários da Ásia Central. O zoroastrismo tornou-se a religião oficial da Pérsia no século III d. C.[92] O maniqueísmo tem origem na doutrina de Mani (ou Maniqueu), um persa que viveu em Bagdá nesse mesmo século, numa época em que o cristianismo estava em ascensão.

O zoroastrismo concentrava-se na dualidade de luz e escuridão, jogando Ahura Mazda (Mithra), a fonte da luz, da verdade e da bondade, contra seu irmão gêmeo Angra Mainyu (Ahriman), a fonte da escuridão e do mal. Ambos eram acompanhados por um panteão de divindades e forças angelicais.

No início, Ahura Mazda foi um deus criador que incorporava as dualidades. Todos os poderes de ordem e criação e de caos e destruição emanavam dele. Desse modo, ele era a personificação das forças físicas básicas do universo. Uma manifestação muito antiga de Ahura Mazda é Asha (Arta), uma palavra derivada do indiano *rta*, ou ordem cósmica. No zoroastrismo, Asha é tanto a verdade como a ordem natural.[93] Assim como o *rta* indiano manifestava-se pela luz, os textos zoroástricos declaram que "Asha encheu o espaço com luzes".[94] Asha também estava associado ao fogo.

Mais tarde, Ahura Mazda foi associado somente aos poderes da luz. Inscrições em pedra da época do rei persa Dario (522-486 a. C.) mostram Ahura Mazda erguendo-se do disco solar alado egípcio, junto com símbolos lunares. A influência egípcia veio aparentemente através das civilizações hitita e assíria vizinhas. Portanto, o solar e lunar Olho de Horus influenciou a teologia zoroastrista.[95]

No maniqueísmo descendente da religião de Zoroastro [ou Zaratustra], a luz era uma qualidade transcendental, conceito que lembrava as idéias de Platão e dos neoplatônicos. Plotino, que viveu no Egito no século III, acreditava que a bondade era como um campo, derramando-se por todo o universo a partir da divindade suprema, em "uma espécie de radiação como a do Sol", diz David Park, autor de *The fire within the eye* [O fogo dentro do olho], uma história definitiva da luz.[96] O "bem" de Platão em *A república* é mais do que simples bondade. É a Idéia que atualiza todas as outras idéias. Mani (215-75) provavelmente leu Plotino (havia muitos neoplatônicos na região),[97] e sua teologia era similar. Deus era bondade. Deus *era* luz, literalmente, assim como o Diabo *era* escuridão. Divindades personificadas e forças físicas pareciam se fundir no pensamento de Mani. Francamente, a força de Deus não tinha efeito sobre a do Diabo porque seus poderes eram "contemplativos" (pensamento, inteligência etc.), enquanto os do Diabo eram energéticos (fogo, vento etc.). Mas Deus fez agentes para executar seu trabalho: Buda, Zoroastro, Jesus, para citar alguns. Jesus foi feito de luz, exceto por um pequeno pedaço de terra que possibilitou que ele sofresse,[98] ligando assim a luz à matéria.

A luta essencial entre Ahura Mazda e seu irmão gêmeo maligno, Angra Mainyu, bem como a alteração que Mani fez nessa história sugerem uma teoria da matéria e energia. Ahura Mazda fez inicialmente o mundo para ser luz pura; depois, surgiu um segundo mundo que era material em sua natureza. O mundo material foi conquistado por Angra Mainyu, que fez com que a pura luz da existência fosse misturada com a escuridão. Assim, de acordo com o físico do Amherst College Arthur Zajonc, "toda existência física tornou-se uma mistura de bem e mal, luz e escuridão".[99] Por exemplo, a madeira foi composta de luz e escuridão, pois se podia liberar a luz de seus laços físicos queimando-a.[100] Além disso, esfregar dois pauzinhos provocaria uma faísca.[101]

A matéria era composta de acordo com os esquemas clássicos do pensamento chinês, indiano e grego, incluindo fogo, terra, água[102] e metal (potência).[103] Mas, entre esses elementos, o fogo era fundamental. Os sacerdotes zoroastristas faziam oferendas de combustível, incenso e gordura aos seus fogos sagrados.[104] Os fogos representavam agentes purificadores, pelos quais a matéria podia voltar à sua forma espiritual (luz), assim como a gordura animal se torna pura ao ser derretida.[105]

Um aspecto interessante do maniqueísmo é o fato de ser diametralmente oposto às idéias aristotélicas de luz e matéria. A luz tem uma natureza mais corpuscular e é mais intercambiável com a matéria. Por exemplo, no maniqueísmo, toda matéria pertencia mais uma vez à "Terra da Escuridão". A matéria também continha pedaços minúsculos de luz divina porque o Primeiro Homem, feito de luz pura, foi superado pelo Diabo, perdendo então a maior parte de sua luz para a matéria física. A luz de Mani parece mais atomizada e menos um conceito de campo. Para garantir que a luz ficasse presa na Terra, o Diabo criou Adão e Eva, ambos com pedaços minúsculos de luz sagrada. Quando eles procriaram, a luz divina dispersou-se na matéria corrupta de sua prole. De acordo com Park, ao tentar recuperar essa luz Deus criou o mundo atual:

> contendo o Sol e a Lua, bem como a Terra da Escuridão com sua pequena quantidade de luz roubada. A matéria suplica à alma para fazê-la viver. [...] Essa alma não é como o Primeiro Homem, uma vez que seus elementos são corrompidos por sua conexão com a matéria, e a união da luz com a matéria torna sua recuperação e purificação mais difíceis.[106]

O Sol e a Lua eram pedaços de pura luz; depois vieram as estrelas, feitas de luz parcialmente corrompida; o resto da luz do Primeiro Homem foi totalmente aprisionado em matéria terrestre.[107] Mani ensinava que os sacerdotes podiam liberar essa luz com suas ações. A luz no alimento que comiam podia ser liberada dentro do corpo deles, que eles devolveriam ao céu após a morte. Especificamente, os espíritos dos sacerdotes carregavam a luz armazenada até a Lua, que se tornava gradualmente maior até que, quando cheia, emitia toda a luz economizada de volta para o Sol.[108] Certo, essa astronomia está toda errada, mas o conceito de transferência de matéria para energia no corpo estava correto.

Tratava-se de um esquema minucioso, mas no século XIII Robert Grosseteste escreveu em *De luce* [*Da luz*]: "A luz [...] foi a primeira forma de corporeidade e dela saiu todo o resto. Multiplicando-se de um único ponto infinita e igualmente [...] a luz formou uma esfera e junto com essa ação surgiu a matéria".[109] A luz, para Grosseteste, era matéria condensada e podia se multiplicar.

Park acha que não se deve comparar os conceitos de luz maniqueísta e

215

aristotélico porque o primeiro tinha um sentido alegórico e o segundo era para ser entendido literalmente.[110] Tivemos desdobramentos semelhantes na física moderna. O teórico contemporâneo Murray Gell-Mann postulou o conceito de quark para dar sentido a todos os hádrons (partículas semelhantes aos prótons) que haviam sido descobertos na década de 1950. Gell-Mann concebeu que todos eles poderiam ser feitos de partículas básicas que chamou de quarks. Porém, não pensava que esses quarks fossem reais, mas truques de contabilidade. Não demorou para que os quarks fossem descobertos em experiências nos aceleradores de partículas, e poucos duvidam de sua existência hoje, apesar de terem sido concebidos como conceitos matemáticos incorpóreos.

ISLÃ

Em 786 d. C., Harum al-Rachid, califa de Bagdá, montou o palco para a transmissão arábica de obras clássicas. Altamente educado, ele esquadrinhou o mundo conhecido em busca de textos gregos e siríacos a fim de traduzi-los para o árabe, numa época, diz David Park, em que "Carlos Magno e seus pares tentavam aprender a escrever o próprio nome".[111] Em certo sentido, o fascínio dos árabes pelos gregos pode ter sido sua ruína, pois eles absorveram parcialmente e transmitiram idéias que seriam abandonadas pelos europeus durante o Iluminismo (o que não significa dizer que os europeus não absorveram primeiro as idéias gregas antigas antes de ir adiante).[112]

Em Bagdá, Yaqub ibn Ishaq al-Kindi (801-66), talvez o primeiro filósofo islâmico, beneficiou-se dos esforços de al-Rachid. Em *Sobre a filosofia primeira*, al-Kindi baseou-se em Platão e Aristóteles para tratar de causa e efeito, matéria, movimento e tempo. Segundo Alfred L. Ivry,[113] que comparou as filosofias de al-Kindi e Aristóteles, o pensador islâmico acreditava que as qualidades de "unidade" e "pluralidade" existiam em toda matéria, embora a unidade não fosse essencial, mas "acidental", ou seja, estava sujeita ao acaso e à imprevisibilidade. Ele postulou então um "único verdadeiro um" como causa da criação do nada de toda matéria e da Terra, por meio de um processo de emanação. Ivry diz que o conceito de emanação estava baseado em Platão, enquanto o "um verdadeiro" tinha raízes nos "princípios verdadeiros" de Aristóteles, "embora claramente conectados também com Alá".[114] Na verdade, ambos os conceitos estavam mais associados a Plotino.[115]

Al-Kindi estava fascinado com a emanação, a partir da qual desenvolveu uma teoria dos raios. Tomando emprestada de Aristóteles a crença de que todo movimento é gerado pelo movimento das esferas celestes, sugeriu que a força que está por trás das esferas vinha de raios. Explorou tanto a luz como os raios "visuais", uma explicação da visão que vinha de Empédocles, Euclides e Ptolomeu. Tal como este último, acreditava que raios visuais emanavam dos olhos na forma de um cone e tinham dimensões físicas e calor.[116] Ptolomeu e o posterior Téon de Alexandria (século IV d. C.) haviam usado a óptica de Euclides e a física de Aristóteles para deduzir uma conexão entre raios visuais e raios de luz. Mas al-Kindi concluiu que os dois tipos de raios eram a mesma coisa e que, portanto, o olho irradiava como qualquer outra fonte de luz.[117]

Nas palavras de Park, al-Kindi concluiu disso que "tudo que existe realmente emite raios em todas as direções, de tal modo que todo o universo está unido causalmente por uma rede de radiações. [...] Os raios têm origem na substância [que é composta pelos quatro elementos] e atuam sobre a forma".[118]

Mais tarde, em 984, o matemático Ibn Sahl escreveu um texto sobre lentes. Seu gênio o levou a descobrir a lei de Snell,[119] que postula que, quando a luz incide no limite entre dois materiais, o ângulo de incidência é igual ao ângulo de refração. (Essa descoberta é comumente atribuída a Willebrord Snell van Royen, um matemático holandês do século XVII.)[120] Park diz que Ibn Sahl "tinha tudo que era preciso para criar uma teoria dos instrumentos ópticos mais de 725 anos antes de Kepler — exceto, obviamente, o conceito de instrumento óptico".[121]

Do ponto de vista da óptica moderna, Abu Ali al-Hasan ibn al-Haytham (conhecido como Alhazen no Ocidente) foi um dos pensadores islâmicos mais influentes. Nascido ao sul de Bagdá em 965, viveu a maior parte de sua vida no Cairo, numa universidade teológica,[122] onde bebeu na fonte dos gregos antigos, mas depois aplicou a matemática aos paradigmas físicos e os testou por meio de experimentos. O fato de que os raios solares viajam em linha reta já era conhecido antes de Alhazen, mas ele analisou esse fenômeno geometricamente: "Os raios solares procedem do Sol em linhas retas e são refletidos por todos os objetos polidos em ângulos iguais, isto é, o raio refletido, junto com a linha tangencial ao objeto polido que está no plano do raio refletido, subtende dois ângulos iguais".[123]

Ele também demonstrou mediante experiências que o Sol irradiava luz em todas as direções, provando assim o que al-Kindi havia teorizado um século antes. Alhazen escreve em sua obra *Kitab al-manazir* [Livro da óptica]: "1. Todas as luzes, independentemente de sua fonte de emissão, propagam-se em linha reta. 2. Todo ponto de um objeto luminoso, seja por iluminação própria ou acidentalmente iluminado, irradia luz ao longo de cada linha reta que se possa imaginar que se estende a partir dele. [...] Quero dizer, em todas as direções".[124]

A partir dessas conclusões, ele descobriu que os raios solares convergem para um ponto num espelho parabólico, o que explicava por que esses espelhos podiam ser usados para atear fogo em objetos. Ele também fabricou lentes e espelhos para usar nas demonstrações de suas teorias.[125]

Alhazen fez experimentos com refração de objetos na água e usou o "retângulo das velocidades" para medir a refração. Descobriu também a lei de Snell aplicada a ângulos pequenos, mas parece que desconhecia o trabalho de seu contemporâneo Ibn Sahl.[126] Para Alhazen, cor e forma eram fenômenos estritamente visuais, e não, como dizia Aristóteles, uma forma real do objeto que entrava em nossa mente.

A velha idéia grega dos raios que emanavam do olho para o objeto também foi rejeitada por Alhazen, por meio de várias observações: 1) Olhar para o Sol feria os olhos e, portanto, parecia que o olho era atingido por algo que vinha do Sol — os raios *entram* nos olhos, não saem deles; 2) o olho registra detalhes somente sob condições específicas de luz; se a visão dependesse de um raio do olho, as condições fora dos olhos não teriam importância; 3) se o raio que emana do olho fosse uma substância material, então toda a área entre o olho e o objeto observado ficaria cheia com esse material, mesmo que alguém estivesse observando uma montanha distante. Para Alhazen, isso era logicamente absurdo. (Para Park, é ainda mais absurdo. Olhe para uma estrela, sugere ele, e você se dá conta disso imediatamente. Se o olho precisasse de um raio para contatar as estrelas, levaria mais do que uma vida inteira para ver a maioria delas.) Mas, se o raio não era material, como poderia transmitir informações sobre o objeto percebido? Porque, nas palavras de Alhazen, "a sensação pertence somente aos corpos animados".[127]

Alhazen fez avanços importantes na explicação do funcionamento do olho humano. O que chamamos de cristalino ele denominou "humor cristalino", que situou mais ou menos no centro do globo ocular, em vez de próximo à frente (pela lei islâmica, ele não tinha permissão para dissecar um olho a fim de verificar isso). Alhazen atacou então o problema de perceber imagens inteiras. Diz Park: "Se cada ponto do objeto corresponde a um ponto da imagem, então a imagem inteira será uma representação fiel em escala pequena do objeto", que é então projetada no humor cristalino.[128] Haverá uma réplica minúscula do objeto no olho.

O modo como um objeto muito maior, como uma montanha, se encaixava no humor cristalino representava um problema matemático. Alhazen resolveu-o experimentalmente, usando uma câmara obscura. Essa precursora da câmara moderna mostrou que muitas imagens podiam ser claramente projetadas sobre uma tela como pontos sem que interferissem uns nos outros.[129]

Do ponto de vista da teoria, restava um problema. O que Alhazen propunha era que os objetos que vemos em nossa mente são reproduções dos objetos reais. Uma montanha é reproduzida de forma minúscula ponto por ponto sobre o cristalino. Ele promoveu então uma crise matemática. Como pode a montanha em miniatura no olho ter todos os pontos da montanha real? A resposta é que ambas têm um número infinito de pontos, os quais não têm dimensão. Foi somente no século XIX que Georg Cantor tornou os conjuntos infinitos uma parte respeitável da matemática.[130] É possível demonstrar isso desenhando duas linhas desiguais:

Desenhe linhas retas de cada ponto da linha comprida, começando nas pontas, para cada ponto da linha mais curta. É óbvio que é impossível completar fisicamente o projeto, pois há um número infinito de pontos na linha de cima. Mas obtém-se uma idéia de como uma imagem grande se traduz numa imagem pequena que é uma cópia ponto por ponto. Uma vez que os pontos não têm dimensão, há pontos infinitos em ambas as linhas. Esses dois infinitos são iguais.[131]

No século X, a florescente filosofia islâmica afastou-se dessas tradições experimentais. Al-Suhrawardi (1153-91) combinou o conhecimento intuitivo, que vinha das idéias platônicas, aristotélicas, zoroastristas e alquímicas, com o sufismo, uma tradição mística islâmica. Para ele, a luz era essência e "ser", assim como sua ausência era "não-ser".¹³² Contudo, a obra de Suhrawardi renovou o interesse pela óptica prática; Qutb al-Din al-Shirazi, um comentarista de sua obra do final do século XIII, descobriu que o arco-íris resultava tanto da refração como da reflexão. Depois, os escritos de um aluno de al-Shirazi trouxeram as descobertas de Alhazen de volta para o primeiro plano do pensamento árabe. A partir de então, a obra-prima de Alhazen, *Kitab al-manazir*, entrou na Europa ocidental e perdurou como o principal trabalho sobre óptica até Kepler entrar em cena, em 1610.¹³³

Duas direções da filosofia islâmica moldaram o debate sobre a natureza da matéria e do espaço. Uma originou-se no Kalam, um sistema de argumentação lógica¹³⁴ de certa forma análogo ao movimento escolástico europeu. No Kalam, os teólogos ortodoxos buscavam desaprovar a teoria aristotélica de que o universo era governado por causa e efeito, em vez de pela vontade de Alá.¹³⁵ O outro movimento, representado por al-Kindi, al-Farabi, al-Razi, Avicena e pelo Ikhwan al-Safa, um grupo científico-filosófico (conhecido também como os Irmãos da Pureza), esposava os métodos empíricos de Aristóteles, ao mesmo tempo em que desenvolvia suas próprias teorias dos fenômenos físicos.¹³⁶

No século X, o filósofo-médico-alquimista Abu Bakr al-Razi (c. 923) postulou um espaço absoluto tridimensional independente da matéria material. De acordo com o estudioso árabe Shlomo Pines (e em oposição violenta à ortodoxia islâmica), al-Razi acreditava que "o espaço e tempo absolutos eram mais fundamentais do que o cosmo; e isso valia também para a matéria, que era eterna, tinha uma estrutura atômica e subsistia antes que os corpos se formassem em um estado de dispersão".¹³⁷ No Ocidente, a idéia de espaço absoluto independente da matéria era estranha até Isaac Newton adotar o conceito. Os europeus acreditavam em geral que o espaço era definido pelo objeto que o ocupava e não tinha vida própria. (Para ser justo, Demócrito e alguns de seus colegas pré-socráticos tinham idéias de espaço próximas da de Newton, mas suas crenças foram rejeitadas pelo *establishment* filosófico grego posterior.)

Enquanto isso, os partidários do Kalam rejeitavam o esforço de Aristóteles de compreender a matéria em termos de substância e propriedades.¹³⁸ Qadi Abu Bakr Al-Baquillani, um filósofo do século XI, postulou que a existência não era inerente às coisas, o que significava que a matéria em si estava submetida a Alá, e não a cadeias de causa e efeito. Portanto, a matéria era inerte. Essa conclusão abriu as portas para a aceitação geral dos átomos pelo islamismo, os quais apareciam do nada e retornavam ao nada conforme a vontade de Alá.[139]

Os pensadores ortodoxos árabes acreditam que os átomos eram idênticos em substância, mas não em qualidades, e sem tamanho. Um conteúdo espacial ocorria somente no contexto de combinações atômicas para formar matéria. Diz o físico Max Jammer, em sua obra clássica *Concepts of space* [Conceitos de espaço]: "Embora uma posição definida [...] pertença a cada átomo individual, ele não ocupa espaço. É antes o conjunto dessas posições — somos quase tentados a dizer, o sistema de relações — que constitui a extensão espacial".[140] O comprimento ocorria quando dois átomos se conectavam; a área, quando quatro átomos se ligavam; e o volume, quando pelo menos dois complexos bidimensionais de quatro átomos se empilhavam.[141]

Essas idéias prefiguravam as teorias posteriores de Gottfried Leibniz (1646-1716), o matemático alemão que teorizou que o universo era feito de um número infinito de "centros de energia" harmoniosos chamados mônadas. Suas idéias espelhavam o Kalam na natureza do espaço como extensão e no método de combinação atômica. Jammer sugere que Leibniz foi influenciado por essas teorias, que foram transmitidas para a Europa pelo filósofo judeu Maimônides, em seu *O guia dos perplexos*.[142] Porém, ao contrário de Leibniz, os árabes não precisaram explicar por que os átomos tinham ordem e harmonia, pois ambas emanavam de Alá.[143]

O pensamento clássico grego negava a possibilidade do vazio. O grupo islâmico Ikhwan al-Safa repetia essa crença. Para os muçulmanos, os objetos físicos não poderiam existir sem espaço; o conceito do vazio era irrelevante, uma vez que, segundo o estudioso islâmico Seyyed Hossein Nasr, "não há espaço fora do cosmo e não se pode dizer que universo está no espaço". Portanto, o espaço estava sempre ocupado, mesmo se parecesse vazio, pois o Ikhwan acreditava que espíritos, bem como matéria física, poderiam preencher o espaço.[144] Os modernos físicos das partículas acreditam apenas parcialmente no vazio. O vácuo é necessário para a física das partículas, mas os teóricos o preencheram logo com "partículas virtuais" que entram e saem momentaneamente da existência. Uma idéia que se parece muito com a do Ikhwan.

No entanto, al-Razi e Avicena (980-1037) contestaram as conclusões de

Aristóteles de que um vazio era impossível, conclusão a que chegara observando a água subindo nos "tubos exaustos" da clepsidra (relógio de água). Especificamente, al-Razi interpretou que essas experiências mostravam a presença de uma força de atração ocorrendo no espaço vazio. Ele postulou dois vazios, um existente dentro e outro fora do mundo material. A força de atração resultava de uma tendência do primeiro vazio de juntar ou da atração do primeiro vazio pelo segundo vazio do outro mundo.[145]

Sob o Kalam, o atomismo inevitavelmente levou as pessoas a crer que o espaço vazio existia, uma vez que os átomos eram entidades separadas que se combinavam e separavam. Quando se separavam, o que havia entre eles senão vazio? Como conseqüência lógica, surgiu a noção de tempo distinto e, depois, de movimento distinto. De acordo com Jammer, o movimento tornou-se "uma seqüência de saltos momentâneos: o átomo ocupa em sucessão diferentes elementos-espaços individuais".[146]

Aristóteles havia afirmado que um objeto se movia somente se um "motor" externo exercesse uma força sobre ele ao longo do curso do movimento. No século XI, Avicena, em consonância com os moístas e em oposição a Aristóteles, prenunciou a lei da inércia de Newton ao sustentar que um projétil jamais pararia no vácuo porque não haveria fator externo para interferir.[147] Comentando Aristóteles, ele disse: "Achamos que a opinião mais válida é a dos que afirmam que o [objeto] movido recebe uma inclinação do motor [fonte de força]. A inclinação é aquela que está [...] resistindo a um esforço vigoroso para fazer o movimento natural parar".[148] Tal como Newton, Avicena chegou à conclusão de que bastava aplicar força momentaneamente para propelir um objeto para sempre no vácuo.

Por fim, Abul-Barakat al-Baghdadi (c. 1080-164) estudou os objetos em queda livre. Ele aplicou a noção de "inclinação violenta" para concluir que esses objetos estavam sujeitos a um movimento constante e acelerado em conseqüência da força exercida sobre eles, uma idéia que prenuncia a de Newton. Ou seja, a aplicação constante de uma força fará com que um objeto se acelere continuamente. De acordo com Pines, essas conclusões influenciaram o pensamento europeu do século XIV, em especial o declínio do aristotelismo.[149]

É difícil comparar de modo favorável qualquer cultura antiga ou medieval com a física moderna. E com "moderna", neste caso, refiro-me ao período que vai de Galileu até hoje. Além do grande equipamento, a interação entre teoria e experiência na filosofia natural moderna — como ela é às vezes chamada — nunca foi reproduzida.

Isso pode estar mudando. Espero que não, mas há sinais de decadência. A obsessão de nossa sociedade e de seus meios de comunicação pela teoria é um mau sinal. No chão do meu escritório está um novo livro fantástico sobre viagem no tempo para o qual devo fazer uma resenha. Foi escrito por um professor de física de uma universidade famosa. Realmente. Viagem no tempo apresentada como física. Dê uma olhada na seção de física de uma livraria e encontrará livros sobre teoria das cordas, mais livros sobre teoria das cordas e ainda mais livros sobre teoria das cordas. Outros autores prometem revelar a "Teoria de Tudo". É verdade que Steven Weinberg, um dos teóricos mais importantes do século XX, chamou um de seus livros de *Sonhos de uma teoria final*, mas a palavra-chave era *sonhos*. Esses novos físicos não exibem tal modéstia. E a mídia engole tudo.

Enquanto isso, fora das vistas do público, os cientistas experimentais estão fazendo um trabalho excitante e importante. As experiências atuais que envolvem um princípio chamado violação CP podem minar o modelo-padrão. É sempre excitante quando uma teoria respeitada é derrubada. No Fermilab e no CERN (o acelerador do Centro Europeu de Pesquisa Nuclear, em Genebra, Suíça), os cientistas violaram a simetria do tempo. Ou seja, demonstraram que o universo prefere andar para a frente no tempo ao invés de para trás.

Isso pode parecer óbvio para nós, que vivemos no mundo macroscópico, onde o tempo sempre anda para a frente. Não é possível "destocar" uma campainha, "desmexer" um ovo ou ficar mais jovem e voltar para o útero. Mas, em níveis mais básicos, sempre se pensou que o tempo era simétrico. Newton e Galileu, por exemplo, escreveram leis que são simétricas quanto ao tempo; elas vão igualmente bem para a frente e para trás. No próximo capítulo, veremos que Lavoisier transformou hidrogênio e oxigênio em água, e vice-versa. Acreditou-se por muitos anos que o mundo subatômico fosse ainda mais simétrico. Um filme de reações de partículas deveria parecer o mesmo rodado para a frente ou para trás. Os cientistas do Fermilab e do CERN descobriram que isso não é verdade. Ao fazer experiências com as partículas chamadas kaons, descobriram que é mais provável que elas avancem para a frente no tempo do que para trás. Suspeitava-se disso desde a década de 1960, mas jamais fora demonstrado em laboratório.

Em todo o mundo, os cientistas continuam procurando pelo bóson de Higgs, que, se encontrado, provaria que os antigos indianos estavam corretos: existe maia, ou um campo de Higgs, um éter onipresente que dá substância à ilusão. E, no momento em que escrevo este livro, no Fermilab cientistas experimentais estão em busca de dimensões extras. Não estão sonhando com elas: estão tentando realmente definir dimensões além das quatro normais. Perguntei a um deles, Henry Frisch, se a teoria das cordas estava por trás da busca de novas dimensões. "Não", disse ele, "esperamos achar todas aquelas meias perdidas."

O que não significa dizer que a teoria não é importante. O problema é o tipo de teoria popular que atualmente está voltada para a cosmologia, "teorias de tudo", e assemelhadas, coisas distantes dos experimentos. Isso é chamado com freqüência de "teoria profunda", ou, de modo menos eufêmico, "teologia matemática recreativa".

No início da década de 1990, em Chicago, assisti a uma palestra que Murray Gell-Mann fez para um grupo de cientistas sobre teoria profunda. Gell-Mann foi um dos físicos teóricos mais importantes — e produtivos — dos últimos cinqüenta anos. Ele explicou a importância da teoria profunda para a platéia: "Se duvidarmos da importância dessa teoria, então devemos duvidar da importância do físico teórico. E, se duvidarmos da importância do físico teórico, devemos questionar o salário do físico teórico". Nesse ponto, Gell-Mann fez uma pausa, presumivelmente para os risos da platéia. Mas seus colegas estavam concentrados demais em tomar notas.

6. Geologia
Histórias da própria Terra

De certa maneira, a geologia é a mais evidente das ciências, com os processos de sedimentação e erosão gravados na terra ao nosso redor. Os geólogos de campo modernos ainda se baseiam muito num martelo de pedra e em seus olhos para fazer as observações, dois instrumentos que estavam à disposição dos povos antigos. Como as outras ciências, a geologia tem as suas raízes numa lenta compilação de observações e conhecimento prático, que era por fim fundida com as idéias filosóficas para produzir as teorias.

Os povos pré-históricos deviam ter um conhecimento íntimo das qualidades das pedras de que dependiam para viver. Os humanos neandertais no Pleistoceno Médio fabricavam ferramentas de pedra de uma forma específica conhecida como musteriana.[1] Eles usavam dois métodos: lascar o núcleo da pedra para criar a ferramenta, e usar as próprias lascas como ferramentas.[2] O geólogo Gordon Childe diz que "os dois procedimentos exigem grande destreza e considerável familiaridade com as propriedades da pedra utilizada. O mero ato de bater uma pedra na outra provavelmente não vai produzir uma lasca ou um núcleo utilizável. Para produzir qualquer um dos dois, o golpe deve ser dado com precisão, com a força apropriada e no ângulo correto sobre a superfície plana".[3] Os estudiosos da geologia moderna que tentaram fazer as suas próprias ferramentas dessa maneira podem confirmar a dificuldade envolvida. Uma estudiosa me disse que passou uma manhã inteira tentando fazer uma ferramenta cortante de pedra com dois pedaços de sílex que encontrou na praia.

Um raspador lateral típico foi usado por meio milhão de anos, e a ferramenta de lasca era característica da região que abrange desde o sul da África até a Europa.⁴ Childe afirma que essa habilidade foi transmitida por milhares de gerações. Os museus atuais contêm dezenas de milhares de machadinhas de mão, todas com o mesmo padrão e cortadas dos mesmos materiais. Childe considera "altamente improvável que tantos hominídeos na longa era paleolítica inferior tivessem cada um, por tentativa e erro individual, selecionado lascas da pedra microcristalina mais próxima e inventado independentemente o mesmo método para modelá-las".⁵

Os povos primitivos também usavam a natureza sedimentar dos afloramentos de rocha para seu proveito. Mesmo que não especulassem sobre as origens dessas camadas de pedra, eles sem dúvida sabiam que os sedimentos se repetiam previsivelmente de afloramento a afloramento. Childe escreve que os mineiros neolíticos afundavam hastes em três metros ou mais de greda sólida para atingir camadas de sílex. Não haveria indicações do sílex na superfície. "Eles deviam ter observado uma exposição da camada que continha o sílex numa ravina ou numa escarpa", diz Childe, "e inferido corretamente que ela continuava abaixo da superfície dentro da encosta."⁶

MUNDO ANTIGO: ORIENTE MÉDIO, ÁSIA OCIDENTAL

Muita importância tem se dado à influência da Grécia Antiga nas civilizações contemporâneas e posteriores, mas na geologia é claro que os gregos aprenderam com civilizações anteriores: suméria, babilônica, assíria, egípcia, indiana e chinesa.

As atividades mineradoras demonstram a compreensão dos povos antigos sobre as pedras e os minerais. "Mesmo em tempos antigos", afirma um geólogo escrevendo sobre a área outrora chamada União Soviética, "a população incluía homens competentes que conheciam certas propriedades dos minerais — a dureza, a friabilidade, a maleabilidade etc. [...] — que eram levadas em consideração no processamento e emprego desses minerais."⁷ A evolução da metalurgia desde a fundição de metais até a sua extração dos minérios reflete uma sofisticação geológica ainda maior. Procurar o cobre, por exemplo, não é fácil. O antigo metalúrgico devia perceber a partir de pistas superficiais qual das rochas continha minério, e que minerais no minério produziam cobre quando esquentados com carvão. A classificação de vários cobres, diz Childe, é altamente abstrata.[8]

As montanhas na Turquia, Armênia e Afeganistão fornecem evidências de parte do conhecimento mais antigo do trabalho em metal. Equipamento de fundição de minério de cerca de 4000 a. C. tem sido desenterrado na cordilheira Kerman, no Irã. A fundição do minério — o aquecimento do minério para separar as impurezas do metal desejado — requer tirar o metal dos minérios naturais e usar (depois de fazer) o carvão.[9] Nos Urais, no Cazaquistão e na Ásia Central, encontramos restos de minas antigas de um tempo tão remoto quanto a Idade da Pedra. A fundição para extrair cobre de malaquita ocorria por volta de 1500 a. C. nos Urais, enquanto a mineração de ouro e cobre é evidente no mesmo período no Cazaquistão. A mineração da prata apareceu na Ásia Central durante a Idade do Bronze, enquanto fornos para fundir o ferro foram encontrados na antiga Armênia, junto com minas de sal. Há também evidências de que os povos da Idade do Ferro no centro e no norte da Rússia usavam minérios de ferro da superfície, extraídos de pântanos.[10]

Mais ao sul, a florescente civilização suméria primeiro trabalhou o cobre. O bronze apareceu no final do quarto milênio, e os sumérios também trabalhavam o ouro e a prata. O ferro não era de uso comum em 2700 a. C.[11] Dada a extrema raridade de pedras de qualquer tipo na planície fluvial do baixo Tigre–Eufrates, a habilidade suméria com o cobre (inclusive a têmpera, a filigrana e a fundição)[12] é ainda mais notável.

A tendência suméria a fazer listas de plantas, animais e pedras estabeleceu os fundamentos para a classificação dos dados.[13] Estes eram simples listas de nomes, como a seguinte descrição de pássaro: "O tachã diz ri-di-ik, ri-di-ik. O tachã [tem] um pescoço variegado como o pássaro-*dar*. Ele tem uma crista sobre a cabeça".[14] As listas sumérias foram gradualmente traduzidas pelos acádios ao norte, que conquistaram a Suméria no final do terceiro milênio antes da era cristã. Isso levou ao desenvolvimento de um conjunto bilíngüe de 22 tabuletas nos tempos babilônicos, listando entre outras coisas "metais, objetos de metal, pedras e objetos de pedra".[15]

As civilizações assírias posteriores tinham um conhecimento muito sofisticado dos minerais e rochas. Por exemplo, sabiam que o cobre tinha óxidos preto e vermelho que produziam cor. Eles lixiviavam o solo para extrair os sais, e conheciam os ácidos. Experimentavam de várias formas com o fogo e seus efeitos sobre os minerais, e usavam tanto o sílex como a pirita (ou cristais de pirita) para acender as fogueiras. Sabiam como obter o cloreto de amônia queimando estrume, o que levou à descoberta do mercúrio.[16]

Construindo sobre as listas de palavras sumérias e babilônicas, os assírios compilaram um abrangente lapidário. Numa obra traduzida por R. Campbell Thompson, dúzias de minerais e pedras são classificadas por descrição ou características. Eis uma amostra curta: "pedra de fogo" (pirita), hematita, vitríolo azul, sulfeto de ferro, arsênico, ametista, coríndon, diorito, basalto ou outra rocha vulcânica, "pedra do olho de pássaro", sulfato de cobre ou ferro ("poluição do pênis de um homem"), "pedra grávida" (aeites) e calcário branco.[17] Embora a observação objetiva esteja aqui literalmente misturada com a imaginação — mas tão mais interessante! —, esse é o começo tosco de um sistema de classificação.

A palavra assíria para "pedra" nesse lapidário está ligada como um sufixo à maioria dos minerais, bem como a nomes para granizos, carvão, elementos químicos, metais e vidro em formação. Os nomes assírios também podiam refletir as propriedades ou origem da pedra: "pedra das montanhas", "pedra pesada", "pedra de desgaste", "pedra de umedecer" (cinabre, que os assírios sabiam que podia produzir o mercúrio).[18]

Tendo estudado tabuletas cuneiformes, Thompson também diz que os assírios tinham um sistema primitivo de classificar pedras em dois tipos de dureza, comparando-as ao lápis-lazúli macio ou à safira dura.[19] Se ele está correto na sua avaliação, esse talvez seja um dos mais antigos começos de um sistema de classificação usado por modernos geólogos de campo, que testam a dureza dos minerais raspando um contra o outro. Esse é o teste de dureza Mohs, tendo o talco como o mineral mais macio e o diamante como o mais duro.

Vemos também no mundo antigo uma compreensão nascente de uma disciplina geológica capital, a hidrologia. Os povos da Mesopotâmia (os sumérios, os babilônios e os assírios) tinham de viver com os padrões de inundação de dois grandes rios ao seu redor: o Tigre e o Eufrates. Ao contrário do Nilo, esses rios transbordavam tarde na temporada do plantio, de modo que as plantas em crescimento tinham de ser protegidas das enchentes. Os mesopotâmios desenvolveram sistemas elaborados de diques e canais para controlar a água e usá-la para irrigação quando necessário. Além disso, o solo tornava-se cada vez mais salino por causa dos sais dissolvidos nessa água represada, que evaporava com o calor do verão. Embora esses povos talvez não compreendessem o papel do sal em diminuir a fertilidade do solo, eles devem ter compreendido o depósito de lodo formado pelos rios, pois tinham continuamente de dragar os seus canais para retirar o lodo ou cavar novos canais. O monitoramento e a manutenção da terra e dos trabalhos de irrigação eram supervisionados pelos reis e sacerdotes, sendo essenciais para a sobrevivência da sociedade. Povoados inteiros eram deslocados em bases regulares a fim de encontrar solo fértil.[20]

MUNDO ANTIGO: EGITO E ÁFRICA

A mineralogia era o principal interesse na África antiga. No Egito, o cobre era empregado entre 5000 e 4000 a. C. e fora obtido por fundição de minério em 3000 a. C.[21] Os egípcios tinham inventado um predecessor da balança de braços para pesar metais por volta de 2500 a. C., eram capazes de trabalhar o ouro e a prata e fundi-los, e descobriram o bronze por volta de 2000 a. C.[22] O ferro estava em evidência em 1570 a. C., e a fundição de minério para obter ferro em 800 ou 700 a. C. As antigas práticas egípcias influenciaram povos na Núbia e Cush (o moderno Sudão), mas não cruzaram facilmente o deserto para penetrar na África subsaariana.[23]

A partir de 3000 a. C., o Saara secou transformando-se num verdadeiro deserto, uma grande barreira para a comunicação entre as altas civilizações do Egito, do Oriente Médio e do resto da África. O historiador J. E. A. Ajayi diz que é por essa razão que o conhecimento do trabalho com o cobre e o bronze se introduziu em Creta e na Grécia, e dali entrou no resto da Europa, enquanto a África subsaariana perdeu a Idade do Bronze.

O Nilo e sua inundação anual tinham importância crítica para os antigos egípcios; eles anotavam cuidadosamente a crista da enchente a cada ano em documentos que registravam primariamente acontecimentos políticos. Um ano foi nomeado por uma imensa enchente: "Ano da Cheia de Todos os Lagos do Povo-Rekhyt no Oeste e no Leste do Baixo Egito".[24] Em outros casos vêem-se medições anuais regulares: "seis cúbitos", "quatro cúbitos, um palmo", "cinco cúbitos, cinco palmos, um dedo",[25] onde um cúbito, o equivalente a cerca de 523 milímetros, se equiparava a sete palmos, que se equiparava a 28 dedos.[26] Essas medições eram feitas com medidores apelidados de nilômetros. O filósofo romano Sêneca no século I d. C. descreve o nilômetro em Assuã:

> O nilômetro é bem construído, com pedras cortadas regulares, sobre a margem do Nilo, onde é registrada a subida do rio, não só a máxima, mas também a mínima e a média, pois a água no poço sobe e desce com a corrente. No lado do poço, há marcas medindo a altura suficiente para a irrigação e os outros níveis da água. Essas são observadas e publicadas.

A calibragem desses dispositivos não era freqüentemente perfeita. O equivalente da marca zero parece ter variado. (Não era tecnicamente uma linha zero, pois os egípcios não possuíam o zero, mas uma linha básica com a qual os outros níveis eram comparados.) Havia também um pouco de falsificação. Como, entre outros fatores, quanto mais elevado o Nilo, mais elevados os impostos, os números nem sempre representavam as verdadeiras leituras.[27]

Os egípcios eram também notáveis por fazer listas. Acreditavam evidentemente que nomear os itens fazia com que passassem a existir, e nesse sentido essas listas representam textos mitológicos.[28] Ainda assim, pode-se ver uma lenta categorização que precede a pesquisa científica. Ao compilar textos egípcios originais, Marshall Clagett, um historiador da matemática e da ciência, reflete essa situação dividindo o seu estudo em "conhecimento" (*rekh* em egípcio) e "ordem" (*maat* em egípcio). A primeira seção reúne as obras dos escribas que foram "capazes de medir, contar e registrar". A segunda seção reflete "o conceito da correção ou ordem cósmica, um dos significados de *maat*". Ambos os conceitos, acredita Clagett, que lecionou no Instituto para Estudo Avançado em Princeton, Nova Jersey, foram essenciais para o desenvolvimento da ciência no Egito.[29] O *Onomástico de Amenope* lista, por exemplo, óleos, plantas, animais, cidades e características naturais. Uma amostra: "enchente, rio, mar, lago pantanoso, pequeno lago, poço no deserto, lagoa, margem do rio, curso d'água, regato, corrente, cisterna, praias, ilha, terra nova, terra cansada, lama, barro, banco de areia, mata, areia".[30] O *Onomástico* é parte da seção *rekh*. Amenope foi um escriba durante a época de Ramsés IV e era chamado "escriba dos livros sagrados na Casa da Vida". Um onomástico é, segundo Clagett, uma "grande lista de nomes arranjados nas várias categorias segundo as quais o autor ou a tradição egípcia geral via o mundo".

ÍNDIA–SUMÉRIA

Mais ou menos contemporâneos da civilização suméria foram os harápicos na área do Pendjab, do noroeste da Índia. As suas cidades apareceram numa data tão remota quanto 2300 a. C. e desapareceram em 1750 a. C. Pouco depois os arianos védicos invadiram a região a partir da Ásia Central (embora hoje alguns indianos considerem a invasão ariana um mito, desenvolvido pelos britânicos conquistadores para denegrir as realizações culturais dos povos nativos). Cidades iguais aos centros dos harápicos só reapareceram após mais de mil anos, por volta do século VI a. C.[31] As evidências sugerem que a civilização dos harápicos e a dos sumérios estavam em contato.[32] Selos dos harápicos foram desenterrados na Mesopotâmia, e seus amuletos e ornamentos se parecem com os dos sumérios. Os motivos de alguns selos dos harápicos são semelhantes a desenhos sírios e cretenses. O historiador D. M. Bose escreve: "Parecia haver relações comerciais ativas entre a cultura harápica e a da Mesopotâmia na época em que a primeira estava florescente [...] Havia um movimento de idéias e técnicas entre as diversas áreas de cultura no terceiro e segundo milênios antes da era cristã".[33]

Além disso, a tecnologia da pedra e do metal nos dá indicações antigas do que os harápicos sabiam sobre os minerais. Eles trabalhavam o cobre e o bronze, e modelavam o sílex córneo e o sílex para fazer armas, usando técnicas da pré-história. Eles também usavam rochas duras como o basalto, o granito e o arenito para triturar, e o alabastro macio para fazer potes e tigelas.[34] Eram familiarizados com o ouro, a prata e o chumbo.[35] O que requer uma técnica ainda mais difícil, eles ligavam o estanho e o arsênico com o cobre, e extraíam o cobre de minérios de sulfeto. É difícil dizer, entretanto, se essas ligas eram feitas intencionalmente.[36] Segundo Bose e outros, apenas 14% das ferramentas de cobre-bronze estavam corretamente ligadas; os harápicos não foram constantes em fazer uma produção em grande escala de instrumentos metálicos.[37] Ainda assim, o uso comum desses materiais sugere um conhecimento de suas qualidades e um método de tentativa e erro de encontrá-los e extraí-los.

Já no século v a. C., a fama do aço e ferro indianos chegara até a Pérsia e Roma. Plínio se refere a "espadas de boa qualidade feitas com aço indiano".[38] Ainda mais tarde (300-400 d. C.), os hindus forjaram um imenso pilar de ferro em Meharaudi (Délhi), com 7,31 metros de altura e 6,5 toneladas de peso, uma façanha metalúrgica não igualada em outros lugares por séculos.[39] O pilar era feito de ferro quase puro: 99,72%. O pilar ainda não enferrujou, especula Bose, talvez por causa de um revestimento de óxido magnético ou devido ao elevado conteúdo de fósforo e baixo conteúdo de enxofre e manganês do ferro.[40]

Foram os arianos védicos, que entraram no Pendjab por volta de 1500 a. C., aqueles que deram ao mundo alguns dos textos filosóficos mais antigos sobre a natureza da matéria e os fundamentos teóricos para a composição química dos minerais. Os Vedas sânscritos de milhares de anos antes de Cristo sugeriam que a matéria não podia ser criada e que o universo havia criado a si mesmo.[41] Refletindo tal idéia, na sua filosofia da escola Vaisesika, Kanada (600 a. C.) afirmava que os elementos não podiam ser destruídos.[42] A vida de Kanada é um tanto misteriosa, mas diz-se que o seu nome significa "aquele que come partícula ou grão", uma provável referência à sua teoria de que as partículas básicas se misturam como blocos de construção para formar toda matéria.[43] Dois, três, quatro ou mais desses elementos se combinavam, assim como concebemos o comportamento dos átomos.[44] Os gregos não tropeçariam nesse conceito por mais um século.

Quanto a características geológicas em grande escala, a erosão e a deposição de sedimento pelos rios deve ter sido um fato da vida para os harápicos. Para a cerâmica, eles usavam barro tirado de depósitos aluviais nos rios. O barro era então misturado com areia e cal.[45] Além disso, os harápicos selecionavam pedra de alta qualidade quando faziam as armas de sílex. Os seus artesãos reconheciam nódulos de sílex erodido, que eles raspavam para chegar aos afloramentos novos que produziam o melhor material.[46] Embora primitiva, essa prática reflete a essência da geologia de campo: usar características da superfície para extrapolar o que pode estar embaixo.

Na Índia, vemos o início da especulação teórica do tamanho e natureza de toda a Terra. Os contemporâneos mesopotâmios, egípcios e gregos antigos da Índia acreditavam que a Terra era plana.[47] Uns mil anos antes de Aristóteles, os arianos védicos afirmavam que a Terra era redonda e circulava em torno do Sol.[48] Uma tradução do *Rig veda* feita por J. Arunachalan diz: "Nas prescritas orações diárias ao Sol, encontramos que [...] o Sol está no centro do sistema solar [...] Os estudantes perguntam: 'Qual é a natureza da entidade que segura a Terra?'. O professor responde: 'Risha Vatsa possui a visão de que a Terra é mantida no espaço pelo Sol'".[49] Esta passagem também insinua idéias modernas de gravitação. (Entretanto, em 550 d. C., os indianos haviam adotado o modelo grego que afirmava que o sistema solar circulava ao redor de uma Terra estacionária.)[50]

Os indianos também desenvolveram uma visão da Terra física, que dividiam em sete áreas ou ilhas chamadas *dvipas*. Estas tinham sido identificadas como o leste da África, o Oriente Médio, a região mediterrânea, a Europa, a Ásia oriental, o sudeste da Ásia e grande parte do resto da Ásia, chamada Jambu. Jambu era rodeado por um "oceano", o que significava uma barreira física. Mas outra concepção, dos textos sagrados *Puranas*, compara a Terra com um lótus, cada pétala representando um continente, cada continente situado eqüidistante de seus vizinhos e rodeado por oceanos. Embora as áreas geográficas nomeadas como várias *dvipas* não sejam hoje chamadas continentes, a idéia de sete massas de terra separadas sobre a Terra sugere certamente os sete continentes de nossos dias.[51]

CHINA ANTIGA

As civilizações do rio Amarelo na China, abrangendo três milênios (2200 a. C. até cerca de 1300 d. C.), podem reivindicar muitos avanços significativos em geologia, entre os quais estão as primeiras bússolas magnéticas, os primeiros sismógrafos e a manutenção de registros detalhados.

Como outras culturas antigas, os chineses tiveram seus sucessos, inclusive extraindo e fundindo o bronze, o latão, o cobre, a prata, o ouro, o estanho e o zinco. A mineração do ferro e o trabalho com o aço, que começaram no século IX a. C., levaram à descoberta da magnetita e do magnetismo. Os chineses comparavam a atração do ferro para a magnetita à atração de uma criança para sua mãe.[52]

Os chineses foram os pioneiros na indústria do petróleo. Registros que antecedem o Antigo Testamento referem-se a nascentes de petróleo. *Jo shui* (água fraca) era o nome chinês para o petróleo porque, embora fosse líquido, nada flutuava sobre essa substância, uma qualidade que deve ter sido desconcertante. Por volta de 190 d. C., Thang Meng escreveu: "Há certas rochas das quais surgem fontes de 'água' [...] Esse líquido é gorduroso e pegajoso como o suco da carne. É viscoso — como banha não solidificada. Se aplicamos luz ao líquido, ele queima com uma chama excessivamente brilhante". Registros de 300 a. C. mencionam o uso de "água óleo" como graxa para eixos e como fonte de fogo. Segundo Confúcio, há também registros de perfurações com varas de bambu em busca de gás natural em Szechwan em 211 a. C.[53]

Os chineses não abriam buracos, nem perfuravam ao acaso na sua busca de minerais. Estão entre os primeiros a desenvolver uma técnica sistemática de exploração mineral. Documentaram associações de diferentes minerais, assim como os geólogos modernos dependem de conjuntos de associações minerais para identificar os sítios de perfuração. O *Kuan tzu* (ou *Guan zi*), um texto do século IV a. C., lista essas associações:

> Onde houver cinabre acima, ouro amarelo será encontrado embaixo. Onde houver magnetita acima, cobre e ouro serão encontrados embaixo [...] Onde houver hematita acima, ferro será encontrado embaixo.

Essa capacidade de identificar o que pode existir no subsolo pelo que é encontrado na superfície é significativa,[54] e esse conhecimento é ecoado repetidas vezes em textos posteriores. O *livro de montanhas e mares* (escrito entre os séculos VII e V a. C.) declara que no lugar em que se encontra minério, é provável que exista outro no subsolo. Um exemplo citado diz respeito à pirita e ao alume.[55]

Os antigos chineses mantinham registros detalhados de fenômenos naturais, inclusive classificações minerais, que se tornaram mais elaboradas com o passar do tempo. Devido a seu emprego em remédios, os chineses começaram a classificar os minerais séculos antes do nascimento de Cristo. Essas classificações no *pen tshao* (uma série de histórias naturais de drogas que começou no século IV a. C.) continuaram a ser elaboradas até o *Pen tshao kang mu* [Grande farmacopéia] de 1596 d. C. O *Shan hai jing* [O clássico de montanhas e rios], escrito por volta do século V a. C., divide as rochas em minérios, não-metais, rochas especiais e argilas. Indica a dureza, a cor e o lustre, bem como as formas — torrão de argila, pepita, oval, grãos, maciça. Informa também se os minerais podem ser extraídos por meio da fundição de minério.[56]

À parte as aplicações práticas da geologia, as idéias mineralógicas na China também surgiram da filosofia e tornaram-se importantes para interpretar a observação empírica e a experiência. A idéia de que o *ch'i* — uma palavra chinesa que significa aproximadamente energia ou emanação — era responsável pela formação dos minerais já existe no século II a. C. Esse conceito espelha um pouco a idéia aristotélica dos "pneumas" úmidos e secos da terra.[57]

Os taoístas acreditavam que os minerais passam por mudanças que seguem uma ordem específica, o que levou à prática da alquimia. Segundo o *Livro do príncipe Huai Nan*, do século II a. C., o *ch'i* se transforma em mercúrio, e então o mercúrio se transforma em ouro depois de 2500 anos. O ouro acaba se transformando em água, nuvens, trovão e raio.[58]

Os chineses sentiam-se perplexos diante dos fósseis, porém se interessaram desde cedo por eles. Os fósseis são vestígios deixados por formas de vida anteriores — às vezes restos dos próprios animais ou plantas, mas não necessariamente. As pegadas, por exemplo, são fósseis, assim como as formas que os moluscos deixam nas pedras, ainda que o próprio molusco tenha se dissolvido e que o vazio na pedra tenha sido preenchido com sedimento. A madeira petrificada é um fóssil, embora a madeira orgânica tenha sido substituída por minerais célula por célula. Segundo o estudioso inglês Joseph Needham, que documentou extensamente a ciência chinesa,[59] os chineses do século I a. C. em diante reconheciam os fósseis como evidências de criaturas outrora vivas de forma mais coerente e precisa do que seus equivalentes ocidentais. De 200 a 300 d. C., os eruditos chineses que viviam numa região de florestas de pinheiros petrificados acreditavam que as árvores se tornavam petrificadas naturalmente depois de 3 mil anos.[60] No século IV d. C., entretanto, Lo Han sabia que os fósseis eram vida petrificada.[61] No século V d. C., conchas de braquiópodes fossilizadas eram reconhecidas como conchas que se tornaram pedra (chamadas "andorinhas de pedra" porque tinham conchas semelhantes a asas). Os mesmos fósseis só foram compreendidos como fósseis pelos ocidentais em 1853.[62]

Pensadores gregos muito mais antigos como Xenófanes (*c.* 560-478 a. C.) e Heródoto (*c.* 485-425 a. C.) acreditavam que os fósseis tinham sido criaturas vivas e teorizavam a necessidade de mudanças graduais no nível do mar e do solo para explicar as origens fósseis. Aristóteles (384-322 a. C.), Eratóstenes (*c.* 276-196 a. C.) e Estrabão (63 a. C.-25 d. C.) usaram os fósseis para desenvolver teorias das grandes estruturas temporais envolvidas nos processos geológicos. Nenhuma dessas idéias, entretanto, foi aceita pelos gregos ou por ocidentais posteriores por algum tempo.⁶³ Aristóteles disse em seu *Da respiração*: "Uma grande quantidade de peixes vive na terra sem se mover e eles são encontrados quando são feitas escavações".⁶⁴

Segundo Needham, as idéias chinesas sobre a formação de montanhas e os ciclos associados de mar à terra e vice-versa também se relacionam com as noções indianas védicas da destruição e recriação do mundo. (Needham, como o grande erudito que era, entusiasmava-se às vezes sobremaneira na sua interpretação da ciência chinesa.) Conta-se uma história em que foram encontradas "cinzas" — provavelmente materiais betuminosos. O imperador Han Wu Ti consultou os monges budistas sobre a origem das cinzas; os monges afirmaram: "São restos do último cataclismo do céu e da Terra". Embora as fontes sejam suspeitas, e a história provavelmente apócrifa, a idéia existia, e provavelmente data do século I d. C.⁶⁵

Os antigos chineses foram claramente os primeiros sismólogos e os primeiros a medir a intensidade dos terremotos.

Existem registros de terremotos de 1300 a. C.,⁶⁶ junto com registros de sons sísmicos. Na província de Shaanxi, segundo a *História da dinastia Wei*, de 474 d. C.: "Escutaram-se sons como o do trovão em Qicheng de Yanmen; eles vinham do oeste e soaram uma dúzia de vezes. Quando os sons terminaram, ocorreu um terremoto".⁶⁷ Comentando sobre esses freqüentes eventos sísmicos, Needham diz: "Era natural, portanto, que os chineses tivessem mantido extensos registros de terremotos, e tais registros constituem realmente a série mais longa e mais completa que temos para qualquer parte da superfície da Terra". Depois de um terremoto no século VIII a. C., os eruditos chineses teorizaram que era causado por um desequilíbrio do *ch'i* entre o céu e a terra. O desequilíbrio surgia, diziam, quando o yang era aprisionado ou barrado pelo yin.⁶⁸ Essa não é exatamente uma explicação científica. Por outro lado, quem mais estava tentando compreender o problema?

O primeiro sismógrafo foi criado em 132 d. C.⁶⁹ pelo cientista Chang Heng (78-139). Seu "relógio d'água de terremoto", segundo Needham, tinha "uma cobertura em forma de domo, e a superfície externa era ornamentada com caracteres de selo antiquados [...] Por dentro havia uma coluna central capaz de deslocamento lateral ao longo de trilhos nas oito direções, e arranjada de tal modo [que pudesse operar] um mecanismo de abrir e fechar".[70] Por fora dessa criação havia oito cabeças de dragão, cada uma com uma bola na boca, e oito sapos diretamente embaixo com a boca aberta. Quando ocorria um terremoto, a vibração fazia com que a cabeça de dragão na direção do terremoto deixasse cair a sua bola na boca do sapo. Uma espécie de pêndulo interno desencadeava o movimento, e um dispositivo inibidor assegurava que apenas uma das cabeças liberasse a sua bola durante o tremor.

Needham comenta que os modernos sismólogos têm admirado o mecanismo de Chang Heng por causa de sua capacidade de segurar as sete bolas estranhas, deixando cair apenas a bola que indica a direção da onda de choque primária. Todo terremoto compreende, além do tremor principal, vários eventos laterais que poderiam fazer com que muitas das bolas caíssem, mas o aparelho imobilizava essas bolas imediatamente depois da primeira onda de choque. Certa vez um dragão deixou cair a sua bola, embora nenhum tremor fosse sentido. Dias mais tarde chegou um mensageiro com a notícia de um terremoto distante na direção indicada pela cabeça do dragão. Na verdade, os funcionários confiavam no instrumento para soar o alerta de desastres nos distritos, dando tempo para que as pessoas preparassem a sua reação.[71]

Os chineses não nos deixaram nenhum modelo em funcionamento do mecanismo de Chang Heng, nem dados sobre suas entranhas. Os modernos pesquisadores têm de fazer conjecturas quanto à sua construção. Needham afirma que foram tentadas três reconstruções, mas apenas uma parece ter tido sucesso, na Universidade de Tóquio. Usava um pêndulo invertido, e a bola caía apenas depois do choque das ondas laterais, e não com a onda primária inicial, exceto quando essa onda inicial fosse inusitadamente severa. Needham especula que Chang Heng teria calibrado o dispositivo de forma a ser suficientemente sensível para deixar cair a bola com a primeira onda longitudinal. Ainda assim, gostaríamos de ter mais evidências do que as que Needham acha satisfatórias.[72]

O geólogo Edward J. Tarbuck sugere (talvez um pouco presunçosamente) que, embora os chineses soubessem que o primeiro choque do terremoto tinha um componente direcional, o "relógio do clima" era provavelmente incapaz de determinar a direção da onda com qualquer grau de previsibilidade, por causa da complexidade das ondas geradas.[73] Há pouca dúvida de que temos aperfeiçoado a predição de terremotos nos últimos 2 mil anos. Podemos zombar dos antigos chineses — e muitos o fizeram — por explicarem os terremotos em termos de *ch'i*. Mas o relógio d'água do terremoto indica que eles compreendiam parte da mecânica envolvida.

O antigo filósofo grego Tales de Mileto introduziu o conceito de magnetismo no Ocidente no século VI a. C. Ele humanizou a sua hipótese, explicando o magnetismo em termos de atração antropomórfica.[74] Os chineses podem ter conhecido o fenômeno ainda antes, já em 1000 a. C., segundo o geólogo S. Warren Carey. (Os olmecas da América Central talvez tenham chegado a esse conceito antes dos dois, e sobre isso falo mais adiante.) O conhecimento primitivo chinês do magnetismo incluía as suas propriedades de atração e repulsão e a sua característica de apontar a direção. Tanto os chineses como os gregos reconheciam a primeira propriedade, mas apenas os chineses reconheceram inicialmente a segunda, que, é claro, tornou-se a chave para a navegação.[75]

Segundo Needham, a compreensão chinesa do magnetismo se desenvolveu a partir da geomancia, que ele cita como sendo "'a arte de adaptar as residências dos vivos e as tumbas para os mortos de modo que cooperem e se harmonizem com as correntes locais do sopro cósmico'". A geomancia permitia que os magos dirigissem esse fluxo para o benefício dos vivos.

O que agora conhecemos como bússola começou como um dispositivo semelhante a uma colher, a concha apontando para o sul, ou *sinan*, por volta de 475-221 a. C. Uma pedra-ímã (magnetita) era colocada sobre uma tábua lisa de tal maneira que permitisse que o cabo da colher balançasse de acordo com o campo magnético da Terra. O dispositivo continuou a aparecer em textos até 907 d. C., o que indica o seu uso. Needham afirmava que as bússolas só foram usadas para a navegação em 618 d. C. Entretanto, segundo um ensaio do século IV a. C. em *Gui gu zi*, o instrumento era levado em viagens para que os viajantes não perdessem a sua direção.[76] (Needham talvez estivesse se referindo apenas à navegação oceânica.)

Além da colher da pedra-ímã, encontramos descrições de um "pedaço de madeira em forma de peixe a que estava ligado um magneto, de modo que ele apontava para o norte e para o sul quando era posto a flutuar". Esse era o *chih-nan-yu*, o peixe que apontava para o sul. Mais tarde agulhas magnetizadas passaram a ser usadas, por volta de 300 a 400 d. C.[77] A primeira bússola verdadeira de que se tem conhecimento data de 1080 d. C.[78]

Durante a Idade Média, os chineses continuaram a modificar a bússola e fizeram a descoberta significativa da declinação magnética, a diferença entre o norte verdadeiro e o norte magnético. "I-Hsing mediu a declinação magnética [o ângulo local entre o norte magnético e o verdadeiro norte] em 750 d. C. durante a dinastia Tang", escreve Carey. "Ao longo dos onze séculos seguintes os chineses registraram a lenta variação na declinação." Na Europa, em contraste, a bússola era usada no século XII, mas os europeus não tinham o conhecimento chinês das declinações.[79]

Em *Wu ching tsung yao*, uma compilação do conhecimento militar escrita em 1044 d. C., é descrita a fabricação do "peixe que aponta para o sul" por meio de tecnologias mais sofisticadas. Era feito com uma folha fina e chata de ferro aquecida a alta temperatura, orientada para o norte, e depois rapidamente esfriada. Esse processo permitia que adquirisse propriedades magnéticas, e com isso ele se orientava numa posição norte–sul.[80] Os ocidentais colocam tradicionalmente uma ponta de seta na extremidade da agulha que aponta para o norte. Os chineses tinham mais interesse pelo sul e colocavam uma forma de cabeça de peixe nessa extremidade. A agulha magnética é também descrita em escritos do astrônomo Shen Kua em 1088 d. C.:

> Os magos esfregam a ponta de uma agulha com a pedra-ímã; depois ela é capaz de apontar para o sul. Mas ela sempre se inclina um pouco para o leste e não aponta diretamente para o sul [...] É melhor suspendê-la por uma única fibra de seda nova de casulo presa ao centro da agulha por um pouco de cera [...] então, pendente num lugar sem vento, ela apontará sempre para o sul.[81]

Essa passagem mostra claramente o conhecimento de Shen Kua sobre a declinação. As razões por trás do magnetismo continuavam misteriosas para os chineses, que, como de hábito, atribuíam-no ao *ch'i*. Segundo Needham, a agulha magnética era muito usada na navegação durante os séculos XI e XII,[82] mas ele não encontra nenhuma menção ao seu uso para a navegação antes de 618 d. C. (dinastia Tang), e especula que era usada apenas para a geomancia.[83] Como mencionado, há provas de que Needham está errado nesse ponto, de que a agulha era usada para a navegação em séculos anteriores à era cristã.

Os antigos chineses acreditavam numa Terra redonda? A resposta é sim, mas há debates sobre quando chegaram a essa conclusão. Carey diz que os chineses acreditavam que o mundo era redondo entre 1 e 100 d. C., tendo recebido essa informação talvez dos indianos arianos mais antigos.[84] Needham afirma que a crença popular dizia que a Terra era um quadrado inserido no céu redondo, embora essa idéia fosse questionada. Entre 1 e 200 d. C., os estudiosos chineses afirmavam que a Terra era a gema de um ovo (uma idéia comum em muitas cosmologias ao redor do globo) e Yu Hsi (por volta de 330 d. C.) declarava que a Terra era redonda.[85]

Junto com especulações sobre a forma da Terra, os chineses deram passos enérgicos para desenvolver mapas realistas e outros registros de características naturais. Yu Kung fez o primeiro mapa realista registrado da China por volta do século V a. C. Os gregos fizeram esforços semelhantes na sua própria terra e estavam um pouco à frente de Yu Kung, embora a obra deste fosse muito mais detalhada.[86] Entre os séculos I a. C.[87] e III d. C.,[88] os cartógrafos chineses categorizaram 137 rios. A verdadeira cartografia científica foi iniciada por Phei Hsiu (224-71 d. C.), a quem se dá o crédito pelo uso de divisões graduadas para a escala e uma grade retangular.[89]

A meteorologia chinesa, como as outras ciências chinesas, combinava uma crença básica no sobrenatural com métodos rigorosos e científicos de medição e com a compreensão de como o sobrenatural cria o clima. Registros do clima na China existem desde a data remota de 1400 a. C. Registros de temperatura são encontrados desde a dinastia Han, e registros cuidadosos de precipitações atmosféricas começaram a ser feitos em 1216 a. C., inclusive "chuva, chuva misturada com neve, neve, vento e direção".[90]

Os antigos chineses acreditavam que tempo imoderado indicava céu zangado; assim, manter o registro do clima era de certa maneira uma tentativa de ficar sabendo da causa do descontentamento do céu. Desde muito cedo os chineses começaram a compreender o ciclo hidrológico da Terra. O livro *Chi ni tzu*, de um naturalista do século IV a. C., afirma: "O vento é o *chii* do céu, e a chuva é o *chii* da Terra. O vento sopra segundo as estações e a chuva cai em resposta ao vento. Podemos dizer que o *chii* do céu vem para baixo e o *chii* da Terra vai para cima". Registros Han posteriores são mais práticos e descrevem como a evaporação vinda das montanhas faz com que a água suba e se transforme em nuvens.[91]

As idéias modernas da atmosfera da Terra podem ser inferidas dos conceitos chineses de *ch'i* e de vapores. Chiang Chi, um astrônomo de cerca de 400 d. C., escreve: "Os vapores terrestres não se elevam muito alto no céu. É por isso que o céu parece vermelho de manhã e à tarde, enquanto parece branco ao meio-dia. Se os vapores terrestres se elevassem alto no céu, ele ainda pareceria vermelho então".[92]

ORIENTE MÉDIO

Durante a Idade Média os árabes traduziram a erudição da Índia, Pérsia e Grécia Antiga, transferindo-a para a Europa por meio da ocupação mourisca da Espanha. Os antigos romanos não haviam mantido viva a pesquisa científica dos gregos, e a Europa medieval, sem contato com os clássicos, tinha pouca tradição científica própria.[93]

O centro do conhecimento científico estava em Alexandria (nas orlas de Bizâncio, que mais tarde se tornou cristão) e foi construído por povos que falavam árabe, sírio e hebreu. No período do século VI ao VIII, até a erudição grega foi esquecida no Oriente Médio, e os conhecimentos orientais predominavam. Foram encontrados centros intelectuais no califado abássida em Bagdá, Damasco e Cairo. No século X, esse florescimento deslocou-se mais para Córdoba e para a Espanha moura.[94]

Grande parte do progresso científico islâmico na Idade Média baseou-se na obra de dois homens, os estudiosos do século X al-Biruni e Avicena. Al-Biruni (973-1048) nasceu no estado de Khwarizm, no leste da Pérsia, e cresceu falando o dialeto de Khwarizm, o persa e o árabe. Foi educado por um matemático astrônomo.[95] No norte da Pérsia (Uzbequistão), al-Biruni aprendeu o sânscrito e estudou minerais da China e Índia a Bizâncio. A sua obra formava um elo crítico entre o conhecimento indiano e o árabe.[96]

Nascido em Bukhara, na Ásia Central, Avicena, também conhecido como Ibn-Sina (980-1037 d. C.), viveu principalmente no Irã atual. Aos dezesseis anos, tornou-se médico. No fim da sua vida, dizia-se que teria comentado que aprendeu "tudo o que conhecia" com dezoito anos, quando estudou psicologia, química, astronomia e farmacologia.[97] Foi um tradutor prolífico de Aristóteles e, para nossos fins, é mais conhecido pelo seu *De congelatione et conglutatione lapidum* [Sobre o congelamento e a conglutinação das pedras], um comentário sobre a *Meteorologica* de Aristóteles mais antiga. Avicena vai além de Aristóteles. Afirmava que os meteoritos vêm do espaço e caem na Terra. Aristóteles afirmava que eles se originavam na Terra e eram projetados no céu pelo vento.[98]

Tanto al-Biruni como Avicena foram pioneiros em apresentar sistemas de classificação para os minerais. Al-Biruni, em seu *Informações coligidas sobre os metais preciosos*, listou cerca de cem minerais conhecidos. Determinou as gravidades específicas de dezoito deles, deslocando água com os minerais e pesando a quantidade de água deslocada, chegando próximo das medições modernas.[99] Enquanto isso, Avicena classificou as rochas em quatro tipos: pedra, metais, sais e matéria sulfúrica combustível. Essa classificação foi amplamente usada no Ocidente até a década de 1750 inclusive.[100]

O óleo natural era um fenômeno familiar no Oriente Médio durante a Idade Média. Poços de gás natural incandescente foram descritos pelo pensador árabe al-Mas'udi (915 d. C.), que os viu em Baku (Irã), e por Mu'jamu'l-Buddan Yaqut (1179-229), que foi informado de que um mercador "viu um pedaço de terra do qual não cessava de sair fogo dia e noite. Acho que um fogo caiu ali atirado por alguma pessoa, e não se apaga porque o material [combustível] o sustenta".[101]

Algumas idéias de onde provém o óleo foram exploradas pelos Irmãos da Sinceridade, um misterioso bando de eruditos que vivia em Basra por volta de 983 d. C., os quais estabeleceram uma conexão entre o pensamento grego e o Corão.[102] Postulavam que a água e o ar cresciam por meio do fogo, criando o "enxofre ígneo" e o "mercúrio aquoso". Quando se misturavam com a terra e eram submetidas a temperaturas elevadas, essas substâncias formavam minerais no chão, inclusive óleos crus, asfalto, alcatrão e piche. De fato, produtos do petróleo se formam realmente em alta temperatura (causada pela pressão). Como esses produtos estavam cheios de óleo e ar, raciocinavam os Irmãos da Sinceridade, eles podiam ser liquefeitos e queimados. Al Qazwini (*c.* 1275) desenvolve essa idéia para dizer que a condensação do mercúrio e enxofre em ravinas profundas nas montanhas causava a formação das substâncias betuminosas. Isso sugere a idéia moderna da pressão intensa necessária para transformar matéria orgânica em petróleo.

As passagens bíblicas estabelecem a idade da Terra em alguns milhares de anos, tempo insuficiente para que processos geológicos como soerguimento, erosão de rocha por agentes atmosféricos e sedimentação tivessem ocorrido. Os europeus mantiveram as suas crenças cristãs ortodoxas até a década de 1750, desconsiderando imensas camadas sedimentares como relíquias do Dilúvio, e vendo os fósseis como criaturas afogadas no Dilúvio, truques do Diabo ou uma espécie de pedra.[103]

No mundo do Oriente Médio medieval, os conceitos modernos desses processos eram mais aceitos, sendo elaborados sobre teorias mais antigas dos indianos, persas e gregos. Tanto al-Biruni como Avicena ajudaram a desenvolver e promover essas idéias. Numa visita à Índia, al-Biruni percebeu que o vale do Indo era outrora uma planície aluvial que fora coberta pelo mar.[104] Eis uma passagem de *Alberuni's India* [A Índia de al-Biruni], traduzida por E. C. Sachua:

> Uma dessas planícies é a Índia, limitada no sul pelo [...] oceano Índico, e em todos os outros lados pelas montanhas elevadas, cujas águas fluem para a planície embaixo. Mas vendo o solo da Índia com nossos próprios olhos [...] considerando as pedras arredondadas encontradas na terra por mais profundamente que se cave, pedras que são imensas perto das montanhas e onde os rios têm uma corrente violenta; pedras que são menores a uma distância maior das montanhas, e onde as correntes fluem mais lentamente; pedras que aparecem pulverizadas na forma de areia onde as correntes começam a estagnar perto de suas fozes e perto do mar [...] não podemos deixar de pensar que a Índia foi outrora um mar que aos poucos foi sendo coberto pelo aluvião das correntes.[105]

Al-Biruni compreende o arranjo pelo tamanho do sedimento que ocorre durante a erosão do rio, dos grandes blocos de pedra ao sedimento mais fino, bem como a natureza arredondada das pedras moídas até ficarem lisas pela ação da água corrente. Ele também demonstra uma compreensão da natureza mutável tanto da terra como do mar, bem como os enormes períodos de tempo envolvidos nessas mudanças.

Al-Biruni também descreve como os rios mudaram de curso desde o tempo da *Geographia*, de Ptolomeu, no século I d. C. Ele focalizou o rio de Balkh (Oxus), que corria num vale cultivado entre Jurjan e Khwarizm no tempo de Ptolomeu. Na época de al-Biruni, quase mil anos mais tarde, o lugar era um deserto, com rochas contendo "ouvidos de peixe" fossilizados. Al-Biruni observou indícios de água numa montanha, onde ela devia ter se acumulado como um lago (ele postulava), depois rompido pela terra circundante. Dessa maneira, ele foi capaz de seguir a história do lago até a presente condição de brejo salgado em seu tempo.[106]

Avicena também sabia da incursão do mar pela terra, da destruição das montanhas e do refluxo do mar, reconhecendo que isso havia acontecido como ciclos durante toda a história. Espelhando os ciclos eternos de destruição e criação nas antigas filosofias védicas, ele acreditava que o mundo não tinha fim.[107] "Quanto ao início do mar", afirma, "o seu barro é ou sedimentar ou primevo, o último não sendo sedimentar. É provável que o barro sedimentar tenha sido formado pela desintegração dos estratos das montanhas."[108] Os geólogos modernos confirmam essa declaração, pois o barro é um produto final estável das alterações por ação atmosférica, especialmente dos afloramentos de argila xistosa.[109]

Avicena identificava os processos envolvidos na formação da rocha. Ao longo de 23 anos, ele observou o barro sobre o rio Oxus transformar-se numa pedra lisa ("conglutinação"). Por notar que a água pingando das cavernas tornava-se pedra, acreditava que a água se solidificava num processo que chamava de "congelação". As suas ideias parecem bizarras à primeira vista. Nesta tradução de Homeyard e Mandeville, Avicena afirma:

> Sabemos portanto que nesse terreno devia haver uma qualidade de congelar e petrificar que converte o líquido em sólido. [...] Se é verdade o que se diz a respeito da petrificação de animais e plantas, a causa desse fenômeno é uma qualidade de mineralizar e petrificar que surge em certos lugares pedregosos ou emana de repente da terra durante terremotos e afundamentos, petrificando tudo aquilo com que entra em contato. Na realidade, a petrificação dos corpos de plantas e animais não é mais extraordinária do que a transformação das águas.[110]

Realmente extraordinário. De fato, o pensador árabe al-Mas'udi do século X desenvolveu uma teoria da evolução que contém alguns elementos desse processo de transformação. Nascido perto de Bagdá, ele afirmava em *O livro da indicação e da revisão* que os minerais evoluíam para plantas, as plantas para os animais, e os animais para o homem.[111]

A crença de Avicena de que alguma força ou qualidade na água estava por trás da formação da rocha não está muito longe do conhecimento moderno da precipitação mineral. As estalagmites e estalactites das cavernas são exemplos comuns de como os pingos da água rica em cálcio podem formar precipitações de calcário (conhecidas como travertino) que podem chegar a um tamanho considerável.[112] Entretanto, o conhecimento do processo de cimentação de sedimentos sob pressão (quando os depósitos se petrificam tanto por compactação como por minerais em solução movendo-se pelas camadas)[113] lhe escapava.[114] No século XIII, o filósofo e erudito medieval ocidental Alberto Magno aplicou as idéias de Avicena para explicar as marcas de ramo fóssil; foi um dos primeiros ocidentais a reconhecer que as coisas vivas haviam se tornado pedra.[115] Enquanto isso, uma geração antes, o filósofo escocês John Duns Scotus havia afirmado que as pedras e os metais eram vivos.[116] O seu nome nos deu desde então a palavra *dunce* [estúpido].

À medida que as idéias a respeito da formação de rochas adquiriam forma e eram confirmadas pela observação, as idéias das forças por trás da formação de montanhas também adquiriam forma. Avicena exagerou o papel do vento e das inundações em modelar relevos de grande escala como as montanhas, mas ele identificou corretamente os terremotos (ainda que não a causa dos terremotos) como uma força essencial na formação de montanhas. Teorizou que os terremotos levantam parte do solo e que os ventos e as inundações causam aleatoriamente a erosão de parte da terra, deixando como picos nas alturas aquelas partes que não atingem. Essa, dizia Avicena, é a fonte de vales limitados por montanhas.[117]

O relato de Avicena sobre a erosão causada pelo vento e pela água é acurado para certos processos em menor escala, como o desgaste das rochas ao longo do mar e caldeirões em rios. É também essencial para compreender o processo muito mais gradual da erosão, assim como realmente ocorre em montanhas compostas de granito e outras rochas cristalinas. Além disso, é acurado para a formação de um monte isolado com rochas sedimentares muito macias, onde aguaceiros torrenciais podem na verdade esculpir cânions profundos e, com o passar do tempo, erodir a terra até que somente restos isolados de camadas são deixados em pé. Os desertos nas Dakotas do Norte e do Sul e o cânion Bryce em Utah são exemplos de erosão rápida, comum em terras áridas, criando formações altas e íngremes.[118]

Avicena chegou mais perto da geologia moderna quando observou e descreveu a erosão e a sedimentação:

> No presente, a maioria das montanhas está no estágio de deterioração e desintegração, pois cresceram e foram formadas apenas durante a sua exposição gradual pelas águas. Agora, entretanto, estão nas garras da desintegração [...] É também possível que o mar tenha por acaso fluído pouco a pouco sobre a terra que consistia em planície e montanha e depois tenha recuado afastando-se dela [...] É possível que a cada vez que a terra foi exposta pelo refluxo do mar, uma camada tenha sido deixada, porque vemos que algumas montanhas parecem ter sido empilhadas camada por camada, sendo portanto provável que o barro de que foram formadas estava ele próprio em certo momento arranjado em camadas. Uma camada foi formada primeiro; depois, num período diferente, outra camada foi formada e empilhada (sobre a primeira, e assim por diante). Sobre cada camada espalhava-se uma substância de material diferente, que formava uma divisão entre ela e a próxima camada; mas, quando ocorreu a petrificação, algo aconteceu com a divisão, fazendo com que ela se rompesse e se desintegrasse no seu lugar entre as camadas.[119]

A geologia moderna confirma a sua observação essencial: muitas rochas sedimentares resultam realmente dos depósitos de camadas de sedimento carregadas pelas águas. A palavra "sedimentar", segundo o geólogo Tarbuck, é "derivada do latim *sedimentum*, que significa 'fixação', uma referência ao material sólido que se fixa a partir de um fluido'".[120] Ele continua: "As rochas sedimentares se formam à medida que camada após camada de sedimento se acumula em vários ambientes de aluvião".[121] O mar também faz incursões para dentro e para fora da terra tanto por soerguimento como pela ação das geleiras, depositando sedimentos a cada ciclo. Hoje isso é considerado um conceito geológico bem básico. Entretanto, Avicena não compreendeu que, embora essas ações fizessem com que as terras baixas se enchessem de sedimentos, o soerguimento é também necessário para a formação da maioria das montanhas.

Enquanto a Europa se mantinha presa ao conceito de uma Terra plana, seus vizinhos árabes reviviam as antigas especulações chinesas, indianas e gregas de um globo redondo. O armênio do século VII Ananii Shirakatsi achava que o universo tinha a forma de um ovo, o céu sendo a casca, o ar a clara e a Terra a gema.[122]

Al-Biruni acreditava que a Terra fosse redonda e calculou o seu tamanho, chegando a números próximos das computações atuais.[123] Segundo o historiador da ciência Seyyed Hossein Nasr, al-Biruni desenvolveu um método para medir os antípodas e a esfericidade da Terra, a altura das cidades, e as latitudes e as longitudes (as primeiras com mais precisão do que as últimas).[124]

A geografia foi influenciada pelos muçulmanos por causa de suas viagens. As viagens pelo mar, a navegação e a cartografia expandiram-se sob seu domínio do século IX ao XIII.[125] Isso, por sua vez, levou a técnicas mais sofisticadas de medir os relevos geográficos que visualizavam, inclusive a Terra como um todo. Na sua obra do século X, *Prados de ouro e minas de pedras preciosas*, Al-Mas'udi se refere à "metade da circunferência da Terra [...] que, se reduzida a milhas, chega a 13 500 milhas geográficas".[126] Claramente, se há uma circunferência, a Terra é redonda. A circunferência total real da Terra é 24 902,4 milhas (40 075 quilômetros); assim, a estimativa de al-Mas'udi de 27 mil milhas (duas vezes 13 500) não é má. (Para ser justo, o grego Eratóstenes apresentou uma estimativa similar cerca de 1200 anos antes.)[127]

O mar apresentava um problema mais desconcertante. Como é que um líquido podia assumir a forma de uma esfera? Mas a experiência diária dos marinheiros confirmava essa idéia. Al-Mas'udi sabia que os antigos hindus e gregos acreditavam que o mar fosse curvo. Ele apresenta uma descrição de marinheiros sobre o mar Cáspio aproximando-se de um vulcão perto de Teerã:

> Deve ser visto a uma distância de cem *farsangs*, por causa de sua altura [...]. A montanha está a uns vinte *farsangs* do Cáspio. Se navegam nesse mar e estão muito distantes, os navios não a vêem; mas quando se movem na direção das montanhas do Taberistan e se encontram dentro de uma distância de cem *far-*

sangs, percebem o lado norte dessa montanha [...] e quanto mais perto chegam da costa, maior é a parte da montanha que conseguem ver. Essa é uma prova evidente da forma esférica da água do mar, que tem a forma de um segmento de uma bola.[128]

Por isso, Colombo navegou sem medo.

ÍNDIA E CHINA MEDIEVAIS

A história da geologia na Índia medieval é curta. Dois eruditos dominam: Varahamihira e Vagbhatta. Varahamihira (499-587 d. C.) nasceu em Kapitthaka (hoje Kapitha), um grande centro intelectual na Índia central, e tornou-se patrono do governante de Ujjain, o rei Maharajadhiraja Dravyavardhana. O capítulo 106 do *Brhatsamhita* [Grande compêndio] de Varahamihira cobre geografia, meteorologia, botânica, agricultura, o calendário e gemologia.[129] Entre outras coisas, ele teorizou que a localização dos terremotos tinha correlação com a hora do dia em que ocorriam e sugeriu que a Lua era um fator.[130] Afirmava que a Terra era redonda[131] e dizia que as pedras preciosas se formavam a partir de rochas por meio de metamorfose ao longo do tempo. Muito mais tarde, Vagbhatta (1300 d. C.) desenvolveu um sistema de classificação mineral que incluía pedras preciosas, metais e ligas.[132]

Na Idade Média, a filosofia chinesa continuava a sustentar que o *ch'i* era expresso na terra: grandes quantidades de *ch'i* podiam causar afloramentos, rochas e precipícios, enquanto quantidades menores se tornavam areia, sedimentos e outros materiais de grãos finos.[133] Os chineses, como outras culturas, identificavam e classificavam sistematicamente uma ampla gama de minerais e introduziram métodos pioneiros de usar plantas e outras características biológicas na superfície para encontrar minerais. Outrora considerado um método dúbio, correlacionar o tipo de rocha com a vegetação é uma técnica que tem sido finamente aperfeiçoada por alguns geólogos modernos.[134]

Por exemplo, segundo a sabedoria do século VI, se as plantas fossem amarelas, havia cobre embaixo.[135] O texto de 863 d. C. *You Yang za zu* [Miscelânea das montanhas You Yang] elabora:

Quando nas montanhas há cebola verde, há prata embaixo. Quando nas montanhas há ascalônia, há ouro embaixo [...] Se a montanha tem o jade precioso, os ramos das árvores em cima dela pendem.[136]

Hoje, sabe-se que certas espécies crescem em rochas de composição específica. Não é uma ferramenta de exploração capital, mas há mais do que uma migalha de verdade nessa técnica antiga, segundo a geóloga Sheila Seaman, da Universidade de Massachusetts em Amherst. Plantas diferentes prosperam sobre elementos diversos gerados por uma diferente composição de rocha.[137]

Os chineses são mais conhecidos por descrever processos geológicos em grande escala. Conceitos de soerguimento geológico são mencionados em textos chineses medievais, cerca de duzentos anos antes que os grandes pensadores árabes al-Biruni e Avicena examinassem esse tema. Os chineses também reconheciam o significado dos fósseis. Segundo Yen Chen-Chang, escrevendo por volta de 770 d. C.: "Até nas pedras e rochas sobre alturas elevadas há conchas de ostras e mariscos [...] Alguns pensam que eles foram transformados a partir dos arvoredos e campos outrora sob a água".[138]

Durante toda essa era, as plantas e os animais fossilizados eram em geral reconhecidos como vida antiga (comumente considerados como "ossos e dentes de dragão").[139] Li Tao-Yuan no século VI d. C., Yen Chen-Chang no século VIII, Shen Kua no século XI e Chu-Hsi no século XII sabiam que os fósseis, como as pegadas que os animais deixavam para trás, eram restos petrificados de partes animais.[140] Em 1133 d. C., encontra-se uma descrição detalhada de fósseis em *Yun Lin shih phu*. O notável é que essa obra descreve onde, no registro estratigráfico da rocha, os fósseis eram encontrados, um passo necessário no desenvolvimento da teoria posterior da evolução. Pode-se inferir uma seqüência temporal do estudo da localização de sedimentos. Quando os fósseis estão incrustados nesses sedimentos, pode-se inferir uma evolução de formas ao longo do tempo.[141]

Uma compreensão mais clara do papel da erosão na formação das montanhas é expressa por Shen Kua por volta de 1070 d. C. (aproximadamente cem anos depois de Avicena):

Todos os seus picos elevados [da montanha Yen-Tang Shan] são escarpados, abruptos, íngremes e estranhos; seus imensos penhascos [...] são diferentes do que se encontra em outros lugares [...] Considerando as razões para essas formas, penso que (por séculos) as torrentes montanhosas precipitaram-se encosta abaixo, levando embora toda a areia e terra, deixando assim as rochas duras à mostra.

Em lugares como Ta Lung Chhiu, Hsiao Lung Chhiu [...] é possível ver nos vales cavernas inteiras cavadas pelas forças da água.[142]

Num processo oposto à erosão, o escritor neoconfuciano Chu Hsi (1130-200 d. C.) escreveu sobre o soerguimento como uma força construtora de montanhas. Em suas obras completas, *Chu tzu Chhuan Shu*, lemos:

As ondas bramem e balançam o mundo ilimitadamente, as fronteiras do mar e da terra estão sempre em mudança e movimento, montanhas de repente se elevam e rios são afundados e afogados [...] Em montanhas altas tenho visto búzios e conchas de ostras, freqüentemente incrustadas nas rochas. Em tempos antigos essas rochas eram terra ou barro, e os búzios e as ostras viviam na água. Mais tarde tudo o que estava no fundo veio a estar no topo, e o que era originalmente macio tornou-se sólido e duro.

Ao que Seaman diz: "Uau!". Segundo Needham, essas idéias vinham se formando ao longo de séculos e continuaram por mais outros séculos. Enquanto isso, para os europeus do século XV, os fósseis encontrados no alto das montanhas indicavam que o mar estivera outrora naquele nível, confirmando as idéias bíblicas do Dilúvio. O moderno conceito de tempo geológico pode ser visto no conceito taoísta equivalente de *sang thien*, uma expressão antiga que passou a significar o imenso período de tempo que o mar levou para recuar e afastar-se da terra.[143]

Os chineses estavam também envolvidos com várias subdisciplinas geológicas. Desenharam mapas maravilhosos na Idade Média, e talvez tenham dado origem à expressão "não é o calor, é a umidade", sendo os primeiros a inventar um método de medir a umidade pesando o carvão que absorve a umidade do ar.[144] Eles também haviam compreendido as marés. Registros de marés haviam sido feitos desde 800 d. C.,[145] e pouco antes disso Tou Shu-Meng havia pesquisado a conexão da Lua com as marés num detalhamento específico.

A China possui uma das maiores pororocas do mundo, no rio Chhien-Thang. Examinando registros dessas pororocas, vemos uma clara correlação com as Luas cheias; entretanto, foi só no século I d. C. que Wang Ch'ung escreveu em *Lun heng*: "Finalmente a elevação da onda segue a Lua crescente e a minguante".[146]

No século XI, Yu Ching declarou que tanto o Sol como a Lua influenciavam as marés, embora ele achasse a Lua mais decisiva. No mesmo século, Shen Kua estudou o movimento da Lua e estabeleceu uma correlação entre as horas das marés alta e baixa e a posição lunar.[147] Por comparação, tome-se Galileu Galilei, cujo *Tratado sobre as marés*, do século XVII, explicava as marés como o resultado do movimento da Terra, os oceanos esparramando água ao redor como numa banheira.[148]

ÁFRICA MEDIEVAL

Especialistas em solo hoje falam dos "horizontes" ou camadas de diferentes tipos de solo, à medida que se escava. Uma secção vertical dessas camadas é chamada o "perfil do solo".[149] Em 1936, G. Milne, especialista em solo de Tanganica, documentou um conceito africano tradicional de uma série de tipos de solo, a que deu o nome de "catenas". Estudando os morros ao redor do lago Vitória, notou seqüências previsíveis de tipos de solo dependendo do ponto em que se estava no perfil do morro. O solo "primário", resultado direto da erosão do leito rochoso, é encontrado perto do topo dos morros; torna-se, por sua vez, a base para um solo "de terra vermelha" mais profundo ao pé do morro. Há sete evoluções diferentes de solo, que terminam com o *mbuga*, o horizonte de barro das terras baixas.

Os africanos locais, notou Milne, reconheciam essas seqüências e tinham uma classificação altamente desenvolvida, na sua língua (sakuma), de solos associados.[150] Milne escreve: "Os solos africanos tendem a ser muito velhos e, bem menos do que na Europa, mostravam a influência de tipos de rocha subjacentes. O conceito de catena do solo, por enfatizar a topografia e diminuir o papel da geologia, fornecia um guia muito melhor para o modo como os solos tinham se formado".[151] Essa visão africana de associações do solo desvia-se dos conceitos convencionais modernos, mas tornou os africanos capazes de fazer escolhas melhores dos vegetais que deviam plantar.

ÍNDIOS NORTE-AMERICANOS

Ao contrário dos europeus na mesma era, os americanos nativos no século XV sabiam que o mar outrora cobria as montanhas, mesmo aquelas localizadas bem no interior. Tinham também conhecimento das geleiras. Por exemplo, em Jackson Hole, Wyoming, local dos Grandes Tetons, o gelo glacial avançou sobre o vale por volta de 50 000 a. C. e recuou lentamente. O gelo desapareceu do vale por volta de 4000 a. C., enquanto a evidência mais antiga do homem em Jackson Hole data de 7500-6500 a. C. Essas geleiras deixaram morainas glaciais, que são pilhas de cascalho e sedimento depositados com o recuo da geleira. (Cape Cod começou como uma moraina glacial.) Foram também deixados terraços de rio que outrora afunilaram a passagem da água glacial derretida. Segundo o antropólogo Gary Wright, "muitos contos indígenas tratam desses processos geológicos como metáfora. Havia o Grande Castor, cujos olhos podiam derreter o gelo, e o Coiote Trapaceiro, que possuía uma legião de capacidades sobrenaturais. Reconhecer esses processos e compreender os seus efeitos sobre a paisagem era crucial para a manutenção do grupo local".[152]

Os chochones, que chegaram a Jackson Hole em algum ponto do século XV d. C., tinham mitos de criação que se referiam ao mar, apesar de o mar mais próximo de Wyoming ser o oceano Pacífico. Ao que parece, os chochones inferiram pela leitura de pistas geológicas que as montanhas estavam outrora imersas em água do mar. Os Grandes Tetons têm depósitos de calcário, arenito e dolomita com uma profundidade de milhares de metros, evidência de depósitos marítimos passados. O relato dos chochones não é escrito no estilo de uma revista que passa pela revisão dos pares, mas é ainda assim geologia. Eis uma versão do mito de criação chochone que Wright originalmente relatou:[153]

> Coiote caminhava com uma donzela para um grande lago [provavelmente o lago Jackson ou seu predecessor] ao pé dos Grandes Tetons. A donzela vivia com a mãe, cujo nome era Velha do Oceano. Coiote teve relações sexuais com as duas, e depois que as duas mulheres deram à luz, a Velha do Oceano colocou as crianças num grande jarro de água para dar a Coiote. Coiote carregou o jarro para o vale da Salina, o vale da Morte, a montanha de Lata e os prados de Cinzas. Em cada lugar ele deixou bebês, que fundaram as diferentes tribos de índios.[154]

Uma possível interpretação: a Velha do Oceano é a antiga mãe da raça chochone; assim, o oceano era a mãe da terra em que os chochones viviam. Num sentido metafórico, a Velha do Oceano erguendo-se nas montanhas (por meio do jarro de água) reflete a influência do mar sobre as rochas nas montanhas.

Os índios foram os primeiros a falar a James Wilkinson, o governador do território da Louisiana em 1805, sobre o que é hoje o Parque Nacional Yellowstone, uma área vulcânica natural. Mostraram ao governador um mapa, desenhado sobre couro de búfalo. O mapa mostrava, disse Wilkinson, "entre outras coisas, um pequeno e incrível vulcão", descrito claramente como localizado em Yellowstone.[155] A história de Wilkinson sugere que os índios compreendiam que os gêiseres e as fontes quentes de Yellowstone tinham origens no vulcanismo. Uma atividade vulcânica explosiva formou a gigantesca caldeira de Yellowstone há cerca de 600 mil anos. Isso foi seguido por uma sucessão de fluxos de lava que ocorreram 500 mil anos atrás e, mais tarde, em torno de 160 mil e 70 mil anos atrás.[156]

Como é que os americanos nativos sabiam dessa atividade vulcânica? Eles tinham conhecimento de primeira mão? Acredita-se há muito tempo que os primeiros povos apareceram na área de Yellowstone depois de 12 000 a. C.,[157] ou 14 mil anos atrás. Esse número está sendo agora debatido, mas é improvável que seja recuado 56 mil anos, até o tempo da última atividade vulcânica. Ou talvez os índios tenham feito uma conjectura feliz de que havia vulcões embaixo de Yellowstone, embora nunca tivessem visto um vulcão em ação. Uma explicação mais provável é que os americanos nativos tivessem sido informados sobre os vulcões e a paisagem vulcânica por meio de outros eventos vulcânicos: talvez por um vulcanismo mais recente nas montanhas Cascade, ou pelo comércio com índios bem mais ao sul, no México, onde os vulcões são mais comuns.

No cânion Hells, o desfiladeiro mais profundo da América do Norte, sobre o rio Snake, que divide Oregon e Idaho, sete montanhas, conhecidas como os Sete Diabos, formam um semicírculo. Um mito dos Nez Percé, parafraseado aqui, explica a formação da seguinte maneira:

> Todo ano sete gigantes viajavam para o leste destruindo tudo no seu caminho, inclusive os Nez Percé. O chefe dos Nez Percé conseguiu que Coiote os ajudasse. Coiote recrutou a ajuda de sua amiga Raposa, que sugeriu que eles cavassem sete buracos e os enchessem com líquido fervendo. Todos os animais com garras ajudaram a cavar e depois Coiote encheu cada buraco com um líquido amarelo-aver-

melhado mantido em ebulição por meio de rochas quentes. Quando se moveram para o leste, os gigantes caíram dentro dos buracos. "Eles fumegaram e rugiram e chafurdaram. Enquanto lutavam, espalharam o líquido avermelhado ao redor até uma distância que um homem pode percorrer num dia." Os borrifos dos gigantes transformaram-se em cobre.[158]

Essas montanhas foram outrora vulcões, o que explica os buracos ferventes de líquido amarelo-avermelhado e o "fumegar" e o "rugir". Segundo um geólogo da Universidade de Idaho, "erupções cobriam a área com fluxos espessos de lava [...] Imensas inundações de lava do oeste despejavam-se pela terra".[159] O fato de que a lava vinha do oeste também corrobora a marcha dos gigantes para o leste.

Os homens brancos diziam freqüentemente que os índios se assustavam com fenômenos naturais que tinham explicações científicas. Em particular, os índios tinham fama de ficar aterrorizados com os gêiseres em Yellowstone. Num relatório, o caçador de peles do século XIX Warren Ferris zombava dos índios por se recusarem a parar perto de um gêiser em erupção como ele fazia. Ferris dizia que os índios ficavam "totalmente apavorados" com as suas ações, e ele atribuía o seu medo a uma crença no sobrenatural. Ferris admitia que, tendo posto a mão na água, "retirou-a instantaneamente, pois o calor [...] nesse imenso caldeirão era realmente demasiado forte para ser confortável".[160]

Os índios tinham uma reverência substancial pela área de Yellowstone, que refletia a sua compreensão do universo. Os homens brancos interpretavam as orações e dádivas indígenas como um modo de manter afastados os espíritos maus, mas Human Wise, um descendente moderno dos bannocks e dos chochones de Wind River, diz que os povos nativos vinham de longe expressamente para estar perto dos gêiseres a fim de orar e banhar-se nas fontes quentes. Quanto à oferenda de dádivas, disse: "Você pega um elemento [isto é, o uso das fontes quentes], depois você deixa o elemento, de modo que não está perturbando o equilíbrio da natureza".[161]

AMÉRICA CENTRAL

Os olmecas (1500-600 a. C.) viviam ao longo da costa do golfo no sul do México. Os zapotecas (1150 a. C.-1521 d. C.) viviam em Oaxaca, no sul do México.

Os maias viviam no sul do México, na Guatemala e em Belize (c. 1-900 d. C.); os toltecas (900-1150) viviam no México central; e os astecas, no centro e no sul do México (c. 1150-521). As datas tanto para a civilização zapoteca como para a maia variam de acordo com a fonte.

Como os índios norte-americanos, as civilizações na América Central realizavam um imenso comércio em torno de rochas e minerais desejáveis, que eles usavam como jóias, mas também como ferramentas e materiais. Os olmecas usavam uma larga série de rochas e minerais locais para fazer instrumentos: basalto, ardósia, pedra-pomes, obsidiana, quartzo verde, serpentina, sílex. A pedra-pomes e o pó de obsidiana eram usados como abrasivos.[162] Importavam caulim (argila usada na cerâmica), quartzo, serpentina, jadeíta (todas pedras verdes) de civilizações contíguas; o cristal de rocha e o alabastro podem ter vindo de um lugar tão longe quanto o Peru, e o asfalto, da costa do golfo.[163]

Os contemporâneos dos olmecas, os zapotecas em Oaxaca, trabalhavam o jade, a turquesa e o minério de ferro e poliam os seus espécimes minerais com pó de hematita. Usavam calcário e travertino de pedreiras distantes como pedras de construção, e traziam terra e tufo vulcânico dos arredores para fazer terraços ao redor de suas edificações.[164]

O cobre, encontrado por toda parte na Mesoamérica, foi um dos primeiros metais a ser usados.[165] Indicações de trabalho do metal no oeste do México apareceram pela primeira vez por volta de 600 d. C., em lugares onde os povos tinham acesso a cobre, prata, ouro e chumbo nativos e a minérios de cobre, sulfeto e prata.[166] Uma mistura de ouro-cobre-prata era usada do México até os Andes. O ouro era encontrado em correntes de água como minúsculas pepitas ou grãos; os povos transformavam-no em metal laminado batendo as pepitas com pedras, fundindo o minério, martelando-o para obter dureza e depois esfriando-o para torná-lo mais maleável.[167] Alguns artífices mexicanos fundiam a prata e o ouro juntos, o que exige uma compreensão muito mais plena das temperaturas de derretimento das misturas dos minerais. Toribio de Benavente, conhecido como Motolinía (1495-565), explorador e franciscano espanhol que escreveu *História dos índios da Nova Espanha*, ficou impressionado com os nativos que trabalhavam os metais:

> Eles conseguem moldar um pássaro cuja língua, cabeça e asas se movem, e conseguem moldar um macaco [...] que move a cabeça, a língua, as mãos e os pés, e nas

suas mãos colocam pequenos instrumentos para que a figura pareça estar dançando com eles. O que é ainda mais extraordinário, conseguem fazer uma peça metade em ouro, metade em prata, e moldar um peixe com todas as suas escamas, em ouro e prata alternados.[168]

Os maias associavam o deus Furacão com dois companheiros: Recém-Nascido e De Repente. "Esses dois nomes se referem não apenas a setas de raio, mas a fulgurites, pedras vítreas formadas pelo raio em solo arenoso", escreve o estudioso dos maias Dennis Tedlock.[169] Os maias devem ter visto a formação de fulgurites, que são tubos formados pela fundição de areia sílica causada pelo raio.[170]

Os astecas foram a última civilização centro-americana antes da conquista espanhola, e eles herdaram séculos de conhecimento das sociedades anteriores. O seu conhecimento do trabalho em pedra e da metalurgia, em particular, tinha uma dívida para com os toltecas que os precederam.[171] Segundo o *Códice florentino*, livro compilado por Bernardino de Sahagún, um franciscano espanhol que viveu entre os índios e aprendeu a sua língua, os astecas listavam meticulosamente os animais, os pássaros, os peixes, os répteis, as árvores, as ervas, as pedras, os metais, a água, os solos e os alimentos. O livro era escrito em náuatle, a língua asteca, tendo sido ditado por nobres astecas e ilustrado por escribas astecas. A obra abrangente das crenças, conhecimento e prática astecas ocupou grande parte da vida de Sahagún na Nova Espanha, de 1529 a 1590, para ser completada. Sahagún fundou escolas depois da conquista espanhola para educar os filhos da aristocracia nativa. O *Códice florentino* foi organizado, supervisionado e editado por Sahagún, que falava fluentemente o náuatle, mas a redação real foi feita por estudiosos astecas. Sahagún depois traduziu o náuatle para o espanhol. O códice possui agora catorze grandes volumes.[172]

O códice lista 39 tipos diferentes de minerais preciosos, minerais não-preciosos e metais, pelo nome, características e usos. Em particular, três formas diferentes de jade precioso e duas formas de turquesa são identificadas. Além disso, o códice registra as pedras pelo tamanho, como seixos, pedras de rio, ardósia, areia e pedras para construção. Quanto ao sílex, o códice afirma:

É lustroso [...] é áspero; é grosseiro, escabroso, côncavo, denteado, oco, perfurado [...] [Um] é branco; outro é amarelo, não realmente amarelo, apenas misturado

[...] Um tem matizes avermelhados. Um é verde, outro transparente [...] Este [sílex] tem fogo [...] Quando é golpeado, saem dele centelhas.[173]

Isso mostra o reconhecimento, por parte dos astecas, das muitas formas de sílex e de sua capacidade de fazer fogo.

Como os chineses, que usavam certas características de plantas para identificar a presença do cobre ou do estanho, os astecas sabiam onde encontrar a "pedra verde" (uma forma comum de jade) porque "[as ervas] sempre crescem viçosas [...] Eles dizem que essa é a respiração da pedra verde [...] Anuncia as suas qualidades".[174]

Os astecas registraram tipos de solo no México de 1500 a 1600 d. C. O códice contém glifos que significam dez localizações de solos diferentes, do solo arável ao solo arenoso. O sistema de classificação do solo, registrado em escrita hieroglífica, era o mais sofisticado do mundo não-ocidental desde os mapas do solo feitos na China milhares de anos atrás.[175]

As montanhas, segundo os astecas, eram vasos finos com pedras e terra apenas sobre a superfície, estando o interior cheio de água. Se as "montanhas se dissolvessem, o mundo inteiro seria inundado".[176] Sabemos hoje que estavam equivocados; as montanhas não são tanques de água gigantescos. Entretanto, os astecas talvez estivessem se referindo aos muitos lagos de cratera nos vulcões locais, ao magma líquido que gotejava de um vulcão ativo, ou aos sistemas de água subterrânea e às formações de cavernas de calcário e sumidouros (carste) comuns no Yucatán. Independentemente de sua compreensão do interior dos vulcões, estes eram importantes para a vida e a geologia dos povos centro-americanos.

Os olmecas, uma das civilizações fundadoras da América Central, colocavam o centro da criação em San Martín Pajapan, um vulcão. Eles extraíam o basalto do vulcão e devem ter visto a lava derretida formando novas rochas. Os vulcões e as "montanhas rachadas" têm uma presença forte na sua arte. Segundo o estudioso dos maias David Freidel,

> os vulcões eram, na experiência olmeca, o exemplo mais claro do mundo nascido do Outro Mundo abaixo. Nenhum povo que tivesse visto o céu tornar-se preto nas

nuvens encapeladas da erupção, e depois chover fogo de pedras e desolação sobre os campos férteis ao redor, poderia duvidar de que as montanhas contivessem forças espirituais capazes de distribuir a prosperidade ou o desastre nas vidas humanas. Por causa disso é que o vulcão e as montanhas rachadas talvez sejam uma característica importante na arte olmeca. Eles possuem uma vegetação em brotação e representam aberturas entre o plano terreno e o mundo embaixo dele.

(Exceções à afirmação de Freidel, de que nenhum povo que tenha visto uma erupção vulcânica duvida de forças espirituais internas, seriam obviamente os cidadãos do estado de Washington que testemunharam a erupção do monte Santa Helena em 1980 ou outros povos modernos que têm visto erupções. Por outro lado, as erupções vulcânicas estimulam freqüentemente a crença no sobrenatural em mentes sob outros aspectos modernas.)

Em 1897, ocorreu uma descoberta espantosa: uma estátua com um adereço na cabeça retratando um deus de cabeça rachada e um pé de milho foi descoberta na beira da cratera de San Martín Pajapan. Essas imagens aparecem tanto na cosmologia olmeca como na maia para refletir a plantação da Árvore do Mundo e a criação. Para recriar a ordem divina na humana, os olmecas, por volta de 1000 a 600 a. C., fizeram uma pirâmide-vulcão na sua cidade (agora chamada La Venta), localizada no pântano ao longo da costa. Carregaram, por meio de força humana, toneladas de basalto extraído de vulcões do interior da região. Alguns pedaços pesavam cem toneladas. Do sul do México trouxeram pedra verde e serpentina para fazer imensos andares construídos em camadas. Outra encarnação do vulcão feito pelo homem é mais tarde encontrada nos templos maias que se parecem com montanhas.[177]

A geologia global dos olmecas e maias era obviamente falha. Eles acreditavam que o núcleo da Terra era composto de água. Os maias representavam a Primeira-Montanha-Verdadeira, a montanha da criação, com aberturas rachadas das quais aparecem os primeiros deuses. Tanto os olmecas como os maias ligavam essas montanhas com a água: pequenos lagos como os cenotes (poços) sagrados dos maias e o vazio aquoso do qual a Terra foi formada.[178] Por outro lado, esses mitos não são tecidos inteiramente com a imaginação. Os olmecas e os maias eram familiarizados com as cavernas de calcário do Yucatán e com as profundas fontes de água subterrânea a elas associadas. A sua representação de uma Terra com interior aquoso era baseada na exploração.[179]

Um deus de cabeça rachada quase exatamente equivalente, de cerca de 1150 a. C., aparece em artefatos da civilização zapoteca contemporânea. Esse é Xoo, deus dos terremotos e um símbolo da Terra, de cujas fissuras também brotam plantas. Os olmecas, os zapotecas e os maias reconheciam a conexão entre os terremotos e o vulcanismo?[180]

No *Popol vuh*, o mito de criação maia da Guatemala, a conexão vulcão–terremoto é novamente sugerida. O ciclo de destruição do mundo e da Terra é descrito em termos de dois deuses ou dragões: Zipacna, que se assemelha a um jacaré, e cujo nome aparentemente tem origens em palavras que significam escorregar ou deslizar, e Terremoto. Tanto Terremoto como Zipacna parecem estar combinados numa versão do Yucatán chamada *itzam kah ayin*, que significa "monstro Terra jacaré".[181] O texto diz:

> E este é Zipacna, este é o que construiu as grandes montanhas: Lareira, Hunahpu, Caverna perto da Água [...] [nomes de um cinturão de vulcões perto do lago Atitlán e da Cidade da Guatemala] assim como são falados os nomes das montanhas que ali se achavam na aurora. Eles foram trazidos por Zipacna numa única noite.
>
> E agora este é Terremoto. As montanhas são movidas por ele; as montanhas, pequenas e grandes, são amolecidas por ele.[182]

As fontes maias contemporâneas de Tedlock interpretam essa última frase como querendo dizer que as montanhas são "cozinhadas demais" por Terremoto ou que elas são "encharcadas". A leitura "encharcadas" associa Terremoto com deslizamentos de terra e a destruição de terra por chuvas torrenciais.[183]

Em 1966, alguns antropólogos descobriram um pedaço de hematita olmeca que parecia funcionar como uma bússola. Em 1973, o astrônomo John Carlson testou exaustivamente o objeto e, por métodos de datação por radiocarbono, provou que ele era de antes de 1000 a. C., portanto mil anos anterior às colheres de pedra-ímã chinesas. Alguns pesquisadores acreditam que o alinhamento dos complexos de templos maias, que muda lentamente de acordo com a era do sítio, reflete um conhecimento das direções da bússola e da mudança do campo magnético da Terra com o passar do tempo. Num artigo na revista *Science*, Carlson contou ter descoberto que os complexos cerimoniais dos olmecas eram geralmente situados, numa concordância muito aproximada da declinação-padrão, 7 a 12 graus a oeste do norte.

Outro pesquisador citado por Carlson (M. D. Coe, 1968) descobriu que esses artefatos enterrados encontravam-se exatamente ao longo do eixo central do sítio cerimonial. Carlson descobriu minúsculos espelhos chatos, contas furadas altamente polidas e grandes espelhos côncavos parabólicos com até dez centímetros de diâmetro. Os espelhos parabólicos podiam focalizar a luz solar e eram feitos por métodos desconhecidos.[184]

O grande achado, entretanto, foi a suposta bússola. Era uma barra quebrada, polida, sem ornamentos, de uma hematita quase pura com um sulco arredondado cuidadosamente entalhado. Provou ser magnética, com sua orientação aproximadamente a 35,5 graus a oeste do norte magnético. Discutindo a discrepância direcional do norte magnético real, Carlson observa que restava apenas um fragmento do objeto, e que os materiais magnéticos retangulares tendem a se tornar cada vez mais polarizados, quanto mais longos e estreitos forem. Ele teorizou que as direções poderiam ter sido determinadas pelo uso da barra de hematita com o sulco apontado para baixo. A forma cilíndrica do sulco tem uma divergência pequena, mas cuidadosamente constante (2 graus) da linha central da barra, o que Carlson sugere que poderia ter servido para calibrar o objeto para o norte magnético na época em que foi feito.[185]

Em 1975, o geógrafo Vincent Malstrom, do Dartmouth College, encontrou mais indícios do conhecimento mesoamericano do magnetismo. Na planície do Pacífico ocidental em Izapa, em Chiapas, México, ele descobriu duas grandes esculturas basálticas de uma cobra e da cabeça de uma tartaruga, uma alinhada a sudeste da outra, com uma estela intermediária. A cabeça de tartaruga era esculpida num único pedaço de basalto que mostrou ser magnético. Para certificar-se de que não era uma condição geral da área, Malstrom testou todas as outras rochas expostas no sítio para verificar se não tinham propriedades magnéticas. Nenhuma foi detectada. "Isso sugeria", diz Malstrom, "que os habitantes de Izapa conheciam o magnetismo na medida em que haviam reservado um bloco de pedra basáltico rico em ferro para esculpir a cabeça de tartaruga, executando o trabalho com tanto cuidado que todas as linhas magnéticas de força vinham se concentrar no focinho do animal." Além disso, o sítio revelou outras representações de tartarugas, embora nenhuma magnética. Malstrom sugere que isso pode indicar nos habitantes de Izapa uma associação das propriedades direcionais do magnetismo com os conhecidos instintos navegantes das tartarugas do mar.[186]

Em 1979, outras nove esculturas foram encontradas na mesma planície litorânea, dissipando as dúvidas de que essas obras magnetizadas não fossem intencionais. Sete estátuas de grandes pessoas arredondadas (apelidadas de "Meninos Gordos") tinham os pólos magnéticos em cada lado do umbigo; estátuas de cabeças tinham os pólos nas têmporas. Os Meninos Gordos parecem ter sido feitos numa data tão remota quanto 2000 a. C., bem antes de os chineses descobrirem o magnetismo.

Por fim, vale notar o método maia aproximado de medir uma paisagem usando uma corda de cerca de vinte metros, ou vinte passos. Eles usavam essa técnica para medir os campos de milho, mas está registrado no *Popol vuh* como a maneira pela qual a Terra também foi disposta, e os *Livros de Chilam Balam* afirmam que "a medição do mundo é descrita em termos de vinte passos [...] que abrangem os vinte nomes de dias do calendário divinatório".[187] Mencionamos isso porque esses métodos de medição de terras, vinte passos de cada vez, são também descritos em textos muito mais antigos da Suméria e no Antigo Testamento, como em Jó 38, 4-5:

> Onde estavas tu, quando eu lançava os fundamentos da Terra?
> Dize-mo, se tens entendimento.
> Quem lhe pôs as medidas [...]
> Ou quem estendeu sobre ela o cordel?

AMÉRICA DO SUL: O IMPÉRIO INCA (1100-1530 D. C.)

No seu apogeu, o império inca estendia-se do norte do Equador ao centro do Chile. Os incas eram trabalhadores em metal competentes, experientes em revestir a prata com ouro[188] e capazes de trabalhar com a platina, que tem um ponto de fusão extremamente elevado (1768,4 graus Celsius) misturando-a com pó de ouro. O antropólogo Warwick Bray diz que essa técnica inca antecipa o trabalho em metal moderno. Esses antigos artesãos descobriram a platina nos rios do Equador, perto da costa do Pacífico. A platina não era identificada como metal na Europa até 1748.[189]

Mais notável foi a identificação de material radioativo pelos incas. Segundo um ensaio do pesquisador Salvador Polomino sobre o povo quíchua, descendente dos incas, estes sabiam sobre minerais radioativos, que chamavam de *aya kachi*, que significa "pedras ou sais dos mortos". Seus ensinamentos proibiam o uso desses minerais, por isso supõe-se que os incas reconheciam as suas propriedades perigosas.[190]

A erosão e o poder da água constituíam forças críticas nas áreas de montanhas elevadas dos Andes, e um domínio do ciclo hidrológico era essencial para a sobrevivência inca. No ensaio introdutório a *O manuscrito Huarochirí*, um registro feito em 1608 por um sacerdote espanhol sobre a crença inca pré-hispânica, o tradutor Frank Salomon fala de mitos sobre "o poder abissal dos rios [...] ou da tempestade e das inundações repentinas que criam deslizamentos de barro desastrosos", e de vilas inteiras serem carregadas pelas águas.[191]

As montanhas na cordilheira dos Andes isolam os vales uns dos outros, deixando pouca terra agrícola utilizável. De repente, por volta de 200 a. C., muito antes de serem um império, os incas unificaram essa terra no que foi denominado "arquipélagos verticais", que podiam se estender cerca de 65 quilômetros do pé até o topo e representavam um único sistema de irrigação interconectada. Essa prática trouxe aos incas um excedente de alimentos e permitiu que uma população crescente resistisse à fome. Eles construíram sistemas elaborados de terraços de pedra para reter os solos que traziam, os quais depositavam em camadas para permitir a drenagem apropriada da água.[192]

Salomon diz que o *Huarochirí* define o conceito inca da água como algo que inclui tudo, desde tempestades, deslizamentos de lama e irrigação até a Via Láctea. A água sobe aos céus (nesse relato, dentro de uma "constelação lhama celeste [que] carrega a água de baixo para cima ao bebê-la antes de ascender") e depois volta à Terra durante as tempestades e a chuva.[193] Os Andes peruanos têm uma estação chuvosa de seis meses e uma correspondente estação seca. Na sua cosmologia, os incas viam a água na Terra movendo-se do sul–sudoeste para o norte–nordeste e depois elevando-se num rio celeste que fluía de norte a sul. A água era, assim, vista como em constante circulação, suprindo os reservatórios necessários para as safras durante a estação seca.[194]

A água era associada com a gigantesca serpente de água Amaru, que se manifestava, entre outras maneiras, como um arco-íris. Como os arco-íris vistos de certos pontos de observação em montanhas elevadas não são arcos, mas círculos, os incas acreditavam que as serpentes do arco-íris emergiam das fontes durante a estação chuvosa. Quando vistas como arcos, acreditava-se que as serpentes do arco-íris teriam enterrado o resto do corpo no subsolo. Acreditava-se que as duas pontas do arco-íris sobre a Terra eram conectadas por água subterrânea, completando o círculo.[195] Isso reflete a nossa moderna compreensão do ciclo da água: de fontes subterrâneas interconectadas para a água da superfície, para a evaporação em nuvens e de volta à Terra como chuva. Claro, hoje eliminamos a parte sobre os arco-íris e as serpentes.

Os incas, politicamente incorretos, escreve Salomon, viam a porção aquosa da existência como masculina e a terra seca e dura como feminina:

> O abraço hidráulico da água movente e da terra resistente era imaginado como sexo [...] Quando o lago-huaca [ente sagrado] Collquiri se precipita pela encosta sobre a sua amante-terra Capyama, a pressão explosiva de sua virilidade jorra de cada canal e borrifa enchentes destrutivas sobre todo o povo de Capyama.[196]

O mito seguinte documenta o controle dos incas sobre a água e o seu sistema de irrigação num pequeno lago chamado Yansa, provavelmente o atual lago Yanacocha nos declives ocidentais dos Andes. Quando os excessos de Collquiri causam o transbordamento do lago, os habitantes das vilas gritam: "Ei, Collquiri! Contenha a água! Corte a água!".

Collquiri tenta arrancar as coisas; finalmente pula dentro do lago e a água cessa, até que em breve não haja mais bastante água — provavelmente uma referência metafórica à estação seca de seis meses e à estação chuvosa de seis meses nos Andes. O povo de novo se queixa. Collquiri, sentado no fundo do lago, dá ordens a um criado para colocar pedras e terra no lago a fim de elevar o nível da água, até que a água novamente transborde as margens e possa ser usada como irrigação. Assim que a margem é rompida, Collquiri represa a água construindo um muro sem argamassa na boca do lago.

Esse relato, que Francisco de Ávila extraiu de *O manuscrito Huarochirí*, refere-se a um muro real que ainda existia em 1608, quando o manuscrito foi lido pela primeira vez pelos europeus. E, de fato, ainda existia no final do século XX.[197] No mito, Collquiri também instrui o povo a marcar a represa em sete lugares. Quando as águas atingem esses vários pontos, em ocasiões variadas, o povo deve liberar as águas para os campos mais baixos. Na verdade, a represa ainda contém cinco comportas em diferentes alturas, construídas com a antiga tecnologia de pedra-e-grama, e os residentes dos dias atuais ainda usam as portas para irrigação.[198]

Tudo isso sugere que os incas compreendiam o ciclo hidrológico nos Andes e, como os antigos egípcios e sumérios, praticavam uma forma cuidadosa de medição e controle do nível da água.

Por toda a cultura incaica, a serpente da água Amaru é também um símbolo de caos, catástrofe, violência e mudança. Num relato, a "casa do falso deus" era destruída, porque "uma serpente estava devorando as suas juntas".[199]

Um documento do arcebispado de Lima (nos tempos coloniais, pós-1532) liga mais especificamente a cobra aos terremotos:

> Há algumas serpentes gigantescas que se movem por baixo da terra e têm o hábito de derrubar as montanhas, e, quando as ditas montanhas desabam e caem, eles dizem que é esta *guayarera* [serpente] que as demoliu.[200]

Essa crença era partilhada com os chorti maias ao longo das fronteiras da Guatemala, Honduras e El Salvador, os quais atribuíam os terremotos ao movimento de serpentes gigantes embaixo da terra.[201] William Sullivan, um estudioso da cultura inca, sugere que podemos equiparar a forma sinuosa da serpente à curva S, agora bem estudada, das ondas de choque de um terremoto. ("Essa comparação parece meio forçada", comenta Seaman.) Segundo o geólogo Tarbuck, as ondas S laterais e secundárias de um terremoto viajam pela terra, vibrando o material em ângulos retos para com a onda. As ondas da superfície, diz Tarbuck, fazem o chão se elevar e cair além de se mover de um lado para o outro, "semelhante a uma onda S orientada num plano horizontal".[202] Isso ainda está refletido na fina alvenaria de pedras que os incas dominavam para construir os seus muros que escoravam os terraços agrícolas. Segundo Sullivan:

> A própria alvenaria, um mosaico de polígonos irregulares entrelaçados, representa dezenas de milhares de horas de trabalho humano [...] Ao longo dos séculos, esses muros têm se mostrado invulneráveis a terremotos, o que quer dizer triunfantes sobre a onda S, ou a Serpente, que se move embaixo da terra. Num terremoto, as pedras lavradas dos muros do terraço inca se trancam umas nas outras, permitindo que todo o muro simultaneamente se dobre e se mantenha unido.[203]

Os muros por si sós são dignos de comentário, sendo feitos de pedras gigantescas unidas sem argamassa e tão cerradamente ajustados que não se pode enfiar a lâmina de uma faca nas juntas.[204]

ILHÉUS DO PACÍFICO

Os ilhéus do Pacífico viviam num ambiente atormentado por terremotos, vulcões, furacões e inundações. Deviam ter um senso intuitivo da impermanência da terra, até das montanhas, e da fluidez da vida. Suas migrações que povoaram o Pacífico foram realizadas ao longo de dois milênios. Samoa e Tonga foram povoadas por volta de 1100 a. C.; as ilhas Cook, Marquesas e Society, por volta de 500 a. C.-300 d. C.; o Havaí, por volta de 300-750 d. C; a ilha de Páscoa, 300-900; e a Nova Zelândia, 1000. Pesquisadores modernos têm recriado essa migração usando réplicas de canoas com velas duplas para viagem em oceanos.[205]

David Malo foi o primeiro havaiano a registrar as tradições orais do Havaí pré-europeu. Nascido por volta de 1793 (Cook chegou lá em 1778), ele testemunhou a transformação de seu Havaí nativo pelos europeus. Sua conversão ao cristianismo com certeza tornou seu julgamento enviesado em certos pontos, mas ele listou cientificamente as explicações cristãs e pré-cristãs lado a lado nos seus escritos. Os havaianos primitivos dependiam das histórias orais, transmitidas por "genealogias" orais específicas que detalhavam a história humana, a natureza e a criação.[206]

Malo revela que seus colegas havaianos sabiam claramente a diferença entre as rochas ígneas e as vulcânicas: "Nas montanhas encontravam-se umas rochas muito duras que provavelmente nunca haviam sido derretidas pelos fogos vulcânicos de Pele [a deusa do vulcão]". Observando que essas rochas eram usadas para machados, Malo acrescenta que "todas essas são muito duras, superiores a outras pedras nesse aspecto, não sendo cheias de vesículas [preenchidas com buracos de bolhas de gás] como a pedra chamada *ala*". Entretanto, "*pa-hoe-hoe* vulcânico [lava] é uma classe de rochas que foram derretidas pelos fogos de Pele. *Ele-ku* e *anna*, pedra-pomes, são rochas muito leves e porosas". O tradutor de Malo, Nathaniel B. Emerson, contudo, contesta-o em parte, dizendo que os havaianos usavam um basalto de granulação fina, uma rocha vulcânica, para os machados. Os havaianos também distinguiam entre rochas com vesículas, corais, calcário e "uma pedra que é lançada do céu pelo raio" (provavelmente fulgurites).[207]

Malo descreve a origem das ilhas havaianas e da Terra: "Na genealogia chamada *Kumu-lipo,* diz-se que a Terra se desenvolveu a partir de si mesma, e não que foi gerada ou que tenha sido feita à mão".[208] Os havaianos sabiam que suas ilhas entravam no mar, e eles acreditavam que houvesse um fundo do mar, mas eles visualizavam as próprias ilhas como flutuantes, desconectadas do solo oceânico.[209] Isso combina com a descrição feita por Malo das primeiras reações havaianas aos grandes navios dos europeus: eles os chamavam de *moku,* que significava "uma ilha, um pedaço cortado fora". Ele escreve: "Um navio era como uma parte da terra movendo-se quietamente pela água".[210] A idéia de massas de terra, ilhas, flutuando sobre o solo oceânico pressagiava a teoria da deriva continental. "Essa é uma antiga afirmação impressionante da essência da idéia da deriva continental",[211] diz Seaman. Mostra, pelo menos, que os ilhéus do Pacífico não viam a terra sólida como estável ou estacionária, embora a sua visão seja diferente da teoria atual. Sabemos agora que os continentes não sulcam o solo oceânico, mas fazem parte, junto com o solo oceânico, de placas rígidas de 96 quilômetros de espessura que esbarram umas contra as outras.[212] (Alguns geólogos modernos ainda não aceitam a idéia da deriva continental, apesar das evidências.)

Os havaianos também acreditavam que as ilhas provinham do solo oceânico, ainda que desconectadas. Viam o solo oceânico como lodoso e lamacento, um lugar onde crescia o coral. Conta-se a história de que Kapu-he'e-ua-nui (um semideus) pescava até que fisgou um pedaço de coral. Quando rezou sobre o coral, este transformou-se no Havaí. Ele continuou a pescar até que todas as ilhas havaianas fossem puxadas para a superfície.[213] Na verdade, as ilhas havaianas elevaram-se realmente do mar, e recifes de atóis de coral teriam sido muito familiares para os polinésios e os havaianos. Outra genealogia, chamada *Pali-ku* [Precipício], sugere a formação da Terra por meio de terremotos: "o elevar-se das montanhas por meio do terremoto".[214]

As propriedades de os vulcões formarem e destruírem as rochas devem ter sido um fato da vida para os havaianos. Muitos mitos falam do amor e temperamento violento e imprevisível da deusa havaiana do vulcão. No mito de Pele e Hiiaka, a sua bela irmã mais moça, Hiiaka se apaixona por Lohiau, um humano. Assim, Pele precisa puni-lo. Ela manda os seus fogos sobre o humano, e ele morre.

Hiiaka vai procurá-lo no mundo dos mortos. Ela se move violentamente pelos dez estratos da terra até o domínio de Pele: "Ela chegou por fim ao décimo estrato com o pleno propósito de também rompê-lo e, assim, abrir as comportas da inundação do grande abismo para submergir Pele e todo o seu domínio numa enchente de águas". Isso pode ser comparado aos oceanos despejando-se numa explosão vulcânica, e mostra o conhecimento dos havaianos sobre as camadas da terra, terminando nos fogos derretidos de um vulcão.[215]

Enquanto isso, o espírito de Lohiau erra no caldeirão de Kilauea. O amigo de Lohiau escuta Hiiaka à sua procura. O seu canto sugere a visão geológica atual de uma terra composta de uma fina crosta rochosa embaixo da qual se encontrava o magma ígneo:

> O mundo é convulsionado; as placas da terra afundam
> No domínio inferior de Wakea;
> As fundações arraigadas da terra são rompidas,
> Ondas de flama erguem as cristas para o céu [...]
> Os cumes são bombardeados com as pedras que caem
> E alto soa o clangor da planície golpeada,
> Confundido com o estalo do terremoto.
> Mas isso não acalma a fúria de quem come as rochas:
> A Deusa range os dentes no Abismo.
> Olhe, as placas de rocha inclinadas se derretem como neve.[216]

Seaman acha a referência do primeiro verso às placas da terra "muito impressionante".[217] Os havaianos vieram originalmente do sudeste da Ásia (provavelmente de Java) e deslocaram-se de ilha para ilha até chegarem bem longe no Pacífico. Nesse ponto, segundo o historiador Michael Kioni Dudley, o seu conceito de mundo começou a mudar. Ao navegar pelo Pacífico, viam as ilhas desaparecer de vista atrás deles. Quando tomavam o rumo dos ventos predominantes do leste, eles as viam subir. Quando navegavam a favor do vento para o sudoeste, sentiam como se elas estivessem descendo. "Eles possivelmente passaram a imaginar o seu mundo não como redondo", especula Dudley, "mas antes como inclinado. Em algum momento também passaram a vê-lo como arqueado." Portanto, "os lares ancestrais dos havaianos estão sobre o horizonte e 'abaixo' do Havaí". Isto é, para o sul e para o oeste.[218]

Os habitantes de Mangaia, nas ilhas Cook, imaginavam o mundo empoleirado em cima de um coco, dentro do qual estavam os seus ancestrais, e terminando no fundo numa grande raiz principal. A superfície do coco era curva, assim como o horizonte do mar é curvo quando visto de uma ilha. Desenhando esses dados como um mapa, os ilhéus de Mangaia criaram diagramas que parecem fantásticos, se não os vemos como projeções de uma realidade tridimensional sobre uma superfície bidimensional.

Da mesma forma, os ilhéus de Tuamotu desenhavam o universo em níveis circulares. Eles viam seus lugares de origem num nível inferior ao seu — isto é, sobre o horizonte e para baixo. Seus desenhos mostram pessoas subindo nos "lados" do mundo. Na realidade, são mapas de navegação que mostram como o povo Tuamotu veio originalmente do Taiti e de outros lugares, todos "abaixo do horizonte".[219]

ABORÍGINES AUSTRALIANOS E NOVA GUINÉ

A versão aborígine australiana da geologia não chega a ser rigorosa. A saber: o mundo foi construído pelos Ancestrais Criativos, que modelaram a superfície da Terra com "suas caçadas, amores e lutas".[220] O que os aborígines oferecem, por outro lado, é uma memória fenomenal da terra. São, segundo alguns relatos, a mais antiga cultura contínua do mundo. "Tão forte é o laço aborígine com a terra", afirma o pesquisador Stanley Breeden, "que, pela história oral, alguns grupos aparentemente ainda conhecem as localizações de sítios sagrados ora sob o mar que ficavam expostos durante uma era do gelo."

Alguns povos têm vivido na Terra Arnhem, no norte da Austrália, ora incluída no Parque Nacional Kakadu, por 23 mil anos, parte de uma cultura mais antiga que data de 40 mil anos atrás. Os seus ancestrais vieram supostamente do sudeste da Ásia, quando, devido a uma era do gelo, o mar estava mais baixo. Cerca de 50 mil anos atrás, a Austrália e a Nova Guiné eram unidas por uma massa de terra.[221] É possível que os aborígines soubessem que a terra se achava outrora acima da água? Eles se lembravam da era do gelo?

O povo murngin da Terra Arnhem recorda a sua história associando-a com a paisagem. Dado que os murngin não tinham palavras escritas ou monumentos feitos pelo homem (como os maias) para ajudar a sua memória, eles se baseavam na "escrita da geologia sagrada", segundo dois pesquisadores, David Suzuki e Peter Knudtson. "Para eles, a própria terra é um repositório vivo e sempre acessível de suas memórias da ordem do Tempo da Criação [...] Dentro de sua visão de mundo, o próprio lugar é a mnemônica de acontecimentos significativos e da história pessoal e coletiva."[222] Isso pode ser visto, talvez, como um precursor da visão da Terra física em termos históricos, assim como está gravado no registro estratigráfico das rochas ou na formação dos relevos da Terra. Os aborígines parecem ter uma forte percepção da história da Terra refletida pela paisagem.

Vamos concluir com uma visão da Terra nutrida pelos huli, uma tribo que vive em Papua Nova Guiné. Eles eram nativos na região, antes que os brancos chegassem, por volta da década de 1940. Os huli tradicionais acreditam que a Terra foi criada por um vulcão do Sol, que lançou pedras vulcânicas no universo ao redor. Uma dessas pedras transformou-se na Terra. A sua crença vai além, para dizer que todas as criaturas são inter-relacionadas e que todas têm a sua origem no Sol.[223] Esse mito de criação é certamente mais sofisticado do que as antigas histórias antropomórficas ocidentais ou a versão bíblica que faz a Terra aparecer apenas pela palavra de Deus. O mito huli sugere a formação da Terra a partir de um magma derretido, insinuando que o Sol está no centro do sistema solar. A teoria geológica corrente indica que o Sol e os planetas foram formados a partir de uma gigantesca nuvem giratória de gás e poeira.[224] Os huli não estão longe dessa versão.

7. Química
Alquimia e mais além

Antoine Laurent Lavoisier (1743-94) foi um financista, estabeleceu um sistema de pesos e medidas que deu origem ao sistema métrico, viveu os primeiros tumultos da Revolução Francesa e foi um pioneiro em agricultura científica. Casou-se com uma menina de catorze anos e foi decapitado durante o reinado do Terror. Tem sido chamado o pai da química moderna, e, ao longo de sua vida ocupada, arrancou a Europa da era das trevas no que diz respeito a essa ciência.

Uma das primeiras contribuições de Lavoisier resultou de seu ato de ferver água por longos períodos de tempo. Na Europa do século XVIII, muitos cientistas acreditavam na transmutação. Pensavam, por exemplo, que a água podia ser transmutada em terra, entre outras coisas. A principal das evidências para esse fenômeno era a água fervendo num pote. Um resíduo sólido se forma sobre a superfície interna. Os cientistas proclamavam que era a água transformando-se num novo elemento. Robert Boyle, o grande químico e físico britânico do século XVII que atingiu a fama cem anos antes de Lavoisier, acreditava na transmutação. Tendo observado as plantas crescerem por absorverem a água, ele concluiu, como muitos antes dele, que a água pode ser transformada em folhas, flores e frutinhas. Nas palavras do químico Harold Goldwhite, da Universidade Estadual da Califórnia em Los Angeles: "Boyle era um alquimista ativo".

Lavoisier observou que o peso era a chave do problema, e que a medição era crítica. Ele despejou água destilada numa "chaleira de chá" especial chamada pelicano, um pote fechado com uma tampa esférica, que captava o vapor d'água e o devolvia à base do pote via dois tubos semelhantes a alças. Ele ferveu a água por 101 dias e encontrou um substancial resíduo. Pesou a água, o resíduo e o pelicano. A água pesava exatamente o mesmo. O pelicano pesava um pouco menos, uma quantidade igual ao peso do resíduo. Assim, o resíduo não era uma transmutação, mas parte do pote — vidro, sílica e outra matéria dissolvida.[1]

Como os cientistas continuaram a acreditar que a água era um elemento básico, Lavoisier executou outro experimento crucial. Inventou um dispositivo com dois bocais e esguichou gases diferentes de um para o outro, a fim de ver o que faziam. Certo dia, misturou oxigênio com hidrogênio, esperando obter um ácido. Obteve água. Filtrou a água pelo cano de uma arma de fogo cheio de anéis de ferro quentes, dividindo a água mais uma vez em hidrogênio e oxigênio e confirmando que a água não era um elemento.

Lavoisier mediu tudo, e cada vez que realizava esse experimento obtinha os mesmos números. A água sempre produzia oxigênio e hidrogênio numa proporção de peso de oito para um. O que Lavoisier observou era que a natureza cuidava com rigor do peso e da proporção. Onças e libras de matéria não desapareciam ou apareciam ao acaso, e as mesmas proporções de gases sempre produziam os mesmos compostos. A natureza era previsível... e, portanto, maleável.

A antiga alquimia chinesa, por volta de 300 a 200 a. C., foi construída em torno do conceito de dois princípios opostos. Estes podiam ser, por exemplo, ativo e passivo, masculino e feminino ou o Sol e a Lua. Os alquimistas viam a natureza como tendo um equilíbrio circular. As substâncias podiam ser transformadas de um princípio para o outro, e depois devolvidas a seu estado original.

Um exemplo fundamental é o cinabre, hoje conhecido comumente como sulfeto mercúrico, um mineral vermelho pesado que é o principal minério de mercúrio. Usando fogo, esses antigos alquimistas decompuseram o cinabre em mercúrio e dióxido de enxofre. Depois descobriram que o mercúrio combinava com o enxofre para formar uma substância preta chamada metacinabre, "que então pode ser sublimada para o seu estado original, o cinabre vermelho brilhante, quando novamente aquecida", segundo o historiador da ciência Wang Kuike. Tanto a qualidade líquida do mercúrio como a transformação cíclica do cinabre para o mercúrio, e deste novamente para o cinabre, lhe davam qualidades mágicas. Kuike chama o mercúrio de "*huandan*, um elixir regenerativo ciclicamente transformado" associado à longevidade. Esses profissionais antigos tornaram-se familiarizados com o conceito de que as substâncias podiam ser transformadas e depois retornar ao seu estado original. Desenvolveram proporções exatas das quantidades de mercúrio e enxofre, bem como receitas para a extensão e intensidade do aquecimento requerido. Muito importante, segundo Kuike, essas operações podiam ser executadas "sem a menor perda do peso total".[2]

Os antigos alquimistas chineses pareciam estar empiricamente familiarizados com a conservação da massa 1500 anos antes do experimento de Lavoisier. Ele e seus precursores alquimistas descobriram que o peso dos produtos numa reação química é igual ao peso dos reagentes.[3]

O texto alquímico mais antigo é *Ts'an t'ung ch'i* [Unificação dos três princípios] de Wei Po-yang, escrito por volta de 140 d. C. A obra descreve um experimento, muito provavelmente a reação cinabre-mercúrio-enxofre descrita acima. É difícil ter certeza, porque os elementos químicos que vão ao fogo são chamados por nomes metafóricos: Tigre Branco (provavelmente mercúrio), Dragão Azul e Dragão Cinza (enxofre?).[4] Mais importante é o recipiente que usavam:

> Nos lados [do equipamento] há um envoltório emparedado, modelado como um pote *peng-hu*. Fechado em todos os lados, seu interior é composto de labirintos intercomunicantes. A proteção é tão completa a ponto de rejeitar tudo o que é diabólico ou indesejável. [...] Semelhante à Lua deitada de costas é a forma do forno e do pote. Nele é aquecido o Tigre Branco. Mercúrio Sol é a pérola que flui, e com ela o Dragão Azul. O leste e o oeste se misturam, e o *hun* e o *po* [dois tipos de alma] controlam-se mutuamente [...] O Pássaro Vermelho é o espírito do fogo e ministra uma vitória ou derrota com justiça. Com a ascensão da água, vem a conquista do fogo.[5]

O recipiente é usado para derreter e sublimar diferentes metais. O instrumento é semelhante ao pelicano de Lavoisier, porém mais complexo, desenhado para "rejeitar" todos os produtos a fim de assegurar a conservação da massa.

A história da química, ocidental e não-ocidental, vai contra a história da física. A última contém uma cornucópia de teoria, com os experimentos ficando muito para trás. Na química, vemos um fascínio pelo conhecimento empírico, pela experimentação com toda variedade de substâncias (líquidos, sólidos, gases), usando todos os tipos de métodos (fogo, fervura, destilação), mas sem uma estrutura teórica sólida para guiar os experimentos. A imagem cinematográfica do cientista descabelado no seu laboratório misturando béqueres cheios de elementos químicos brilhantemente coloridos não está muito longe da realidade. A química tem sido uma ciência de tentativa e erro. A teoria nem sempre é da mais alta qualidade.

O Ocidente desenvolveu uma teoria coerente que predizia quais elementos vão se combinar entre si e quais não se combinarão, por que alguns compostos são possíveis e outros não, e o que precisamente acontece quando um elemento químico se combina com outro. Além de Lavoisier, houve dois grandes pioneiros nessa área.

Em 1869, na Universidade de São Petersburgo, o siberiano Dmitri Mendeleiev não conseguia encontrar nenhum bom compêndio de química para indicar a seus alunos. Começou a escrever o seu próprio. Como Lavoisier e os chineses antigos, ele via a química como "a ciência da massa". Ele gostava de jogar paciência, uma variedade de jogo solitário, por isso escreveu os símbolos dos elementos com seus pesos atômicos em cartas de anotações, um elemento em cada carta, com suas várias propriedades listadas (por exemplo, sódio: metal ativo; cloro: gás reativo).

Mendeleiev arranjou as cartas segundo o peso atômico crescente. Observou uma óbvia periodicidade (daí a "tabela periódica dos elementos", como seu arranjo veio a ser chamado). Os elementos com propriedades químicas semelhantes tinham um espaço de oito cartas entre eles. O lítio, o sódio e o potássio, por exemplo, são todos metais ativos (eles se combinam vigorosamente com outros elementos, como o oxigênio e o cloro) e suas posições são 3, 11 e 19. O hidrogênio, o flúor e o cloro são gases ativos, e detêm as posições 1, 9 e 17. Mendeleiev rearranjou as cartas numa grade de oito colunas verticais. Lendo transversalmente, os elementos se tornam mais pesados. Lendo para baixo, os elementos em cada coluna exibem propriedades semelhantes.

Mendeleiev não se sentiu compelido a preencher todos os espaços na grade, sabendo que, como no jogo de paciência, algumas das cartas permanecem ocultas no baralho. Se um espaço na tabela exigia um elemento com propriedades particulares e esse elemento não existia, ele o deixava em branco. Mendeleiev era amplamente ridicularizado por essas lacunas na tabela periódica. Cinco anos mais tarde, entretanto, em 1875, o gálio foi descoberto, ajustando-se ao espaço abaixo do alumínio, com todas as propriedades preditas pela tabela. Em 1886, o germânio foi descoberto e ajustou-se ao espaço abaixo do silício. Ninguém riu desde então. Mendeleiev jamais ganhou o prêmio Nobel de Química, embora fosse vivo e elegível durante os primeiros anos do prêmio. Entretanto, três químicos que encontraram elementos "de lacuna" ganharam o prêmio: William Ramsay, que descobriu o argônio, o criptônio, o néon e o xenônio; Henri Moissan por ter descoberto o flúor; Marie Curie por ter descoberto o rádio e o polônio.[6]

Crescendo nas décadas de 1950 e 1960, eu, como outros estudantes dessa era, passei muitas horas fitando a tabela periódica de Mendeleiev, pendurada nas paredes das salas de aula por todo o país. A tabela periódica hoje está menos em evidência, o que é lamentável porque ela inculca até na mente mais lenta a importância do número atômico, a posição de um elemento na tabela periódica. As notáveis diferenças qualitativas entre os elementos — o carbono pouco se parece com o hidrogênio, ou o chumbo com o hélio — são, num nível básico, diferenças de número atômico, que agora equiparamos à carga no núcleo.

O significado da tabela periódica e suas regularidades e padrões repetitivos permaneceram ocultos até o início do século XX, quando o átomo foi dissecado, e os físicos encontraram elétrons por dentro e um núcleo que compreendia prótons e nêutrons. Os elementos diferiam uns dos outros por causa do número de prótons e nêutrons no núcleo e por causa do número de elétrons zunindo ao seu redor. Seguiu-se a teoria quântica.

Um dos pioneiros do apogeu quântico (1900 a 1930) foi Wolfgang Pauli. Ele não tinha a intenção de resolver o mistério da tabela periódica; estava simplesmente tentando compreender o átomo. Pauli era famoso pelo seu senso de humor amargo. Não poupava ninguém. Quando o célebre físico Victor Weisskopf, à época assistente de Pauli, apresentou-lhe um trabalho teórico, Pauli disse: "Ah, isso nem sequer está errado!". Pauli também enviou uma carta a

Albert Einstein, recomendando um estudante como assistente. "Caro Einstein", escreveu, "este estudante é bom, mas ele não compreende claramente a diferença entre a matemática e a física. Por outro lado, você, caro Mestre, perdeu há muito tempo essa distinção."

Em 1924, Pauli anunciou o princípio de exclusão: dois elétrons não podem ocupar o mesmo estado quântico. O princípio explicava a ordem na tabela de Mendeleiev e por que podemos usá-la para predizer que elementos combinam com quais elementos e como. Não vou entrar aqui nos dados específicos do que constitui um estado quântico. Basta dizer que o princípio de exclusão de Pauli limita os números de elétrons no que agora chamamos as "órbitas" de cada átomo: dois na primeira, oito na segunda, dezoito na terceira, e assim por diante. O hidrogênio, por exemplo, tem apenas um próton no seu núcleo. Para equilibrar a sua única carga positiva, precisamos de um elétron (carga negativa), que ocupa o estado de energia mais baixa, ou órbita. O seguinte na tabela é o hélio. O seu núcleo tem duas cargas positivas, por isso precisamos de dois elétrons, que, segundo o princípio de Pauli, ajustam-se na primeira concha.

Quando chegamos ao lítio, e suas três cargas positivas no núcleo, precisamos de três elétrons. Dois entram na primeira concha, mas o terceiro deve ser colocado na segunda concha. Essa concha tem um raio maior que o da primeira, e com apenas um de seus oito espaços para elétrons preenchido podemos ver por que o lítio é um metal ativo, combinando-se com outros átomos com facilidade. Quando as conchas mais exteriores estão cheias, é impossível acrescentar um elétron. A resistência eletromagnética é imensa. Quando há espaços abertos, é hora de negociar.[7]

O dirigível *Hindenburg* é um exemplo excelente desse princípio. A sua trágica explosão sobre Lakehurst, Nova Jersey, em 1937 ilustra o princípio de Pauli. Os Estados Unidos tinham se recusado a exportar hélio para a Alemanha, por isso os dirigíveis alemães eram inflados com hidrogênio. O hélio é mais seguro, porque seus dois elétrons enchem a sua concha, tornando-o um gás inerte. O hidrogênio tem apenas um elétron, o que o torna um gás ativo, um fato que ficou evidente quando o *Hindenburg* se elevou em chamas.

O hidrogênio e o hélio são dessemelhantes, apesar de diferirem apenas por 1 no número atômico. As colunas verticais na tabela periódica, por outro lado, contêm elementos cujas conchas mais exteriores possuem o mesmo número de elétrons e, assim, esses elementos têm propriedades químicas semelhantes.

Graças a Lavoisier, Mendeleiev, Pauli e muitos outros, os alunos da sétima série podem fazer e compreender experimentos que teriam parecido mágica aos químicos que trabalhavam apenas alguns séculos atrás. Somente nos últimos três quartos de século, graças às contribuições de Pauli, é que compreendemos por que os elementos químicos se misturam e reagem como fazem. Torna-se claro para nós por que o sódio e o cloro podem se combinar para formar sal, ou o hidrogênio e o oxigênio para fazer água. Estou falando teoricamente. Nem todos compreendem esse conhecimento valioso.

A alquimia é normalmente associada com as pseudociências e as culturas primitivas, supersticiosas. Num sentido estreito, a alquimia é a tentativa de transformar o chumbo ou outros metais vis em ouro. Outra meta dos alquimistas era encontrar o elixir da juventude eterna. Como veremos, a alquimia também pode ser definida como uma antiga forma de química.

A ambição de transformar chumbo em ouro não é tão maluca. Como vimos, o número atômico é a chave para a química, e o número do chumbo é semelhante ao do ouro, estando os elementos próximos um do outro na tabela periódica (números atômicos 82 e 79, respectivamente), embora, é claro, os antigos não tivessem uma tabela periódica.

Um dos primeiros prêmios Nobel de Química foi concedido em 1908 a Ernest Rutherford, que descobriu que, por meio da radioatividade, alguns elementos se transformam em outros. Os elementos são alteráveis. Eis a famosa conversa de Rutherford com seu colaborador Frederick Soddy.

SODDY: "Rutherford, isto é transmutação".
RUTHERFORD: "Por Mike, Soddy, não diga que é transmutação. Eles vão mandar nos decapitar como alquimistas".[8]

Rutherford passou a transmutar elementos de outra maneira, bombardeando-os com partículas para romper os prótons, "esmagando os átomos" para transformá-los em elementos mais leves.[9]

Em 1938, o físico italiano Enrico Fermi ganhou o prêmio Nobel, em parte por supostamente descobrir novos elementos radioativos mais pesados do que o urânio. Fermi tinha bombardeado o urânio, número atômico 92 na tabela periódica, com nêutrons lentos, e produzira duas substâncias misteriosas que, na sua palestra quando recebeu o Nobel, chamou "ausonium" e "hesperium", elementos 93 e 94. Na realidade, Fermi havia dividido o átomo de urânio em elementos mais leves, em vez de acrescentar nêutrons para criar elementos mais pesados. Sem o saber, ele havia produzido a fissão. Em 1939, Otto Hahn e Fritz Strassman, com alguma ajuda interpretativa de Lise Meitner e Otto Frisch, dividiram o átomo de urânio e perceberam que haviam realizado a fissão.[10] (O prêmio de Fermi foi bem merecido; era um grande físico, um "deus" na linguagem da sua profissão, e tinha muitas outras realizações em nível de Nobel.) Em 1940, Edwin McMillan e Glenn Seaborg realizaram o que a obra de Fermi havia sugerido. Criaram os elementos transurânicos netúnio e plutônio via bombardeamento. Eles ganharam o prêmio Nobel de Química em 1951.[11]

Vamos encontrar químicos antigos e medievais que acreditavam na alquimia e na transmutação. As suas idéias têm sido defendidas, ainda que relutantemente, em nossa era por homens como Rutherford, Fermi, McMillan e Seaborg.

Os primeiros estudos dos povos pré-históricos sobre química envolviam qualquer processo que transformasse os ingredientes iniciais: cozinhar, curtir o couro, trabalhar os metais, fazer remédios, pintar e tingir, fazer cerâmica. Eduard Farber, um historiador da química, define-os como "a seleção, separação e substancial transformação dos materiais".[12] No mundo antigo, o fogo, o mais visível agente de transformação, estava no coração da química.[13] A água também possui um papel importante na química primitiva como o principal meio dissolvente. Uma compreensão exata do que os povos antigos conheciam sobre a química é dificultada pelos numerosos nomes usados para a mesma substância, por um único nome denotar substâncias enormemente diferentes, e pela quantidade desconhecida de impurezas envolvidas em qualquer processo, mesmo quando os termos são claros.

À alquimia pode ter sido negado o seu lugar apropriado na história da química por causa de uma incapacidade de interpretar as tradições religiosa, filosófica e simbólica que encarnavam o seu conhecimento. O gosto dos alquimistas pela metáfora, como os dois leões sendo emblemáticos do enxofre, tornava a alquimia ininteligível para as pessoas de mentalidade ao pé da letra. Nas palavras do químico John Read: "É fácil fazer pouco de algo que não se fez nenhum esforço para compreender".[14] Em eras futuras, é de se perguntar o que os eruditos farão de nossos termos "modernos" de física e de astrofísica: winos, WIMPs, quarks, matéria escura, o caminho óctuplo, supercordas, big bang e coisas do gênero.

Os alquimistas foram pioneiros em introduzir uma técnica que estabeleceu os fundamentos para grande parte da química moderna: eles experimentavam. O pensamento místico-religioso em torno da alquimia também desempenhava um papel significativo, dando origem a crenças que mais tarde deviam se tornar preceitos da química moderna: conservação da matéria, mudanças de fase e transferência de energia. O misticismo alquímico ligava a transformação de substâncias sólidas em líquidos e vapores com a transformação do corpo humano em alma. A sublimação, na qual um sólido se converte diretamente num vapor, parecia especialmente análoga ao espírito deixando o corpo, e as recristalizações mágicas de um material derretido ou de um vapor estavam ligadas com as idéias de reencarnação e renascimento.

A alquimia era filosofia. Alternativamente chamada de hermetismo, a alquimia tinha como sua intenção primária a regeneração da alma humana, de seu presente estado dominado pelos sentidos para a sua condição divina original. Tratava de elevar a essência de vida das coisas — dos metais em particular — a uma forma mais nobre.[15]

Não é claro de onde veio a alquimia; alguns eruditos dizem que começou no Egito e foi filtrada para a China; outros dizem que começou na China. Idéias alquímicas são encontradas em escritos hindus de 1000 a. C. no *Atharva veda*. Em todo caso, as idéias alquímicas foram vistas na Índia, no Egito e na China muito antes do que na Grécia.[16] Vamos começar com o Egito.

EGITO

Os gregos consideravam o Egito a fonte da alquimia mais antiga e admiravam a antiga habilidade egípcia na "arte de esmaltar, colorir o vidro, extrair óleos das plantas e tingir — tudo dependente do conhecimento químico", segundo John Read. "Por essas razões, o Egito, ou Khem, o país do solo escuro [...] tem sido freqüentemente retratado como a terra natal da química", escreve.[17] A palavra *chemeia*, o vocábulo grego para "preparação de prata e ouro", pode ter raízes em *Khem*. Outras fontes afirmam que *chemyia* tem origens em uma palavra que significa despejar,[18] enquanto o estudioso Bruce Bynum diz que *Kem* e *al-kemit* (como em "alquimia") não se referiam ao solo egípcio, mas ao povo mais antigo do alto Nilo que fundou a civilização da Núbia ou de Kemet. Eram africanos negros. Por isso, para os gregos *Kem* veio a significar "terra dos negros".[19] Outros pesquisadores acreditam que as idéias egípcias provinham de fontes persas, caldéias e hebraicas.[20]

Alguns papiros de Tebas do século III d. C., copiados de textos ainda mais antigos, podem ser os registros mais remotos de esquemas alquímicos para transformar metais inferiores em prata e ouro. Os papiros continham pouca teoria, mas muitas informações práticas sobre as ligas que entram na fabricação de diferentes metais.[21] A alquimia era, entretanto, relacionada com as visões filosóficas e religiosas dos egípcios, e, em certo sentido, com a mumificação, segundo Eduard Farber:

> O Egito, o país da terra preta, era devotado ao culto dos mortos. O deus Osíris é revivido após a morte, depois de ter sido embrulhado ritualmente em faixas de pano. Para a mente dos egípcios, isso indicava uma analogia válida com o fato de que os minerais são envoltos em faixas e enterrados em lixívia preta para que sejam revividos nos metais.[22]

Os sacerdotes presidiam esse "embalsamamento" dos metais, que provinham da terra negra para serem transformados (assim se esperava) em ouro. A prática egípcia de embalsamar os mortos era uma extensão lógica dessa crença e, segundo Farber, uma indicação de como a matéria agia poderosamente sobre o espírito e a vida humanos. A vida, o espírito e os elementos físicos eram inter-relacionados na mente dos antigos egípcios.[23]

Esse conceito de transformação material deve ter fascinado os antigos egípcios quando observavam os metais mudarem de cor e forma depois de serem aquecidos ou passarem por outros processos. Os alquimistas alexandrinos posteriores (do século IV ao VII d. C.) enfatizavam uma progressão da cor no processo de fazer ouro: negro era o primeiro estágio, da fundição de "metais inferiores" como o chumbo, o estanho, o cobre e o ferro, ou o chumbo e o cobre com o enxofre; branqueamento era o seguinte, realizado pela queima do composto negro com arsênico, prata, mercúrio, antimônio ou estanho. A seguir, a substância era amarelada pelo emprego do ouro ou uma mistura de cal e enxofre. Por fim, a cor violeta prevalecia. O ouro de cor violeta parece estranho (e pouco autêntico) para nós, mas para os egípcios era uma espécie de ouro intensificado, a essência do ouro, algo visto como tão poderoso que agia como um "fermento" para transformar o metal numa substância espiritual.[24] O conceito de fermento era seminal no pensamento antigo, significando algo minúsculo que causa mudanças enormes. Em certo sentido, o fermento é um precursor das idéias químicas de catalisadores ou enzimas, estando relacionado com os elixires da vida chineses e mais tarde árabes.

Tendo-se em mente a conexão egípcia da matéria física com o espírito, o vapor da destilação durante esses processos era associado com o espírito, enquanto o material "inferior" restante era o corpo, o cadáver. Isso sem dúvida diz respeito ao processo químico da sublimação, no qual a matéria sólida se transforma diretamente em gás. A transformação de substâncias é um modo antigo de pensar sobre as mudanças de fase da matéria: do sólido para o líquido para o gás.[25]

Embalsamar era o primeiro passo para tirar o espírito humano de seu corpo morto para a reencarnação. O grego Heródoto (século V a. C.) descreve o processo:

> Primeiro eles extraíam o cérebro pelas narinas com um gancho de ferro, retirando parte dele dessa maneira, o resto pela infusão de drogas. Depois com uma pedra pontuda faziam uma incisão lateral e removiam todas as entranhas; e, tendo limpado o abdômen e enxaguado o local com vinho de palma, eles então o borrifavam com perfume macerado. Depois, tendo enchido a barriga com pura mirra, canela e outros perfumes, eles a costuravam de novo; [...] eles mergulhavam o corpo em natrão, deixando-o imerso por setenta dias [...] Ao fim de setenta dias lavavam o cadáver, e embrulhavam todo o corpo em faixas de tecido encerado, besuntando-o com goma, que os egípcios comumente usavam em lugar de cola.[26]

O natrão em que o corpo é mergulhado ocorre naturalmente nos lagos egípcios.[27] Os químicos discutem sobre o que era o natrão; alguns o chamam de precipitante de bicarbonato e carbonato de sódio,[28] e outros, um sal de sódio, alumínio, silício e oxigênio.²⁹ Acredita-se agora que o mergulho em natrão matava as bactérias e desidratava as células, enquanto enfaixar o corpo e encerrá-lo hermeticamente numa tumba protegia-o da umidade e do ar. "Tudo considerado", escrevem Cathy Cobb e Harold Goldwhite no seu livro *Creations of fire: Chemistry's lively history from alchemy to the atomic age* [Criações de fogo: A animada história da química, da alquimia à era atômica], "o processo não era muito mais misterioso do que salgar a carne de porco."³⁰ (Os havaianos também preservavam os corpos eviscerando-os e enchendo-os de sal obtido da água do mar evaporada. Um corpo tratado dessa maneira era chamado de *ia loa*, "peixe longo".)³¹

Por mais que o ouro fosse reverenciado no antigo Egito, a ocupação de ourives não era atraente para ninguém. Um antigo livro de instruções conta como Dua-Khety, um homem que vivia em Sile no Médio Império, preferiu colocar seu filho Pepy numa escola de escrita a mandá-lo procurar uma profissão como a de ourives. "Tenho visto um ourives trabalhando diante da porta da fornalha, os dedos como [as garras dos] crocodilos. Ele fede mais do que esperma de peixe."³² O cheiro se refere talvez aos fumos resultantes dos muitos procedimentos químicos aplicados ao ouro, os dedos curvos talvez a um sintoma de envenenamento por metal pesado. Ainda assim, isso não impedia outros de se tornarem vítimas do fascínio do ouro.

O produto final desejado da alquimia, o ouro, é encontrado puro na natureza e data da Idade da Pedra no Egito. Entretanto, os egípcios mais antigos não sabiam separar o ouro da prata. Às vezes o ouro egípcio era tão rico em prata que parecia um metal diferente, variadamente apelidado de ouro branco, asem ou eletro. O químico francês do século XIX Marcelin Berthelot analisou artefatos da XII Dinastia (*c.* 2000 a. C.) e descobriu que o metal continha cerca de 85% de ouro e 15% de prata.³³ Mais tarde (*c.* 1300 a. C.) os métodos de separação envolviam aquecer a liga de ouro e prata, repetidamente com sal comum, o que acabava por transformar a prata em cloreto de prata, que escoava para a escória.³⁴

Os dois papiros de receitas alquímicas encontrados em Tebas foram primeiro traduzidos para o grego e depois para o latim, a versão analisada por Berthelot. Os papiros são uma coletânea de receitas químicas para fazer ligas metálicas, produzir imitações de ouro, prata ou eletro, tingir e outras artes relacionadas.³⁵ As fórmulas nem se perturbam com sua intenção de enganar, de modo que só podemos especular se os egípcios não viam contradição entre o ouro "real" e o "falso", ou se o escritor (ou escritores) era de uma natureza mais prática que os sacerdotes. Berthelot explica:

> As partes que tratam dos metais preocupam-se principalmente em produzir imitações passáveis de ouro, prata ou eletro a partir de materiais mais baratos, ou em dar uma cor externa ou superficial de ouro ou prata ao metal mais barato [...] Há freqüentemente afirmações de que o produto passará nos testes comuns para produtos genuínos, ou de que enganará até os artesãos.³⁶

Eis uma receita para prata falsa (estanho amalgamado):

> Estanho, doze dracmas [3,411 gramas]; mercúrio, quatro dracmas; terra de Chios [argila branca], duas dracmas. Ao estanho derretido acrescentar a terra pulverizada, depois acrescentar o mercúrio, mexer com um ferro, e pôr em uso.³⁷

Para fazer pérolas artificiais:

> Aplicar mordente [fixador] ao cristal ou torná-lo áspero na urina de um menino e em alúmen, depois mergulhá-lo em azougue e leite de mulher.

O "cristal", nesse caso, provavelmente se refere a pedras mais macias, absorventes, transparentes, e não ao quartzo, que não absorveria a solução. "Azougue" é provavelmente mercúrio falso, feito talvez de mica ou escamas de peixe.³⁸ Hoje, claro, é mais problemático obter urina de meninos e leite de mulher. A urina, um álcali, era misturada com o alúmen (sulfato de potássio-alumínio) para fixar as cores. Não sabemos ao certo para que servia o leite de mulher.

A fabricação de cremes para a pele e óleos perfumados era altamente desenvolvida no Egito, bem como na Mesopotâmia. Pomadas, ungüentos, óleos, sombra para os olhos e esmalte de unhas protegiam a pele do ambiente desértico e tinham significação religiosa. Em 2450 a. C., o sábio Ptah-Hotep escreveu: "Se és um homem de prestígio, deves fundar o teu lar e amar a tua esposa em casa como convém. Enche a sua barriga, cubra as suas costas. Ungüento é a prescrição para seu corpo".[39]

A gordura animal ou os óleos vegetais do castor, colocíntida, alface, linhaça, oliva e açafrão serviam como uma base, à qual os óleos aromáticos eram acrescentados. Os óleos de anis, cedro, canela, cidra, mimosa, menta, rosa e alecrim eram populares. O método de extrair os óleos é incerto, mas talvez tivesse implicado ferver ervas esmagadas num pote coberto com um tecido impregnado de gordura, a gordura depois absorvendo o aroma, um método ainda usado por povos ao longo do Nilo. Outros métodos incluíam embeber as flores em gordura até que o odor fosse absorvido por ela, e mergulhar as flores em óleos quentes e depois espremer para retirar o líquido. Muito provavelmente os egípcios espremiam o óleo apertando os ingredientes num saco de tecido por meio de pauzinhos. R. J. Forbes, um historiador de tecnologia, indica que "o leite, o mel, os sais e essas resinas vegetais e resinas oleosas" estavam incluídos em produtos de beleza, alguns dos quais provavelmente fixavam a natureza volátil dos óleos.[40]

As receitas cosméticas foram registradas num texto do século XVI a. C., o *Papiro cirúrgico Edwin Smith*, que aparentemente era uma cópia de um documento muito mais antigo. Começa com esta apresentação: "Início do livro da transformação de um velho em moço", um sentimento próximo do uso de cosméticos dos povos modernos.[41]

> Receita para transformar a pele: Mel 1, natrão vermelho 1, sal do norte 1. Triturar [pulverizar] tudo junto e untar com a mistura.

O mel e o leite eram bases comuns para os cosméticos no Egito e na Mesopotâmia. Forbes compara essa receita com as modernas loções para a pele que incluem "álcool, glicerina, ácido láctico (85%), água e perfume". Os egípcios também controlavam a caspa, usando poções compostas de cevada moída e assada, farelo de trigo e banha suave, rematadas com aplicações de óleo de peixe e gordura de hipopótamo. Dada a escassez de gordura de hipopótamo, os xampus modernos contra a caspa baseiam-se em substâncias untuosas suaves, como cera de abelha, lanolina, vaselina, óleo de oliva ou vaselina líquida para remover as escamas ressecadas do couro cabeludo.[42] Os egípcios também usavam antimônio e malaquita verde como sombra para os olhos.[43]

* * *

O natrão era não só usado como um alvejante para a roupa branca, mas também como uma espécie de sabão misturado com argila. A importância do sabão é demonstrada pelo fato de que o natrão e outros tipos de sabão feitos com soda e óleo de castor eram supervisionados pelas autoridades egípcias, que taxavam os que lavavam as roupas com esses materiais.[44] A lã era limpa com cinzas (que forneciam carbonatos alcalinos como reagentes) e água de argila, que operavam juntas como uma substância abrasiva.[45]

Os egípcios preparavam uma ampla gama de tinturas, inclusive as cores púrpura, vermelho, rosa, amarelo, verde e azul, feitas de açafrão, urzela, anil extraído de ísatis,[46] suco de amora, flores de romã,[47] cinabre e óxido de ferro.[48] O galardão dos egípcios era o quermes, os corpos secos e pulverizados das fêmeas de cochonilhas que eles usavam para fazer tinturas vermelhas e púrpura. Claro, a história do quermes antecede o seu emprego egípcio. Os persas anteriores ao século XVIII a. C. tingiam os seus tapetes com quermes, que é a raiz das palavras "carmesim" e "carmim".[49] A tintura azul era também popular, mas não entraremos em detalhes da sua fabricação. Basta dizer que, mais uma vez, envolve urina.[50] Também central para a tintura egípcia era algo chamado pedra frígia, que, segundo Plínio (escrevendo no século I d. C.), era uma pedra semelhante a uma pedra-pomes embebida em vinho e depois aquecida três vezes. Quando fervida com a pedra frígia, misturada com algas e lavada em água do mar, a lã se tornava púrpura.[51]

ÁFRICA OCIDENTAL

Conhecemos menos sobre a química do oeste da África do que sobre a egípcia. Em ambas, a filosofia e a religião desempenham um papel. Há uma crença básica, diz o pesquisador John Mbiti, em "um poder ou energia no universo que pode ser extraído por aqueles que sabem fazê-lo, e depois usado, para o bem ou para o mal, em outras pessoas".[52]

O povo ioruba, que ocupava o território que é atualmente o sudoeste da Nigéria, compilou um corpo de conhecimento oral conhecido como *Ifá*, que é tanto um conjunto de escrituras como uma divindade — isto é, uma representação da consciência de Deus, por meio da qual os iorubas aprendiam a sabedoria. As origens do *Ifá* são desconhecidas e envolvem sem dúvida uma mistura de muitas tradições africanas. Alguns afirmam (isso é controverso) que o *Ifá* foi levado do oeste da África para o Egito entre 2000 e 500 a. C.[53]

Os iorubas têm numerosas divindades, mas todas são consideradas vibrações energéticas de um único Deus. Cada divindade tem um conjunto diferente de ervas associado à sua figura, cujas vibrações energéticas são vistas como semelhantes à própria energia do deus.[54] Acreditamos em algo muito semelhante hoje em dia. Cada átomo (ou molécula) vibra em freqüências específicas, permitindo assim que identifiquemos os elementos químicos por meio da espectroscopia.

O sistema de crença no *Ifá* lembra as dualidades yin–yang dos chineses e os quatro elementos do mundo antigo. Os iorubas vêem o seu universo encerrado numa esfera ou cabaça, do tradicional cabaceiro. Em cada um dos quadrantes estão os quatro elementos do sistema antigo: terra, água, fogo e céu (ar). O céu e o fogo são associados a qualidades luminosas, positivas, masculinas; a água e a terra com qualidades escuras, femininas e negativas. A falta de equilíbrio entre esses elementos é vista como a causa da desarmonia.[55] Se quisermos estender o conceito, podemos conectá-lo às idéias modernas do papel dos íons positivo e negativo em ligar os materiais químicos.

Para outro povo do oeste africano, os ga, que habitavam a Gana de nossos dias, numerosos deuses eram conhecidos como *dzemanon*. Seres inferiores ligados à farmacologia e à magia eram chamados *won*. Segundo o pesquisador M. J. Field, um *won*, geralmente ligado a uma erva curativa específica, "é algo que pode agir, mas não ser visto". São espíritos sem nome que agirão "para qualquer um, desde que a pessoa tenha realizado as cerimônias apropriadas ao se tornar o dono do remédio, e desde que seja cuidadoso quanto a quaisquer tabus [contra-indicações] ligados ao seu uso".[56]

O oeste da África tem uma rica tradição têxtil que recorre ao conhecimento de tinturas e materiais de tinturas. Na Nigéria, as fontes de tintura tradicionais incluíam sorgo, teca, hena, pau-rosa africano, noz-de-cola, raízes de palma, cinza e as folhas de muitas plantas.[57]

Uma das mais famosas tinturas africanas é o anil, feito com as folhas de várias plantas diferentes, inclusive a *Indigofera tinctoria*, que eram fermentadas e depois fixadas com calcário ou cinza.[58] Os tintureiros iorubas trituravam e secavam as folhas, pulverizavam-nas e colocavam-nas num pote com um furo no fundo. Cinzas eram acrescentadas e depois a água passava por toda a mistura, escoando para um segundo pote abaixo. A substância no segundo pote era fermentada até que a tintura se acumulasse no topo do tanque de fermentação.[59]

Nas regiões nigerianas de Sokoto, Kano e Bida, os poços de fermentação tinham freqüentemente quase um metro de largura e de dois a 3,5 metros de profundidade, capazes de comportar cerca de trezentos galões de banho de tintura. Os poços eram impermeabilizados com uma massa de montes de formiga, cinzas e pêlo de bode, favas de acácia-branca fermentadas, ou argila besuntada nas paredes. As folhas eram misturadas com cinzas e deixadas assim por uma semana. Depois o tecido era acrescentado e retirado, espremido para eliminar a água, e o pano exposto ao ar para permitir que ocorresse a oxidação.[60] A propriedade de tingir da *Indigofera tinctoria* era conhecida em grande parte do Oriente Médio e também no Extremo Oriente. Usada para tingir tapetes orientais no Beluchistão e em Bengala, representava um dos processos mais complexos, envolvendo tanto a fermentação como a oxidação.[61]

O processamento moderno dos alimentos, segundo o estudioso nigeriano Richard Okagbue, tem as suas origens nos tempos antigos. A principal diferença é a compreensão dos princípios biológicos e químicos por trás do processamento.[62] A preparação da comida africana representava uma tradição longa e complexa de fermentação.

A mandioca-brava no seu estado natural é tóxica (embora nem sempre fatal) por causa da linamarina presente no tubérculo fresco, mas é o produto principal da cozinha nigeriana. Tradicionalmente, sua raiz é ralada e colocada em sacos porosos, depois prensada por blocos pesados para se tirar o suco. O processo bioquímico subjacente envolve uma bactéria que come o amido para criar ácidos orgânicos, que então liberam o cianeto de hidrogênio venenoso da linamarina. Uma segunda bactéria cria aldeídos e ésteres que adoçam o sabor.[63] A teoria prevalecente é que as pessoas comiam mandioca-brava só quando não havia alimentos mais seguros. Se os cozinheiros cobrissem a raiz não preparada enquanto ela fervia, havia grande risco de ocorrer envenenamento por cianeto, que era crônico em povos que dependiam muito dessa planta como alimento.[64]

Os antigos médicos africanos não faziam distinção entre as características de uma planta curativa e o efeito dessa planta. Descreviam as qualidades medicinais em termos qualitativos: cheiro, gosto, tato (seco, úmido, quente, frio). Se a planta produzia essas qualidades, era isso o que importava, e não o mecanismo por trás do efeito. No século XVIII, o mundo ocidental começou a focalizar critérios mensuráveis e objetivos. A farmacologia ocidental isolava o princípio químico ativo e acreditava que esse princípio fosse inteiramente responsável pela cura.

Os povos antigos e não-ocidentais adotavam uma abordagem mais holística, acreditando que as plantas estavam inextricavelmente ligadas ao mundo como um todo. Era a "energia efetiva" ou "energética" de uma planta — sua capacidade de ligar o paciente com esse todo maior — que se julgava ser a causa da cura, e não alguma substância física inerente dentro dela.[65]

O povo ga tem uma vasta farmacopéia, compilada através das eras, de ervas conhecidas por serem úteis para certas doenças, como a capacidade da raiz *sese* de amortecer a dor e curar insônia. A análise química dessas ervas tem mostrado claros elementos farmacêuticos. As preparações incluem infusões, solução em líquido fermentado (rum), banhos de vapor e uma espécie de injeção em que os remédios são esfregados para dentro dos cortes.[66]

Mas o povo ga acredita que o poder das ervas e misturas usado pelos curandeiros não deriva de suas próprias qualidades, e sim dos espíritos invisíveis que emanam através delas. Não há separação no pensamento ga entre a ação biológica dos alimentos e das drogas e o reino espiritual da arte de curar. Para os ga, o alimento mantém a pessoa viva agradando o espírito da pessoa, o seu *kla*. Se o *kla* não quer aceitar certo alimento ou remédio, a pessoa não ficará curada, não importa quão eficaz a substância é para outros.[67] Em termos ocidentais, considera-se que os elementos químicos têm os efeitos que causam devido a características inerentes. Os ocidentais também acreditam que é a essência ou agente químico nas plantas medicinais que realiza a cura. Essa "essência" não está longe do conceito ga do *won*.

Com os ga, as ervas medicinais são queimadas até formarem um pó numa tigela, sendo depois combinadas com vários objetos, como a argila ou penas, que se acreditava serem capazes de controlar o *won*. Quando um paciente está doente, o curandeiro faz um chá das mesmas ervas frescas, mas considera o *won* a fonte do poder do chá, e não o chá por si só. O chá meramente torna clara a conexão entre o paciente e o *won*.[68]

Novos remédios aparecem quando o *won* fala ao curandeiro. M. J. Field escreve:

> Qualquer um lhe dirá que "toda erva é um remédio para algo", mas ninguém sabe *para que* até que a própria erva ou um *won* fale e revele. Todo mundo também concorda que só um curandeiro inteligente pode escutar essa fala [...] [Entretanto] compreende-se que a "fala" é apenas uma fala metafórica [...] que um objeto por sua forma, cor e função sugerirá de repente à mente do curandeiro conexões entre ele próprio e a doença a ser curada. Por exemplo, sementes com a forma de dedos, raízes parecidas com cabelos [...] sugerirão o seu emprego para tratar de dedos com panarício, cabelos com tinha.[69]

O relato autobiográfico de um moderno xamã africano sobre sua iniciação nos antigos costumes dos dagara da África ocidental (que ocupam o moderno Burkina Fasso) afirma que um conceito de expansão de consciência, algo que muitos ocidentais chamariam alucinação ou psicose, permite que os xamãs identifiquem as combinações de plantas necessárias para a cura:

> Minhas percepções haviam se tornado hiperbólicas [...] Eu podia ver as personalidades diferentes das árvores [...] Até as suas raízes eram visíveis para mim [...] Eu via o remédio e o poder de curar em todas elas.
>
> Lembrei-me do curandeiro cego na vila que [...] tinha um talento tão grande para conversar com as árvores que desconcertava até os seus colegas curandeiros [...] O mundo vegetal acordava no meio da escuridão, toda árvore e toda planta — tudo falando ao homem ao mesmo tempo [...] Ele traduzia, dizendo a cada paciente que tal e tal árvore falava que seu fruto, secado, moído, depois misturado com água salgada e bebido, cuidaria da doença em questão. Outra planta dizia que não poderia fazer nada sozinha, mas que se o paciente pudesse falar a outra planta (cujo nome o curandeiro conhecia) e misturar as suas substâncias, as suas energias combinadas poderiam matar tal e tal doença.[70]

Salvo o acréscimo de sal à fruta seca, o que quimicamente pode aumentar a quantidade da essência ativa extraída da planta, a maioria dos cientistas não veria nenhum fio de lógica nessa descrição. Há a história clássica do químico alemão Friedrich August Kekulé, que descobriu a estrutura do benzeno durante um estado hipnagógico. Em 1862, ele determinou que o benzeno consistia num anel cíclico composto de seis átomos de carbono, cada um com uma espora de átomo de hidrogênio.[71] Sua descoberta foi essencial para o posterior desenvolvimento da química orgânica, segundo afirmou Pierre Thuillier na revista de ciência *La Recherche*.[72] A descrição do acontecimento, dada pelo próprio Kekulé:

> Virei a cadeira para a lareira e caí num cochilo. Os átomos esvoaçavam diante de meus olhos. Longas fileiras, arranjados de maneiras variadas, mais de perto, unidos; todos em movimento se retorcendo e se virando como serpentes [...] Uma das serpentes abocanhou a própria cauda e a imagem girou desdenhosamente diante de meus olhos. Como se no relampejar de um raio, acordei.[73]

Como veremos, o emprego de drogas psicoativas pelos xamãs sul-americanos equipara-se a essa experiência ainda com mais insistência.

Os africanos do oeste também compreendiam os estimulantes. A cola provém das plantas *Cola nitida* e *Cola acuminata*, dessa região da África. As sementes das nozes-de-cola têm sido mastigadas pelos africanos ocidentais ao longo de séculos para combater a fome e a fadiga. Mais tarde, os ocidentais descobriram a árvore e transformaram o seu extrato em coca-cola, uma fonte significativa de cafeína na dieta ocidental. As próprias sementes de cola têm um conteúdo de cafeína em torno de 2%. Uma fórmula posterior para a coca-cola incluía não só a *C. nitida*, mas também a cocaína, derivada da *Erythroxylon coca* peruana, e vinho.[74]

A venenosa fava-de-calabar (*Physostigma venenosum*) cresce no oeste da África e era usada pelo povo efik na costa de Calabar para execuções, uma espécie de injeção oral letal. Os efik sabiam a dose que causaria a morte, assim como também sabiam tomar a dose adequada para que os vômitos livrassem o corpo rapidamente do veneno.

Os europeus invasores se interessaram pela toxina e em 1864 isolaram a fisostigmina (eserina) como o ingrediente ativo da planta. A investigação provou que a morte era causada por paralisia ou insuficiência cardíaca. Por fim, descobriram o uso da fisostigmina no tratamento do glaucoma. Nos tempos modernos, o extrato da fava levou à descoberta de acetilcolina, um neurotransmissor, e à enzima que ativa o neurotransmissor que a fisostigmina bloqueia. A fisostigmina é usada no tratamento da miastenia grave, tem um emprego potencial para reduzir a perda de memória em pacientes com mal de Alzheimer e foi desenvolvida como gás nocivo aos nervos pelos militares alemães na Segunda Guerra Mundial.[75]

ORIENTE MÉDIO

O mais divulgado incidente da química do Oriente Médio foi executado por Moisés, quando conduziu seu povo para fora do Egito e eles erraram pelo deserto sem água. Segundo o Êxodo 15, 23-25:

> Afinal chegaram a Mara; todavia não puderam beber as águas de Mara, porque eram amargas [...] E o povo murmurou contra Moisés, dizendo: "Que havemos de beber?". Então Moisés clamou ao Senhor, e o Senhor lhe mostrou uma árvore; lançou-a Moisés nas águas, e as águas se tornaram doces. [...]

John W. Hill e Doris K. Kolb, em *Chemistry for changing times* [Química para tempos de mudança], sugerem uma reação química para explicar o milagre. A água do deserto é freqüentemente alcalina, e as bases (álcalis) têm gosto amargo. Um ramo morto descorado pelo sol do deserto teria passado por uma mudança química, de modo que os grupos de álcool na celulose teriam oxidado, transformando-se em grupos de ácido carbonílico. Esses grupos de ácidos neutralizariam os álcalis na água. Moisés não tinha conhecimentos de química, mas a sua ação sugere que o povo daqueles tempos sabia como purificar a água e que certos agentes eram responsáveis pela transformação.[76] Certo, esse é um exemplo espalhafatoso, porém um tanto trivial. Há evidências mais substanciais do conhecimento de química no Oriente Médio, até mesmo de química teórica.

Os sumérios, e mais tarde os babilônios e os assírios, eram povos práticos, mas eles especulavam sobre a alquimia e a natureza da matéria. Uma conexão química entre o espírito e a matéria física pode ser encontrada em textos sobre a fabricação do vidro tanto no século XVII a. C. como no VII a. C. Os vidreiros sacrificavam embriões humanos para estabelecer uma confluência com as almas não formadas no outro mundo, a fim de assegurar que o processo do vidro e da cerâmica fosse completado com sucesso.⁷⁷ De forma semelhante aos egípcios, os mesopotâmios acreditavam que extrair metais e minerais do solo quebrava o crescimento natural do mineral no ventre da Terra, e portanto exigia apaziguamento.⁷⁸ Os egípcios demonstravam essa crença enterrando crianças mortas em potes e colocando vasos e potes cheios de alimento nos túmulos para permitir que o espírito da criança comesse o alimento no seu caminho para a reencarnação.⁷⁹

Os alquimistas da Babilônia amavam a obscuridade e o sigilo. Usavam expressões idiomáticas e trocadilhos para descrever o seu trabalho. Não eram popularizadores. Uma exortação escrita durante o período cassita (*c.* 1400-1155 a. C.) afirma: "Que aquele que conhece mostre àquele que conhece, (mas) que aquele que conhece não mostre àquele que não conhece".⁸⁰

Apesar desse sigilo, as tabuletas cuneiformes sumérias mostram um claro uso de prefixos para identificar compostos químicos e naturais similares. R. J. Forbes documenta a denominação de materiais betuminosos da seguinte forma: *esir* é o termo sumério genérico para betume ou óleo cru; *esir lah*, o termo para "asfalto-de-lago branco"; *esir igi* para "betume [...] brilhante, asfaltita"; *esir ud da* para "betume refinado seco", e assim por diante.⁸¹ Aqui no Ocidente, aprendemos que Lavoisier e seus colaboradores foram os primeiros a inventar um método sistemático de nomear elementos químicos, usando prefixos como *ox-* e *sulf-*, e sufixos como *-eto* e *-oso*. *Etíope marcial* tornou-se *óxido de ferro*; *orpimenta* tornou-se *sulfeto de arsênico*.⁸²

Os assírios, que suplantaram os babilônios e de muitas maneiras deram continuidade à sua cultura, eram fascinados pelas substâncias ácidas. Eles certamente conheciam o vinagre, e o termo *za tu* ("a coisa de acetato") era um prefixo usado para descrever materiais que efervesciam em contato com o ácido — por exemplo, minerais de carbono. A calcita, a aragonita, o mármore branco e a malaquita são listados nas listas assírias de minerais, todas com o prefixo *za tu*.⁸³ *Za tu*, sozinho, refere-se especificamente ao chumbo branco, um carbonato de chumbo, que também efervescia no vinagre.⁸⁴

O estudioso dos assírios R. Campbell Thompson aponta que essa cultura sabia do ácido sulfúrico. Os povos antigos produziam formas primitivas de ácido sulfúrico aquecendo o sulfeto de ferro e outros sulfetos com alúmen e depois destilando os resultados. O resíduo de determinado sulfeto era o vitríolo vermelho, um sulfato de cobalto. Thompson encontrou textos assírios que se referem a "vitríolo verde fumegante" (sulfato de ferro) no mesmo contexto de "decomposição de piritas" (pirita é uma forma comum de sulfeto de ferro), bem como termos para o vitríolo vermelho. Reunindo tudo isso, ele infere que os assírios reconheciam e podiam fazer o ácido sulfúrico cerca de 2 mil anos antes de o alquimista árabe Jabir ibn Hayyan receber o crédito pela mesma descoberta.[85] Forbes descarta a noção de que qualquer povo antigo ou "primitivo" conhecesse a verdadeira destilação, que, afirma, só foi desenvolvida com os alquimistas alexandrinos (isto é, influenciados pelos gregos).[86]

O vidro é uma fusão de areia, soda e cal. Contas e esmalte de vidro são encontrados no Egito desde 4000 a. C., mas só a partir de 1500 a. C. é que aparecem as primeiras fábricas desse material.[87] Forbes sugere que o repentino desenvolvimento nos anos 1500 foi provocado pela comunicação entre o Egito e a antiga Suméria, que data dessa época, e pelo refinamento sumério da química do vidro.

O vidro é encontrado na Suméria já em 2500 a. C. Os achados são raros e têm um conteúdo de vidro inusitadamente puro. Forbes relata que um dos artefatos de vidro estava, em grande parte, livre de estrias, quartzo não derretido ou impurezas presas.[88] A Mesopotâmia não teve muita coisa no que diz respeito à mineralogia variada, mas tinha a argila, basicamente um silicato de alumínio ideal para fazer cerâmica. Queimar argila e água produz uma substância porosa dura; acrescentar sais à superfície produz um esmalte, um revestimento semelhante ao vidro.[89] Na Suméria, os mais antigos materiais de vidro eram quartzo pulverizado combinado com minerais azuis e verdes e depois queimados, produzindo um esmalte colorido permanente.[90]

Uma tabuleta babilônica de 1600 a. C. inclui uma fórmula para esmaltes de cerâmica. A tabuleta é em essência um texto sobre vidro, escrito por Liballit-Marduk, o filho de Ussur-an-Marduk, um sacerdote do deus Marduk, da Babilônia.[91] A fórmula, basicamente um esmalte de chumbo com cobre colocado sobre argila colorida com acetato de cobre verde, variou pouco ao longo dos mil anos seguintes.[92] Na realidade, o método de tingir a argila de verde com cobre e vinagre ainda é usado pela cerâmica hoje em dia.[93] Um segundo texto essencialmente similar, escrito por volta da época da queda de Nínive (612 a. C.), é o único outro texto sobre vidro no registro mesopotâmico.

O texto mais antigo de Marduk tem sido testado em tempos modernos. O texto apresenta fórmulas para dois esmaltes de cobre-chumbo, cada um começando com uma receita suméria básica para um vidro sem cor feito de areia, cinza álcali e goma.[94] Em 1948, H. Moore relatou a recriação dessa complicada receita do século XVII a. C. Ele usou um primeiro vidro contendo areia, dolomita e cinza de soda. Moore teve de reinterpretar elementos químicos sumérios para que se ajustassem à terminologia moderna. Por exemplo, ele interpretou "cobre" como malaquita, "chumbo" como carbonato de chumbo, e "cal" como calcário, todos elementos que teriam sido acessíveis aos antigos. Queimou o esmalte duplo sobre o vidro e produziu um revestimento brilhante.[95]

O texto assírio posterior do século VII a. C. detalha dois tipos de fornos que eram usados: um "forno com um soalho de olhos", que tinha buracos no soalho para o combustível, e um "forno de arco", que tinha uma porta pela qual o metal era inserido.[96] Forbes diz que um terceiro forno era usado nas fábricas de vidro assírias, um forno de frita para fundir de modo grosseiro, mas não derreter completamente, os grãos de areia. O "forno com um soalho de olhos" pode muito bem ter atingido temperaturas de até 1100 graus Celsius. Assim, diz Forbes, esse sistema de três fornos prenuncia as fábricas de vidro européias na Idade Média, que tinham três fornos empilhados um em cima do outro.[97]

Os esmaltes preparados pelo método sumério eram então despejados em moldes ou sobre tijolos queimados, produzindo a alvenaria de tijolos belamente esmaltados, famosa na arquitetura da Mesopotâmia. Existem receitas do século VII a. C. para vidro sem cor, vidro vermelho, frita azul, vidro azul, vidro púrpura e até um vidro vermelho-coral que incluía minúsculas partículas de ouro.[98]

ISLÃ

As contribuições dos povos árabes para a química têm sido minimizadas. Na pior das hipóteses, eles só recebem o crédito de terem preservado o conhecimento dos antigos gregos durante a longa seca intelectual da Era das Trevas e da Idade Média. Na melhor das hipóteses, recebem o crédito de terem preservado igualmente as idéias da Índia e da China.

Na verdade, eles realizaram tudo o que foi mencionado anteriormente e ainda mais. Os textos árabes tomaram idéias mais antigas da Índia, China e Grécia e expandiram-nas com seus comentários, depois do que elas foram filtradas para a Europa ocidental. Aos árabes medievais podemos atribuir o crédito de terem isolado muitos sais e ácidos. Isso, combinado com sua crença filosófica no equilíbrio, estabeleceu a estrutura para as idéias ácido-base da química moderna.

Não há distinção significativa no islã entre a química e a alquimia. A palavra *al-Kimya* abrangia coisas como a metalurgia, a destilação de petróleo ou perfumes, e a manufatura de tinturas, tintas, açúcar e vidro. Dizia também respeito a questões do cosmos e do espírito. Alguns cientistas, como Jabir ibn Hayyan e al-Razi, por exemplo, acreditavam na transmutação dos metais, enquanto Avicena (Ibn Sina) e al-Kindi, dois outros cientistas igualmente ilustres, não. Mas todos contribuíram para o progresso da química. De fato, os dois adeptos da transmutação, al-Razi e Jabir, tornaram-se os mais famosos químicos islâmicos da história, influenciando os europeus séculos mais tarde. A realização científica nem sempre segue a ideologia científica apropriada.[99]

Os alquimistas árabes medievais defenderam um grupo de teorias, muitas delas emprestadas dos antigos gregos. Al-Ruhawi se baseou nos elementos simples de Aristóteles, calor, frio, secura e umidade, afirmando que eram responsáveis por diferenças nos metais: "O ouro, por exemplo, contém mais água do que a prata e, assim, é mais maleável. O ouro é também mais pesado do que a prata, porque suas partes são mais contraídas. O ouro é amarelo e a prata é branca, porque o primeiro contém mais calor e a última mais frio".[100] Há muitas teorias desse tipo — o equilíbrio é objeto de longos comentários —, mas não é proveitoso discutir esse tema aqui com detalhes. Os químicos islâmicos estavam cientes de alguma coisa sobre equilíbrio e estabilidade, porque sabemos agora que os átomos devem estar equilibrados nas suas cargas positiva e negativa para ser estáveis. Um fascínio pelo quente e frio indica realmente uma compreensão da expansão e contração dos metais, e alguns estudiosos ficam entusiasmados com isso.

Jabir ibn Hayyan (*c.* 721-815 d. C.), de Kufa, renomado e historicamente obscuro alquimista do islã, tem muitos textos a ele atribuídos.[101] Suas obras árabes incluem *Livro do reino*, *Pequeno livro dos equilíbrios*, *Livro do mercúrio* e *Livro da concentração*. Alguns estudiosos insistem que Jabir era conhecido no Ocidente como Geber, cujas obras em latim apareceram no século XII e são supostamente traduções das obras de Jabir.[102] Joseph Needham, mais bem conhecido como historiador da ciência e da tecnologia chinesas, contesta a idéia de que Jabir e Geber tenham sido a mesma pessoa; a obra de Geber não apresenta evidências de tradução do árabe, escreve, e Jabir ignorava muita coisa que está nos escritos de Geber.[103] Estudiosos também contestam a existência de Jabir; muitos acreditam que sua obra foi compilada por numerosos cientistas árabes.[104]

Aristóteles dizia que a matéria podia ser reduzida a "quatro propriedades: quente, úmido, frio e seco; e a quatro elementos: fogo, água, ar e terra". De modo cíclico, podia-se então, por essa hipótese, mudar cada elemento em outro que partilhasse propriedades comuns: o quente-seco do fogo levaria ao quente-úmido do ar, que levaria ao úmido-frio da água, ao frio-seco da terra. Os metais, acreditava Aristóteles, surgiam dos vapores úmidos que saíam da Terra.[105] Jabir tomou essa idéia, mas acrescentou um estágio de mercúrio e de enxofre que criava os metais.[106]

Para Jabir, o mercúrio e o enxofre eram agentes de transformação, em vez de minerais normais. A perfeição que ele via em metais como o ouro e a prata resultava do equilíbrio do mercúrio e enxofre com o calor apropriado. Segundo Roberts, ele dizia que a imperfeição em metais como "o estanho, o chumbo, o cobre e o ferro" resultava da falta de equilíbrio do enxofre e mercúrio com o calor apropriado. O ouro provinha do "mercúrio mais sutil, fixo e brilhante com um pouco de enxofre claro, fixo, vermelho. A prata é feita de uma combinação de mercúrio e enxofre branco, e os outros metais de misturas variáveis e menos estáveis do mercúrio e enxofre, em formas menos puras".[107] Isso mostra que árabes como Jabir preservaram realmente o "conhecimento" dos antigos gregos. Em muitos casos, como o presente, talvez isso não tenha sido uma bênção.

Outros estudiosos do Oriente Médio acrescentaram dados a essas idéias. Avicena, o teórico islâmico seminal do século X, adotou em grande parte não só a teoria aristotélica como as obras de Jabir ibn Hayyan.[108] Entretanto, sustentava que todos os metais eram substâncias separadas que não podiam ser transformadas umas nas outras, uma idéia que retrocede até o pensamento indiano antigo.[109] Ele escreveu:

> Quanto às afirmações dos alquimistas [...] não está em seu poder provocar nenhuma verdadeira mudança de espécie. Podem, entretanto, produzir excelentes imitações, tingindo o metal vermelho de branco para que fique bem parecido com a prata, ou tingi-lo de amarelo para que fique bem parecido com o ouro [...] Mas

nesses a natureza essencial continua inalterada; são apenas tão dominados por qualidades induzidas que é possível cometer erros a seu respeito.

Isso reflete o primeiro princípio da química moderna, o de que a matéria não pode ser criada ou destruída, e a moderna definição química do que é um "elemento" *versus* uma "mistura homogênea".

Outro alquimista, Aidamir al-Jildaki (*c.* 1342 d. C.), do Egito, afirmava que "as substâncias reagem quimicamente por pesos definidos",[110] segundo o historiador H. J. J. Winter. Esse conceito essencial está subjacente às reações químicas: certas quantidades precisas de reagentes resultam em quantidades precisas do produto final.

Essa idéia foi precursora da hipótese do inglês John Dalton no início do século XIX. Baseando-se na obra de Lavoisier, Dalton afirmou que os compostos químicos são feitos de átomos "combinados em proporções definidas".[111]

Como muitos filósofos árabes, al-Jildaki estava principalmente preocupado com o equilíbrio. Ele usava "a numerologia, as 28 letras do alfabeto árabe e o valor numérico do nome da substância" para tentar identificar a proporção precisa de calor para o seco, para o frio, para o úmido.[112] Pelos padrões modernos, al-Jildaki baseava suas idéias num sistema incompreensível, mas estava na mira certa ao teorizar que os compostos químicos reagem uns com os outros de um modo quantificável, e passou a determinar de que maneira. Sua teoria estava correta, seu método não.

No território onde é agora o Iraque, o alquimista Muhammad ibn Ahmad abu al-Qasim, do século XIII, escreveu em *Conhecimento adquirido a respeito do aperfeiçoamento do ouro*: "Parece, portanto, que essas seis formas metálicas [ouro, prata, cobre, ferro, chumbo e estanho] são todas de uma única espécie, distintas umas das outras por 'acasos' diferentes; o seu limite extremo é atingido quando se transformam em ouro".[113] Essa idéia já havia sido articulada por Jabir e al-Razi.

Essas observações, embora em última análise erradas (o ferro e outros metais não se tornam ouro quando "aperfeiçoados"), refletem as semelhanças químicas desses elementos. O cobre, a prata e o ouro (em ordem de peso crescente) compreendem a família IB dos metais de transição na moderna tabela periódica. Isto é, eles têm propriedades químicas semelhantes e o mesmo número de elétrons de valência no nível de energia mais exterior (que determina a sua reatividade química).

Além disso, o estanho e o chumbo formam os dois elementos mais pesados da família IVA, parte do grupo do carbono, embora ainda classificados como metais. O ferro e o cobre ocupam o quarto período.[114] Os químicos modernos descobriram muitas outras similaridades entre esses seis elementos, mas não examinaremos esse tema agora. Talvez os alquimistas reconhecessem a proximidade desses elementos sem saber o porquê, tornando menos forçado o seu desejo de transformar a prata em ouro. Mendeleiev, o pai da tabela periódica, também não sabia por que cada elemento entrava em determinada relação na sua tabela.[115]

Os alquimistas antigos e medievais reconheciam alguma coisa fundamentalmente em comum com os metais que eles eram capazes de isolar, mesmo que estivessem equivocados na sua crença de que um poderia ser transformado no outro. Atribuímos a John Dalton, no século XIX, o reconhecimento de que cada um dos elementos — hidrogênio, carbono, oxigênio, e assim por diante — era composto de partículas distintas, a que ele deu o nome de "átomos". Ele tomou o termo emprestado do grego Demócrito, do século V a. C., que usava a palavra para significar aquilo que "não podia ser cortado" (*a-tomos*), uma partícula indivisível. Sabemos hoje que o que Dalton e nós chamamos átomos está cheio de muitas partículas menores: elétrons, prótons e nêutrons, e que os dois últimos compreendem partículas ainda menores chamadas quarks e glúons. Dalton errou ao pensar que havia descoberto o "*a-tomos*" de Demócrito, e sua terminologia tem causado confusão desde então. Mas não o difamamos em nossos livros-texto, antes o glorificamos — e com razão — por declarar que cada elemento químico tem um "átomo" distinto. Isso pavimentou o caminho para a tabela periódica e grande parte da química.

Na prática, os árabes eram demônios no laboratório. Jabir recebeu o crédito de primeiro químico a destilar ácido sulfúrico, destilando primeiro alúmen, embora, como vimos, os assírios talvez tenham chegado ao alvo antes. Jabir também produziu sulfato de ferro e sulfato de potássio-alumínio. Ele fez água-régia dissolvendo cloreto de sódio ou de amônio em água-forte. Esse ácido é capaz de dissolver ouro. Jabir também destilou vinagre para obter ácido acético; ele sabia usar dióxido de manganês para fazer vidro; era perito em fazer arsênico e antimônio puros a partir dos sulfetos em estado natural.[116]

Al-Razi, ou Rhazes, tinha uma orientação menos espiritual que a de Jabir e era considerado um químico melhor e mais genuíno. Segundo Arthur Greenberg, na *The Norton history of chemistry*, "a preparação dos ácidos clorídrico, nítrico e sulfúrico puros pelos europeus no século XIII dependia crucialmente da tecnologia desenvolvida por Rhazes". Greenberg prossegue dizendo que esses ácidos foram cruciais para dar aos europeus as primeiras idéias de oxidação.[117]

No seu livro *Segredo dos segredos*, al-Razi registra diferentes fórmulas e experimentos químicos: destilação, calcinação (oxidação ou redução a cinzas), cristalização. Ele também descreve um grande número de apetrechos químicos: béqueres, frascos, frascos pequenos, caçarolas, lâmpadas de nafta, fornos para fundir minérios, tesouras, lingüetas, alambiques, pilões, almofarizes.[118] Deus parecia ajudar. Preparando sal amoníaco (cloreto de amônio) a partir de cabelos para usar como um reagente dissolvente, al-Razi escreveu:

> Cabelos pretos lavados colocados numa panela de ferro, cobertos com carvão e queimados até se extinguirem. Despejar sobre o resíduo calcinado do cabelo vinte vezes o seu peso em água destilada de cabelo e deixar a mistura em cocção [ebulição] por uma hora. Filtrá-la e coagular com ela os Espíritos, para branquear por meio de cocção. Ou pegar a água e o óleo do cabelo separadamente e colocar sobre o resíduo um alambique; acender o fogo e ajustar no bico um recipiente envolto em feltro umedecido. Então o sal amoníaco será coagulado no recipiente, se Alá o quiser! O sal amoníaco cristalizará no recipiente superior, e o óleo cairá dentro do inferior.[119]

ÍNDIA

A química indiana estava à frente da química da Europa na Idade Média? Segundo alguns historiadores, de 1100 a 1200 a química prática na Índia era mais avançada que a da Europa no mesmo período.[120] Will Durant, o moderno historiador popular, escreveu que os hindus védicos estavam "à frente da Europa em química industrial; eram mestres da calcinação, destilação, sublimação, vaporização, fixação, produção de luz sem calor, mistura de pós anestésicos e soporíferos, e preparação de sais, compostos e ligas metálicos".[121] A documentação de Durant, entretanto, não é sólida.

Os indianos antigos tinham realmente idéias alquímicas, mas grande parte dos seus escritos é sóbria, mais literal que alegórica. Há textos, contudo, que ligam os elementos do metal, enxofre, mercúrio e fogo. John Read escreve: "Na Índia antiga, os hindus sustentavam que os metais nasciam da união de Hara (Shiva) e Parvati (a consorte de Hara) com a ajuda de Agni, o deus do fogo. O mercúrio era associado com o sêmen de Hara, o enxofre com Agni, e a terra (ou cadinho) com Parvati". Essas idéias alquímicas aparecem já em 1000 a. C. no *Atharva veda*.[122]

Os jainistas estavam entre os químicos indianos mais antigos, e nem sempre acertavam no alvo. Descrevendo várias maneiras pelas quais os átomos se combinavam para formar a matéria, eles incluíam "união de corpo". Entretanto, os jainistas predisseram a importância de cargas elétricas opostas e até o spin, uma qualidade das partículas só descoberta no século XX.

Os antigos indianos fizeram alguns experimentos grosseiros mas interessantes com gás, e mostraram sua modernidade cometendo o mesmo erro capital em que os cientistas ocidentais mais tarde incorreram. Um pesquisador chamado Udayana (sua época e domínio exatos são desconhecidos) encheu balões e bexigas com ar, fumaça e vários gases, e descobriu que alguns gases são mais leves do que o ar. Ele também descobriu que o ar quente sobe. Udayana foi uma espécie de Robert Boyle indiano, o mestre britânico dos gases.[123]

O erro dos indianos: acreditavam no "éter", um meio invisível que impregna o universo. Os químicos indianos o descreviam como "de extensão infinita, contínuo e externo. Não pode ser apreendido pelos sentidos [...] [Está] por toda parte, ocupando o mesmo espaço que é ocupado pelas várias formas de matéria".[124] No século XIX, muitos físicos, inclusive o escocês James Clark Maxwell, famoso pelas equações de Maxwell, conjecturaram que um meio invisível, chamado éter, estava por todo o espaço, através do qual as ondas de luz e outra radiação eletromagnética podiam se propagar. Isaac Newton também subscrevia essa teoria. Uma das importantes compreensões de Albert Einstein foi prever que não é necessário nenhum éter para a propagação da luz, apenas o próprio espaço.[125] Em 1907, o físico americano Albert Michelson ganhou o prêmio

Nobel de Física por seus estudos ópticos que lançavam dúvidas sobre a existência do éter.[126] Isso não pôs fim à questão, aponta Goldwhite, pois o debate continuou por muito tempo depois de 1907, com alguns cientistas mantendo sua crença nesse campo invisível.

CHINA

Os antigos alquimistas chineses acompanhavam a ciência moderna sobre a relação entre a teoria e a experimentação. O escritor alquimista e taoísta Ko Hung (c. 281-362 d. C.) compreendia a importância de basear as teorias em evidências empíricas no seu texto *Pao P'u Tzu*: "Na verdade, a diversidade é ilimitada, e algumas coisas que parecem diferentes são de fato a mesma coisa. Leis de grande alcance não deviam ser formuladas cedo demais [...] Se uma generalização é levada demasiado longe, sempre termina em erro".[127] Entretanto, os alquimistas chineses aplicavam esse princípio a domínios alheios a nós.

A alquimia chinesa tinha três objetivos: 1) a busca do elixir da vida usando métodos semiquímicos; 2) a produção de ouro e prata artificiais, mas para terapia, e não para riqueza; 3) a farmacologia e a pesquisa botânica.[128] As metas de Ko Hung diferiam um pouco: 1) a preparação de um ouro líquido, para produzir longevidade; 2) a produção de cinabre artificial, o pigmento vermelho "gerador-de-vida", para uso na feitura do ouro; 3) transmutação de metais inferiores em ouro.[129]

Ligados ao taoísmo, os escritos alquímicos aparecem por volta de 500-400 a. C. Os chineses acreditavam que o jade, a pérola e o cinabre tinham propriedades geradoras de vida. O texto chinês *Zhan guo ce* [Anais dos reinos combatentes], afirma:

> O soberano do reino de Chu foi presenteado por técnicos taumaturgos com um "elixir da imortalidade". Qin Shi Huang, o primeiro imperador da dinastia Qin (221-207 a. C.) [...] recrutou vários taumaturgos para fazer uma "droga miraculosa que assegurasse a imortalidade", e despachou pelos mares milhares de meninos e donzelas virgens liderados por um adepto Xu Fu em busca da droga.[130]

Como em outras culturas, os chineses acreditavam na idéia dos contrários, ou o que eles chamavam "dois princípios" — ativo e passivo, masculino e feminino, e assim por diante —, que representavam as idéias mais antigas (e modernas) de atração e repulsão, arremedando conceitos sumérios e egípcios. Esses opostos surgem mais tarde como yin e yang. Começando no século VIII d. C., Chang Yin Chiu dividiu os elementos segundo o yin e o yang chineses num compêndio de alquimia chamado *Tshan Thung Chhi Wu Hsiang Lei* [As semelhanças e categorias das cinco [substâncias] na afinidade das três]. Foram estabelecidas regras sobre como os materiais yin e yang reagem entre si ("O mercúrio poderia se comportar como uma substância yin para o enxofre, mas como uma substância yang para a prata"). Needham, talvez com entusiasmo exagerado, afirma que essas regras prenunciam a moderna "série eletroquímica dos elementos".[131]

Essencial para o alquimista chinês era o desejo de criar ouro que se pudesse beber. Sua motivação era a imortalidade, não a riqueza. O ouro era associado ao fogo, ao yang, à vida e a *ch'i*, o conceito chinês de energia e espírito.[132] Chang Yin-Chiu escreveu:

> O ouro é a essência seminal do Sol, correspondendo ao soberano, e o principal *chii* de Thai Yang. O mercúrio é a alma *pho* da Lua, e o principal *chii* de Thai Yin. Quando eles são combinados e absorvidos no corpo de um homem, ele não pode morrer [...] Os antigos diziam: "Se alguém ingere ouro, será como ouro [...] A natureza do ouro é a resistência e a elasticidade. Quando aquecido não racha nem amolece, quando enterrado não enferruja, quando colocado no fogo não queimará. Por isso, é um remédio que pode fazer o homem viver [para sempre]".[133]

No século XII d. C., Wu Tsheng comentou um texto mais antigo, dizendo "que se o elixir tiver sucesso, parecerá um pó impalpável como poeira brilhante de janela. Se esse elixir [...] for ingerido, irrigará as três regiões vermelhas do corpo do homem". Uma expressão traduzida como "poeira brilhante de janela", referindo-se aos ciscos captados pela luz solar, é usada como metáfora para ouro potável. Needham torna-se poético sobre o tema dos elixires capazes de passar por um corpo como "fumaça de incenso".[134] Não há prova, entretanto, de que os chineses antigos e medievais produziram algum dia essas poções douradas ou, em caso positivo, que elas conferiram vida eterna a quem as bebeu.

Ao realizar experimentos químicos, os antigos chineses usavam essencialmente dois métodos: fogo e água. O do fogo era o mais importante.

Para aquecer os elementos químicos, os chineses tinham um equipamento sofisticado para os antigos padrões mundiais. O elaborado pote *peng-hu* era usado para fomentar várias reações químicas. Os alquimistas tinham como foco descobrir um elixir da juventude eterna, e isso torna todo o processo suspeito aos nossos olhos modernos. Mas, ao longo do caminho, esses alquimistas descobriram muitas coisas sobre o calor, enquanto calcinavam mercúrio, cinabre, prata e outras substâncias.

Por volta de 140 d. C., Wei Po-Yang escreveu sobre "as cinco cores deslumbrantes" que aparecem quando se cozinham os metais. "Uma após a outra, elas aparecem para formar um arranjo tão irregular quanto os dentes de um cão." Não fica claro se as cores mutáveis se referem ao fogo ou aos metais se derretendo, mas podemos estar vendo os primórdios grosseiros da espectroscopia, ou a análise do espectro das cores em radiação de corpo negro.[135]

Um monge budista conta sobre sua visita à região de Tse-chou, na China, durante a dinastia Tang (618-907 d. C.). Ele e seus anfitriões coletaram salitre e "ao queimar ele emitiu copiosas flamas púrpura". O monge sogdiano (de Bokhara) disse: "Esta é uma substância maravilhosa que pode produzir mudanças nos cinco metais, e quando são postos em contato com ela os vários minerais são completamente transmutados em forma líquida".[136]

Os alquimistas chineses usavam água e outros líquidos para dissolver os metais. *O capítulo sobre os deuses da gruta de Dao Zang*, um texto que data aproximadamente do século III d. C., registra 54 receitas para dissolver 34 metais. "O principal solvente era o vinagre concentrado com salitre e outros elementos químicos nele dissolvidos. O salitre é chamado *xiaoshi* (dissolvente de pedra) nos textos clássicos da alquimia chinesa, porque se acreditava que era capaz de dissolver 72 tipos de pedra." Quimicamente, essa solução resultaria em ácido nítrico fraco, que podia oxidar muitos metais e minérios metálicos, um processo ainda em uso hoje em dia.[137]

O uso supremo dos solventes, entretanto, era dissolver um mineral, o ouro, para que se pudesse bebê-lo. Wang Kuike, importante especialista moderno na antiga alquimia chinesa, afirma que o ouro, embora quimicamente solúvel e estável, ainda assim reagirá a vários ácidos e ao mercúrio.

Uma receita da dinastia Tang, talvez de Ko Hung, exige "*xuan ming long gao* [gordura do misterioso dragão brilhante]", que significa mercúrio ou vinagre, e framboesa crua. A fórmula exigia que o ouro fosse selado num vaso na solução aquosa por cem dias. Kuike insiste que se "gordura de dragão" significava mercúrio, o ouro se dissolveria nela. Se "gordura de dragão" significasse framboesa, o suco de framboesa criaria íons de cianeto, que na presença de vinagre se transformam em ácido cianídrico. Com o salitre, formar-se-iam íons de álcali como de potássio e sódio, produzindo uma solução em que o ouro se dissolveria, ainda que lentamente (por isso os cem dias).[138]

Muitos dos elixires eram venenosos, e os alquimistas chineses desenvolveram ainda outra paixão: uma experimentação intensa para remover a toxicidade do enxofre, do mercúrio e de outros metais. Não vamos entrar nesse assunto aqui. Enquanto isso, no Novo Mundo, aconteciam coisas ainda mais estranhas.

AMÉRICA DO SUL

Vou limitar minha discussão da química antiga no Novo Mundo à América do Sul e à América Central. Enquanto o Velho Mundo se concentrava na alquimia, ele focalizava a farmacologia, a psicofarmacologia e o que poderia ser chamado farmacologia tóxica. E, apesar de todos os ameríndios trabalharem nessas áreas, as descobertas mais notáveis ocorreram na América do Sul e na América Central. Antes, disse que não examinaríamos em profundidade a medicina não-ocidental. Agora vamos tratar da medicina, mas apenas no que se refere ao seu embasamento químico.

O conhecimento químico com respeito à medicina impregna todas as antigas culturas indígenas. Os chineses documentaram curas por ervas a partir de cerca de 3000 a. C.; os assírios coletaram cerca de mil plantas medicinais durante sua civilização de 1500 anos; os indianos, os egípcios e mais tarde os gregos deixaram ao mundo um imenso legado de curas e técnicas herbáceas. Grande parte desse conhecimento estabeleceu o fundamento para a medicina ocidental.[139] Por exemplo, no Egito, o uso da casca do salgueiro, que contém ácido salicílico analgésico e antipirético, foi documentado no antigo *Papiro Ebers* para combater a febre. O ácido salicílico combinado com anidrido acético é hoje conhecido como aspirina (ácido acetilsalicílico).[140] Os povos nativos do Amazonas — considerados primitivos e supersticiosos pela maioria dos ocidentais — habitam uma das regiões mais ecologicamente ricas da Terra e são notáveis pela simples quantidade de seu conhecimento farmacológico.

A bacia amazônica abrange cerca de 7 milhões de quilômetros quadrados da maior diversidade de vida vegetal no mundo, mais de 80 mil espécies de plantas superiores, quase 15% do total da vida vegetal sobre a Terra. Compreende grande parte do Brasil e regiões da Bolívia, Colômbia, Equador, Peru e Venezuela. A habitação humana é também diversa, abarcando povos nativos que falam mais de quinhentas línguas. Esses povos desenvolveram um imenso conhecimento, testado pelo tempo, sobre os poderes curativos das plantas locais. Aproximadamente 1600 espécies usadas pelos povos locais foram identificadas.[141] Num estudo pioneiro, Richard Evans Schultes e Robert F. Raffauf compilaram um exaustivo compêndio de 1516 plantas venenosas e medicinais do Amazonas, tendo um pouco menos da metade dessas plantas atraído o interesse de cientistas, pesquisadores e companhias farmacêuticas ocidentais para uso farmacológico e comercial.[142]

A cafeína, de uso comercial e medicinal, foi isolada na casca de *yocco*, um cipó da floresta tropical com o qual os índios fazem uma bebida estimulante, e no *guayusa*, usado pelas tribos equatorianas como estimulante e como provocador de vômitos.[143] (O café, por sinal, não é nativo da América do Sul, mas parece ter se originado em algum ponto perto da Etiópia.) O maior estimulante de todos, entretanto, tem suas origens no Peru. A cocaína, *Erythroxylon coca*, veio provavelmente do Amazonas, mas estava bem estabelecida nos reinos montanhosos dos incas à época de Pizarro. John Mann, o autor do livro *Murder, magic, and medicine* [Assassinato, magia e medicina], de 1991, escreve:

> Os incas acreditavam que os deuses deram a coca de presente ao povo para satisfazer sua fome, para lhes incutir um novo vigor e para ajudá-los a esquecer suas desgraças [...] Ela estava intimamente envolvida nas suas cerimônias religiosas e nos vários ritos de iniciação; e os xamãs a usavam para induzir um estado semelhante a um transe, a fim de conversar com os espíritos. Era uma mercadoria demasiado importante para ser usada pelos índios comuns, e a exposição destes à coca era muito limitada antes da invasão de Pizarro e seus conquistadores.[144]

Só depois que os espanhóis destruíram a civilização inca é que o abuso da cocaína se tornou comum. Mais tarde os ocidentais descobriram os efeitos entorpecedores da cocaína e a usaram como um anestésico. Nos tempos modernos, a cocaína foi substituída pelos anestésicos sintéticos, dos quais a novocaína é provavelmente o mais popular.[145]

O que não quer dizer que as drogas recreativas fossem impopulares. A bebida alucinógena preparada por povos de toda a Amazônia e da América Central é variadamente conhecida como *ayahuasca* ("cipó da alma"), *caapi*, *natema*, *pinde* e *yajé*, e seu nome latino é *Banisteriopsis caapi*. Os efeitos desse cipó duplamente entrelaçado da floresta incluem alucinações suaves, que podem ser intensificadas pela adição de numerosos aditivos tóxicos. Em particular, as folhas de *Psychotria viridis* e *Diplopterys cabrerana* são usadas para prolongar a duração e intensificar a cor e as imagens das visões. Ambas as plantas contêm o tóxico e altamente alucinatório alcalóide dimetiltriptamina (DMT),[146] que não produz nenhum efeito se bebido sem um inibidor da monoaminoxidase. Entretanto, a *B. caabi* contém substâncias (B-carbolinas) que inibem efetivamente a enzima da monoaminoxidase.[147]

Richard Schultes comenta: "É de se perguntar como povos em sociedades primitivas, sem nenhum conhecimento de química ou fisiologia, chegaram a atinar com uma solução para a ativação de um alcalóide por um inibidor da monoaminoxidase. Pura experimentação? Talvez não".[148] Como é que os povos nativos aprenderam esse efeito em meio ao número esmagador de escolhas de plantas à sua disposição? Por que os povos teriam experimentado a bebida, para início de conversa? Segundo Schultes e Raffauf: "A bebida é extremamente, às vezes enjoativamente, amarga, e o vômito em geral acompanha o primeiro gole. Quase sempre causa diarréia".[149] Além disso, a *P. viridis* e a *D. cabrerana* são venenosas por si mesmas; assim, mais uma vez, o que teria levado os nativos da Amazônia a tentar usá-las?[150]

O curare, veneno das setas da Amazônia, é preparado com plantas do gênero *Strychnos*, em geral extraído da casca e raízes de qualquer uma das 28 espécies dessa liana, muitas das quais têm frutos comestíveis. Os espanhóis tiveram em primeira mão uma experiência com a potência desse veneno quando entraram na Amazônia. Francisco de Orellana escreveu: "Os índios mataram outro de nossos companheiros [...] e na verdade a seta não chegou a penetrar nem meio dedo, mas, como tinha veneno na sua superfície, ele entregou a alma a Deus".[151]

O veneno é também feito com membros da família menisperma (Menispermáceas), que inclui os gêneros *Abuta, Anomospermum, Chondodendron* e *Curarea*, entre outros. Os métodos e as misturas usados em cada receita variam de tribo para tribo. Algumas plantas são usadas individualmente; outras em combinação com plantas do mesmo gênero; outras em combinação com plantas totalmente diferentes.[152] *Strychnos* e a família menisperma são ricos em alcalóides. (Como seu nome sugere, *Strychnos* é também a fonte da estricnina.)[153]

O curare provoca paralisia no sistema nervoso central[154] e é usado medicinalmente como relaxante muscular. A tubocurarina, um ingrediente ativo no curare, era explorada para uso em medicina no século XIX, e tem sido usada em cirurgias para que a quantidade de anestesia requerida seja reduzida. Outro elemento cirurgicamente importante, a C-toxiferina, é extraído da *Strychnos toxifera* e é muito mais forte que a tubocurarina para relaxar os músculos durante a cirurgia. Desenvolvidas tendo o curare como base, ambas as drogas foram agora suplantadas por drogas sintéticas.[155]

O processo complexo do preparo de alguns tipos de curare prova que as descobertas nativas não se davam por acaso. Jeremy Narby, antropólogo que estudou os índios da Amazônia peruana, relata o processo de produção:

> Há quarenta tipos de curare no Amazonas, feitos com setenta espécies de plantas. O tipo usado na medicina moderna vem do oeste da Amazônia. Para produzi-lo, é necessário combinar várias plantas e fervê-las por 72 horas, evitando sempre os vapores fragrantes, mas mortais, emitidos pelo caldo. O produto final vem a ser uma massa, que é inativa a não ser quando injetada sob a pele. Se engolida, não faz efeito.[156]

Em suas notas, Narby conta como um zoólogo alemão não deu ouvidos à proibição de inalar os vapores da mistura fervente e morreu.[157]

Apesar de sua aplicação mortal no curare, a família menisperma é também muito valorizada pelos índios da Amazônia por suas várias propriedades curativas. A *Abuta grandifolia* é usada pelos sion, karijona, makuna, andoke e taiwano para fazer o curare; mas é também preparada como um chá para o sangramento durante o parto e ministrada às crianças que sofrem de cólica ou nervosismo. O nome andoke, *o-je-ji-ka-ka*, significa "veneno do sapo chamado *oje*". As raízes e os talos da *Chondodendron tomentosum*, cujo nome nativo se traduz como "cipó do veneno", são usados como diurético, redutor de febre e adjuvante nas dificuldades da menstruação. Ela é aplicada externamente para ajudar ferimentos na cabeça, sendo ingerida para doença mental ou "loucura", nas palavras de Schultes e Raffauf.[158]

Numa outra aplicação benéfica do potencial veneno, os waika do Brasil usam um rapé alucinógeno da resina encontrada na casca de várias plantas do gênero *Virola*. O composto quimicamente ativo é uma forma de triptamina. A resina é também usada como um curare venenoso fraco para a caça, sendo efetivo no tratamento de infecções externas causadas por fungos. Os cientistas ocidentais estudaram as plantas do gênero *Virola* e confirmaram que ela inibe o crescimento de fungos.[159]

Na busca ocidental de curas para o câncer e a aids, as companhias farmacêuticas e as organizações de pesquisa estão tentando explorar o conhecimento dos curandeiros indígenas sobre a flora diversa da floresta tropical. Um artigo do Instituto Nacional do Câncer (National Cancer Institute — NCI) descreve como as plantas consideradas "poderosas" pelos xamãs nativos — isto é, aquelas que possuem múltiplos usos medicinais nas farmacopéias nativas — produziram uma atividade medicinal maior (25%) do que plantas selecionadas ao acaso (6%) para o uso contra o vírus HIV. Entretanto, a porcentagem caiu depois que o NCI seguiu o procedimento farmacêutico rotineiro de "desreplicar" os extratos de plantas — separar dentre substâncias vegetais brutas como taninos e polissacarídeos para isolar o que o NCI supunha serem os ingredientes ativos. Depois da desreplicação, a eficácia das plantas caiu para quase a mesma porcentagem apresentada pelas plantas selecionadas ao acaso. Apesar de admitir que a desreplicação "remove compostos conhecidos por terem atividade imunoestimulante" e que agentes antivirais podem ser encontrados em taninos, Michael Balick, do Instituto de Botânica Econômica nos Jardins Botânicos de Nova York, afirmou: "Assim [...] a coleta etnobotânica geral não parece ser vantajosa para desenvolver orientações para o tratamento do HIV".[160]

M. M. Iwu, do Departamento de Farmacologia da Universidade da Nigéria, diz que compostos como polissacarídeos e taninos com o tempo percolam pelo sistema circulatório e são gradativamente liberados das proteínas ou macromoléculas [...] A desreplicação poderia ser um método adequado para o nosso presente estado do conhecimento, mas, tendo compreendido como esses compostos funcionam, essas análises talvez já não sejam apropriadas. [...] Não devemos ter uma regra *a priori* rigorosa sobre que tipos de compostos são responsáveis pela bioatividade.[161]

Walter Lewis e Memory Elvin-Lewis, do Departamento de Biologia da Universidade de Washington, chegam à mesma conclusão, citando vários exemplos de plantas medicamente ativas "reais", usadas pelos índios jivaro sul-americanos. "Vale a pena examinar alguns exemplos de plantas individualmente investigadas, empregadas pelos jivaro como plantas medicinais, para as quais a utilidade específica foi cientificamente verificada", escrevem. Lewis e Elvin-Lewis citam o azevinho *Ilex quayusa,* que é usado como estimulante pelos jivaro e tem altas concentrações de cafeína, junto com vestígios de teobromina e teofilina, conhecidos supressores do apetite (que são úteis, se não sabemos de onde virá nossa próxima refeição). Eles também mencionam as plantas *Cyperus articulatus* e *C. prolixus*, usadas pelos índios para preparar um chá que estimula contrações e diminui o sangramento durante o parto.[162]

O conhecimento farmacêutico indígena parece ter sido arraigado na experiência empírica. Depois de um ano vivendo com os achaninca na Amazônia peruana, o antropólogo Narby contou como veio a confiar na abordagem empírica dos índios para desenvolver novos remédios:

> O povo em Quirishari ensinava por meio de exemplos, e não por explicações. Quando uma idéia parecia realmente ruim, eles diziam, descartando-a: "*Es pura teoría*". As duas palavras-chave que apareciam repetidas vezes na conversa eram *práctica* e *táctica* — sem dúvida porque esses são requisitos para viver na floresta tropical [...] Depois de mais ou menos um ano em Quirishari, eu começara a ver que naquele ambiente o senso prático dos meus anfitriões era muito mais confiável do que a minha compreensão academicamente informada da realidade. O conhecimento empírico deles era inegável.[163]

Narby teve uma experiência de primeira mão. Sofrendo com uma dor nas costas crônica desde a adolescência, ele se submetera a tratamentos de cortisona e calor, sem resultados. Em 1985, um xamã quirishari prescreveu metade de uma xícara de chá *sanango*, depois de alertá-lo sobre os efeitos colaterais (sensação de frio, falta de coordenação e alucinações). Três dias depois, os efeitos colaterais desapareceram, junto com a dor nas costas. Em 1998, quando ele escreveu seu livro, a dor não havia retornado.[164]

Quando indagados sobre a fonte de seu conhecimento, os xamãs sul-americanos dão mais ou menos a mesma resposta dos xamãs do oeste da África: as plantas nos falam.[165] O xamã come as plantas alucinógenas, que se acredita servirem de guia para identificar que plantas curarão que doenças. As plantas são chamadas *doctores*, porque o xamã é instruído por elas.[166] Schultes conta sobre Salvador Chindoy, um renomado curandeiro do vale de Sibundoy, no oeste da Colômbia, "que insiste que seu conhecimento do valor medicinal das plantas lhe foi transmitido pelas próprias plantas por meio das alucinações que experimentou durante sua longa vida como curandeiro".[167] Nas antigas culturas, como nas modernas, o uso de drogas e os médicos andam de mãos dadas.

AMÉRICA CENTRAL: MAIAS E ASTECAS

Os maias acreditavam que os fenômenos e objetos naturais tinham um caráter sagrado inerente, a *ch'ulel*, ou alma, enquanto os objetos e edifícios feitos pelo homem tinham de ter esse caráter sagrado acrescentado por meio de cerimônias. A *ch'ulel* era encontrada no sangue (o fluido da vida biológica) e associada com pigmentos vermelhos. Assim, as edificações maias incluíam freqüentemente coleções ocultas de objetos preciosos embaixo dos soalhos, inclusive, entre outras coisas, cinabre, hematita especular (ambos vermelhos) e mercúrio. Os maias deviam saber que o cinabre produz mercúrio quando aquecido. É possível que tivessem visto esse acontecimento em áreas vulcânicas e duplicado a experiência em suas próprias fogueiras.[168]

Relacionado à *ch'ulel* estava a *itz*, a excreção ou secreção dos seres vivos, ou, como é às vezes chamada, "a seiva cósmica". As resinas das árvores e outras formas de seiva eram colhidas como *itz*. Para os maias modernos, a *itz* se refere a secreções do corpo humano. Mas, segundo a estudiosa da cultura maia Linda Schele Freidel, também "pode se referir ao orvalho matutino; ao néctar das flores; a secreções de árvores, como a seiva, a borracha e a goma; e à cera derretida das velas".[169]

Dado o significado espiritual do sangue na vida maia e asteca, a cor vermelha era importante. Os maias tiravam a tintura vermelha de uma variedade de fontes: a árvore urucum (*Bixa orellana*), que eles chamavam *ork'uxu*,[170] e a árvore *Croton sanguifluus* (ou *kaqché*, "árvore vermelha"). A tintura da "árvore vermelha" era usada como um substituto para o sangue humano nos sacrifícios. O carmim, uma tintura vermelha brilhante, era também obtido do inseto cochonilha.[171] Os astecas usavam a cochonilha vermelha numa forma purificada, mas também misturavam uma variedade incolor dela com cinzas, giz ou farinha para diferentes efeitos.[172]

Para obter a cor vermelha, a tintura tinha de ser precipitada com alúmen.[173] Presume-se que os astecas sabiam bastante química para obter um sulfato de potássio-alumínio bastante puro (alúmen), um ácido que se faz aquecendo o sulfato de potássio com o sulfato de alumínio até os elementos químicos se dissolverem e depois resfriando a mistura. É concebível que eles também encontrassem variedades razoavelmente puras de alúmen existentes na natureza.

O missionário franciscano e estudioso do povo asteca Bernardino de Sahagún o menciona como uma espécie de "terra" ou lodo. O nome asteca para alúmen se traduz como "fruto amargo da terra", em referência a seu sabor amargo. "Causa salivação; enfraquece os dentes [...] torna a pessoa ácida", relatou Sahagún. Os índios o usavam para refinar as cores ou como um agente de limpeza, e presumivelmente como um fixador.[174] Em todo caso, os astecas e os maias tinham copiosas tinturas brilhantes — vermelhas, azuis, amarelas, púrpura —, que os espanhóis conquistadores achavam iguais ou superiores a quaisquer cores vistas na Europa. Como alguém escreveu: "Os índios criam muitas cores tiradas de flores, e, quando os pintores desejam mudar de uma cor para outra, eles lambem o pincel para limpá-lo, pois as tintas são feitas do suco das flores".[175]

Toribio de Benavente, um frei franciscano e explorador espanhol chamado de Motolinía ("Pobre") pelos astecas por causa de suas roupas esfarrapadas, documentou o uso da terebintina entre os astecas. Em *Historia de los indios de la Nueva España*, terminado em 1541, Motolinía escreve que os índios extraíam a seiva de uma certa árvore (talvez pinheiro) e deixavam que essa seiva aderisse a folhas de agave, num processo não muito diferente de extrair o xarope do bordo hoje em dia. Ali ela endurecia, transformando-se em copal, e era mais tarde misturada com óleo, produzindo "uma terebintina muito boa".[176]

O bálsamo era outra resina extraída das árvores pelos astecas. Hoje o bálsamo é usado como uma base para os xaropes contra a tosse, outros medicamentos e perfumes. Motolinía relata que os astecas fabricavam bálsamo antes da invasão espanhola e o usavam para tratar de doenças. Fala também sobre uma árvore do gênero *Liquidambar*, chamada *liquidámbar* pelos espanhóis (do latim, "âmbar líquido"). Os astecas extraíam a seiva do liquidâmbar e depois combinavam a seiva com a sua casca e às vezes com betume, para uso em forma sólida como perfume ou medicamento.[177]

A goma de mascar foi também uma descoberta pioneira dos astecas, que transformaram o chicle, o suco leitoso do sapotizeiro, no componente primário da goma. As mulheres astecas também usavam o betume que de vez em quando era trazido à praia pelas águas como uma goma de mascar, por causa de seu "aroma doce". Dava um cheiro bom às suas bocas, embora elas mais tarde reclamassem de dores de cabeça.[178] E o látex viscoso exsudado pela árvore *Castilla elastica* era transformado pelos astecas em bolas duras de borracha, um tópico que discutiremos no capítulo 8.

Finalmente, o sal era uma mercadoria importante entre os astecas, que freqüentemente o extraíam da urina. O explorador espanhol Bernal Díaz del Castillo relatou ter visto canoas cheias de urina para a produção de sal e o curtimento de couro.[179] Hoje, o couro é primeiro curado com sal e depois embebido na água. Como a urina contém sal e amônia, servindo também como um purificador, talvez tenha sido um agente versátil em todas as etapas do curtimento do couro: o sal para curar, a amônia para remover os pêlos ou as peles de animais, o líquido em geral como uma solução final e um agente de limpeza. Os antigos chineses usavam um processo semelhante.[180]

Para um cético da ciência não-ocidental, há muita munição neste capítulo: alquimia, elixires para a juventude eterna, plantas que falam aos xamãs... a lista continua. Seria possível empilhar as evidências para mostrar que esses químicos não realizavam nada senão vodu. Mesmo considerando que fizeram muitas descobertas significativas na química, pode-se sempre diminuir suas realizações porque eles não compreendiam plenamente os mecanismos. Isso foi verdade na química ocidental antes da introdução do princípio de exclusão de Pauli.

Considere esta passagem de Friedrich Nietzsche:

> Você acredita então que as ciências teriam surgido e se tornado grandes, se não tivessem existido de antemão os magos, os alquimistas, os astrólogos e os feiticeiros, que tinham sede e fome de poderes absconsos e proibidos?[181]

8. Tecnologia
As máquinas como medida do homem

Em nenhuma área há informações mais falsas do que na da tecnologia. Ansiosos por estabelecer a legitimidade, alguns estudiosos multiculturais têm feito afirmações dúbias: guerreiros chineses do século XI disparando metralhadoras, incas se divertindo acima das planícies de Nazca em balões de ar quente.[1] Minha teoria favorita é a da pedra líquida. Ela supostamente explica a localização da Porta do Sol, uma porta esculpida de dez toneladas que se encontra, solitária, num platô isolado em Tiahuanaco, na Bolívia, a cerca de 4 mil metros acima do nível do mar. Como é que essa estrutura pesada chegou até lá? Joseph Davidovits, do Institut Géopolymère, em Saint-Quentin, França, afirma que a porta não foi construída ali, mas carregada até seu destino, pedra por pedra. Depois de realizar uma análise eletroquímica dos fragmentos, concluiu que os construtores primitivos huanka usaram ácido oxálico extraído de folhas de ruibarbo para dissolver a pedra na pedreira, depois transportaram a matéria fluida para o local, onde a despejaram em moldes.

Davidovits propõe a mesma hipótese para a construção das gigantescas cabeças de pedra olmecas no México central, e até para as pirâmides egípcias. Ele apresentou suas descobertas no Simpósio Internacional sobre Arqueometria, no Laboratório Nacional Brookhaven. O químico de Brookhaven Edward V. Sayre disse: "É intrigante, mas definitivamente controverso".[2]

Não vamos nos alongar sobre essa especulação. Há muito material bom. Em *The new instruments*, Francis Bacon escreveu que três invenções — a pólvora, a bússola magnética e o papel e a impressão — transformaram o mundo moderno, distinguindo-o da Antiguidade e da Idade Média. Todas vieram da China.

As pontes suspensas de ferro vieram de Caxemira; a manufatura do papel era coisa comum na China, Tibete, Índia e Bagdá séculos antes de existir na Europa. Os tipos móveis foram inventados por Pi Sheng em 1041, muito antes de Gutenberg. Os índios quíchuas do Peru foram os primeiros a vulcanizar a borracha; os agricultores andinos, os primeiros a liofilizar batatas. Os exploradores europeus dependiam muito dos construtores de navio indianos e filipinos, recolhendo mapas e cartas marítimas de mercadores javaneses e árabes. (Vasco da Gama aprendeu técnicas de navegação com seu piloto, Mhmqad Ibn Majid.) A falta de bens manufaturados de qualidade no Ocidente era um estímulo para a navegação européia, levando mercadores ingleses, holandeses e portugueses a navegar em busca dos produtos asiáticos superiores, como os tecidos na Índia. No Novo Mundo, enquanto isso, artesãos do Peru produziam 109 matizes diferentes, usando tinturas naturais de tal força e brilho que os museus ainda exibem tecidos peruanos, brilhantemente coloridos, de mais de 2 mil anos.

Alfred W. Crosby, historiador da Universidade do Texas e autor de *Imperialismo ecológico*, afirma que dois centros de invenção transformaram a história. O primeiro foi o Oriente Médio — os sumérios e seus sucessores. O segundo foi o México central — os olmecas e outros. A Europa foi simplesmente uma estação de transferência. "Pense nas doze coisas mais importantes já inventadas. A roda, o estribo, os tipos móveis, a metalurgia, coisas assim. Nenhuma delas foi inventada na Europa", escreve.[3]

Vamos seguir o desenvolvimento da tecnologia de um modo não ortodoxo. É comum começar com os chineses, porque eles foram os mais espetaculares mestres da tecnologia. Podem não ter inventado as metralhadoras, mas usaram realmente lançadores de chama e uma variedade de outras armas horripilantes. A tecnologia chinesa, entretanto, tem sido tão bem popularizada — pelo sinólogo John Needham e outros — que a deixaremos para o fim, e começaremos com os dois lugares de nascimento da tecnologia, a Mesopotâmia e a Mesoamérica.

MESOPOTÂMIA

A Mesopotâmia é uma área geográfica, não uma civilização. Foi controlada, durante o período de vários milhares de anos que estamos examinando, por um número difuso e diverso de povos: sumérios, hititas, assírios, árabes e outros. Mas a tecnologia se transferiu e evoluiu entre essas civilizações dentro da Mesopotâmia quase como se ela fosse uma única sociedade coerente.

Podemos facilmente fazer o caminho da tecnologia retroceder até os sumérios, ao que pode muito bem ser a civilização-mãe dos humanos fora das Américas. Os sumérios foram provavelmente tribos que vieram do leste, das montanhas de Elam, talvez já em 8000 a. C. Eles se estabeleceram perto dos pântanos na extremidade do golfo Pérsico, entre os rios Tigre e Eufrates. Mais tarde, os gregos chamaram essa terra entre os rios, na ponta oriental do Crescente Fértil, de Mesopotâmia. Estendia-se do golfo Pérsico ao mar Mediterrâneo. O Crescente Fértil tornou-se a encruzilhada do mundo eurasiano — o ponto de partida para a maioria, se não para a totalidade, das culturas subseqüentes no hemisfério oriental.

A Suméria surgiu algum tempo antes de 5000 a. C., e ali começa a crônica escrita da humanidade. "Se comparamos os sumérios com os caçadores-coletores que os precederam", escreve Crosby, "vemos que o contraste entre esse povo da aurora da civilização e qualquer povo da Idade da Pedra é maior do que o contraste entre os sumérios e nós próprios." Ao olhar para os sumérios, os acádios, os egípcios, os israelitas e os babilônios, "estamos olhando para um espelho muito velho, muito empoeirado".[4]

A era tecnológica no Oriente Médio teve início, segundo Crosby, quando os humanos começaram a amolar e polir, em vez de lascar, as suas ferramentas de pedra, e terminou quando aprenderam a fundir o minério para extrair o metal e passaram a elaborá-lo para criar ferramentas superiores. Nesse ínterim, os nossos ancestrais domesticaram "todos os animais de nossos terreiros e prados, aprenderam a escrever, a construir cidades, e criaram a civilização".[5] Colombo e seus contemporâneos europeus devem tanto às civilizações do antigo Oriente Médio, acrescenta Crosby, quanto a tudo que foi inventado na Europa.

Os sumérios deram início a uma indústria têxtil, transformando a lã em tecido e o linho em pano de linho. Construíram canais e diques para controlar a água do rio e levar o excedente aos campos. Inventaram a roda por volta de 3500

a. C. A roda tornou possíveis as rodas da cerâmica e as carretas, facilitou o ato de transportar coisas e permitiu a existência de carros e outras máquinas de guerra. Os primeiros objetos com superfície esmaltada apareceram por volta de 4000 a. C.; os primeiros objetos de vidro não presos a nenhum suporte, aproximadamente em 2500 a. C., tanto na Mesopotâmia como no Egito. Os sumérios começaram a desenvolver a escrita por volta da mesma época da roda — cerca de 3500 a. C. Os pesquisadores pensaram por muito tempo que a escrita evoluiu para acompanhar a propriedade e a troca de bens materiais. Dezenas de milhares de textos cuneiformes registram a poesia, a contabilidade, os registros de propriedade, as canções de ninar, as listas de eventos astronômicos, os animais e as plantas medicinais dos sumérios.

Os sumérios importaram metais para fazer o bronze, bem como as técnicas para trabalhar o metal, das montanhas do Irã e da Turquia. Por terra e mar, eles importavam metal, madeira, lápis-lazúli e outras pedras, e exportavam tecidos, jóias e armas. Antes de 3000 a. C., os contadores do templo da Suméria haviam projetado pesos-padrão para realizar os negócios; impunham grandes penalidades a quem tentasse enganar com pesos falsos.

Em torno de 3000 a. C., as cidades prosperavam por toda a região. A mais antiga talvez tenha sido Uruk, no território que é agora o Iraque, com uma população de 50 mil habitantes. Os sumérios construíam as suas cidades com tijolos de barro secados ao sol. Projetavam arcos — estruturas curvas sobre uma abertura — capazes de suportar peso, depois domos ou abóbadas de telhado arredondado coberto com arcos de tijolos. No centro das cidades, erigiam templos, chamados zigurates, edificados sobre montanhas artificiais de tijolos e construídos em camadas, cada uma menor que a outra, geralmente em sete andares com um templo ou altar no topo. Um zigurate em Ur consumiu milhares de tijolos, e tinha bueiros a intervalos regulares para permitir a drenagem da água. Grande parte de dois andares desse templo ainda existe hoje. Ur, por volta de 2500 a. C., tinha os arcos mais antigos de que se tem conhecimento.[6]

Seguiram-se os processos costumeiros de guerra e conquista. Por volta de 2350 a. C., depois de vários séculos de guerra intermitente entre os sumérios e os acádios de fala semítica, Sargão, o Grande, da Acádia, desafiou a hegemonia suméria. A Ur suméria caiu por volta de 2325 a. C. Sargão passou a construir Babilônia sobre o Eufrates, no sul da Mesopotâmia, uma região descrita (mais tarde) como a localização do Jardim do Éden. As cidades-Estados recuperaram sua independência em pouco tempo, mas por volta de 1900 a. C. os acádios e os velhos elementos sumérios haviam se misturado para formar o Primeiro (ou Antigo) Império Babilônico. O rei Hamurabi (*c.* 1775 a. C.) criou seu código de leis, refletindo as regras e os costumes que remontavam aos tempos sumérios. Os babilônios estabeleceram complexos urbanos e rotas de comércio nos vales fluviais dos egípcios, do Tigre–Eufrates e do Indo. Esse foi o primeiro "império" real da Mesopotâmia, estendendo-se do Mediterrâneo ao golfo Pérsico.

Por volta de 1600 a. C. os hititas, imigrantes indo-europeus dos mares Negro e Cáspio, ao norte, invadiram o Tigre–Eufrates. Foram provavelmente os primeiros a fundir o minério para extrair o ferro, e tentaram, sem sucesso, manter seu processo em segredo. Exploraram as minas de cobre e prata, e comerciavam metal ao redor do Crescente Fértil. O emprego que os hititas davam à roda nas máquinas militares foi provavelmente a origem da construção engrenagem-e-eixo do moinho de cereais movido a água alguns séculos mais tarde.

Na onda da ascensão e esboroamento dos impérios, os hititas, por volta de 1100 a. C., sucumbiram aos assírios, que se estabeleceram ao longo do Tigre no noroeste da Babilônia, na cidade-Estado de Assur. Os assírios adquiriram dos hititas o trabalho em metais e tornaram-se os primeiros a equipar exércitos inteiros com armas de ferro. Agressivos e ferozes, os assírios inventaram as torres móveis, os aríetes e outras máquinas de sitiar o inimigo, além de fazer bom uso dos projetos mais recentes de carros de guerra. Seu exército era grande e bem equipado. Na batalha de Qarqar em 853 a. C., o rei Salmanasar III liderou um exército de 52 900 soldados de infantaria, 3940 carros de guerra, 1900 homens de cavalaria e cem homens montados em camelos contra uma coalizão dos reis sírio, libanês e palestino.[7]

Os assírios conquistaram a Babilônia por volta de 700 a. C. e arrasaram a cidade, mudando o curso do Eufrates para inundá-la. Construíram estradas para o movimento de suas tropas e desenvolveram um serviço postal para as comunicações do exército. Os assírios construíram Nínive sobre o Tigre com os impostos arrecadados em terras conquistadas. Queriam a capital mais esplêndida do mundo e construíram uma grande biblioteca que continha tabuletas de argila de todos os povos do Crescente Fértil. Nínive era fortificada com muros duplos de quinze metros de espessura e trinta de altura; tinha quinze portões. Ainda assim, em 612 a. C., caldeus (nômades do deserto árabe), medos e persas reuniram forças e destruíram Nínive, conquistando por fim todo o império assírio.

Em 616 a. C., os caldeus tomaram Babilônia e reconstruíram-na como sua capital. O novo rei babilônico, Nabucodonosor (605-562 a. C.), prosseguiu na conquista da maior parte do Crescente Fértil. Ele é mais conhecido por construir os Jardins Suspensos da Babilônia, projetados para uma de suas esposas, filha de um rei medo, com o objetivo de aliviar as saudades que ela sentia da terra natal. O jardim, suspenso no ar num quadrado de cerca de meio quilômetro, parecia, visto de certa distância, uma encosta ornada com terraços.

Em cada terraço, horticultores plantavam grandes árvores e arbustos. O terraço mais elevado era um vasto telhado, para que se pudesse caminhar sob os jardins. Abaixo havia um sistema de galerias sustentado por paredes com sete metros de espessura, separadas por passagens de três metros de largura. As bases dos terraços eram imensas lajes de pedra cobertas de plantas, construídas em cantiléveres para que cada nível se projetasse sobre o que estava embaixo. Buracos na estrutura permitiam a entrada de luz nas galerias. O telhado tinha uma base de chumbo para impedir que a água escoasse para o nível inferior e era coberto por duas camadas de tijolos, uma de esteira de junco presa por asfalto e e outra, mais grossa, de solo na qual as árvores eram plantadas.

O jardim era mantido úmido com dispositivos semelhantes a um parafuso, que puxavam para cima a água do Eufrates. Essas máquinas talvez tenham precedido o parafuso de Arquimedes — o maior inventor do mundo clássico — por mais de setecentos anos. As ruínas dos Jardins Suspensos nunca foram encontradas, mas a Babilônia era tão enorme que nunca foi completamente escavada.[8] A descrição deles que chegou até nós não provém dos babilônios, mas de Diodoro Sículo, um historiador grego.

Com uma população de cerca de meio milhão de habitantes durante seu apogeu, a Babilônia parecia o centro do universo humano; tudo ali era em grande escala. Seu zigurate, o templo de Marduk, visto e descrito por Heródoto por volta de 450 a. C., era decorado com ouro; seus oito níveis eram ligados por uma escada espiral, com assentos para que os que subiam pudessem descansar. Tinha cerca de sessenta metros de altura, e talvez tenha sido a inspiração para a

Torre de Babel bíblica. Depois do reinado de Nabucodonosor e da guerra civil, a Babilônia foi mais uma vez capturada pelos persas, em 539 a. C.

Assim, a narrativa das civilizações seminais da humanidade já é uma velha história: repleta de avanços tecnológicos e sociais, imperialismo, conquista; depois as guerras, a desintegração social e tecnológica, e o saque. Cada império sucessivo, embora destruindo grande parte da sociedade anterior, reteve e aperfeiçoou algumas de suas tecnologias. Os gregos e os romanos apoderaram-se de algumas. Os africanos do norte carregaram algumas para o Egito e sua grande cidade, Alexandria. Mas muito do saber científico e tecnológico reunido pelos povos do antigo Oriente Médio permaneceu, sendo cuidado e intensificado primeiro pelos persas e mais tarde pelos muçulmanos.

Na árida ecologia do Oriente Médio, a água era uma preocupação constante. Dada a queda de chuva anual no Irã, que atinge em média quinze a vinte centímetros, por exemplo, não é surpreendente que a suprema tecnologia em grande escala do antigo Oriente Médio tenha sido a hidrologia. Embora as pirâmides do Egito estivessem entre os maiores projetos de construção jamais realizados (c. 2000 a. C.), igual quantidade de mão-de-obra e engenhosidade entrou na construção de diques e canais da Mesopotâmia, realizados mais ou menos na mesma época para o controle das inundações e para a irrigação.[9] A administração da água continuou a ser a mais importante tecnologia das antigas civilizações durante os séculos brilhantes do islã medieval. Fornecer água ao povo, disse que Maomé teria observado, é o ato de maior valor.[10] (Ver o planeta Duna de Frank Herbert e sua cultura Fremen.)*

Um dos primeiros sistemas de irrigação na história registrada foi construído em Jericó, onde tanques de água foram datados em aproximadamente 6000 a. C.[11] Um dos primeiros canais registrados, a via navegável Al-Gharraf a partir do Tigre, foi aberto pelo governador da cidade suméria de Lagash antes de 2500 a. C. (O trabalho dos sumérios não foi totalmente positivo. Alfred Crosby aponta que eles arruinaram grande parte das terras agrícolas do Oriente Médio, irrigando os seus campos com a água dos rios. A água evaporava, deixando na

---

* Referência à série de livros de ficção científica que tem como cenário o planeta Duna, escrita pelo americano Frank Herbert (1920-86). (N. T.)

terra o sal, o "mesmo processo", diz Crosby, "que acontece em nosso sudoeste, onde, como na Suméria, há campos brancos de sal". Ainda assim, diz Crosby, a diferença entre os sumérios e os povos da Idade da Pedra que os precederam é maior que o contraste entre os sumérios e nós próprios.)[12] Os egípcios tinham um departamento de irrigação já em 2800 a. C. A barragem de Sadd-al-Kafra, cerca de trinta quilômetros ao sul do Cairo, foi construída em 2500 a. C. As ruínas ainda existem. Em 690 a. C., o rei assírio Senaqueribe construiu uma barragem de alvenaria no rio Atrush e um canal de 58 quilômetros de extensão até Nínive.[13] Por volta de 100 a. C., os nabateus do sul do Jordão e do deserto Negev, em Israel, construíram 17 mil barragens.

Os persas herdaram essa maestria de construir barragens, canais e instalações hidráulicas subterrâneas. Num determinado caso, os persas capturaram todo um exército romano e puseram-no a trabalhar na construção de uma barragem.[14] Numa enorme proeza de engenharia entre 530 e 580 d. C., os persas construíram duas barragens que desviavam a água do rio Tigre para o canal Nahrwan. Depois de sua conquista do Oriente Médio no século VII d. C., os muçulmanos adaptaram as técnicas herdadas e expandiram enormemente a aplicação da tecnologia mecânica e hidráulica.

Perto da cidade de Basra, fundada no século VII d. C., os muçulmanos ergueram uma imensa rede de barragens e canais alimentados por barragens. Uma delas, construída em 960 d. C. no rio Kor, no Irã, entre Chiraz e Persépolis, irrigava trezentas vilas com mais de dez rodas que erguiam as águas e dez moinhos de água. Ainda existe.[15] Ao sul de Qum, no Irã, muçulmanos do século XIII construíram o primeiro exemplo conhecido de uma verdadeira barragem em arco. Ao contrário da maioria das barragens, não dependia da gravidade para sua resistência. Era construída como um arco deitado de lado, com a convexidade apontando rio acima e os lados ancorados nas margens rochosas de uma garganta, onde as forças da pressão da água contra a barragem transferiam-se para os pontos de apoio.

Durante a expansão islâmica, os muçulmanos construíram muitas barragens na península Ibérica, entre as quais uma em Córdoba, com 426 metros de extensão, e uma série de oito barragens sobre o rio Guadalaviar, em Valência, com canais associados. Esses canais tinham uma capacidade total um pouco menor que a do rio, sugerindo que os engenheiros eram capazes de avaliar um rio e depois projetar barragens e canais que correspondessem às suas características.[16]

Os moinhos de água eram uma variação sobre o tema da exploração da água para obter energia. Sua origem não é clara, mas alguns deles estavam presentes no Oriente Médio pré-islâmico. No período medieval islâmico, três tipos de moinho de água eram usados: com a roda hidráulica impulsionada por baixo, vertical e horizontal com a roda hidráulica impulsionada por cima. Eram usados para a produção de farinha, a fabricação de papel, a feitura de tecidos e para o esmagamento da cana-de-açúcar e de minérios metálicos.

Havia uma notável diversidade de máquinas para moagem no Irã e no Iraque. Em Bagdá, com uma população beirando 1 milhão de habitantes, as rodas convencionais da moagem não conseguiam satisfazer a demanda, por isso seus moradores realizavam a moagem de cereais usando uma série de moinhos de água flutuantes sobre o Tigre, que operavam continuamente em turnos de 24 horas, com rodas impulsionadas por baixo impelindo as mós pelas engrenagens de madeira. Por volta de 1000 d. C., rodas horizontais menores semelhantes a turbinas, com a mó montada no mesmo eixo, diretamente acima, eram usadas por toda a Eurásia, da Europa ocidental até a China. Perto de Basra, dez moinhos operavam pelo fluxo e refluxo das marés cerca de um século antes da primeira menção a moinhos de maré na Europa.[17]

Os moinhos de vento foram também inventados no Oriente Médio, onde a água para produção de energia era escassa. Registros do leste do Irã datam os moinhos de vento daquela área desde aproximadamente 950 d. C. Alguns deles ainda estão em operação. Reza a lenda que o inventor do moinho de vento vivia no Irã quando o país foi conquistado pelos muçulmanos, na metade do século VII. O segundo califa, Omar, impôs taxas pesadas sobre os moinhos de vento e, segundo a história, o inventor ficou tão irado que o assassinou. Ainda assim, os moinhos de vento espalharam-se por todo o mundo islâmico, depois para a Índia e talvez para a China. A tecnologia atingiu a Inglaterra na metade do século XII.[18]

Depois do colapso do Império Romano, do incêndio da biblioteca de Alexandria (a Gaiola das Musas), em 640 d. C., e da Era das Trevas européia, o Oriente Médio islâmico preservou as tecnologias de engenharia, bem como a ciência pura. Esses campos incluíam a construção de prédios, espelhos, pesos (física da gravidade), levantamento topográfico, hidráulica, tecnologia militar, navegação e o projeto de máquinas engenhosas. Era freqüente dar à tecnologia e à engenharia tanto mérito quanto à ciência pura. A palavra *handasa* em árabe, por exemplo, significa arquitetura e engenharia, bem como geometria. Não se fazia uma distinção rígida entre os cientistas e os técnicos. Muitos homens eram as duas coisas.[19]

Os óbvios modelos islâmicos desse tipo foram os três irmãos Banu Musa da Bagdá do século IX. Eram astrônomos e matemáticos, além de engenheiros. Por volta de 850, escreveram um compêndio, *Kitab al-Hiyal* [O livro dos dispositivos engenhosos, ou Sobre dispositivos mecânicos].[20]

Os irmãos Banu Musa projetaram rodas-d'água cada vez mais complexas e outros sistemas sofisticados para puxar água. Embora influenciados pelos inteligentes inventores alexandrinos do Egito helenístico, cuja obra foi traduzida para o árabe durante o seu período de vida, os Banu Musa deram muitos passos adiante. Projetaram um dispositivo para fornecer água quente e fria, dragas para recolher jóias do fundo do mar e dos rios,[21] e uma lamparina que erguia o seu próprio pavio e enchia-se de mais óleo. Também construíram elaborados chafarizes. A eles são atribuídos o uso mais antigo de uma manivela como parte de uma máquina (a manivela só foi empregada na Europa no século XV) e o primeiro uso de bombas de sucção.[22]

A diversão era um elemento importante. A palavra árabe *hiyal* pode denotar quase todo e qualquer objeto mecânico, de um pequeno brinquedo a uma máquina de sitiar o inimigo. A classe ociosa levava os seus brinquedos a sério, e os círculos da corte islâmica financiavam os engenheiros. Conseqüentemente, muitos dos mais avançados projetos árabes não só eram úteis como tinham a natureza de brinquedos. Os irmãos Banu Musa projetaram 83 "vasos de trotes". Há jarros dos quais não se pode despejar nada, depois de o jorro ter sido interrompido; vasos que tornam a se encher se uma pequena quantidade de água é retirada; vasos em que se pode despejar uma mistura de líquidos, mas dos quais eles são escoados separadamente. Os componentes incluíam em geral variações sobre válvulas cônicas, sifões, respiradouros, pesos e contrapesos, roldanas, engrenagens, rodas-d'água em miniatura e manivelas.[23]

Os autômatos, ou mecanismos que funcionam sozinhos, eram muito populares. Um eminente projetista de autômatos foi Badi al-Zaman al-Jazari, um engenheiro dos séculos XII e XIII que talvez tenha trabalhado para a dinastia Artuqid do sudeste da Turquia. Al-Jazari inventou a maioria dos autômatos em grande escala para coletar e transportar água, e era conhecido por seus sistemas de engrenagem, um dos quais apareceu dois séculos mais tarde na Europa, no relógio mecânico de Giovanni di Dondi. Um dos brinquedos autômatos de al-Jazari era um bote mecânico com homens a beber, destinado a divertir os convidados de uma festa regada a muita bebida. Quando ativado, o *hiyal* adquiria vida, em contraponto aos marinheiros que remavam e aos músicos que tocavam.[24]

Os califas de Bagdá exploravam essa riqueza de invenção e engenharia para criar pátios de recreação privados. Talvez as memórias da Babilônia tenham inspirado os jardins monumentais do islã, modelos do paraíso na terra. Um relato do início do século X descreve um jardim repleto de lagos. No meio de um lago erguia-se uma árvore com um passarinho mecânico de prata e ouro que assobiava. Outro dos lagos do jardim estava cheio de mercúrio, sobre o qual flutuavam botes de ouro. Ao redor dos lagos havia autômatos de pássaros que cantavam, leões que rugiam e outros animas que se moviam.[25] Há mil anos os árabes faziam experimentos de animatrônica.

Muitos dos tijolos básicos da tecnologia européia originaram-se nas civilizações dos vales do antigo Oriente Médio. A localização central do islã medieval na Eurásia permitiu que adquirisse invenções da Índia e da China, além de fazer progressos cruciais na tecnologia herdada da Grécia Antiga e do Egito helenístico. Com o tempo, o conhecimento tecnológico do Oriente Médio foi transferido para a Europa via Espanha, bem como para a Ásia e para a África. Os engenheiros muçulmanos contribuíram enormemente para a tecnologia da Europa medieval, e os europeus talvez tenham reccado o domínio da tecnologia e erudição do Oriente Médio. *A divina comédia*, de Dante, revela a animosidade européia para com a cultura islâmica. No canto VIII do *Inferno*, o poeta florentino coloca as mesquitas da cidade de Dite e, no canto XXVIII, põe Maomé no oitavo círculo.

MESOAMÉRICA

Se os eurasianos do Velho Mundo foram os primeiros grandes tecnomestres, os primeiros povos do Novo Mundo foram os maiores exploradores, atravessando o estreito de Bering e migrando rapidamente por todo o hemisfério ocidental. Quando os europeus chegaram ao Novo Mundo, os povos indígenas do hemisfério ocidental ainda não tinham desenvolvido ferramentas, à exceção de muito poucas feitas de ferro de meteorito. Nem possuíam a roda ou quaisquer animais que pudessem ser montados ou usados para puxar o arado. Mas cultivavam variedades altamente sutis de produtos agrícolas. O impacto agrícola do Novo Mundo sobre o Velho Mundo foi enorme. Os agricultores do Novo Mundo eram talvez os maiores criadores de plantas do planeta. Haviam experimentado e explorado as muitas variedades de plantas cultivadas pelos seus ancestrais selvagens. Quando chegaram à Europa, Ásia e África, essas variedades de produtos agrícolas provocaram uma revolução agrícola. O milho e a batata, por exemplo, foram considerados "safras milagrosas" depois de sua introdução na Europa.[26] Alguns especialistas estimam que os americanos nativos deram ao mundo $\frac{3}{5}$ das safras ora em cultivo.[27] Na Mesoamérica, o grão do cacau, fonte do chocolate, era valioso a ponto de ser usado como moeda, e apenas a elite podia beber o chocolate quente misturado com mel. Os soberanos maias tinham criados que preparavam o chocolate real.[28]

À época das invasões européias, no início do século XVI, os únicos povos do Novo Mundo com tecnologias urbanas apropriadas eram os da Mesoamérica e dos Andes. A Mesoamérica é uma área cultural que se estende da região centro-norte do México até a Costa Rica, no Pacífico, incluindo o sul do México, a Guatemala, Belize e Honduras. Sua identidade cultural se iniciou com a difusão de vilas de agricultores por volta de 2000 a. C.[29] O consenso entre os estudiosos é de que a maioria, se não a totalidade, das grandes culturas da Mesoamérica teve como sua civilização de origem os olmecas do sudoeste do México. Os olmecas, que viveram entre 1500 e 600 a. C., erigiram grandes esculturas e monumentos públicos de basalto (uma rocha vulcânica escura) que datam de 1400 a. C.

Os povos mesoamericanos partilhavam certos traços culturais, provavelmente de origem olmeca, que estavam ausentes ou eram raros em outras regiões no Novo Mundo. Entre eles, a escrita hieroglífica, livros de papel de casca da figueira ou pele de gamo que se dobravam como acordeões, um calendário complexo, o conhecimento do movimento dos planetas (especialmente Vênus) contra o pano de fundo das estrelas, um jogo executado com uma bola de borracha num pátio (chamado de *chaah* pelos maias), mercados altamente especializados, sacrifícios humanos pela remoção da cabeça ou do coração, uma ênfase geral no auto-sacrifício pelo sangue retirado das orelhas, língua ou pênis, e uma religião panteísta que incluía deuses da natureza bem como divindades emblemáticas de descendência real.

Os olmecas partilhavam uma ética de projeto urbano em que as cidades eram construídas ao redor de uma pirâmide-templo central. A forma cônica típica dessas estruturas as ajudava a resistir aos terremotos.[30] Embora houvesse muitas diferenças entre as culturas, a dieta mesoamericana básica incluía o "antigo quarteto"—milho, feijão, pimentão picante e abóbora. Segundo o épico de criação maia, o *Popol vuh*, os ancestrais dos maias foram criados a partir de massa de milho. As estratégias agrícolas mesoamericanas eram suficientemente boas para sustentar uma população pré-conquista de 8 milhões a 10 milhões de pessoas nas terras baixas dos maias. Levantamentos aéreos detectam evidências de uma ocupação virtualmente contínua do Yucatán desde cerca de 750 d. C.[31] (Os números da população pré-colombiana no Novo Mundo são inexatos e controversos. Segundo Charles C. Mann, correspondente da *The Atlantic Monthly* que fez um levantamento de demógrafos antropológicos, os números podem variar por um fator de dez.)[32]

O esporte foi a inspiração de uma tecnologia significativa, que em inglês é chamada de um *oopart*, um acrônimo para *artefato fora-do-lugar* [*out-of-place artifact*]. Os maias tinham obsessão pelo seu jogo de bola, e a maioria das cidades de qualquer tamanho tinha campos para essa finalidade localizados perto das pirâmides-templos. Os mais antigos campos dos olmecas eram simples muros de sustentação feitos de terra. Quando o campo da cidade de Copán (antes de 800 d. C.) ficou pronto, os muros eram de alvenaria revestida de estuque com superfícies inclinadas para o jogo. Os arqueólogos consideram Copán o mais perfeito dos campos de jogo de bola, tendo como marcadores esculturas, feitas com juntas de espiga e encaixe, na forma de cabeças de macau.[33] Os astecas continuaram a tradição de 1200 em diante.

Os campos de jogo de bola se parecem um pouco com os campos de handebol atuais, e, apesar de as regras exatas do jogo serem indeterminadas, sabemos que, dadas as conseqüências ocasionais de morte ou mutilação, a derrota devia ser evitada. Os relevos dos muros do campo de jogo de bola em Chichén Itzá mostram a decapitação de um jogador. Sem dúvida, o jogo ali era executado "para valer", diz o arqueólogo Michael Coe, e os que perdiam acabavam com as cabeças nos *tzompantli*, ou armações em que se dependuravam os crânios.

Várias formas de jogo de bola talvez já existissem no segundo milênio antes da era cristã, da região norte da América do Sul ao sudoeste americano. Como mencionado, não sabemos ao certo de que forma os maias clássicos jogavam bola, mas temos alguns vislumbres da versão asteca do esporte. Cortés ficou tão intrigado com o jogo que levou um grupo de jogadores astecas para a Europa em 1528, onde eles se exibiram diante de cortes régias.

Os astecas jogavam com uma bola de borracha sólida de vinte centímetros de diâmetro. Era quase do tamanho de uma bola de basquete, mas sólida e pesada. De um a quatro jogadores num time controlavam a bola sem a ajuda das mãos, usando a parte inferior da perna, a coxa, o torso e o braço para impedir que a bola atingisse o chão. Tentavam fazer a bola passar por anéis de pedra ou atiravam-na contra esses anéis ou outros marcadores ao longo dos muros do campo, ou chutavam-na para dentro de uma meta. A marcação de pontos era difícil, e a própria bola, por causa de seu volume, podia estropiar o jogador. Os apostadores estavam em toda parte.[34]

Mais importante, para nossos fins, era a natureza da bola usada. Embora os estudiosos ocidentais aceitem hoje as histórias dos conquistadores espanhóis sobre a obsessão ameríndia pelo esporte, era difícil acreditar na sua descrição da bola espantosa. Os espanhóis falavam de uma esfera que saltava muitos metros no ar quando era jogada no chão ou atingia o muro do campo. Não havia nada semelhante na Europa. Na verdade, não havia nada semelhante em nenhum outro lugar fora da Mesoamérica até 1839.

A borracha é extraída de uma variedade de árvores da borracha, pingando como seiva ou látex. Na sua forma natural, quando seca, a borracha é macia, pegajosa e não muito elástica. Em 1839, Charles Goodyear desenvolveu o processo de vulcanização, misturando o látex com enxofre e aquecendo-o, tornando desse modo a borracha dura e capaz de ricochetes. Alguns relatos de que os ameríndios eram capazes de fazer a mesma coisa com a borracha no século XVI, e talvez já em 1600 a. C., deixaram os estudiosos incrédulos.

O látex cru para a maior parte da borracha mesoamericana provinha da árvore nativa *Castilla elastica*. O seu viscoso líquido branco torna-se quebradiço, quando seco. Os espanhóis do século XVI relatavam que os mesoamericanos misturavam o látex com o suco de uma espécie de ipoméia que se enrosca ao redor das árvores do látex. Recentemente, a arqueóloga Dorothy Hosler e o estudante de graduação Michael Tarkanian, do MIT, redescobriram a antiga técnica. Quando Hosler e Tarkanian foram a Chiapas para recolher material de látex cru a fim de testá-lo no laboratório da universidade, viram para sua surpresa que os agricultores estavam tirando látex de *C. elastica* pelo mesmo método descrito nos antigos documentos. Cerca de dez minutos depois que os agricultores misturaram o látex com o suco da ipoméia, uma massa de borracha subiu à superfície. Os agricultores mostraram aos cientistas como formar com essa massa uma bola que dava facilmente um salto de 1,80 metro.[35]

Os dois levaram a bola de borracha, o látex cru e o suco da ipoméia para o MIT, onde, com a cientista de materiais Sandra Burkett, analisaram as substâncias com espectroscopia nuclear de ressonância magnética. Os cientistas encontraram compostos orgânicos não-identificados no látex que, terminado o processo, já não estavam presentes na borracha. Isso sugeria que as substâncias misteriosas poderiam ser plasticizadores que mantinham o látex gotejante ao impedirem os seus polímeros de fazer ligações cruzadas. (A borracha de nossos dias é feita por ligações cruzadas de polímeros.)

Se o suco da ipoméia dissolvia os plasticizadores, eles teorizavam, seria mais provável que as moléculas poliméricas do látex se enredassem e formassem uma massa semelhante à borracha. No suco da ipoméia encontraram vestígios de cloretos de sulfonil e ácidos sulfônicos, componentes que reagem com polímeros, enrijecendo os segmentos dos polímeros e tornando-os mais propensos a interagir. Apenas uns poucos desses enredamentos, diziam, já bastariam para dar à mistura a sua característica de borracha. Hosler planeja testar a borracha feita com quantidades diferentes de suco de ipoméia para ver se os mesoamericanos poderiam ter projetado borracha com elasticidades específicas.[36]

Os olmecas, os maias, os astecas e outros faziam estatuetas humanas de borracha sólida e oca, bem como largas faixas de borracha para amarrar machados de lâmina de pedra a cabos de madeira. Eles pintavam com borracha e usavam-na para pomada dos lábios. Acima de tudo, usavam bolas de borracha sólida nos jogos de bola esportivos e sagrados que eram centrais para as sociedades mesoamericanas. Segundo uma fonte do século XVI, a "autoridade dos esportes" da capital asteca Tenochtitlán exigia 16 mil bolas de borracha a cada ano como tributo de uma província.[37]

Junto com a borracha, a obsidiana era uma tecnologia de ferramentas só encontrada na Mesoamérica. O vidro vulcânico de dureza extrema era para a civilização mesoamericana o que o aço é para o mundo moderno. (Exceto que, obviamente, o vidro não era usado como material de construção.) As pessoas traziam a obsidiana das montanhas e empregavam-na para produzir facas, lanças, pontas de dardos e lâminas prismáticas para trabalhar a madeira e fazer a barba. As lâminas eram usadas para arrancar corações.

Os arqueólogos levaram anos para descobrir como é que os mesoamericanos faziam as famosas lâminas prismáticas. Basicamente, por meio de cortes precisos, os índios refinavam um pedaço de obsidiana até transformá-lo num núcleo de lâmina simétrico. A superfície chata superior do núcleo era então triturada com uma ferramenta de basalto para torná-la áspera, e a lâmina real era retirada do núcleo aplicando-se uma força constante a uma pequena área do núcleo. Conhecido como lascagem por pressão, esse método requeria uma força maior que a de um braço humano, e os pesquisadores ainda não sabem ao certo como os ameríndios o executavam. Os estudos microscópicos mostram que as lâminas de obsidiana têm os gumes mais afiados de qualquer ferramenta, antiga ou moderna. O gume de uma lâmina prismática bem-feita pode ser mais afiado do que o bisturi de um cirurgião, e realmente alguns cirurgiões modernos estão começando a fazer experiências com bisturis de obsidiana.[38]

A mais conhecida das civilizações clássicas da Mesoamérica, os maias originaram-se no Yucatán por volta de 2000 a. C., evoluíram da vida simples de camponeses e cresceram até se tornarem proeminentes em torno de 250 d. C. na região que abrange agora o sul do México, a Guatemala, Belize e o oeste de Honduras. Durante o período clássico, as terras baixas dos maias abrangiam centenas de cidades grandes e pequenas, que estão agora soterradas em geral sob um dossel quase ininterrupto de floresta tropical.[39]

A arquitetura era central para a civilização maia. Nas terras baixas, o calcário estava por toda parte, sendo facilmente extraído de pedreiras. Como endurecia apenas quando exposto ao ar, era facilmente trabalhado com a tecnologia da Idade da Pedra.[40] Os maias das terras baixas sempre erigiam os seus templos em cima de templos mais antigos, e com o passar do tempo as construções mais antigas ficaram profundamente enterradas dentro dos acréscimos elevados do período clássico (250-900 d. C.). Muito antes em Petén Yucatán ("Terra Maia":

Petén situa-se onde é hoje o norte da Guatemala, e o Yucatán, no México e em Belize) — área em que havia uma abundância de calcário e ferramentas de sílex com que trabalhar —, os maias haviam descoberto que se os fragmentos de calcário fossem queimados, o pó resultante misturado com água criava uma argamassa de grande durabilidade. Logo perceberam o valor estrutural de um enchimento semelhante a concreto, feito de cascalho de calcário e marga (uma mistura friável de argila, areia e calcário). Com esses elementos de construção, foram capazes de edificar as suas cidades.[41] Os maias construíram magníficos prédios cerimoniais, entre os quais pirâmides-templos, palácios e observatórios altamente ornamentados, que são a característica mais extraordinária de uma cidade maia clássica. Construídos com blocos de calcário cortados à mão sobre plataformas com camadas sobrepostas e escadas, eles se elevavam sobre as edificações circundantes.

A cidade central do período clássico incluía uma série dessas pirâmides-templos de plataformas com degraus, encimadas por superestruturas de alvenaria arranjadas ao redor de largas praças. Nas cidades maiores, como Tikal, vários desses complexos de edificações eram interligados por caminhos elevados. Embora os templos contivessem em geral mais de uma sala, elas eram tão estreitas que só poderiam ter sido usadas em cerimoniais, não sendo para os olhos dos comuns. Os palácios, que serviam como centros administrativos, eram estruturas de um único andar construídas ao longo das mesmas linhas das pirâmides-templos, mas sobre plataformas muito mais baixas e com até doze salas rebocadas.[42] Os cidadãos viviam em residências simples, também construídas sobre montes de terra e pedra retangulares e baixos para evitar as inundações do verão.

Uma característica única do templo maia é o arco corbelado. A abóbada corbelada não possui a pedra-chave como os arcos do Velho Mundo, e parece mais um triângulo estreito do que uma arcada. Parece ter se originado nos telhados de tumbas em períodos mais antigos. Sucessivas camadas de pedras eram colocadas em fileiras sobrepostas até o ponto mais alto da abóbada, que era coberto por pedras chatas. A grande pressão vinda de cima é absorvida pelas paredes maciças e pela resistência do enchimento de cascalho cimento.[43] Talvez os maias tenham projetado o arco corbelado porque nunca possuíram a tecnologia da chave de abóbada. Ou talvez a falta da chave de abóbada fosse deliberada: o templo maia tinha nove camadas de pedra, representando as nove camadas do mundo subterrâneo. Uma chave de abóbada teria criado uma décima camada, violando a cosmologia maia.

Os maias eram conhecidos por estruturas enormes. El Marador, no norte de Petén, na Guatemala, consistia numa rede de caminhos no alto, estradas de terras elevadas e grupos conectados de monumentos, entre eles a pirâmide Canta, que atingia uma altura de setenta metros e, com suas superestruturas menores, constituía, em volume global, o que era possivelmente a maior edificação da Mesoamérica. Foi completada antes de 200 d. C. e talvez tenha começado a ser construída já em 200 a. C.[44] Durante a era dourada maia, Tikal era imensa. Tinha uma área de quinze quilômetros quadrados, com uma população estimada entre 10 mil e 90 mil habitantes, o que lhe dava uma densidade populacional várias vezes maior do que a das cidades européias médias no mesmo período.

Essa propensão para a grandiosidade afetou também os campos de jogo de bola. Nos dias de declínio dos maias e durante a ascensão da civilização tolteca, as duas culturas se fundiram até certo ponto. O campo tolteca-maia em Chichén Itzá, na região norte do Yucatán, no México, com muros de oito metros de altura, 166 de comprimento e 69 de largura, é hoje o maior campo de jogo de bola da Mesoamérica. Um aspecto sofisticado da arquitetura do campo é a acústica. De pé na "zona final", é possível escutar claramente um sussurro vindo da extremidade oposta.

Uma acústica espetacular também pode ser percebida em outras estruturas maias — por exemplo, no afamado Castillo, ou templo de Kukulkán, também em Chichén Itzá. Batendo palmas ao pé de uma das enormes escadas, um visitante do templo pode produzir um grito agudo penetrante a reverberar desde o topo da escada. Para algumas pessoas, o eco soa como o grito do quetzal, o deslumbrante pássaro de penas exóticas cujas plumas eram tão apreciadas na Mesoamérica que o animal estava a caminho da extinção no século IX.

Os astecas conheciam muito da anatomia humana, tinham nomes para todos os órgãos, e compreendiam o sistema circulatório bem antes de William Harvey fazer seus estudos no século XVII. Havia uma razão para isso.

Em 1978, os operários de uma companhia de energia elétrica no coração da

Cidade do México descobriram por acaso uma gigantesca escultura de pedra, o que instigou a imensa escavação do Templo Mayor, provavelmente construído durante os primeiros anos da cidade de Tenochtitlán, a capital asteca.[45] Havia muitos níveis na estrutura, mas o templo principal era freqüentemente referido como Coatepec, ou "Morro da Serpente". Era o sítio de milhares de sacrifícios humanos. As escadas gêmeas manchadas de sangue do Templo Mayor avultavam sobre esse recinto sagrado. Abaixo do templo central havia uma plataforma circular baixa dedicada a Ehecatl, o deus do vento. Abaixo da plataforma, os *tzompantli*, o muro com fileiras de crânios. Um dos soldados de Cortés escreveu que os *tzompantli* continham 136 mil crânios, mas, segundo as estimativas contemporâneas, isso é provavelmente um exagero. Abaixo das armações com as fileiras de crânios ficava o campo do jogo de bola.[46]

Os cativos eram trazidos pelas ruas de Tenochtitlán e conduzidos pelas escadas até o altar de sacrifícios do grande templo. Ao som de tambores, a vítima era deitada sobre o altar, e num instante a faca de obsidiana do sacerdote abria seu peito. O sacerdote então enfiava a mão, agarrava o coração e o erguia para que todos testemunhassem o ato. A máquina de sacrifício asteca era quase insaciável. Durante um ano de fome, os sacerdotes sacrificaram mais de 10 mil vítimas, a maioria das quais havia sido capturada em guerras. (Durante a Renascença, médicos italianos convenceram as autoridades a deixar que se realizassem autópsias nos corpos dos criminosos executados como auxílio para o estudo da anatomia.)

Os astecas eram mais guerreiros que os maias ou mesmo os agressivos toltecas. Guerreavam porque achavam que as terras do México eram deles por direito divino. Guerreavam para obter mais produtos e terras que sustentassem a sua população sempre crescente. E guerreavam para se abastecer de novas vítimas para os grandes sacrifícios rituais.

Os astecas foram os novos-ricos da Mesoamérica, sendo o seu domínio devido menos a um gênio inerente do que à tecnologia e às tradições arquitetônicas dos olmecas, toltecas e outros povos desaparecidos que haviam construído a cidade de Teotihuacán (100 a. C. a 900 d. C.), perto da área que é atualmente a Cidade do México. No seu apogeu, entre 450 e 650 d. C., Teotihuacán abrigava 150 mil cidadãos e espalhava-se sobre 54 quilômetros quadrados, o que a tornava uma das maiores cidades do mundo à época. Seus habitantes eram conquistadores, reunindo um dos mais antigos impérios na Mesoamérica, um império que terminou nos séculos VII e VIII, quando Teotihuacán ardeu num incêndio e foi abandonada, por razões desconhecidas.⁴⁷ Os astecas imitaram projetos de Teotihuacán e dos toltecas bem cedo e com freqüência.

Os astecas chegaram ao centro do vale mexicano entre 1200 e 1267 d. C., depois de uma migração de cem anos a partir de uma região possivelmente tão ao norte quanto o sudoeste dos Estados Unidos. Durante os séculos em que as cidades-Estados maias surgiram e tombaram e os toltecas e outras culturas floresceram, os astecas (ou povos mexicas) foram nômades infelizes, quase párias, errando pelo descampado. Sua história é uma história mesoamericana de miséria à opulência, que se tornou possível em grande parte devido à extraordinária engenharia e planejamento urbano de sua capital, Tenochtitlán.⁴⁸ À época dos astecas, o vale do México, o local da Cidade do México hoje, era uma grande bacia circundada por montanhas vulcânicas. Tinha solos ricos e profundos com um sistema de pântanos rasos e lagos salgados no centro, cheios de peixes, tartarugas, larvas de insetos, algas verde-azuladas — uma dieta rica que bastava colher.

Nos séculos XIII e XIV, os astecas construíram Tenochtitlán no meio do lago Texcoco, sobre cinco ilhas ligadas à terra firme por caminhos elevados. Em muitas áreas, os canais substituíam as ruas, e as pessoas moviam-se ao redor em canoas. Quando viram Tenochtitlán, os espanhóis a chamaram "a Veneza do Novo Mundo". Originalmente, Tenochtitlán era uma típica cidade mesoamericana arranjada ao redor de uma zona central sagrada de praças. Depois das vitoriosas guerras de fronteiras do início do século XV, os astecas tomaram posse de sua terra, e tiveram o poder e os recursos para reconstruir Tenochtitlán a fim de suplantar Teotihuacán.

Quando da chegada dos espanhóis, em 1519, os astecas tinham transformado o México central numa paisagem inteiramente social, com Tenochtitlán e os braços agrícolas do sistema do lago arquitetados para ser o coração de um império com mais de 1 milhão de habitantes. Os astecas apropriaram-se de princípios de projetos urbanos do passado para recriar Tenochtitlán à imagem de Teotihuacán e outras cidades abandonadas. Aplicaram um traçado de grade para estabelecer um alinhamento comum para todos os prédios. Usando como modelo Tula, outra cidade tolteca, redesenharam o centro da cidade e os prédios cívicos. Construíram um recinto murado ao redor dos prédios sagrados, criando no coração de Tenochtitlán uma cidade santa que tinha aproximadamente quinhentos metros num dos lados e cobria cerca de catorze hectares. Limitar o acesso público fazia parte do plano asteca de elevar sua religião a um estado místico.⁴⁹

A glória de Tenochtitlán estava ligada à nova estratégia agrícola dos astecas. Eles criaram campos elevados de grande escala, chamados *chinampas*, que cobriam muitos quilômetros da área que é atualmente a Cidade do México com longas e estreitas leivas arranjadas numa grade. (Restam alguns fragmentos; pagando uma tarifa, é possível andar de canoa pelos antigos canais.) Os agricultores iam aos campos de canoa e cultivavam plantas em sementeiras, construídas em balsas de junco flutuante que eles rebocavam aos *chinampas* individuais para replantar. A região era a cesta de pão do vale do México. Entretanto, é possível que à época da chegada de Cortés e seu exército, em 1519, o vale já tivesse atingido a sua capacidade máxima de produção.⁵⁰

Os incas eram um povo antigo da América do Sul. Nossas evidências datam do século I d. C., quando eles começaram a entrar no vale de Cuzco, no Peru. No século XII, começaram a dominar outras sociedades, e no século XV tinham conquistado mais de 21 sociedades diferentes, exercendo controle sobre um território muito maior do que qualquer outro povo jamais controlara no hemisfério ocidental pré-colombiano. Esse império final, Tahuantinsuyo, "Terra dos Quatro Cantos", durou apenas cerca de um século, mas estendeu-se por mais de 3500 quilômetros, tão ao norte quanto o atual Equador e as margens ao sul da Colômbia, e tão ao sul quanto o sul dos Andes no Chile e na Argentina. Os incas conquistaram vastos territórios sem veículos de rodas nem animais que pudessem ser montados. Seu império abarcava uma enorme variedade de ambientes, bem como diversas culturas. De 1438 a 1532, eles incorporaram mais de 1 milhão de súditos num sistema sociopolítico fortemente hierárquico. Baseado numa organização às vezes comparada ao comunismo, esse sistema rigidamente controlado desmoronou depois que seu imperador, Atahualpa, foi garroteado pelos invasores espanhóis em 1533. Como os incas conseguiram incorporar tal diversidade de entidades sociopolíticas num império é uma maravilha bem pouco compreendida.

De todos os povos urbanos do Novo Mundo, os incas foram os engenheiros mais brilhantes. A estrada inca representa a essência de seus talentos de organização e engenharia atrelados a seu pendor imperialista. Consistindo em aproximadamente 19 mil quilômetros de caminhos, o sistema de estradas inca constituía uma rede de transporte só comparável à dos romanos no seu tempo. Como eles não usavam a roda, as estradas serviam apenas para viajantes a pé e lhamas de carga. Foram construídas duas estradas reais, nas quais os governantes incas viajavam por toda a extensão do império. Uma seguia a costa do Pacífico, do norte do Peru ao norte do Chile; a outra se estendia pelo altiplano dos Andes, da moderna Colômbia ao norte do Chile. A "autoridade rodoviária" incaica construía túneis e pontes pelas montanhas, erigia diques pelos pântanos e cortava degraus nas íngremes encostas de pedra.

As estradas reais incas eram alimentadas por artérias e rotas secundárias, usadas para transportar o milho, a coca, os metais e as pedras preciosas. Ainda hoje o arqueólogo Thomas Lynch escreve sobre uma das mais desoladas regiões do alto deserto na América do Sul: "Pode-se seguir a estrada inca pelo Gran Despoblado, orientando-se pelas suas turquesas dispersas, quase com a mesma facilidade com que Hans e Gretel descobriram sua trilha pelas migalhas de pão".[51]

Os incas usavam o sistema de estradas para vários fins sociais: comunicação, reestruturação das fronteiras políticas entre grupos étnicos, imposição da língua quíchua, de Cuzco, aos súditos conquistados, e arrecadação de renda.[52] Ninguém podia entrar em Cuzco sem pagar um tributo relativo ao seu status. Independentemente de quão elevada fosse a posição social dos nobres, ninguém podia aparecer de mãos vazias diante dos governantes incas.[53]

O principal senhor de uma província usava um instrumento de contar chamado quipo, um cordão cheio de nós projetado com fins matemáticos, para totalizar os tributos. Era uma cobrança eficaz. Quando surpreendia os súditos trapaceando, o senhor aplicava um castigo. Até ofensas leves eram puníveis com uma morte lenta e sofrida.[54] (O quipo era mais do que um dispositivo para fazer contas. Alfred Crosby diz que ele também servia como um recurso para a memória e um precursor da escrita.)[55]

ÁFRICA

A África é o único continente que se estende do norte ao sul da zona temperada. É também o local mais provável do surgimento do *Homo sapiens* e onde, nas gargantas de Olduvai, na Tanzânia, e nas margens do lago Turkana, no vale Great Rift, nossos precursores começaram a modelar as suas ferramentas.[56]

A África é um continente com duas histórias — uma detalhada, a outra misteriosa. Embora a história do norte da África seja bem documentada, a longa história da África subsaariana está envolta em mistério, em parte porque poucas de suas culturas desenvolveram uma língua escrita e em parte porque as ciências históricas só agora estão começando a aprender como lidar com a sua história. O velho viés europeu do "Continente Negro" colide dolorosamente com os métodos mais novos, e talvez mais igualitários, de examinar as contribuições únicas das civilizações africanas para o mundo. A influência dos africanos sobre as expansões culturais "clássicas" para o norte é um campo de enorme controvérsia, enredado na política de raça e acuidade histórica, conforme exemplificado pela teoria da "Atena Negra" de Martin Bernal.[57] Está se tornando claro que algumas culturas africanas foram atores principais no antigo palco e estavam tecnologicamente bem mais avançadas que a Europa em certas eras, se não também mais avançadas que o Oriente Médio e a Ásia.

Mais ou menos do século III a. C. ao III d. C., o Egito partilhou a África com duas outras civilizações formidáveis: o reino de Cush e o reino de Aksum. Da primeira parte do segundo milênio antes da era cristã até o final do século IV d. C., a terra de Cush, incluindo os territórios no vale do alto Nilo na terra agora chamada Núbia, era habitada por vários grupos. No primeiro milênio, eles tinham unificado quase todo o vale do Nilo, da fronteira sul do Egito contemporâneo até Cartum, a capital do atual Sudão. Esses povos estabeleceram uma cultura hidráulica, baseada na agricultura de irrigação, tornando o Sudão atual um dos mais antigos centros contínuos de vida civilizada.[58]

Os habitantes do reino de Cush foram responsáveis por introduzir na região do vale do alto Nilo uma tradição de metalurgia do ferro que ainda existe por lá. A última e lendária capital de Cush foi Méroe, localizada perto da junção dos rios Atbara e Nilo no Sudão central, uma área que os gregos chamavam Aithiopia ("Terra do povo de face queimada").[59]

Cush, com seu poderio militar, governou o Egito por meio século, do século VIII ao VII a. C. Cush gerou um renascimento na cultura egípcia e tornou o Egito um ator ativo mais uma vez. Os exércitos de Cush ajudaram a adiar a conquista assíria das culturas menores da bacia oriental do Mediterrâneo, tais como os judeus e os fenícios.[60] Boas relações de comércio e uma maior demanda pelos produtos africanos que Cush podia suprir trouxeram riqueza para os seus governantes e uma grande expansão da população para o alto Nilo. Cush atingiu o seu zênite por volta de 200 a. C.

Os primeiros metais usados pelos africanos foram o ouro e o cobre, que podiam ser trabalhados com mais facilidade que o ferro. Os povos neolíticos do baixo Egito conheciam o ouro — *nub*, na antiga língua egípcia — da Núbia antes de 4000 a. C.[61] Embora fosse possível encontrar depósitos de ouro por todo o vale do alto Nilo, as minas mais produtivas estavam localizadas nos desertos do Nilo na baixa Núbia. Equipamento de processar o ouro, poços de mina abandonados e ruínas de antigos povoados de mineiros não são incomuns no sul do Egito e no norte do Sudão. As condições de pesadelo sob as quais os criminosos e os prisioneiros políticos trabalhavam nas minas de ouro são descritas pelo historiador do século II a. C. Agatárquides de Cnido.[62]

Méroe talvez tenha sido a civilização-mãe da Idade do Ferro na África, e o ferro é a chave para compreender a África desde a metade do primeiro milênio antes da era cristã em diante. Os habitantes de Cush tiveram provavelmente o seu primeiro confronto com esse metal quando sentiram as armas de ferro temperado dos invasores assírios, por volta de 600 a. C. Os egípcios souberam da existência do ferro durante séculos, mas em geral o ignoravam. Ele continuou raro no Egito, até que os habitantes de Méroe começaram a fundição de minérios numa escala enorme, em meados do século I a. C.; eles desenvolveram a maior indústria de fundição do ferro no continente. O moderno arqueólogo Basil Davidson chama Méroe de "a Birmingham da antiga África".[63]

O conhecimento da tecnologia de trabalhar o ferro pode ter se deslocado para o sul até o centro-oeste da África antes do século I a. C. As datas confiáveis mais antigas começam por volta de 500 a. C. na área da Nigéria, Camarões e Gabão, e na região dos Grandes Lagos no vale Great Rift. A tecnologia deslocou-se numa trajetória norte–sul até o sul da África. Foi retardada pelas distâncias através dos desertos e pelo fato de que os governantes de Cush tentavam manter a arte do trabalho do ferro como um segredo bem guardado das castas reais ou sacerdotais. Os montes de escória de Méroe estão somente a algumas centenas de metros das ruínas do templo do Sol.[64]

Cush tombou no século IV a. C. devido a uma combinação de ataques de povos nômades do leste e invasões das forças do império crescente de Aksum, que se tornou um gigante político na África.[65] Ao longo dos reinos de Cush e

Aksum, a fundição do minério de ferro e o comércio internacional, especialmente de ouro e ferro, foram importantes fatores de crescimento. Os povos do cinturão de florestas africanas já tinham a tecnologia do ferro algum tempo antes do século XI, e as origens mais antigas do trabalho com o ferro no sul do Saara podem ser provavelmente estendidas até antes de 300 a. C.

Em 1067, um ano depois que William da Normandia cruzou o canal da Mancha, saiu um relato de Gana descrevendo a sua região mais importante, Kumba Salah. Há muito desaparecida, dizia-se que era cheia de casas grandiosas, com pavilhões adornados com ouro e com reis cujos cães tinham coleiras de ouro e prata. O rei de Gana não só conhecia o valor de mercado do ouro, mas também compreendia o conceito de guardá-lo, permitindo que a maior parte do pó de ouro ficasse com os mineiros das vilas para evitar que inundasse o mercado. Não se pode deixar de fazer comparações, nota Basil Davidson, com as cidades sombrias da Europa à época.[66]

Os mineiros do oeste da África na Idade Média empregavam métodos de perfuração de poços, extração e refinamento que eram *sui generis*. No sudeste africano, a documentação revela uma indústria florescente de ferro e ouro. Em 947, o bagdali Abdul Hassan ibn Hussen escreveu um livro de viagem intitulado *Os prados de ouro e as minas de pedras preciosas*, sobre um povo da costa leste da África a que ele dava o nome de Zanj, o qual tinha uma capital sobre o rio Zambeze. Os Zanj eram trabalhadores em metal qualificados que davam mais valor ao ferro que ao ouro. Eles transportavam o ferro para a Índia, onde o vendiam por um bom preço. Os indianos o transformavam em seu *wootz* (um aço de alta qualidade), que era vendido por todo o mundo medieval e forjado para produzir lâminas de Damasco, entre outras coisas. Os cruzados conheceram a ponta afiada das armas sarracenas, que eram feitas de aço extraído na África, forjado no sudoeste da Índia, e modelado na Pérsia e no Oriente Médio. Assim, o sudeste da África era parte integrante do circuito de comércio mais amplo do mundo medieval.[67]

O continente africano, especialmente a África subsaariana, ainda tem de revelar seus melhores segredos. Apenas a uma hora de carro de Lagos, nas florestas tropicais do sudeste da Nigéria, o arqueólogo britânico Peter Darling está estudando as ruínas de um dos maiores monumentos da África subsaariana: um muro de 160 quilômetros de comprimento que foi construído entre 800 e 1400 d. C. (Uma análise com carbono de parte da muralha data o monumento no século x.)[68]

Esse complexo de muralha de terra com aproximadamente 2 mil quilômetros quadrados talvez seja a segunda maior estrutura feita pelo homem no mundo (depois da Grande Muralha da China). Estendida de ponta a ponta, a muralha, que compreende mais de quinhentos terrenos comunais cercados e interligados, mediria 16 mil quilômetros. Seus barrancos avermelhados elevam-se 21 metros no ar, e seus construtores devem ter deslocado mais material do que os construtores da maior pirâmide do Egito. "Não há nada semelhante na Europa", escreve Crosby.[69] Com a ajuda de uma equipe de colegas britânicos e nigerianos, Darling estima que a maior parte do complexo foi construída num período de 450 a 650 anos, quando grande parte da área foi conquistada pelo poder mais tarde conhecido como o reino de Benin. As ruínas sugerem uma cultura altamente organizada. Esse monumento, chamado Eredo de Sungbo, pode ter funcionado como fronteiras que separavam comunidades de povos relacionados que não podiam casar entre si, sugere Darling. Ele também suspeita que os muros e os fossos serviam menos como uma barreira física do que espiritual, dividindo os mundos da realidade e do espírito. "É como uma linha amarela para não passar adiante", diz.[70]

ÍNDIA

No terceiro milênio antes da era cristã, no vale do Indo, surgiu uma civilização pouco compreendida que pode ter sido igual aos impérios do Crescente Fértil ou até maior. O seu povo parece ter atribuído mais valor a cidades bem organizadas do que a templos, palácios e conquistas que inspiram temor. As cidades agrícolas da Idade da Pedra parecem ter saltado quase da noite para o dia para ambientes urbanos complexos, bem planejados e até elegantes. Objetos pequenos e imaculadamente construídos como selos e contas parecem ter sido os objetos culturais mais altamente apreciados. A cerâmica terracota era queimada a altas temperaturas para criar louça de barro vidrado, usando tecnologias reinventadas somente séculos mais tarde na China. Há poucas evidências de guerras. Os mesmos pesos e medidas foram usados por mais de mil anos, uma façanha incrível na Idade do Bronze.

Situada na parte oeste do sul da Ásia, na região que é hoje o Paquistão e o oeste da Índia, essa cultura é freqüentemente referida como a civilização harápica, em referência a Harapa, uma cidade redescoberta pela primeira vez 5 mil anos mais tarde. Os comerciantes de Harapa fundaram colônias prósperas no golfo Pérsico e na Mesopotâmia. Podem ter sido os principais exportadores de seu tempo.

As escavações mostram que Harapa era muito maior do que outrora se pensava, comportando talvez uma população de 50 mil habitantes em certos períodos. Uma das outras cidades principais, Mohenjo Daro, localiza-se em Sind, no Paquistão, perto do Indo. Ali, na década de 1920, arqueólogos descobriram um grande banho público, prédios e pesos uniformes, escoadouros ocultos e outras marcas da civilização.

Mohenjo Daro era dominada por uma grande cidadela construída sobre um morro artificial. No mesmo cimo ficava o Grande Banho, com cerca de nove metros de comprimento, sete metros de largura e três metros de profundidade. A piscina era revestida de tijolos dispostos em duas camadas, com uma camada intermediária de 2,5 centímetros de betume para conter a água. Uma saída num dos cantos da casa de banho conduzia a um grande escoadouro. Não se sabe ao certo se o Grande Banho tinha um propósito ritual, mas lavar-se era claramente uma parte central da vida nas cidades do vale do Indo.[71]

O terceiro milênio antes da era cristã foi a "Era da Limpeza". Latrinas e esgotos foram inventados em várias partes do mundo, e Mohenjo Daro, por volta de 2800 a. C., tinha alguns dos mais aperfeiçoados, com lavatórios construídos nas paredes exteriores das casas. Eram latrinas "estilo ocidental", feitas de tijolos com assentos de madeira no topo. Tinham condutos verticais, pelas quais os despejos caíam nos escoadouros das ruas ou em fossas de imundície. Sir Mortimer Wheeler, o diretor-geral de arqueologia na Índia de 1944 a 1948, escreveu: "A alta qualidade dos arranjos sanitários poderia muito bem ser objeto de inveja em várias regiões do mundo atual".

Quase todas as centenas de casas escavadas tinham os seus próprios quartos de banho. Geralmente localizado no andar térreo, o banheiro era feito de tijolo, às vezes com um parapeito ao redor para se sentar. A água drenava por um buraco no chão, descia por condutos ou tubos de cerâmica nas paredes, e caía no sistema de drenagem municipal. Até os egípcios exigentes raramente tinham quartos de banho especiais.[72]

Os arquitetos do Indo projetaram sistemas de eliminar o esgoto em grande escala, construindo redes de condutos efluentes feitos de tijolos que seguiam as linhas das ruas. Os condutos tinham de 1,5 a 3 metros de largura, cortados a sessenta centímetros do nível do chão com fundos em forma de U revestidos de tijolos soltos, que podiam ser facilmente retirados para limpeza. Na intersecção de dois condutos, os planejadores do sistema de esgoto instalavam fossas sanitárias com degraus que conduziam ao seu interior, para a limpeza periódica. Em 2700 a. C., essas cidades tinham padronizado tubos de encanamento de barro com bordas largas que permitiam uma junção fácil feita com asfalto para evitar vazamentos.[73]

A civilização harápica liga o antigo vale do Indo e o subcontinente moderno. Embora os detalhes da morte dessa civilização sejam desconhecidos, muitos de seus elementos sobreviveram, de protótipos de deuses hindus a modernas práticas de sepultamento do Pendjab. Inclusive o sistema monetário da rupia, usado até recentemente de Dacca a Peshawar, parece ter derivado da matemática de base octal do Indo.[74]

O subcontinente indiano nunca foi célebre pela invenção mecânica — máquinas com engrenagem, roldanas, manivelas ou excêntricos não eram grandes itens ali. Os indianos seguiram uma trilha diferente, comparada com os desenvolvimentos técnicos da China ou do Oriente Médio. O subcontinente indiano fez contribuições à tecnologia mundial em áreas como safras de alimentos, minerais e metais.[75]

A Índia começou a caçada organizada de diamantes (a palavra sânscrita se traduz por "raio"), e por séculos ela os exportou para a Europa como jóias e talismãs. Ao longo de gerações, os artesãos indianos haviam girado pedaços de diamante para furar contas de pedra extremamente dura.[76] Parte do aço da mais alta qualidade no mundo foi também fabricada na Índia, já em 600 d. C. Conhecido como *wootz*, era primariamente limitado ao uso em espadas e lâminas de facas. O *wootz* é muito famoso, e muito valioso, pelo seu papel como a matéria-prima das espadas de Damasco, feitas na Síria. Os metalúrgicos europeus do século XIX ficaram intrigados com a qualidade única do aço *wootz*. Um fator era a qualidade dos minérios africanos usados pelos fabricantes de aço indianos, porém mais importante era a sua técnica. O *wootz* só era produzido em pequenas quantidades e com grande custo de combustível e mão-de-obra.[77] A técnica de fundir o minério era grosseira pelos padrões dos chineses, mas os chineses tentaram sem sucesso imitar a qualidade do aço que ela produzia.

A tecnologia indiana que teve o efeito mais profundo no Ocidente foi a dos produtos têxteis. Quase toda casa na Índia medieval tinha uma roca de fiar, mas não sabemos com certeza se a Índia inventou o dispositivo. A roca de fiar tem um interesse particular para os historiadores da tecnologia, porque caracteriza a primeira aplicação de uma interminável transmissão por correia e talvez demonstre o primeiro emprego da roda em máquinas. Ainda há controvérsia sobre se a roca de fiar apareceu primeiro na China, Pérsia ou Índia. Ela é mencionada primeiro na Índia por volta de 500 d. C., e na Europa no século XIII, introduzida na Espanha pelos árabes.[78]

No primeiro milênio da era cristã, trabalhadores da Índia ocupavam-se da manufatura de tecidos luxuosos para os palácios reais. Uma *karkhana*, ou fábrica real, em Nova Délhi empregava 4 mil trabalhadores da seda. Alguns deles podem ter sido conscritos. Essas fábricas eram altamente eficientes em satisfazer as demandas das cortes por bens de luxo, mas não podiam responder a uma demanda variável de mercado. Nos tempos medievais, cada cidade, vila e aldeia manufaturava produtos têxteis, e algumas eram famosas por um tipo particular de tecido. A musselina de Dacca, por exemplo, era a mais fina. Dizia-se que uma peça de vinte metros de comprimento e um metro de largura podia passar por um anel. Os morins de Buhranpur eram exportados para a Pérsia, a Turquia e o resto do mundo.[79] Suas cores não desbotavam quando lavadas, e seu brilho de cor e padrão era cobiçado em toda parte.

Os produtos têxteis de algodão originaram-se na Índia, e a sua produção, como tanta outra coisa na Índia, exigia mão-de-obra intensiva. Ela envolvia muitos esforços para bater e limpar o pano. Os algodões indianos eram fiados segundo o modo Z (girando da esquerda para a direita), e não, como era mais comum, segundo o modo S (girando da direita para a esquerda). Os fios podem ser lavados com menos danos com a fiação em modo Z. As mulheres cobriam os dedos com giz para manter o seu suor distante do fio fino, mas forte. O processo de tecelagem era laborioso. Os "especialistas" que faziam o branqueamento, por exemplo, pertenciam a uma casta separada. Eles ferviam o pano em cal, limão e sabão especial, e depois o levavam a um rio ou lago para batê-lo vigorosamente em lajes de pedra; a seguir estiravam-no ao ar livre para secar e tratavam-no com vapor. Esse processo produzia um morim, por exemplo, de uma textura muito cerrada, embora o processo de branqueamento também causasse danos inevitáveis a alguns lotes.[80]

A superioridade dos tecidos indianos continuou por toda a Idade Média e entrou pelo século XVIII, época em que a Índia já era havia muito tempo o principal exportador de produtos têxteis, enviando as suas sedas e algodões para Europa, a África e a Ásia.[81]

A tecnologia têxtil indiana teve uma profunda influência na Grã-Bretanha durante a Revolução Industrial, estimulando os inventores a projetar métodos para atingir resultados semelhantes — o brilho e a permanência das cores, a delicadeza do fio de algodão — com máquinas. Os britânicos tiveram pouco sucesso em atingir a qualidade dos produtos têxteis indianos feitos à mão. Os fiadores britânicos mostravam pouco interesse em saber como os seus colegas indianos alcançavam a alta qualidade de seus tecidos e teriam se desapontado, se tivessem ficado sabendo. O segredo era uma fiação manual cuidadosa e laboriosa.[82] Os indianos concentravam-se na qualidade do produto final, com pouca ênfase no processo de produção. As máquinas usadas para a produção dos fios e tecidos eram sempre de considerável interesse para as mentes ocidentais, enquanto na Índia o equipamento era visto principalmente com um meio para atingir um fim.

O viés ocidental para coisas mecânicas foi crucial para a Revolução Industrial, mas paradoxalmente, até o fim do século XIX, o equipamento de produção bem superior da Europa produzia tecidos de qualidade inferior. No entanto, a economia do subcontinente frustrou a sua indústria têxtil. Os processos de fabricação do tecido indiano eram operados em grande escala, com muita mão-de-obra e equipamento mínimo. Os salários eram baixos, de modo que bancos e negociantes tinham pouco ímpeto para investir seu capital em melhores equipamentos, e em vez disso gastavam o dinheiro em navios para transportar os produtos exportados.[83]

CHINA

As três invenções que Bacon considerava transformadoras do mundo — o papel e a impressão, a bússola magnética e a pólvora — foram também citadas por Karl Marx como as invenções que prefiguraram a economia capitalista. Bacon considerava as origens dessas invenções "obscuras e inglórias". Todas vieram da China.

No início do segundo milênio da era cristã, a China era uma sociedade científica e tecnológica adiantada, e teria continuado a dominar por mais três ou quatro séculos. A um visitante de outro continente poderia parecer que a China havia inventado tudo aquilo de que alguém necessitaria e mais um pouco. Além das três grandes invenções mencionadas por Bacon, outras proezas tecnológicas chinesas incluíam o ferro fundido, a porcelana, os lemes do cadaste para navios, portas de comporta para canais, estribos e arreios para os cavalos, molinetes de pesca, balões de ar quente, o sismógrafo, o uísque, argolas de suspensão da bússola, o guarda-chuva, cabos de manivela, pipas, relógios mecânicos, papel-moeda, notas de banco convertíveis, além de muitas inovações agrícolas, como o cultivo em fileiras, o arado de ferro e a semeadeira. Os chineses também alardeavam, com gloriosa desenvoltura, excentricidades como o carrinho que apontava para o sul, fogos de artifício fantásticos, espelhos mágicos e um brinquedo movido a foguete chamado "rato da terra".

A invenção que mais associamos à China antiga é a pólvora. No século IX d. C., durante a dinastia Tang, os sacerdotes chineses descreveram um novo composto que tinham criado combinando carvão, salitre e enxofre nas proporções apropriadas. Muito antes das primeiras observações escritas dessas investigações, os alquimistas taoístas andavam pelos porões misturando variações desses ingredientes, freqüentemente estourando a si próprios em estilhaços. A literatura taoísta posterior recomenda com insistência que os investigadores não misturem esses elementos químicos, especialmente com arsênico, porque alguns que assim haviam feito puseram fogo na barba, queimaram os dedos e incendiaram a casa.[84]

Uma hipótese sustenta que a pólvora foi inventada por alquimistas que buscavam uma droga da imortalidade ou a chave metalúrgica para a feitura (e falsificação) do ouro. Pode-se imaginar, escreveu Joseph Needham, esses adeptos alquímicos "misturando tudo o que havia nas prateleiras, usando todos os tipos de permutações e combinações para ver o que aconteceria, se por acaso se formaria um elixir da vida".[85]

O salitre foi reconhecido e isolado ao menos por volta de 500 d. C. Parecia quase inevitável, escreveu Needham, que "o primeiro composto de uma mistura explosiva tivesse surgido ao longo de uma exploração sistemática das propriedades químicas e farmacêuticas da substância".[86]

Em *A ciência desde a Babilônia*, Derek de Solla Price diz que, enquanto a ciência deve seguir o que parece ser antes um ditado da natureza que uma propriedade de nossa perspectiva mental, a tecnologia é uma propriedade arbitrária de uma civilização.[87] A tecnologia evolui dentro de uma cultura e de suas demandas e preocupações particulares, entrelaçada com o ambiente particular dessa sociedade. Sendo assim, não é surpreendente que os chineses tenham sido os primeiros a inventar a pólvora.

Os chineses eram fascinados e preocupados com a preparação de perfumes, gases, venenos trazidos pelo ar, bombas nocivas, explosões e erupções flamejantes. Das dinastias Qin e Han em diante (221 a. C.-220 d. C.), eles queimavam incenso; faziam fumigações por razões de saúde, para livrar as casas e os livros de insetos e pragas; e produziam fumaça de forma ritual para afastar os espíritos demoníacos. A fumaça, as detonações e as explosões barulhentas estavam intrinsecamente associadas ao mundo dos espíritos. Militarmente, os chineses usavam cortinas de fumaça tóxica, geradas por bombas e caldeiras, para sitiar o inimigo desde o século IV a. C. ou talvez ainda mais cedo.[88]

Os chineses adoravam (e ainda adoram) os fogos de artifício e criaram uma imensa variedade de rodinhas pirotécnicas, pistolões e muitos outros modelos. Os fogos de artifício floresceram nas cortes dinásticas, com luzes coloridas e bolas de chamas. Os foguetes e a pólvora da composição do foguete devem ter sido usados nessas exibições, assim que foram descobertos.

Por volta de 1040, Tseng Kung-lang publicou uma fórmula de pólvora para ser usada numa variedade de armas, inclusive numa seta incendiária, num projétil incendiário, numa bomba em chamas com um gancho para que ficasse presa na madeira, numa bomba a ser lançada por uma espécie de balista (uma versão chinesa da catapulta) e numa granada de mão. Em meados do século X, já aparecera a lança de fogo.

A imagem mais antiga de uma lança de fogo e uma granada está estampada numa pintura em seda de Dunhuang de cerca de 950 d. C., agora exposta no Museu Guimet, em Paris. A pintura retrata o Buda meditando. Ao seu redor estão Mara, o Tentador, e seus lacaios, que lançam coisas no Buda para distraí-lo e impedir que atinja a iluminação. Um de seus demônios, com um ornato de três cobras impressionantes na cabeça, aponta um cilindro do qual jorram flamas horizontais. Outro está prestes a lançar uma bomba de invólucro fraco, da qual as chamas começam a se soltar.[89]

A lança de fogo consistia num tubo montado sobre a haste de uma lança e preenchido com uma mistura de pólvora, elementos químicos tóxicos, bolinhas de chumbo e fragmentos de cerâmica. Quando acesa, jorrava chamas e centelhas por cerca de cinco minutos, fritando o inimigo em fluxos de fogo.[90] Feita primeiro de tubos de bambu, a lança de fogo usava materiais cultivados em casa. Assim como a abundância natural do salitre no solo, o crescimento abundante do bambu foi um fator no desenvolvimento das armas de fogo. Como um tubo natural, sustenta Needham, a haste do bambu é o ancestral de todas as armas de cano e de todos os canhões.[91] Mais tarde, o tubo era feito de ferro fundido e bronze.

A lança de fogo desempenhou um grande papel nas guerras entre os Sung e os tártaros jurchen de cerca de 1100 em diante. Na metade do século XIII, os Sung e os mongóis estavam presos no combate; e por volta de 1230 encontramos descrições escritas de explosões destrutivas nas campanhas, bem como relatos de avanços contínuos no desenvolvimento de armas de cano e canhões. No início, os soldados seguravam as lanças. Os Sung do sul as fabricaram com um diâmetro muito maior, talvez trinta centímetros, e montada sobre suportes com rodas. É com essas que apareceram os primeiros canos de bronze ou ferro, usando uma pólvora com alto teor de nitrato e um projétil — uma bola de canhão ou uma bala — que preenchia completamente o cano. A verdadeira pistola ou canhão apareceu provavelmente na década de 1280, três séculos e meio depois da invenção dos lançadores de chamas.

Em 1288, os soldados chineses sob comando mongol estavam usando armas que tinham feito a transição da lança de fogo para a arma de cano. Um cano de bronze, encontrado num sítio de batalha na Manchúria, destinava-se a ser ajustado na ponta de uma haste de madeira. Era projetado para uma explosão na base do cano, não para uma queima lenta a partir da boca do cano. O bronze tem paredes mais espessas e um ouvido na área onde a explosão ocorreria. O espessamento das paredes do cano da arma ao redor do ponto da explosão tornou-se uma característica distintiva das armas de cano chinesas. Outro protótipo, projetado para ser montado numa fortificação, parecia um vaso ou uma garrafa.[92]

O conjunto de armas de pólvora desenvolvidas pelos chineses desde o início do século IX tem proporções strangelovianas:* o "chicote fogo-de-trovão", uma lança de fogo na forma de uma espada de um metro que disparava bolas de chumbo do tamanho de moedas; a "pá Yin-Yang vasta-como-o-céu que extermina o inimigo", com uma larga lâmina em forma de crescente que emitia veneno além de bolinhas de chumbo e chamas. Havia uma imensa bateria de lanças de fogo chamada "a engenhosa, móvel e sempre-vitoriosa grade-de-fogo-e-veneno". Mais tarde surgiu a "arma roda-de-carro", que tinha 36 canos irradiando de seu centro como os raios de uma roda, mas era pequena a ponto de uma mula poder carregar duas.[93]

Quanto a morteiros, havia "o canhão-bomba voador, esmagador e explosivo". Por volta do século XI, surgiu a "bomba trovão" lançada de uma espécie de catapulta, que aterrorizava os cavalos dos inimigos ao provocar fogueiras. Os trovões eram também feitos na forma de granadas que podiam ser lançadas à mão. Uma nova bomba aperfeiçoada no século XII foi a "bomba choque-de-trovão", com um invólucro de ferro para causar um estrago máximo com estilhaços. Os chineses estavam apenas começando. Eles propiciaram o florescimento de mil variedades de bombas: algumas atulhadas de material contra guarnições, bombas de veneno, bombas gasosas, bombas cheias de excremento humano. Havia também a "bomba mágica com óleo de fogo que queimava os ossos e causava feridas", a "bomba meteórica de fogo mágico que vai contra o vento", a "bomba que-cai-do-céu" e a "bomba enxame-de-abelha, que libera 10 mil chamas".

Por volta de 1277, os chineses haviam desenvolvido minas terrestres; uma era chamada "o campo explosivo trovão-do-chão". Alguns dos mecanismos de disparo dessas minas terrestres foram mantidos em segredo até o século XVII. O *Fire-drake artillery manual* [Manual de artilharia do dragão], publicado em 1412, descreve o "rei-dragão submarino", uma complexa mina marítima de ferro forjado carregada numa prancha de madeira submersa. Esse dispositivo para explodir navios possuía um pau de pasta de madeira odorífera em chamas, flutuando acima da água, que determinava o momento de acender o estopim.[94]

Em 1245, o papa Inocêncio IV enviou um embaixador ao capitólio do grande khan na Mongólia, muito provavelmente para verificar o afamado poder

---

* Referência ao personagem central do filme *Dr. Fantástico* (*Dr. Strangelove*), de Stanley Kubrick. (N. T.)

de fogo que os mongóis tinham captado de seus inimigos ao sul. Logo depois outros europeus visitaram os mongóis, inclusive um certo Willem van Ruysbroeck, um franciscano que retornou à Europa em 1257 e contou a seus associados sobre as armas de pólvora. No ano seguinte, europeus começaram a fazer experimentos com pólvora. Outros ocidentais descobriram a pólvora pelo modo mais duro, na sua guerra com as nações islâmicas. Em 1249, os cruzados enfrentaram um contra-ataque islâmico de dispositivos e granadas incendiários na Palestina. O efeito foi medonho.[95]

Os europeus aprenderam com rapidez. A imagem de uma bombarda, pequeno canhão em forma de bulbo que disparava setas, aparece num manuscrito de 1327, *On the majesty, wisdom, and prudence of kings* [Sobre a majestade, a sabedoria e a prudência dos reis], do acervo da Biblioteca Bodleian, em Oxford. Os desenhos chineses de bombardas revelam conjuntos dessas armas montadas sobre um carro, semelhantes às primeiras bombardas européias. Cópias? "Se assim for, isso significaria que a fase puramente propulsora da pólvora e do tiro, [o] estágio culminante de todos os empregos da pólvora, foi atingida na China com bombardas em forma de garrafa, antes que qualquer conhecimento da própria pólvora chegasse à Europa", diz Needham. Parece que toda a linha de desenvolvimento ocorreu primeiro na China, passando para as nações islâmicas e depois para a Europa.[96] A exportação da pólvora e de armas de fogo para o Ocidente acarretou a transformação total da Europa.[97]

Essa não era a primeira vez que as invenções da China haviam revolucionado a Europa. O uso difundido do estribo chinês no início da Idade Média dera à luz o cavaleiro, um guerreiro então capaz de estabilizar-se sobre o seu cavalo. O advento da pólvora explodiu esse cavaleiro, empoleirado como um grande alvo imóvel sobre o seu cavalo. A pólvora que podia abrir furos nas fortificações mais pesadas assinou a sentença de morte para o castelo e para o feudalismo militar aristocrático da Europa.[98]

Enquanto a Europa estava quebrada em centenas ou milhares de pequenas unidades econômicas e sociais, os chineses viviam *em geral* sob uma poderosa autoridade administrativa centralizada, com um comércio interno compacto e uma língua, uma escrita e uma religião unificadas. (A palavra operante é "em geral". Entre períodos de ordem, os bárbaros continuavam a entrar rudemente pelo norte, e havia, segundo Alfred Crosby, "períodos de terrível instabilidade".)[99] Manter a estabilidade requeria força militar, controle hidráulico, sistemas de transporte, um calendário, medição das terras, tecnologia, traçado de mapas, construção de palácios e outras tecnologias de construção para exibir as imagens do poder imperial.[100]

A metalurgia e a manufatura de metais eram uma tecnologia unificadora. O "complexo industrial-dinástico-militar" chinês era um consumidor voraz de produtos de ferro e aço. Registros do século XI mostram uma única encomenda de 19 mil toneladas de ferro, apenas para fazer moedas. O exército de mais de 1 milhão de homens mantido pelos Sung era uma goela gigantesca a pedir ferro e aço: dois arsenais do governo manufaturavam 32 mil armaduras por ano.[101]

Uma metalurgia extraordinária de bronze e ferro fundido fazia parte do que o fisiologista Jared Diamond chama de um processo autocatalítico, um processo que catalisa a si mesmo num ciclo de *feedback* positivo, operando cada vez mais rápido depois de iniciado.[102] Muito antes que a fundição do ferro e do bronze fornecesse os receptáculos para as armas com pólvora, o primeiro domínio do ferro fundido tornou possíveis os machados aguçados que abriam vastas áreas para a silvicultura; forneceu aos artesãos cinzéis afiados, furadores, serras e outras ferramentas de uma firmeza antes desconhecida. O ferro fundido permitiu novos tipos de construção para prédios e pontes, além de brocas rotativas duras para a indústria de perfurações profundas só vistas no Ocidente no século XVII. Desde aproximadamente o século VI a. C., os chineses eram adeptos de forjar o ferro fundido em altos-fornos verticais especiais. Com o forno vertical, a tecnologia do ferro e do aço na China divergiu da que existia em outras regiões do mundo e seguiu um caminho único.[103]

Os chineses eram abençoados por terem argilas com altas qualidades refratárias, que eles usavam para as paredes de seus altos-fornos, intensificando assim o calor. Descobriram que o fósforo reduzia a temperatura em que o ferro se derrete. No século IV a. C., os chineses eram capazes de fundir o ferro em formas ornamentais e funcionais.[104] No Ocidente, sabe-se que existiam altos-fornos na Escandinávia no final do século VIII d. C., mas não havia ferro fundido em muitas regiões da Europa antes de 1380.

No século III a. C., os chineses tinham descoberto as técnicas de têmpera (aquecer depois esfriar) para fazer um ferro fundido maleável e não quebradiço. As relhas do arado podiam sobreviver a choques com grandes pedras; as espadas podiam retinir sem sofrer danos. Assim, as relhas do arado, as espadas mais longas e até prédios acabaram sendo feitos de ferro. Durante a dinastia Han (206 a.C.-220 d.C.), o ferro tinha tal interesse para os funcionários que em 119 d.C. os governantes nacionalizaram toda a manufatura de ferro fundido. Na época dos Han, havia 46 Departamentos Imperiais de Fundição do Ferro por todo o país, nos quais os burocratas supervisionavam a produção em massa de produtos de ferro fundido.[105]

A fabricação chinesa de ferro inspirou uma corrente contínua de invenções. Primeiro foram as ferramentas agrícolas: enxadas de ferro fundido no século VI a.C., e um novo modelo no século I a.C., chamado enxada "pescoço de cisne", capaz de limpar as ervas daninhas ao redor das plantas sem estragá-las; o arado do tipo aiveca foi inventado no século III a.C. Chamado de *kuan*, era feito de ferro fundido maleável, com uma aresta central que terminava numa ponta aguda para cortar o solo, e também com asas que se inclinavam gentilmente para cima em direção ao centro, com o objetivo de jogar a terra para longe do arado a fim de reduzir o atrito.

Mais uma vez, a introdução das ferramentas agrícolas de ferro chinesas no Ocidente revolucionou a cultura européia. O capinar intensivo e o arado de ferro foram talvez as maiores vantagens tecnológicas que a China possuía sobre o resto do mundo. "Nada sublinha mais o atraso do Ocidente do que o fato de que ao longo de milhares de anos milhões de seres humanos araram a terra de um modo tão ineficiente, tão esbanjador de energia e tão completamente cansativo que essa falta de um modo sensato de arar a terra pode ser classificada como o maior desperdício de tempo e energia para a humanidade", escreve o sinólogo Robert Temple. Durante todo o primeiro milênio antes da era cristã, os chineses refinaram o arado de ferro. Quando o novo arado (junto com a semeadeira chinesa) chegou finalmente aos Países Baixos e à Inglaterra no século XVII, ele provocou uma revolução agrícola.[106]

Os chineses estavam fabricando aço no século II a.C., embora não fossem provavelmente a primeira civilização a fazê-lo. Eles aperfeiçoaram a tecnologia metalúrgica com pelo menos duas invenções que deviam ser reinventadas séculos mais tarde no Ocidente. Uma delas é o que chamamos atualmente o processo Bessemer de fabricar o aço, inventado na Inglaterra por sir Henry Bessemer em 1856.

O trabalho de Bessemer fora antecipado alguns anos antes por William Kelly, ao trazer quatro chineses especialistas em aço para uma pequena cidade perto de Eddyville, Kentucky, em 1845. Os especialistas ensinaram a Kelly os segredos da produção de aço que haviam sido usados na China por mais de 2 mil anos.[107]

Em resumo, o processo Bessemer é a remoção do carbono do ferro. O ferro fundido é quebradiço, porque contém uma grande quantidade de carbono, cerca de 4,5%. Para obter o aço, remove-se a maior parte do carbono. (Para o ferro forjado, quase todo o carbono é removido.) Quando o carbono é removido, o metal se torna mais flexível. O aço com alto teor de carbono é forte, mas é mais quebradiço do que o aço com um teor mais baixo de carbono. Os chineses usavam conteúdos diferentes de carbono com grande eficácia. Por exemplo, o gume posterior cego de um sabre poderia ser feito de ferro forjado para fins de elasticidade, enquanto o gume cortante seria feito de aço mais duro. Os chineses removiam o carbono do ferro fundido soprando oxigênio sobre o ferro, uma técnica semelhante à "descoberta" por Henry Bessemer no século XIX. A técnica chinesa é descrita na obra clássica *Huai nan Tzu*, publicada por volta de 120 a. C.[108]

No século V d. C., os chineses inventaram outro processo de manufatura do aço, no qual o ferro fundido e o ferro forjado eram derretidos juntos para produzir aço. No mundo moderno, esse é chamado processo Siemens, inventado em 1863 na Inglaterra. Os chineses o faziam 1400 anos antes. É mais apropriadamente chamado processo Ch'iwu Huai Wen, em homenagem ao metalúrgico que fabricava sabres de "ferro de um dia para outro", aquecendo ferro forjado e fundido juntos por vários dias e noites.[109]

Com uma variedade de ferros e aços de diferente dureza e flexibilidade, os chineses fizeram mais que construir espadas elegantes. Empregaram o ferro forjado, por exemplo, para construir as primeiras pontes suspensas do mundo, possivelmente já no século I d. C., usando cadeias de elos de ferro forjado em lugar de bambu entrelaçado. Como comparação, no Ocidente a primeira ponte suspensa foi construída em 1809 sobre o rio Merrimack, em Massachusetts.[110]

Os avanços metalúrgicos chineses tornaram possível toda uma série de inovações. Em 976 d. C., por exemplo, um engenheiro chamado Chang Ssu-Hsun inventou a transmissão por correia para uso num grande relógio mecânico. Os chineses eram fascinados por correias e relógios. Desde o século I d. C., eles haviam usado bombas que funcionavam por meio de uma cadeia com elos de ferro, bem como a correia comum de roda denteada, para transmitir energia em relógios e outros dispositivos.

O sucessor de Chang Ssu-Hsun, o ainda mais famoso relojoeiro Su Sung, também adotou a transmissão por correia para seu imenso relógio astronômico em 1090, chamando-o de "escada celeste". As primeiras transmissões por correia européias foram feitas no século XVIII, e em 1897 as transmissões por correia se tornaram a base da bicicleta. Sendo as bicicletas uma das formas capitais de transporte na China, é irônico, comenta Temple, que apenas uns poucos chineses saibam que a transmissão por correia foi uma invenção nativa ocorrida novecentos anos antes de sua aplicação na Europa para a bicicleta.[111]

Considera-se que o primeiro livro inteiramente impresso é o *Sutra diamante* budista, completado em 868 d. C. e preservado em perfeitas condições no Museu Britânico. Trata-de de um rolo de pergaminho de 5,33 metros de comprimento e 26 centímetros de largura, que contém o texto de uma obra sânscrita traduzida para o chinês. Havia também grandes tiragens para livros comuns. Os calendários e os horóscopos eram tão populares àquela época quanto atualmente. Na verdade, o número de calendários astrológicos privadamente impressos era de tal monta que, em 858, o governador da província de Szechwan tentou proibi-los. Eram vendidos às escondidas nos mercados, antes que o Conselho dos Astrônomos os pudesse aprovar e imprimir. A proibição estimulou as vendas desses calendários, que continham previsões do tempo, profecias para dias de sorte e dias de azar, ditados edificantes e outros tipos de coisas encontradas em almanaques.[112]

A escrita é a tecnologia por excelência da unificação da civilização. A escrita chinesa é preservada desde o segundo milênio antes da era cristã, mas começou provavelmente mais cedo. A dinastia Hsia, cerca de 2205-1766 a. C. e envolta em lendas, pode ter disposto de rudimentos de leitura e escrita. As inscrições da dinastia Chou de 1100 a 221 a. C. registram a conquista e a absorção de populações que não falavam chinês pelos estados chineses. (O antropólogo Claude Lévi-Strauss escreveu que a principal função da escrita antiga era "facilitar a escravização de outros seres humanos".)[113]

Embora a escrita tenha evoluído mais ou menos na mesma época no Egito e na Mesopotâmia, a escrita chinesa de 1300 a. C. tinha signos e princípios únicos que levam muitos estudiosos a pensar que tenha evoluído de forma independente. A escrita preservada daqueles tempos consiste em profecias religiosas e inscrições rituais sobre assuntos dinásticos gravadas em ossos oraculares.[114] Antes da invenção do papel, as palavras eram escritas em vários materiais — em talos de grama pelos egípcios, placas de barro pelos mesopotâmios, folhas de árvore pelos indianos, peles de carneiro pelos europeus, e até em cascos de tartaruga e omoplatas de boi pelos antigos chineses. Depois os chineses inventaram o papel.

O pedaço de papel mais antigo que existe no mundo provém de uma tumba perto de Xian, na província de Shaanxi. Foi feito, entre 140 e 87 a. C., de fibras de cânhamo trituradas e desintegradas.[115] Com base nessa e em outras evidências fragmentárias, torna-se claro que os chineses conheciam a mecânica geral do fabrico de papel mil ou ainda mais anos antes dos europeus. (O papel não é assim tão complicado. É uma camada de fibras desintegradas numa solução aquosa, prensada sobre um molde chato. A água é drenada, a camada é secada, e eis o papel.)

Embora a maior parte do papel chinês antigo fosse feita de cânhamo, no século II d. C. um funcionário da corte chamado Cai Lun produziu um novo tipo de papel com uma mistura de casca de árvore, trapos, talos de trigo e outras coisas. Talvez o primeiro papel reciclado, ele foi também o primeiro papel moderno. Era razoavelmente barato, fino, leve, resistente e conveniente para pinceladas. Os chineses também usavam papel para roupas, sapatos e uso higiênico, o que surpreendeu os europeus quando o viram pela primeira vez. Eles inventaram o papel de parede, as pipas, as sombrinhas, o papel-moeda, a arte de dobrar o papel chamada origami, e muito mais. O papel chegou à Índia no século VII, e às nações islâmicas cem anos mais tarde. Durante quinhentos anos, os árabes esconderam ciumentamente dos europeus o segredo de fabricar papel, mas lhes venderam papel obtendo lucros violentos. A manufatura do papel só chegou à Europa no século XIII, quando os italianos a adotaram.[116]

Os primórdios da impressão se perdem na história. Há cerca de 2 mil anos, na dinastia Han do oeste (206 a. C.-28 d. C.), raspar tabuletas de pedra era o modo favorito de difundir textos confucianos ou sutras budistas. A prática de imprimir por blocos começou na dinastia Sui (581-618 d. C.): gravava-se a escrita ou imagens numa prancha de madeira, besuntava-se a prancha com tinta, depois imprimia-se a imagem em pedaços de seda (ou, mais tarde, papel) página por página. Durante a dinastia Tang (618-907), a tecnologia difundiu-se para a Coréia, Japão, Vietnã e Filipinas.

A impressão por blocos era incômoda, com as pranchas às vezes inutilizadas depois de uma impressão. Um único erro no entalhe podia arruinar todo um bloco. Entre 1041 e 1048, Pi Sheng (às vezes chamado Bi Sheng) inventou o tipo móvel. Ele entalhava caracteres isolados sobre pedaços de argila de boa qualidade, tão finos quanto a beirada de uma moeda de cobre, os quais eram cozidos lentamente no forno até se tornarem extremamente duros. Depois colocava o tipo numa moldura de ferro e a colava numa placa de ferro usando uma mistura de resina, cera e cinza de papel derretida no fogo. Uma lâmina assim preparada podia imprimir centenas ou milhares de folhas de papel. Cada tipo podia ser removido para ser usado outra vez.

O primeiro registro da invenção de Bi Sheng é encontrado no livro de 1086 *Dream pool essays* [Ensaios da piscina de sonhos], do cientista-enciclopedista Shen Kua. Não era incomum que um cronista possuísse 50 mil livros, ele escreveu. Para publicar livros com caracteres chineses, um impressor talvez precisasse de até 360 mil tipos. Nos séculos que se seguiram, os chineses usaram mais comumente tipos de madeira, esmalte ou metal do que tipos de argila.

O físico e ensaísta americano Philip Morrison observou em 1974 que quando Gutenberg colocou pela primeira vez a Bíblia de Mogúncia no prelo, "as bibliotecas chinesas já continham edições de livros impressos mais antigas do que o produto de Gutenberg é hoje em dia". Para cada *Livro das canções* ou *Analectos* que o Ocidente possui, escreveu Morrison, há 10 mil textos impressos de cada período da China.[117] Os exércitos mongóis que invadiram a Rússia, a Polônia e a Hungria no século XIII chegaram às fronteiras da Alemanha não muito antes que a impressão ali surgisse. Johannes Gutenberg imprimiu a sua agora famosa Bíblia usando tipos móveis em 1456.

Talvez o mundo não-ocidental tenha chegado ao ponto máximo cedo demais, em termos tecnológicos. Ao inventar um método de vulcanizar a borracha mil anos antes de Goodyear ou dar origem à bessemerização do ferro mil anos antes de Bessemer, esses antigos inventores talvez tenham dado ao Ocidente uma chance de "reinventar" e renomear as suas inovações. Hoje vemos as sociedades tecnologicamente orientadas como superiores. Vemos a exploração e a capacidade de conquista como expoentes de superioridade.

Há uma velha cena do programa cômico de tevê *Saturday Night Live* em que alguns extraterrestres aterrissam sua nave espacial sobre a Terra e exigem que os humanos lhes façam mesuras. Torna-se rapidamente claro que os extraterrestres são estúpidos e ignorantes. Eles acabam admitindo que não inventaram a sua nave espacial, mas a encontraram. Imaginem a reação dos astecas diante dos espanhóis conquistadores, que tratavam as suas feridas derramando óleo quente sobre o machucado e rezando, enquanto os "atrasados" ameríndios usavam antibióticos primitivos. Cortés e seus homens tinham armas de fogo; eles as haviam encontrado na China. Como disse a jornalista do *The New York Times* Gail Collins: "Os chineses [...] tinham pasta de dente, enquanto os povos na Europa mal tinham dentes".[118]

Os meios de viagens marítimas dos europeus têm sido freqüentemente atribuídos a uma tecnologia superior, mas, na verdade, os chineses inventaram um número espantoso de aperfeiçoamentos na construção de navios — o cordame da proa à popa, a vela latina, o leme do cadaste e os anteparos à prova de água, para citar uns poucos. Com esses progressos e a bússola, os chineses poderiam ter ido teoricamente a qualquer lugar visitado pelos europeus — e muito antes deles. Na verdade, enquanto Colombo fazia a ronda das cortes da Europa procurando financiamento para as suas aventuras, a tecnologia marítima chinesa era suficientemente adiantada para que Chen Ho, almirante-chefe e eunuco do imperador Ming, enviasse para a Índia e depois para o leste da África frotas de navios armados com canhões e tripulados por milhares de marinheiros e passageiros.

É esse almirante, sugere Alfred Crosby, que deveria ser reconhecido como o maior explorador da era da exploração: "Se as mudanças políticas e a endogenia cultural não tivessem sufocado as ambições dos marinheiros chineses", escreve Crosby, "é provável que os maiores imperialistas da história teriam sido os povos do Extremo Oriente, e não os europeus".[119] Os chineses poderiam ter feito viagens árduas ao redor do mundo nos mares que desejassem, se tivessem visto razão para proceder dessa forma. Mas as economias européias ocidentais não ofereciam nada que a China não pudesse adquirir bem mais perto de casa a um custo muito menor.[120]

Assim, aconteceu que Chen Ho não navegou para o leste, e Cristóvão Colombo navegou para o oeste, "com a ambição de encontrar o ouro de Cataio e as cortes do Grande Khan descritas pelo seu conterrâneo Marco Polo, que viajou por meios diferentes e a partir da outra direção", como disse o falecido biólogo Stephen Jay Gould.[121]

Notas

Não quero minimizar a tarefa de localizar algumas das fontes a seguir. Muitos livros ainda estão em catálogo e amplamente disponíveis. Outros não, ou são encontrados apenas em algumas poucas bibliotecas, às vezes sob guarda fechada. Alguns pesquisadores me indicaram suas páginas na web, onde é possível encontrar trabalhos em andamento ou ainda em tradução. Na maioria dos casos, listei o endereço completo na internet. Entretanto, como sabe o internauta experiente, essas páginas aparecem e desaparecem, e você pode ter sorte numa hora e se frustrar na seguinte. Um truque, se o endereço completo não funcionar, é digitar apenas o endereço básico da página na web; isto é, o endereço até o nome do domínio "com", "net", "org" ou "edu". Depois é tentar encontrar o caminho para a página apropriada usando o seu faro. Boa sorte.

1. UMA HISTÓRIA DA CIÊNCIA [pp. 7-24]

1. Bertrand Russell, *A history of western philosophy* (Nova York: Touchstone/ Simon & Schuster, 1945), p. 131.

2. George Saliba, professor de ciência árabe e islâmica no departamento de línguas e culturas do Oriente Médio e da Ásia, Universidade Columbia, tece considerações, em carta ao autor de 6/5/2002, sobre o "ponto que Ptolomeu chamava o 'centro equalizador do movimento', mais tarde chamado o 'equante'". Saliba escreve: "O equante imaginado por Ptolomeu é na verdade uma esfera, que ele não chamava de equante. Ele simplesmente a chamava de 'equalizador do movimento', como você observa. Se cortamos as esferas ptolomaicas para os planetas em seus planos equatoriais, o centro da esfera do equante será na verdade um ponto. Pode-se argumentar que a esfera do equante também pode ser representada por um círculo. O que faço nesses casos é enfa-

tizar o absurdo da situação, dizendo que Ptolomeu estava exigindo que uma esfera física se movesse no seu lugar ao redor de um eixo que realmente passa por seu centro".

3. Lawrence W. Weiss (ora aposentado), anteriormente da Pantaleoni Govens & Weiss, Nova York, N. Y.; Rod Berman, de Jeffer Mangelf Butler & Marmarc LLP.

4. Num primeiro rascunho do manuscrito para este livro, George Saliba observou: "Escrevi meu primeiro artigo sobre o significado do termo 'álgebra' lá pelos anos 60, e diria aqui 'que significa compulsão', como em compelir a incógnita x a assumir um valor numérico, e não 'conserto de ossos', que é um significado errôneo, mas amplamente citado em dicionários e coisas do gênero".

5. Multnomah County School Board, *Portland African-American baseline essays, c.* 1982, pp. S-52, S-53.

6. Ibid., pp. S-41, S-42.

7. David Park, *The fire within the eye* (Princeton, N. J.: Princeton University Press, 1997), pp. 76-7.

8. Richard Powers, "Eyes wide open", *The New York Times Magazine*, 18/4/1999, p. 83.

9. Robert Temple, *The genius of China: 3,000 years of science, discovery, and invention* (Londres: Prion Books Limited, 1998), p. 81.

10. George Gheverghese Joseph, *The crest of the peacock: Non-European roots of mathematics* (Nova York: Penguin, 1992), pp. 8-12. Ver também Jacob Bronowski, *The ascent of man* (Londres: BBC Books, 1973), p. 177.

11. George Saliba, "Islamic precursors to Copernicus", palestra no Smith College, Northampton, Massachusetts, 25/9/2000.

12. Ibid.

13. Glen Bowersock, resenha de *Not out of Africa*, de Mary Lefkowitz, *The New York Times Book Review*, 25/2/1996.

14. Jim Holt, "Mistaken identity theory", *Lingua Franca* (mar./2000): 60.

15. Bronowski, *The ascent of man*, pp. 158-64.

16. Joseph, *The crest of the peacock*, pp. xi-xiii.

17. Ibid., p. 215.

18. Bronowski, *The ascent of man*, p. 162.

2. MATEMÁTICA [PP. 25-89]

1. O matemático Robert Kaplan, autor de *The nothing that is: A natural history of zero* (Nova York: Oxford University Press, 1999), explica, em carta ao autor datada de 19/7/2000: "Na maioria dos casos, um conjunto infinito não é igual a outro, porque há muitos 'tamanhos' diferentes de infinidade. Assim, se você pegar uma régua e cortar o segmento de 2,5 a cinco centímetros em segmentos 'infinitesimalmente pequenos', você acaba com tantas fatias quantos forem os números racionais (números da forma p/q, onde p e q são inteiros e q não é zero); e, se fizer o mesmo para o segmento de cinco a trinta centímetros, você vai na verdade obter tantas fatias no primeiro conjunto quanto no segundo. Mas, se um dos segmentos fosse cortado em tantas fatias quantos forem

os números reais (racionais mais irracionais, como pi e a raiz quadrada de 2), esse segundo conjunto teria mais fatias que o primeiro.

"A infinidade dos números racionais tem o mesmo tamanho (chamado por Georg Cantor de alef zero) do conjunto dos números naturais; o dos reais (que ele chamava de C, para *continuum*) é maior; e podemos continuar a obter infinitos maiores e maiores (há, por exemplo, mais funções sobre os números reais do que há números reais). Cantor foi o primeiro a reconhecer e provar isso, e ele pagou um preço alto (loucura e outras coisas mais).

"É verdade que os subconjuntos infinitos dos números racionais, ou dos números naturais, terão exatamente tantos membros quantos possui o conjunto de onde vieram — alef zero (assim, 12 ou 16 ou 20 vezes alef zero é alef zero, como ilustra a história sobre o Taco Bell), e Galileu flertou com essa idéia antes de abandoná-la. A percepção das correspondências biunívocas entre os dois conjuntos é um insight fantástico. Temos de dar a Cantor o mérito de ter sido o primeiro a reconhecer que há tamanhos diferentes de conjuntos infinitos, uma quantidade de tamanhos capaz de atrapalhar a mente (por sinal, em termos estritos, eu não falaria sobre infinitos diferentes', mas 'infinitos de tamanhos diferentes' ou 'conjuntos de tamanhos diferentes' — tecnicamente, 'cardinalidades diferentes')".

2. George Gheverghese Joseph, carta ao autor, 16/3/2001.
3. Tobias Dantzig, *Number: The language of science* (Nova York: Macmillan, 1967), p. 26.
4. Lancelot Hogben, *Mathematics for the million* (Londres: Allen & Unwin, 1942), p. 245.
5. Joseph, carta ao autor, 16/3/2001.
6. Dantzig, *Number*, pp. 32-3.
7. Entrevista com Robert Kaplan, 1/1/2000.
8. George Gheverghese Joseph, "Mathematics", in Helaine Selin (ed.), *Encyclopaedia of the history of science, technology, and medicine in non-western cultures* (Dordrecht/Boston/Londres: Kluwer Academic Publishers, 1997), p. 604.
9. Robert Book, economista da Universidade de Chicago, carta ao autor, 17/12/1997.
10. George Gheverghese Joseph, *The crest of the peacock: Non-European roots of mathematics* (Londres: Penguin Books, 1991), p. 60.
11. Ibid., p. 96.
12. Dantzig, *Number*, p. 77.
13. Joseph, *The crest of the peacock*, p. 22.
14. Hogben, *Mathematics for the million*, p. 44.
15. Joseph, carta ao autor, 16/3/2001.
16. Hogben, *Mathematics for the million*.
17. Ibid.
18. Joseph, carta ao autor, 16/3/2001.
19. Ver ibid.
20. D. H. Fowler, *The mathematics of Plato's academy* (Oxford: Clarendon Press, 1987), pp. 283-4.
21. Joseph, *The crest of the peacock*, p. 125.
22. Morris Kline, *Mathematics: A cultural approach* (Nova York: Addison-Wesley, 1962), p. 14.
23. Ibid., p. 30.
24. Ibid., p. 14.

25. Ibid.

26. Robert Kaplan, em carta ao autor datada de 12/8/2000, escreve: "Ted Williams e Hank Aaron tinham uma incrível coordenação olho–mão. Os gregos antigos tinham uma incrível coordenação intuição–prova. Devemos tão-somente a eles o conceito de uma demonstração em matemática. Outros podiam ver o que eles viam, podiam intuir lindamente, e muitos viam o que eles não viam — mas nenhum outro sentiu necessidade, ou arquitetou algum modo, de concatenar seus insights em demonstrações; isto é, concatená-los através de uma rede de conexões lógicas com um pequeno conjunto de idéias 'fundamentais'. Sem uma prova, o que se tem é rumor, boato, política, diz-que-me-diz-que, insights brilhantes e equivocados, tudo amontoado junto. É essa arquitetura que Morris Kline admira com razão, mas exalta demasiado grosseiramente como superior às intuições que outros tiveram. É crucial ver como é importante a questão da prova para a matemática. Há casos demais na matemática — a saber, um número infinito — para sermos sempre capazes de verificar empiricamente qualquer afirmação nessa disciplina. Por exemplo, a afirmação de que todos os números são menores que 60 000 funciona para os primeiros 59 999 inteiros positivos, para o número infinito de inteiros negativos e para a infinidade maior de números reais menores que 60 000, mas revela-se falsa afinal de contas. Como se poderia testar empiricamente se pi é ou não racional; ou se há um último número primo; ou se todos os números primos-Mersenne são de fato números primos? Como se poderia testar empiricamente se as três bissetrizes dos ângulos de qualquer triângulo encontram-se todas num ponto? Um desenho descuidado poderia dar a impressão de que elas se encontram num caso e não se encontram em outro, e um desenho mais cuidadoso seria, afinal, apenas o de um triângulo em particular. O que é sempre necessário é uma prova que cubra decididamente todos os casos possíveis — e foi exatamente isso que os gregos inventaram. É o fato preciso de serem os objetos da matemática não apenas muito grandes mas, na realidade, sempre infinitos, o que faz com que a matemática sem prova pareça o beisebol sem os seus amados árbitros".

George Gheverghese Joseph, matemático da Universidade de Manchester (U. K.), responde: "O comentário que se segue limita-se à tradição da prova apenas na matemática indiana. A situação é muito complicada, e os historiadores ocidentais da matemática nem sequer começaram a examiná-la. As fontes de informações sobre provas tradicionais, raciocínios, deduções e demonstrações na matemática e astronomia indianas são encontradas em comentários sobre os textos básicos. Ora, muitos comentários restringem-se à explicação das palavras dos textos e não vão além disso. Mas há certo número de comentários que também explica os raciocínios de maneira parcial ou plena. Depois há obras que, baseadas principalmente nos antigos textos *siddhantas* que introduzem revisões, inovações e metodologias, visavam conseguir resultados melhores e mais precisos. Esses textos também apresentam com freqüência os raciocínios. Por fim, há obras inteiramente dedicadas à elucidação de raciocínios matemáticos e astronômicos, e também pequenos textos independentes que procuram elucidar um ou outro tópico. Às vezes as afirmações introduzidas nos manuscritos após o colofão ou às margens fornecem informações valiosas. Há também um grande número de pequenos tratados que demonstram os raciocínios feitos em de pontos secundários ou tópicos específicos. É preciso lembrar que na literatura técnica como regra os raciocínios, incluindo inovações e invenções, fazem parte da instrução particular do professor ao aluno, nem sempre sendo registrados em comentários ou em manuscritos.

"Considere apenas um exemplo, os comentários sobre as obras de Aryabhata (*c*. 500 d. C.).

Seria igualmente possível escolher os comentários sobre as obras de Brahmagupta ou Bhaskara II (*Bhaskaracharya*). As obras de Bhaskara I, o grande comentador de Aryabhata, são absolutamente essenciais para compreender os métodos e os raciocínios lógicos da *Aryabhatiya*. E o mesmo se pode dizer de algumas das obras de Kerala. Aproximadamente do século VII em diante, se não antes, Kerala tornou-se o centro da Escola de Astronomia e Matemática de Aryabhata. Permita-me mencionar alguns textos que examinam detalhadamente os raciocínios e as provas sobre uma grande quantidade de tópicos, dentre os quais o mais notável é o trabalho que relaciona séries infinitas às funções circulares e trigonométricas, sendo um dos dois fios que entraram na criação do que descreveríamos como matemática moderna. Qualquer lista desses textos incluiria o *Aryabhatiyabhasya*, de Nilakantha (*c.* 1500 d. C.), o *Kriyakrmakari*, de Narayanan e Sankara Variyar, o *Yuktibhasa*, de Jysthadeva. Se você estudar qualquer um desses textos, encontrará *uppapitis* (ou demonstrações) de toda uma série de resultados. Ignorar essas obras e afirmar que não havia provas na tradição indiana seria ir contra todos os fatos.

"Em vez de categorizar tradições matemáticas diferentes como intuitivas, racionais, empíricas, heurísticas, rigorosas etc., seria mais produtivo considerar os fundamentos filosóficos dos métodos de prova em diferentes tradições. Por que, por exemplo, o método da prova indireta era rejeitado pela tradição indiana, exceto no caso raro de mostrar a não-existência de um objeto matemático, mas jamais a existência de um objeto? Por que, na tradição indiana, não houve crise filosófica que acompanhasse a descoberta dos números irracionais? Essas são algumas das questões que precisam ser tratadas, em vez de categorizar diferentes tradições por meio de rótulos como empírica, heurística, inexata, intuitiva, racional, rigorosa etc.

"Para tomar outro exemplo, por que os procedimentos chineses de resolver equações de diferentes ordens tendem mais para a abordagem construtivista do que para a abordagem analítica? Ora, sabemos que os construtivistas afirmam que o nosso conhecimento e os nossos padrões de significado são resultado de uma construção ativa e intencional levada a efeito pela nossa interação dialética com o mundo. Essa é a linha da tradição filosófica naturalista do Yin–Yang da China, que tinha pouco apreço pelas entidades ideais e sua associada esfera ontológica da estase encontradas na tradição grega. Mas há um paradoxo neste ponto. Por que, por exemplo, no método chinês de demonstração é tão limitado o alcance para um tipo dialético de argumento?

"Outra área digna de ser explorada em qualquer estudo comparativo de diferentes métodos de prova é o que se percebia como a função da prova em diferentes tradições. Um *uppapati* indiano tinha uma função social, pedagógica e filosófica. A finalidade da prova era convencer públicos diferentes".

Como leitura complementar, Joseph sugere três de seus artigos: "Different ways of knowing: Contrasting styles of argument in Indian and Greek mathematical tradition", in P. Ernest (ed.), *Mathematics, education and philosophy: An international perspective* (Londres: Falmer Press, 1994), pp. 194-204; "Different ways of knowing: Contrasting styles of argument in India and the west", in D. F. Robitalle et al. (eds.), *Selected lectures from the Seventh International Conference on Mathematical Education* (Quebec: Les Presses de l'Université Laval, 1994), pp. 183-97; e "What is a square root? A study of geometrical representation in different mathematical traditions", *Mathematics in Schools* 23 (maio/1997): 4-9.

27. Entrevista com Ayele Bekerie, 5/5/1998.

28. W. W. Rouse Ball, *A short account of the history of mathematics*, 4ª ed. (Nova York: Dover, 1960 [1908]), p. 1.

29. Kline, *Mathematics*, pp. 9-10.
30. Joseph, *The crest of the peacock*, pp. 227-8.
31. Ibid., p. 5.
32. Dantzig, *Number*, p. 4.
33. Entrevista por telefone, 10/6/1998, com Joe Nickell, editor na revista *Skeptical Inquirer* e ex-mágico-residente do Houdini Magical Hall of Fame.
34. Karl Menninger, *Number words and number symbols* (Nova York: Dover, 1969), p. 33.
35. Várias entrevistas com Herbert Terrace, inverno/1989.
36. George Gheverghese Joseph, "Mathematics", in *Encyclopaedia*, pp. 604-5.
37. Joseph, *The crest of the peacock*, p. 27.
38. James Ritter, "Mathematics in Egypt", in *Encyclopaedia*, pp. 629-30.
39. Joseph, *The crest of the peacock*, pp. 66 ss.
40. Kline, *Mathematics*, p. 13.
41. Leon Lederman (com Dick Teresi), *The God particle* (Boston: Houghton Mifflin, 1993), p. 52.
42. Kaplan, *The nothing that is*, p. 7.
43. Ibid., p. 9.
44. Ibid., p. 7.
45. Segundo Kaplan, 700, *The nothing that is*, p. 12; segundo Joseph, 300, *The crest of the peacock*, p. 98.
46. Joseph, *The crest of the peacock*, p. 99.
47. Ibid., p. 102.
48. Baseado numa tradução de Taha Baquir (1950) de uma tabuleta encontrada em Tell Harmal em 1949, conforme citado por Joseph, *The crest of the peacock*, p. 109.
49. Ibid., p. 102.
50. Ibid., pp. 106-7.
51. John Allen Paulos, *Beyond numeracy* (Nova York: Vintage Books, 1992), pp. 205-7.
52. Ibid., p. 179.
53. Joseph, *The crest of the peacock*, pp. 103-5.
54. O matemático Robert Kaplan diz que os babilônios não se sentiam realmente "confortáveis com os números irracionais", porque eles não "conheciam" de fato os números irracionais. Isto é, como os babilônios não construíam provas, como faziam os gregos, eles não captavam realmente esses conceitos. Numa carta ao autor datada de 23/8/2000, Kaplan escreve: "Há uma questão muito grande, muito importante, na qual é crucial não tropeçar. Qualquer um que se sinta confortável com os números irracionais é ignorante ou ingênuo. A questão relevante é que não temos (eu, pelo menos, não tenho) evidências de que os babilônios, os egípcios ou os indianos tinham alguma idéia de que a raiz quadrada de 2 ou o pi são números irracionais — nem nenhuma idéia, que eu saiba, da existência de coisas como os números irracionais. É possível conseguir aproximações cada vez melhores dos números irracionais, mas a menos que se possa provar, que eles são irracionais, não se percebe que jamais se poderá ter senão uma aproximação da expansão decimal de um número irracional, uma vez que não há uma 'forma fechada', um belo padrão que se repita. Os gregos se distinguiram por terem apresentado nos tempos pitagóricos uma prova de que a raiz quadrada de 2 era um número irracional. Eles sabiam dos números irracionais, e esse

fato assombrou sua filosofia (Platão) e sua matemática desde então. E observe: não se pode mostrar experimentalmente que um número é irracional: sua forma decimal poderia começar a se repetir (tornando-o racional) pouco depois de se ter parado de obter mais uma posição decimal. Por sinal, só viemos a saber (embora muitos suspeitassem) que pi era irracional no final do século XIX. Toda a questão está nessa diferença entre compreender a existência e a natureza dos números irracionais, e apenas continuar confortavelmente a obter mais uma posição decimal de pi".

O matemático George Gheverghese Joseph contesta a noção de que os matemáticos não-ocidentais usassem os números irracionais sem compreender o que realmente eram. Numa carta ao autor datada de 18/5/2001, Joseph escreve: "Permita-me citar uma frase da obra do matemático Nilakantha, de Kerala (Índia): 'Por que apenas o valor aproximado (da circunferência) é apresentado neste ponto? Deixem-me explicar. Porque o verdadeiro valor não pode ser obtido. Se o diâmetro pode ser medido sem resto, a circunferência medida pela mesma unidade (de medida) deixará resto. Da mesma forma, a unidade que mede a circunferência sem resto, quando usada para medir o diâmetro, deixará resto. Por isso, medindo os dois pela mesma unidade, eles jamais ficarão sem resto. Simultaneamente, por mais que tentemos, podemos reduzir o resto a uma pequena quantidade, mas jamais atingir o estado de 'não ter resto'. Este é o problema'.

"Se isso não mostra alguma compreensão da irracionalidade de pi, o que mostrará?".

55. Joseph, *The crest of the peacock*, p. 113.
56. Ibid., pp. 115-7.
57. Ibid., pp. 116-7.
58. Kaplan, *The nothing that is*, p. 17.
59. Dantzig, *Number*.
60. Ibid., p. 29.
61. Ibid.
62. Ibid., p. 29.
63. Fowler, *Mathematics of Plato's academy*.
64. Ibid.
65. Robert Kaplan, carta ao autor, 23/8/2000.
66. Hogben, *Mathematics for the million*, p. 63.
67. Ibid.
68. Kline, *Mathematics*, p. 103.
69. Dantzig, *Number*, p. 13.
70. Lederman, *The God particle*, p. 70.
71. Peter Machamer, *The Cambridge companion to Galileo* (Cambridge: Cambridge University Press, 1998), p. 63.
72. Ibid., pp. 64-5.
73. Fowler, *Mathematics of Plato's academy*, p. 21.
74. Jâmblico é citado por Mary Lefkowitz in *Not out of Africa* (Nova York: Basic Books, 1996), p. 76.
75. Ver também Kathleen Freeman, *The pre-Socratic philosophers* (Nova York: Oxford University Press, 1953).
76. Joseph, *The crest of the peacock*, pp. 221-2.
77. Ibid., p. 224.

78. Ibid., p. 5.
79. Ibid., pp. 226-8.
80. Ibid., p. 229.
81. Ibid., pp. 229-30.
82. Ibid., pp. 234-5.
83. Ibid., pp. 238-9.
84. Ibid., p. 249.
85. Ibid., p. 241.
86. Ibid., pp. 256-7.
87. Ibid., p. 218.
88. Kaplan, *The nothing that is*, p. 56.
89. Takao Hayashi, "Bakhshali manuscript", in *Encyclopaedia*, p. 147.
90. Joseph, *The crest of the peacock*, p. 257.
91. Ibid., p. 130.
92. Ibid., pp. 140-1.
93. George Gheverghese Joseph em carta ao autor, 18/5/2001.
94. Ulrich Libbrecht, "Mathematics in China", in *Encyclopaedia*, pp. 626-7.
95. Joseph, *The crest of the peacock*, p. 131.
96. Libbrecht, "Mathematics in China", in *Encyclopaedia*, p. 626.
97. Ibid.
98. Kaplan, carta ao autor, 23/8/2000.
99. Joseph, *The crest of the peacock*, pp. 146-7.
100. Joseph, carta ao autor, 18/5/2001.
101. David Berlinski, *A tour of the calculus* (Nova York: Pantheon Books, 1995), p. 7.
102. David E. Mungello, *Leibniz and Confucianism: The search for accord* (Honolulu: University of Hawaii Press, 1977).
103. Joseph, *The crest of the peacock*, p. 301.
104. Simon Singh, *The code book* (Nova York: Doubleday, 1999), pp. 14-22.
105. Ibid., p. 26.
106. Joseph, *The crest of the peacock*, p. 305.
107. Singh, *The code book*, pp. 15-6; Joseph, *The crest of the peacock*, p. 303.
108. Ibid., p. 305.
109. Ibid.
110. Jan P. Hogenduk, "Mathematics in Islam", in *Encyclopaedia*, p. 638.
111. Joseph, *The crest of the peacock*, p. 11.
112. Mais uma vez, eis o comentário de Saliba para mim: "Escrevi meu primeiro artigo sobre o significado do termo 'álgebra' lá pelos anos 60, e diria aqui 'que significa compulsão', como em compelindo a incógnita *x* a assumir um valor numérico, e não 'conserto de ossos', que é equivocado, mas amplamente citado nos dicionários e obras do gênero".
113. Joseph, *The crest of the peacock*, p. 11
114. Ibid.
115. Ibid., p. 305.
116. Ibid., p. 306.

117. Ibid.
118. Ibid., p. 319.
119. Ibid., p. 309.
120. Hogenduk, in *Encyclopaedia*, p. 638.
121. Joseph, *The crest of the peacock*, p. 309.
122. Joseph, carta ao autor, 18/5/2001.
123. *Encyclopaedia*, p. 638.
124. Joseph, *The crest of the peacock*, pp. 318-9.
125. *Encyclopaedia*, p. 638.
126. Joseph, *The crest of the peacock*, p. 345.
127. *Encyclopaedia*, p. 650.
128. Joseph, *The crest of the peacock*, p. 49.
129. Michael P. Closs, "Mathematics of the Maya", in *Encyclopaedia*, pp. 648-9.
130. Ibid., p. 647.
131. Ibid., p. 648.
132. Entrevista com Marjorie Senechal, 10/12/1999.
133. Kaplan, *The nothing that is*, p. 96.
134. Ibid., p. 92.
135. Joseph, carta ao autor, 18/5/2001.
136. Closs, "Mathematics of the Maya", p. 649.
137. Ibid., p. 650; George Gheverghese Joseph, conferência na American Association for the Advencement of Science, Boston, 1993.
138. Judith Herrin, *The formation of Christendom* (Princeton, N. J.: Princeton University Press), p. 85.
139. L. E. Doggett, "Calendars", in P. Kenneth Seidelmann (ed.), *Explanatory supplement to the Astronomical Almanac* (Herndon, Va.: University Science Books, 1992), sec. 1.4.
140. Entrevista com Barry Mazur, 6/2/1997.
141. Dantzig, *Number*, p. 35.
142. Ibid., p. 249.
143. Joseph, *The crest of the peacock*, p. 15.
144. Dantzig, *Number*, pp. 31-2.
145. Ibid., p. 31.
146. Ibid., p. 32.
147. Ibid., p. 31.
148. Ruth Freitag, *The battle of the centuries* (Washington, D. C.: Government Printing Office, 1995), p. 2.
149. Edwin R. Thiele, *The mysterious numbers of the Hebrew kings: A reconstruction of the chronology of the kingdoms of Israel and Judah* (Chicago: University of Chicago Press, 1951).
150. Kaplan, *The nothing that is*, p. 59.
151. Ibid., p. 11.
152. Ibid., p. 12.
153. Ibid., p. 17.
154. Ibid., p. 20.

155. Ibid., pp. 26-7.
156. Ibid., pp. 56-7.
157. Ibid., pp. 61-2.
158. Entrevista com Robert Kaplan, 1/1/2000.
159. Joseph, *The crest of the peacock*, p. 315, e Kaplan, *The nothing that is*.
160. Hogben, *Mathematics for the million*, p. 50.
161. Kaplan, *The nothing that is*, pp. 78-9.
162. Hogben, *Mathematics for the million*.
163. George Joseph está escrevendo um trabalho sobre o zero indiano. Ele partilha uma passagem dessa obra inédita (até agora): "O que se reconhece geralmente como a maior contribuição da Índia para a matemática do mundo é o sistema com valor posicional dos números escritos (numerais) incorporando um zero, que é o ancestral de nosso sistema mundial de representação numérica. Há registros históricos de apenas outros três sistemas numéricos baseados no princípio posicional. Antecedendo todos os outros sistemas, o sistema babilônico deve ter evoluído por volta do terceiro milênio antes da era cristã. Empregava uma escala sexagesimal, tendo uma coleção simples de símbolos — e na quantidade correta — para escrever os números menores que 60. Mas foi imperfeitamente desenvolvido, sendo em parte aditivo e em parte posicional, porque na representação dos números em uma mesma posição da base 60 era usado o valor de troca decimal. Além disso, a ausência de um símbolo para zero até o início do período helenístico limitava a utilidade do sistema para fins computacionais e representativos.

"O sistema chinês de numerais representados por varas era essencialmente um sistema de base decimal. Os números 1, 2,... 9 são representados por varas cujas orientação e localização determinam o valor posicional do número representado, e cuja cor indica se a quantidade era positiva ou negativa. Em termos de fazer contas, a representação do zero por um espaço em branco não constituía problema, pois, ao contrário do sistema babilônico, o espaço vazio era ele próprio um algarismo. O terceiro sistema posicional era o maia, essencialmente um sistema vigesimal (base 20) incorporando um símbolo para zero, que era reconhecido como um algarismo por seus próprios méritos. O sistema tinha, entretanto, uma grave irregularidade, porque as suas unidades eram 1, 20, 18 × 20, 18 × 20², 18 × 20³... e assim por diante. Essa anomalia reduz a sua eficiência no cálculo aritmético. Por exemplo, uma das facilidades mais úteis de nosso sistema numérico é a capacidade de multiplicar um dado número por 10 acrescentando-lhe um zero. A adição de um zero maia no final de um número geralmente não multiplicava o número por 20 por causa do sistema de base mista empregado.

"A discussão até agora dos sistemas posicionais diferentes salienta dois pontos importantes. Primeiro, um sistema com valor-posição poderia existir e de fato existiu sem nenhum símbolo para zero. Mas o símbolo zero, como parte do sistema numérico, nunca existiu e não poderia ter vindo a existir sem a regra do valor-posição. Segundo, a relativa força do sistema numérico indiano está inextricavelmente ligada com o conceito indiano de zero. Seria útil, portanto, examinar as origens e o uso do zero na matemática indiana.

"A palavra sânscrita para zero, *sunya*, significa 'nada ou vazio'. O seu derivativo, *sunyata*, é a doutrina budista da vacuidade, constituindo a prática espiritual de esvaziar a mente de todas as impressões. Essa é uma forma de ação prescrita numa ampla série de esforços criativos. Por exemplo, a prática do *sunyata* é recomendada para escrever poesia, compor uma música, produzir uma pintura ou para qualquer atividade que saia da mente do artista. Um arquiteto aprende nos *silpasutras* (os manuais tradicionais da arquitetura) que projetar um edifício implica na organização do espaço vazio, pois "não são as paredes que compõem um edifício, mas os espaços vazios criados pelas paredes". Todo o processo de criação é bem descrito na seguinte citação de um texto budista tântrico: 'Primeiro a percepção do vazio (*sunya*)/ Segundo a semente em que tudo está concentrado/ Terceiro a manifestação física/ Quarto deve-se implantar a sílaba' (*Havraja tantra*).

"A correspondência matemática foi logo estabelecida. Assim como o esvaziamento do espaço é uma condição necessária para o surgimento de qualquer objeto, o número zero não ser número algum é a condição para a existência de todos os números. Uma discussão da matemática do *sunya* envolve três questões: i) o conceito do *sunya* dentro de um sistema com valor posicional, ii) os símbolos usados para o *sunya*, e iii) as operações matemáticas com o *sunya*. Um material de textos antigos é usado nas ilustrações.

"A palavra *sunya* é derivada de *suna*, que é o particípio passado de *svi*, 'crescer'. Num dos primeiros Vedas, o *Rig veda*, ocorre outro significado: o sentido de 'falta ou deficiência'. É possível que as duas palavras diferentes tenham sido fundidas para dar a '*sunya*' um sentido único de 'ausência de vazio' com o potencial para crescimento.

"Logo foi reconhecido que o *sunya* denotava uma posição na notação numérica (o indicador de lugar) bem como o 'espaço vazio' ou a ausência de símbolo num lugar específico do registro. Conseqüentemente, todas as quantidades numéricas, por maiores que sejam, podem ser representadas apenas com dez símbolos. Segundo um texto do século XII (*Manasollasa*), basicamente há apenas nove dígitos, começando do 'um' e indo até o 'nove'. 'Ao se acrescentar os zeros, estes são elevados sucessivamente para dezenas, centenas e mais além', afirma o texto.

"E, num comentário sobre o *Yogasutra*, de Patanjali, aparece no século VII a seguinte analogia: assim como o mesmo signo é chamado de cem no lugar das 'centenas', dez no lugar das 'dezenas' e um no lugar das 'unidades', 'assim uma e a mesma mulher é referida (diferentemente) como mãe, filha ou irmã'.

"A menção mais antiga de um símbolo para zero ocorre no *Chandahsutra*, de Pingala (depois do século III a. C.). Ele discute um método para calcular o número de arranjos de sílabas longas e curtas numa métrica que contém certo número de sílabas (isto é, o número de combinações de dois itens de um total de *n* itens, sendo permitidas repetições). Começou como um ponto (*bindu*), encontrado em inscrições na Índia bem como no Camboja e em Sumatra, e depois tornou-se um círculo (*chidra* ou *randra*, significando um buraco). A associação entre o zero e seu símbolo tornara-se bem conhecida por volta dos primeiros séculos da era cristã, como mostra a seguinte citação: 'As estrelas brilhavam como pontos-zeros (*sunya-bindu*) — esparsas no céu como sobre um tapete azul, o Criador contava o total usando um pouco de Lua como giz' (Vasavadatta, cerca de 400 d. C.).

"Os textos sânscritos sobre matemática/astronomia do tempo de Brahmagupta contêm em geral uma seção chamada *sunya-ganita*, ou computações que envolvem o zero. Enquanto a discussão nos textos aritméticos (*patiganita*) é limitada apenas à adição, subtração e multiplicação com zero, o tratamento nos textos de álgebra (*bijaganita*) abrange questões como o efeito do zero sobre os sinais positivo e negativo, a divisão com zero e, mais particularmente, a relação entre o zero e o infinito (*ananta*).

"Tome-se como exemplo o *Brahmasphutasiddhanta*, de Brahmagupta. Nesse texto, ele trata o zero como uma entidade separada das quantidades positivas (*dhana*) e negativas (*rhna*), sugerindo que o *sunya* não é nem positivo nem negativo, mas forma a linha divisória entre os dois tipos, sendo a soma de duas quantidades iguais mas opostas. Afirma que um número, positivo ou negativo, continua inalterado quando o zero lhe é acrescentado ou dele subtraído. Na multiplicação com zero, o produto é zero. Um zero dividido por zero ou por algum número torna-se zero. Da mesma forma, o quadrado e a raiz quadrada de zero é zero. Mas, quando um número é dividido por zero, a resposta é uma quantidade indefinível 'que tem esse zero como o denominador'.

"Na Índia, a inscrição mais antiga de um antecedente reconhecível de nosso sistema numérico é encontrada numa inscrição de Gwalior datada 'Samvat 933' (876 d. C.). A difusão desses numerais para o Ocidente é uma história fascinante. Os árabes foram os protagonistas desse drama. Os numerais indianos chegaram provavelmente a Bagdá em 773 d. C., com a missão diplomática de Sind para a corte do califa al-Mansur. Por volta de 820, al-Khwarizmi escreveu sua famosa *Aritmética*, o primeiro texto árabe a lidar com os novos numerais. O texto contém uma exposição detalhada tanto da representação dos números como das operações que usam numerais indianos. Al-Khwarizmi esforçou-se para apontar a utilidade de um sistema com valor posicional incorporando o zero, particularmente para escrever números grandes. Textos sobre a contagem indiana continuaram a ser escritos, e no final do século XI esse método de representação e cálculos estava espalhado das fronteiras da Ásia Central aos confins sulistas do mundo islâmico no norte da África e no Egito.

"Na transmissão dos numerais indianos para a Europa, como aconteceu com quase todo o conhecimento do mundo islâmico, a Espanha e (em menor grau) a Sicília desempenharam o papel de intermediárias, por serem as áreas na Europa que haviam estado sob governo muçulmano por muitos anos. Documentos da Espanha e moedas da Sicília mostram a difusão e a lenta evolução dos numerais, sendo um marco seu surgimento num texto matemático influente da Europa medieval, *Liber abaci*, escrito por Fibonacci (1170-1250), que aprendeu a trabalhar com os numerais indianos durante suas extensas viagens no norte da África, Egito, Síria e Sicília. E a difusão para o Ocidente continuou lentamente, substituindo os numerais romanos, e por fim, quando a competição entre os abacistas (favoráveis ao uso do ábaco ou algum dispositivo mecânico para os cálculos) e os algoritmistas (que defendiam o uso dos novos numerais) acabou sendo vencida pelos últimos, foi apenas uma questão de tempo para que ocorresse o triunfo final dos novos numerais, com banqueiros, negociantes e mercadores adotando o sistema para seus cálculos diários".

164. David Wells, *The Penguin dictionary of curious and interesting numbers*, ed. rev. (Londres: Penguin, 1997), pp. 199-200.

165. Kaplan, *The nothing that is*, p. 97.

166. Joseph, carta ao autor, 18/5/2001.

167. Entrevista por telefone com Robert Kaplan, 5/11/1990.

168. *Encyclopaedia*, p. 647.

169. Entrevista com Barbara Fash, Universidade Harvard, Museu Peabody, 15/4/1977.

170. Kaplan, *The nothing that is*, p. 89.

171. Dantzig, *Number*, p. 35.

172. Entrevista com Barry Mazur, 28/12/1999.

3. ASTRONOMIA [pp. 90-154]

1. Fred Adams e Greg Laughlin, *The five ages of the universe* (Nova York: Free Press, 1999), p. 40.
2. Ibid., p. 84.
3. Ibid., p. xv. Um bilhão de trilhões é 10^{21}. Anthony Aveni, professor de astronomia e antropologia da Universidade Colgate e autor de *Conversing with the planets* e outras obras de arqueoastronomia, propõe um número mais próximo de uma colisão por 10^{10} anos por galáxia. De qualquer forma, as chances são poucas. (Aveni escreveu este e outros comentários diretamente no manuscrito entre 25/5 e 5/7/2001; tais comentários serão chamados daqui por diante de "comentários de Aveni".)
4. Frank Drake e Dava Sobel, *Is anyone out there?* (Nova York: Delacorte Press, 1992), p. 180.
5. Comentário de Aveni, jun./2001.
6. Comentário de Aveni, jun./2001.
7. Entrevista com Aveni, 3/3/2001.
8. Susan Milbrath, *Star gods of the Maya* (Austin: University of Texas Press, 1999), p. 1.
9. Martha Macri, "Astronomy in Mesoamerica", in Helaine Selin (ed.), *Encyclopaedia of the history of science, technology and medicine in non-western cultures* (Dordrecht/Boston/Londres: Kluwer Academic Publishers, 1997), p. 134.
10. Anthony Aveni, *Stairways to the stars: Skywatching in three great ancient cultures* (Nova York: Wiley, 1997), p. 95.
11. Ver o site de Michiel Berger: www.michielb.nl.
12. Milbrath, *Star gods of the Maya*, p. 46.
13. Macri, "Astronomy in Mesoamerica", p. 134. Aveni data os registros em 85 d. C. em La Mojarra — eclipses e observações de Vênus envolvidos (comentário de Aveni, jun./2001).
14. Milbrath, *Star gods of the Maya*, p. 196.
15. Aveni, *Stairways to the stars*, p. 98.
16. Michael D. Coe, *The Maya* (Nova York: Thames and Hudson, 1999), p. 199.
17. Aveni, *Stairways to the stars*, p. 98.
18. Coe, *The Maya*, pp. 199-200.
19. Ibid., p. 199.
20. Ibid., p. 193.
21. Ibid., p. 240.
22. Ibid., pp. 263-6, citando Aveni, *Stairways to the stars*, p. 80.
23. O relato completo pode ser encontrado no seguinte endereço: http://www.ridgecrest.ca.us/~n6tst/maya.
24. Coe, *The Maya*, p. 217.
25. Aveni, *Ancient astronomers*, ed. Jeremy A. Sabloff (Washington, D. C.: Smithsonian Books, 1993), p. 117.
26. Michael E. Smith, *The Aztecs* (Melrose, Mass.: Blackwell Publishers, 1996), p. 45.
27. Ibid., p. 260.
28. R. Tom Zuidema, "The Inca calendar", in Anthony F. Aveni (ed.), *Native American astronomy* (Austin: University of Texas Press, 1977), p. 220.

29. Era chamado de templo do Sol pelos espanhóis, que destruíram grande parte da edificação para construir a até hoje existente igreja de Santo Domingo.

30. Aveni, *Ancient astronomers*, p. 138.

31. Zuidema, "The Inca calendar", p. 221.

32. Aveni, *Stairways to the stars*, p. 8.

33. Aveni, *Ancient astronomers*, p. 141.

34. Zuidema, "The Inca calendar", p. 221.

35. Ibid., p. 143.

36. Ibid.

37. Comentário de Aveni, jun./2001.

38. Press release, Universidade de Chicago, 24/9/1998. A pesquisa de Bauer e Dearborn sobre a ilha do Sol é uma continuação de sua pesquisa conjunta sobre a astronomia inca. Eles são os autores de *Astronomy and empire in the ancient Andes* (Austin: University of Texas Press, 1995).

39. E. C. Krupp, *Echoes of the ancient skies: The astronomy of lost civilizations* (Nova York: Harper & Row, 1983), p. 50.

40. Ibid., p. 152.

41. Ibid., p. 154.

42. Dorothy Mayer, "An examination of Miller's hypothesis", in Aveni (ed.), *Native American astronomy*, p. 180.

43. Aveni, *Ancient astronomers*, p. 130. Aveni dá a Florence Haweley Ellis o crédito por essa sugestão.

44. Von Del Chamberlain, "Reflections on rock art and astronomy", *The Quarterly Bulletin of the Center for Archaeoastronomy*, nº 14, solstício de dezembro, 1994.

45. Paula Giese, "Lakota star", http://www.kstrom.net/isk/stars/startabs.html.

46. Louis Lord, "The year 1000", *U. S. News and World Report*, 16/8/1999.

47. Aveni, *Ancient astronomers*, p. 126.

48. Charles C. Mann, "1491", artigo inédito (finalmente publicado em forma reduzida em *The Atlantic Monthly*, mar./2002).

49. John A. Eddy, "Medicine wheels and plains Indian astronomy", in Aveni (ed.), *Native American astronomy*, p. 148.

50. Comentário de Aveni, jun./2001. Aveni cita David Vogt como um crítico importante: Ver David Vogt, "Medicine wheel astronomy", in Clive L. N. Ruggles e Nicholas J. Sanders (eds.), *Astronomy and cultures: Papers derived from the Third "Oxford" International Symposium on Archaeoastronomy*, St. Andrews, U. K., September 1990 (Niwot, Colo.: University Press of Colorado, 1993), p. 163.

51. Krupp, *Echoes of the ancient skies*, p. 142.

52. Ibid.

53. Paula Giese, "Stone Wheels as Analog Star Computers", http://www.kstrom.net/isk/stars/starkno8.html.

54. John A. Eddy, "Astronomical alignment of the Big Horn Medicine Wheel", *Science* 184 (jun./1974), pp. 1035-46.

55. Krupp, *Echoes of the ancient skies*, p. 145.

56. Eddy, "Medicine wheels and plains Indian astronomy", p. 168.

57. Comentário de Aveni, jun./2001.

58. Waldo R. Wedel, "Native astronomy and the plains Caddoans", in Aveni (ed.), *Native American astronomy*, pp. 133-4.

59. Aveni, *Ancient astronomers*, p. 132.

60. Wedel, "Native astronomy and the plains Caddoans", pp. 134-6.

61. Aveni, *Ancient astronomers*, p. 135.

62. Wayne Orchiston, "Astronomy of Polynesia", in Christopher Walker (ed.), *Astronomy before the telescope* (Nova York: St. Martin's Press, 1966).

63. A. Grimble, "Glibertese astronomy and astronomical observances", *Journal of the Polynesian Society* 40 (1931), pp.197-224.

64. Aveni, *Ancient astronomers*, pp. 149-50.

65. Ibid., pp. 151-2.

66. Ibid., p. 153.

67. W. Coote, *Wanderings, south and east* (Londres: Sampson Low, 1882), disponível em "Navegação e migração austronésia", AsiaPacificUniverse.com, http://www.geocities.com/tokyo/temple/9845/austro.htm.

68. Johann Reinhold Forster, *Observations made during a voyage round the world* (*in the Resolution 1771-5*) (Londres, 1777), disponível em "Navegação e migração austronésia", AsiaPacificUniverse.com, http://www.geocities.com/tokyo/temple/9845/austro.htm.

69. Ibid.

70. Aveni, *Ancient astronomers*, p. 154.

71. Polynesian Voyaging Society, em http://honolulu.hawaii.edu/hawaiian/voyaging/pvs/navigate/latitude.html.

72. Sioni Ake Mokofisi, "The Polynesian gift to Utah", cortesia da Literature and Arts Guild of Polynesia, http://polynesia2000.bizhosting.com.

73. N. M. Swerdlow (ed.), *Ancient astronomy and celestial divination* (Cambridge, Mass.: MIT Press, 1999), p. 2.

74. John Malcolm Russell, "Robbing the archaeological cradle", *National History* (fev./2001), p. 53.

75. John Britton e Christopher Walker, "Astronomy and astrology in Mesopotamia", in Walker (ed.), *Astronomy before the telescope*, p. 42.

76. Ibid., pp. 45-6.

77. "Sumerian: Astronomy and Calendars", http://www.crystalinks.com/sumercalendars.html.

78. Britton e Walker, "Astronomy and astrology in Mesopotamia", p. 50.

79. Swerdlow, *Ancient astronomy and celestial divination*, p. 14.

80. Comentário de Aveni, jun./2001.

81. Britton e Walker, "Astronomy and astrology in Mesopotamia", p. 42.

82. F. Rochberg, "Babylonian horoscopy: The texts and their relations", in Swerdlow, *Ancient astronomy and celestial divination*, p. 40.

83. Ibid.

84. Britton e Walker, "Astronomy and astrology in Mesopotamia", p. 56.
85. Otto Neugebauer, "The history of ancient astronomy: Problems and methods", in *Astronomy and history: Selected essays* (Nova York: Springer Verlag, 1983), p. 52.
86. Otto Neugebauer, "Exact science in antiquity", in *Astronomy and history: Selected essays*, p. 28.
87. Britton e Walker, "Astronomy and astrology in Mesopotamia", p. 49.
88. Aveni, *Ancient astronomers*, p. 45.
89. Ibid.
90. Britton e Walker, "Astronomy and astrology in Mesopotamia", p. 52.
91. Otto Neugebauer, "The history of ancient astronomy: Problems and methods", in *Astronomy and history: Selected essays*, p. 47.
92. Aveni, *Ancient astronomers*, p. 46.
93. Neugebauer, "The history of ancient astronomy", p. 47.
94. John P. Britton, "Lunar anomaly in Babylonian astronomy: Portrait of an original theory", in N. M. Swerdlow (ed.), *Ancient astronomy and celestial divination* (Cambridge, Mass.: MIT Press, 2000), p. 187.
95. Ibid.
96. Ibid., p. 244.
97. N. M. Swerdlow, "The derivation of the parameters of Babylonian planetary theory", in Swerdlow, *Ancient astronomy and celestial divination*, p. 293.
98. Britton e Walker, "Astronomy and astrology in Mesopotamia", pp. 66-7.
99. Otto Neugebauer, "Mathematical methods in ancient astronomy", in *Astronomy and history: selected Essays*, p. 101.
100. Otto Neugebauer, "The origins of the Egyptian calendar", in *Astronomy and history: Selected essays*, p. 196.
101. Ibid., pp. 196-7.
102. Aveni, *Ancient astronomers*, p. 41.
103. Otto Neugebauer, "The origins of the Egyptian calendar", in *Astronomy and history: Selected essays*, p. 197.

Barbara C. Sproul, diretora do programa de religião do Hunter College, CUNY, aponta numa carta ao autor, datada de 24/5/2002, que Otto Neugebauer, o maior estudioso da ciência não-ocidental, não tem sido adequadamente celebrado. Assim, ela escreveu a seguinte homenagem poética:

Ao escrever um livro sem mote,
Sempre procure um sujeito chamado Otto,
Citar de uma fonte
Com a força de Neugebauer
Tornará as demais palavras n'obbligato...

Pois quem poderia saber mais sobre as estrelas
Ou as idéias sumérias de Marte?

Era Otto, o erudito
Sim, pode apostar seu último dólar
Ele leu todos esses escritos em jarros.

104. Ibid., pp. 200-1.
105. Otto Neugebauer, "The Egyptian 'decans'", in *Astronomy and history: Selected essays*, p. 205.
106. Ronald A. Wells, "Astronomy in Egypt", in Walker (ed.), *Astronomy before the telescope*, p. 33
107. Ibid., p. 38.
108. Aveni, *Ancient astronomers*, p. 42.
109. Wells, "Astronomy in Egypt", p. 38.
110. Neugebauer, "The Egyptian 'decans'", in *Astronomy and history: Selected essays*, pp. 208-9.
111. Wells, "Astronomy in Egypt", p. 39.
112. Ibid., p. 35.
113. E. C. Krupp, *Echoes of the ancient skies* (Nova York: Harper & Row, 1983), p. 102.
114. Kate Spence, "Ancient Egyptian chronology and the astronomical orientation of the pyramids", *Nature*, 16/11/2000, pp. 320-4.
115. Comentário de Aveni, jun./2000.
116. Wells, "Astronomy in Egypt", p. 37.
117. Krupp, *Echoes of the ancient skies*, p. 105.
118. "E", diz Aveni, "Pingree tem fotocópias da maioria no seu escritório — pilhas imensas!" (comentário de Aveni, jun./2000).
119. David Pingree em www.vigyanprasar.com/dream/sept99/article2.htm.
120. David Pingree em http://asnic.utexas.edu/asnic/cas/davidpingree.html.
121. David Pingree, "Astronomy in India", in Walker (ed.), *Astronomy before the telescope*, p. 142.
122. Sudheer Birodkar em http://www.crystalinks.com/indiastronomy.html.
123. http://indiaheritage.org/science/astro.htm.
124. Pingree, "Astronomy in India", pp. 123-244.
125. Ibid., p. 125.
126. Otto Neugebauer, in *Astronomy and history: Selected essays*, p. 425.
127. Ibid., p. 436.
128. Sudheer Birodkar, trad. Ebenezer Burgess, em http://www.geocities.com/lavlesh/sudheer_contributions/astro.html/.
129. Pingree, "Astronomy in India", p. 127.
130. Howard R. Turner, *Science in medieval Islam* (Austin: University of Texas Press 1995), p. 61.
131. Pingree, "Astronomy in India", p. 128.
132. Ibid., p. 133.
133. J. J. O'Connor e E. F. Robertson em http://www-groups.dcs.st-and.ac.uk/ ~history/Mathematicians/Aryabhata_I.html.
134. J. J. O'Connor e E. F. Robertson em www.crystalinks.com/indiastronomy.html.

135. Pingree, "Astronomy in India", pp. 126-277.

136. http://education.eth.net/scientists/framepages/ccorner_scientist23.htm.

137. http://britannica.com/bcom/eb/article/0/0,5716,16380+1,00.html. Nesse texto, apenas as primeiras palavras estão disponíveis a não-assinantes. Você deve fazer uma assinatura para ver os artigos completos.

138. O'Connor e Robertson em http://www-groups.dcs.st-and.ac.uk/~history/Mathematicians/Brahmagupta.html.

139. Pingree, "Astronomy in India", pp. 136-7.

140. Ibid., p. 139.

141. Ibid., p. 142.

142. David A. King, "Islamic astronomy", in Walker (ed.), *Astronomy before the telescope*, p. 144.

143. Aveni, *Ancient astronomers*, pp. 69-70.

144. Turner, *Science in medieval Islam*, p. 59.

145. King, "Islamic astronomy", p. 147.

146. Ibid., p. 148.

147. Ibid., p. 151.

148. O'Connor e Robertson em http://www-groups.dcs.st-and.ac.uk/~history/Mathematicians/Yunus.html. Os autores, da Escola de Matemática e Estatística da Universidade de St. Andrews, Escócia, relatam que Ibn Yunus predisse que sua própria morte se daria em sete dias, quando gozava de boa saúde. Ele pôs em ordem todos os seus negócios, trancou-se em casa e recitou o Corão até morrer no dia que tinha predito.

149. Aveni, *Ancient astronomers*, pp. 70-1.

150. King, "Islamic astronomy", pp. 160-1.

151. Ibid., p. 161.

152. Ibid., p. 156.

153. Turner, *Science in medieval Islam*, p. 63.

154. Ibid., p. 64.

155. Ibid., p. 63.

156. King, "Islamic astronomy", p. 158.

157. O'Connor e Robertson em http://www-groups.dcs.st-and.ac.uk/~history/Mathematicians/Al-Biruni.html.

158. Ibid.

159. Aveni, *Ancient astronomers*, p. 65.

160. Ibid.

161. Turner, *Science in medieval Islam*, pp. 66-7.

162. Aveni, *Ancient astronomers*, pp. 66-7.

163. Ibid., p. 67.

164. King, "Islamic astronomy", pp. 165-6.

165. Aveni, *Ancient astronomers*, p. 67.

166. Turner, *Science in medieval Islam*, p. 67.

167. Ibid., p. 65.

168. Aydin Sayili, *The observatory in Islam: And its place in the general history of the observatory* (Ancara: Turk Tarih Kurumu Basimevi, 1960), p. 51.

169. Turner, *Science in medieval Islam*, p. 65.

170. Sahoor em http://www.cyberistan.org/islamic/beg.html.

171. O'Connor e Robertson em http://www-groups.dcs.stand.ac.uk/~history/Mathematicians/Ulugh-Beg.html.

172. Sahoor em http://www.cyberistan.org/islamic/beg.html.

173. *Dictionary of scientific biography*, ed. Charles C. Gillispie (Nova York: Scribner, 1980); Leon Lederman (com Dick Teresi), *The God particle* (Nova York: Houghton Mifflin, 1993), p. 81.

174. Comentário de Aveni, jun./2001.

175. Sahoor em http://www.cyberistan.org/islamic/index.html.

176. Turner, *Science in medieval Islam*, p. 65.

177. Sayili, *The observatory in Islam*, p. 392.

178. King, "Islamic astronomy", p. 148.

179. Turner, *Science in medieval Islam*, p. 68.

180. Ibid.

181. King, "Islamic astronomy", p. 148.

182. Ibid., pp. 170-1.

183. Colin Ronan, "Astronomy in China, Korea and Japan", in Walker (ed.), *Astronomy before the telescope*, p. 245.

184. Ibid., pp. 245-6.

185. Aveni, *Ancient astronomers*, p. 76.

186. Sun Xiaochun, "Stars in Chinese science", in *Encyclopaedia*, p. 909.

187. Ronan, "Astronomy in China, Korea and Japan", p. 247.

188. Aveni, *Ancient astronomers*, p. 77.

189. NASA, notícia liberada para a imprensa, 12/6/1989.

190. Aveni, *Ancient astronomers*, p. 77.

191. http://www.wcslc.edu/pers_pages/e-k0027/bone.html.

192. Nathan Sivin, "Science and medicine in Chinese History", http://ccat.sas.upenn.edu/~nsivin/ropp/html.

193. Robert Temple, *The genius of China* (Londres: Prion Books, 1986), pp. 29-30.

194. Ibid., p. 30.

195. Ibid., pp. 33-4.

196. Ibid., pp. 247.

197. Sivin em http://ccat.sas.upenn.edu/~nsivin/ropp/html.

198. Ibid.

199. Aveni, *Ancient astronomers*, p. 83.

200. Ronan, "Astronomy in China, Korea and Japan", p. 250.

201. Aveni, *Ancient astronomers*, p. 79.

202. Ronan, "Astronomy in China, Korea and Japan", pp. 255-6.

203. Temple, *The genius of China*, p. 30.

204. Ibid., pp. 31-3.

205. Ibid., p. 35.

206. Ronan, "Astronomy in China, Korea and Japan", p. 256.
207. Temple, *The genius of China*, pp. 35-6.
208. Comentário de Aveni, jun./2001.
209. Ronan, "Astronomy in China, Korea and Japan", pp. 257-9.
210. Ibid., p. 86.
211. Temple, *The genius of China*, p. 36.
212. Ibid.
213. Ibid., pp. 37-8.
214. Ibid., p. 38.
215. Ronan, "Astronomy in China, Korea and Japan", p. 261.

4. COSMOLOGIA [pp. 155-88]

1. Anthony L. Peratt, "Plasma cosmology", *Sky and Telescope*, fev./1992, p. 136.
2. Entrevista com Edward Harrison, 15/3/1995.
3. Edward Harrison, *Masks of the universe* (Nova York: Macmillan, 1985), p. 1.
4. Ibid., p. 2.
5. Leon Lederman (com Dick Teresi), *The God particle* (Boston: Houghton Mifflin, 1993), p. 286.
6. Entrevista com Edward Harrison, 7/5/1999.
7. Harrison, *Masks of the universe*, p. 11.
8. Gale E. Christianson, *Edwin Hubble: Mariner of the nebulae* (Nova York: Farrar, Strauss & Giroux, 1995), p. 138.
9. Ibid., pp. 148-9.
10. Ibid., pp. 185-6.
11. Ibid., p. 151.
12. Ibid., pp. 155-9.
13. Lederman, *The God particle*, p. 385.
14. Ibid., p. 386.
15. Ibid.
16. Ibid., p. 396.
17. Ibid., p. 399.
18. Entrevista com George Greenstein, 18/9/1996.
19. George Greenstein, *The symbiotic universe* (Nova York: Morrow, 1988), pp. 255-8.
20. John Leslie, *Universes* (Nova York: Routledge, 1989), pp. 13-4. Em carta ao autor datada de 17/4/2002, Barbara Sproul responde à declaração de Leslie: "Este é o pior tipo de teologia, que pressupõe um Deus antropomórfico (separado, finito, 'com intenções em relação ao universo'), uma espécie de teologia de jardim-de-infância que o resto do mundo superou há muito tempo, em parte *porque* eles não faziam a separação entre ciência e religião que nós fazemos. Quero dizer que não se pode atribuir a todas as religiões a imagem do Deus-papai antropomórfico quando a maioria delas foi muito além disso. Nossos cientistas, por mais sofisticados que sejam, não têm idéia do que a religião realmente é".

21. Conversa com John Polkinghorne, físico que se tornou padre anglicano, 30/11/2000, Chancellor's House, Universidade de Massachusetts, Amherst.

22. Jim Holt, "War of the worlds", *Lingua Franca*, dez./2000-jan./2001.

23. David Hume, *Dialogues concerning natural religion* (1779), ed. J. V. Price (Nova York: Oxford University Press, 1976).

24. Rocky Kolb, *Blind watchers of the sky* (Reading, Mass.: Addison-Wesley, 1996), p. vii. Barbara Sproul, em carta ao autor datada de 17/4/2002, escreve: "A visão ocidental baseada na ciência? Claro que não. Quando os Centros para o Controle de Doenças dos Institutos Nacionais de Saúde decidem pôr dinheiro na pesquisa sobre aids em vez de no estudo dos parasitas dos cupins, eles estão tomando decisões religiosas — decisões sobre valores —, não científicas".

25. Christianson, *Hubble: Mariner of the nebulae*, p. 351.

26. Ibid., p. 347.

27. Ewa Wasilewska, *Creation stories of the Middle East* (Londres: Jessica Kingsley Publishers, 2000), p. 49.

28. E. O. James, *Creation and cosmology* (Leiden: E. J. Brill, 1969), p. 23.

29. Barbara C. Sproul, *Primal myths: Creating the world* (San Francisco: Harper & Row, 1979), p. 94.

30. Wayne Horowitz, *Mesopotamian cosmic geography* (Winona Lake, Ind.: Eisenbrauns, 1998), p. 112.

31. Ibid., pp. 112-4.

32. Ibid., pp. 114-6.

33. Anthony Aveni, *Conversing with the planets* (Nova York: Kodansha International, 1992), p. 53.

34. Horowitz, *Mesopotamian cosmic geography*, pp. 114-6.

35. Ibid., pp. 118-9.

36. Sproul, *Primal myths*, p. 91.

37. Ibid.

38. Aveni escreveu este e outros comentários diretamente no manuscrito entre 25/5 e 5/7/2001; tais comentários serão chamados daqui por diante de "comentários de Aveni".

39. James, *Creation and cosmology*, p. 21.

40. Aveni, *Conversing with the planets*, pp. 152, 51, 53, e Wasilewska, *Creation stories of the Middle East*, pp. 45, 46.

41. Wasilewska, *Creation stories of the Middle East*, pp. 45-50.

42. Ibid., p. 50.

43. Ibid.

44. Carl Sagan, *Cosmos* (Nova York: Ballantine Books, 1980), p. 213.

45. *The encyclopedia of religion*, ed. Mircea Eliade (Nova York: Macmillan, 1987), 4, p. 110.

46. Sagan, *Cosmos*, pp. 213, 214.

47. Aveni, *Conversing with the planets*, p. 152.

48. Sagan, *Cosmos*, p. 213.

49. Albert Schweitzer, *Indian thought and its development* (Nova York: Holt, 1936), p. 29.

50. D. M. Bose (ed.), *A concise history of science in India* (Nova Délhi: Indian National Science

Academy, 1971), pp. 458, 459; S. N. Dasgupta, *Yoga philosophy in relation to other systems of Indian thought* (Délhi: Motilal Banarsidass, 1930), p. 77.

51. Eliade (ed.), *Encyclopedia of religion*, 6, p. 348.
52. Greg Bailey, *The mythology of Brahma* (Nova York: Oxford University Press, 1983), pp. 10, 90.
53. Mircea Eliade, *The myth of the eternal return* (Nova York: Pantheon Books, 1949), p. 78.
54. Sproul, *Primal myths*, p. 181.
55. James, *Creation and cosmology*, p. 37.
56. Eliade, *The myth of the eternal return*, p. 78.
57. James, *Creation and cosmology*, p. 37.
58. Sproul, *Primal myths*, pp. 186, 187.
59. Ibid.
60. Ibid., p. 188.
61. Ibid., pp. 188, 198.
62. Schweitzer; *Indian thought and its development*, p. 30.
63. Ibid., p. 26.
64. Bailey, *The mythology of Brahma*, pp. 3-7.
65. Sproul, *Primal myths*, pp. 192-4.
66. Ibid., p. 336.
67. Ibid., pp. 330-58.
68. Alfred Gell, "Closure and multiplication: An essay on Polynesian cosmology and ritual", in Daniel De Coppet e André Iteanu (eds.), *Cosmos and society in Oceania* (Oxford: De Coppet, Berg, 1995), p. 21.
69. Ibid., p. 23.
70. Ibid., citando Teuira Henry, *Ancient Tahiti* (Honolulu: Bishop Museum Press, 1928).
71. Teuira Henry, *Ancient Tahiti*, citado em Sproul, *Primal myths*, pp. 350, 351.
72. Michael Kioni Dudley, *Man, gods, and nature: A Hawaiian nation* (Honolulu: Na Kane O Ka Malo Press, 1990), p. 10; David Malo, *Hawaiian antiquities*, trad. Nathaniel Emerson (Honolulu: Bishop Museum, 1951), pp. 9, 12.
73. Dudley, *Man, gods, and nature*, pp. 10, 11, 28.
74. Sproul, *Primal myths*, p. 331.
75. Ibid.
76. Dudley, *Man, gods, and nature*, p. 16.
77. Charles Long, *Alpha: The myths of creation* (Nova York: George Braziller, 1963), pp. 58, 59.
78. Dudley, *Man, gods, and nature*, p. 16.
79. Ibid., pp. 10, 15.
80. Sproul, *Primal myths*, pp. 338, 339.
81. Ibid., pp. 353-7.
82. Ibid.
83. Gell, "Closure and multiplication", p. 23.
84. Ibid.

85. Dennis Tedlock (trad.), *Popol vuh: The Mayan book of the dawn of life* (Nova York: Simon & Schuster, 1996), pp. 30, 63-4, 221.

86. Ibid., pp. 65, 66.

87. Ibid., pp. 31, 32.

88. Aveni, *Conversing with the planets*, p. 50.

89. Ibid.

90. Tedlock (trad.), *Popol vuh*, pp. 34, 36, 37.

91. Ibid., pp. 32, 67.

92. Ibid., p. 68.

93. Ibid., pp. 70-2.

94. Tedlock (trad.), *Popol vuh*, pp. 145-8.

95. Entrevista com Linda Schele feita por Kathleen McAuliffe para *Omni*, fev./1995, p. 103; Aveni, *Conversing with the planets*, p. 152.

96. Barbara Tedlock, *Time and the highland Maya* (Albuquerque: University of New Mexico Press, 1982), p. 181.

97. Entrevista com Schele, fev./1995.

98. Ibid.

99. B. Tedlock, *Time and the highland Maya*, p. 181.

100. D. Tedlock, *Popol vuh*, pp. 16, 72.

101. Ibid., pp. 16, 236.

102. Ibid., p. 237.

103. Aveni, *Conversing with the planets*, pp. 64-8.

104. Ibid., pp. 64-8.

105. Timothy Ferris, *Coming of age in the Milky Way* (Nova York: Morrow, 1988), pp. 19-20.

106. Kolb, *Blind watchers of the sky*, p. 291.

107. Duas entrevistas por telefone com Edward Harrison, maio e ago./1999.

108. Kolb, *Blind watchers of the sky*, p. 274.

109. Ibid., p. 272.

110. Ibid., p. 271.

111. Lederman, *The God particle*, pp. 253, 277.

112. Comentário de Aveni, jun./2001.

113. Na verdade, ninguém mede de fato quantas colisões ótimas ocorrem. Seiscentos é o número de quantos eventos ocorreram que produziram altos quarks, que são o que o Fermilab estava procurando. Os altos quarks são produzidos perto da energia máxima, mas muitos dos seiscentos eventos estavam sem dúvida abaixo desse nível.

114. Entrevistas com Henry Frisch, 29/11 e 5/12/2000.

115. A que Anthony Aveni diz: "Amém". Comentário de Aveni, jun./2001.

116. Helge Kragh, *Cosmology and controversy* (Princeton, N. J.: Princeton University Press, 1996), p. vi.

117. Christianson, *Edwin Hubble: Mariner of the nebulae*, pp. 340-1.

118. Eliot Marshall, "Science beyond the pale", *Science*, 6/7/1990, pp. 14-5.

119. George Smoot e Keay Davidson, *Wrinkles in time* (Nova York: Morrow, 1993), p. 9.

120. Quanto às palavras "como ver Deus", comentário de Barbara Sproul em carta ao autor datada de 17/4/2002: "Outro exemplo de teologia infantil".

5. FÍSICA [pp. 189-224]

1. David Park, professor emérito de física do Williams College, salienta (em carta ao autor datada de 18/10/2001) que o abismo entre teóricos e experimentadores é relativamente novo: "Como teórico na escola de pós-graduação, eu estava cercado por teóricos que sabiam tudo sobre os experimentos que eram relevantes para nosso trabalho, e fui por eles treinado. Não se faz um experimento em física das partículas sem muito trabalho teórico sobre os possíveis resultados". O autor replica que hoje grande parte dessa preparação teórica é realizada pelos próprios experimentadores. Roy Schwitters, experimentador que foi diretor do malfadado supercolisor supercondutor (SSC) no Texas, é um dos muitos que lamentam a falta de orientação teórica atualmente. Certa vez, perguntei a Alvin Tollestrup, experimentador do Fermilab, que papel os teóricos exerciam no laboratório. Ele apontou para uma sala com prateleiras de revistas empoeiradas e não lidas e disse: "Eles enchem todas aquelas revistas para nós".

2. Leon Lederman (com Dick Teresi), *The God particle* (Boston: Houghton Mifflin, 1993), p. 152.

3. Park, carta ao autor, 18/10/2001.

4. Ibid.

5. Park escreve, em carta ao autor datada de 18/10/2001: "Incomoda-me o modo como em geral se trata Aristóteles, como se ele não fosse muito inteligente. Se a gente o lê com cuidado, suas análises lógicas do que os outros filósofos dizem, bem como suas tentativas modestas de criar uma filosofia natural própria, percebe que se trata da mente mais inteligente que já encontrou. Os autores de física que fazem troça dele estão dizendo, para todos verem, nada mais do que 'não me preocupei em lê-lo'. O projeto de Aristóteles era descobrir um caminho para uma ciência que se pudesse ter certeza de que estava correta. Ele se refere com freqüência à 'ciência que estamos buscando', jamais a 'ei-la aqui'. É algo a ser construído, *à la* Euclides, passo a passo, por dedução lógica, a partir de premissas indubitáveis. Claro, o problema era encontrá-las. [...] O experimento nos leva a fazer conjecturas, talvez boas hipóteses, talvez exatamente certas, mas como se pode saber? Os cientistas modernos sabem que isso está bem correto, que, se verdade é o que se quer, é preciso procurar um teólogo, não um cientista, que tudo o que fazemos é lidar com graus variados de plausibilidade. Estamos acostumados com isso, faz parte de nossa metodologia, e levamos cerca de 2500 anos para aprendê-lo. (Quem consegue suportar uma maneira bastante empolada e germânica de dizer tudo isso pode ler o único filósofo moderno que a maioria dos cientistas modernos respeita, Karl Popper.)

"Quem quiser saber se Aristóteles era capaz de observar o que acontece de fato na natureza, que leia seus estudos de biologia, que são uma grande parcela de suas obras completas; são impressionantes. Ele talvez tenha sido o maior biólogo, certamente um dos melhores, que já existiu.

"Quanto à lei errada do movimento de Aristóteles, suba em sua bicicleta. Se quiser andar mais rápido, você pedala mais. Se parar de pedalar, ela pára logo e você cai. A coisa em relação aos movimentos naturais é menos insistente em Aristóteles do que nos medievais. Ele não tinha uma teoria do movimento (que para ele incluía todos os tipos de mudanças), a não ser o contato simples. Estava cercado por movimento; tinha de organizar seus pensamentos de alguma maneira. Chega.

"Não, tem mais. Um exemplo simples:

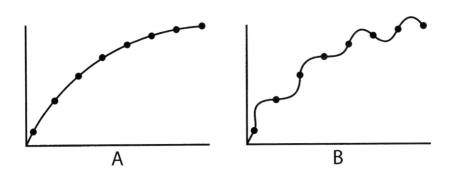

"Suponha que alguém pega alguns dados e desenha uma curva parabólica suave (a) ao longo deles e anuncia uma lei. Aristóteles diz que isso não é suficiente, nada ficou provado. Como a gente sabe que a curva não é (b)? Pegue todos os dados que quiser, sua curva parabólica é plausível e pode até estar correta, mas você nunca saberá. É logicamente impossível provar uma lei geral a partir de experiências específicas".

6. Steven Weinberg, *Dreams of a final theory* (Nova York: Pantheon Books, 1992), p. 7.
7. Lederman, *The God particle*, p. 1.
8. Ibid., p. 33.
9. David Park, *The fire within the eye: A historical essay on the nature and meaning of light* (Princeton, N. J.: Princeton University Press, 1997), p. 49.
10. Ibid., pp. 36, 37, 49.
11. Park, carta ao autor, 18/10/2001.
12. Ibid.
13. Colin A. Ronan e Joseph Needham, *The shorter science and civilization in China* (Cambridge: Cambridge University Press, 1981), 2, p. 327.
14. Ibid.
15. Joseph Needham, *Science and civilization in China*, v. 5: *Chemistry and chemical technology* (Cambridge: Cambridge University Press, 1976), p. 150.
16. Ibid., p. 149.
17. Ronan e Needham, *The shorter science*, 5, p. 348.
18. Ibid., p. 349.
19. Dai Nianzu, "Acoustics", in Institute of the History of Natural Sciences, Chinese Academy of Sciences (ed.), *Ancient China's technology and science* (Pequim: China Books & Periodicals, 1983), pp. 139, 140.
20. Ibid., p. 141.
21. Cheng-yih Chen, "The generation of chromatic scales in the Chinese bronze set-bells of

the fifth century", in Cheng-yih Chen (ed.), *Science and technology in Chinese civilization* (Cingapura: World Scientific, 1978), pp. 155, 157.

22. Ibid., p. 158.

23. Ibid., p. 160.

24. Cheng-yih Chen, "Acoustics", in Helaine Selin (ed.), *Encyclopaedia of the history of science, technology, and medicine in non-western cultures* (Norwell, Mass.: Kluwer Academic Publishers, 1997), p. 11.

25. Nianzu, "Acoustics", pp. 144, 145.

26. A. C. Graham, *Later Mohist logic, ethics and science* (Hong Kong: Chinese University Press, e Londres: School of Oriental and African Studies, 1978), p. 3.

27. Jing-Guang Wang, "Optics in China based on three ancient books", in Chen (ed.), *Science and technology in Chinese civilization*, p. 143.

28. Jin Qiupeng, "Optics", in *Ancient China's technology and science*, pp. 166, 167.

29. Ibid., p. 167.

30. A. C. Graham e Nathan Sivin, "A systematic approach to the Mohist optics", em Shigeru Nakayam and Nathan Sivin (eds.), *Chinese science: Explorations of an ancient tradition* (Cambridge, Mass.: MIT Press, 1973), p. 113.

31. Qiupeng, "Optics", p. 172.

32. Ibid., p. 174.

33. Wang, "Optics in China", p. 144.

34. Ibid., p. 145.

35. Ibid., p. 147.

36. Ibid., pp. 150-2. Ver também Qiupeng, "Optics", pp. 167-70.

37. Wang, "Optics in China", p. 152; Qiupeng, "Optics", pp. 167, 168, 170.

38. Wang, "Optics in China", p. 152.

39. Graham, *Later Mohist logic, ethics and science*, p. 387.

40. Dai Nianzu, "Mechanics", in *Ancient China's technology and science*, pp. 124, 126.

41. Ibid., pp. 126, 127.

42. Ibid., p. 127.

43. Graham, *Later Mohist logic, ethics and science*, p. 386.

44. Nianzu, "Mechanics", p. 129.

45. Graham, *Later Mohist logic, ethics and science*, p. 385.

46. Ibid., p. 396.

47. Ibid.

48. Entrevista coletiva do físico Victor Weisskopf no Fermilab, 14/3/1979.

49. Nianzu, "Mechanics", p. 130.

50. Ibid., p. 137.

51. Ronan e Needham, *The shorter science*, 5, pp. 340, 341.

52. Robert M. Hazen e James Trefil, *Science matters* (Nova York: Doubleday, 1991), p. 6.

53. Park, carta ao autor, 18/10/2001.

54. Zhang Yinzhi, "Mohist views of time and space: A brief analysis", em J. T. Fraser, N. Lawrence e E. C. Haber (eds.), *Time, science, and society in China and the west: The study of time* (Amherst: University of Massachusetts Press, 1986), pp. 207, 208.

55. Ibid.

56. D. M. Bose, S. N. Sen e B. V. Subbarayappa (eds.), *A concise history of science in India* (Nova Délhi: Indian National Science Academy, 1971), p. 448.

57. Ibid., p. 453.

58. Debiprasad Chattopdhyaya, *History of science and technology in ancient India* (Calcutá: Firma KLM PVT, 1991), p. 57.

59. Ibid.

60. Dick Teresi, resenha de *The pursuit of destiny*, de Paul Halpern, *The Wall Street Journal*, 10/1/2001.

61. Park, carta ao autor, 18/10/2001.

62. Bose, Sen e Subbarayappa (eds.), *A concise history of science in India*, pp. 455, 456.

63. Ibid., pp. 456, 457.

64. Ibid., pp. 458, 459; S. N. Dasgupta, *Yoga philosophy in relation to other systems of Indian thought* (Delhi: Motilal Banarsidass, 1930), p. 77.

65. Dasgupta, *Yoga philosophy*, pp. 24, 25.

66. Bose, Sen e Subbarayappa (eds.), *A concise history of science in India*, pp. 452, 453.

67. Mrinal Kanti Gangopadhyay, "The atomic hypothesis", in Chattopdhyaya, *History of science and technology* p. 289.

68. Bose, Sen e Subbarayappa (eds.), *A concise history of science in India*, pp. 448, 450, 451.

69. Ibid., pp. 463, 465.

70. John W. Hill e Doris K. Kolb, *Chemistry for changing times* (Upper Saddle River, N. J.: Prentice Hall, 1998), p. 37.

71. Bose, Sen e Subbarayappa (eds.), *A concise history of science in India*, p. 466.

72. N. L. Jain, "Chemical theories of the Jains", in Henry M. Leicester (ed.), *Chymia: Annual Studies in the History of Chemistry* (Filadélfia: University of Pennsylvania Press, 1966), 11, pp. 13, 14.

73. Ibid., pp. 13, 14.

74. Ibid., pp. 11-3.

75. Ibid., pp. 13, 14.

76. Ibid., pp. 14-6.

77. Hill and Kolb, *Chemistry for changing times*, p. 48.

78. Bose, Sen e Subbarayappa (eds.), *A concise history of science in India*, pp. 466, 467.

79. Gangopadhyay, in Chattopdhyaya, *History of science and technology*, p. 283.

80. Lederman, *The God particle*, p. 103.

81. Dick Teresi, "The last great experiment of the twentieth century", *Omni*, jan./1984, p. 46.

82. John Maxson Stillman, *The story of alchemy and early chemistry* (Nova York: Dover, 1960), pp. 105-11.

83. Jain, "Chemical theories of the Jains", pp. 14-6.

84. Bose, Sen e Subbarayappa (eds.), *A concise history of science in India*, p. 467.

85. Jain, "Chemical theories of the Jains", pp. 16-7.

86. Bose, Sen e Subbarayappa (eds.), *A concise history of science in India*, pp. 468, 469.

87. Ibid., p. 469.

88. Dasgupta, *Yoga philosophy*, pp. 73, 74.

89. Stillman, *The story of alchemy*, pp. 105-11.

90. Prapphulla Chandra Ray, *A history of Hindu chemistry from the earliest times to the middle of the sixteenth century A. D.* (Londres: Londres: Williams and Norgate, 1902-9), 1, pp. 7-9.

91. Ibid., pp. 7, 8

92. Jacques Duchesne-Guillemin, *Symbols and values in Zoroastrianism* (Nova York: Harper & Row, 1966), pp. 5-9.

93. Ibid., pp. 25, 26.

94. Ibid., p. 28.

95. Ibid., p. 17.

96. Park, *The fire within the eye*, p. 13.

97. Park, carta ao autor, 18/10/2001.

98. Park, *The fire within the eye*, pp. 23-5.

99. Arthur Zajonc, *Catching the light* (Nova York: Bantam Books, 1993), pp. 41, 42.

100. Ibid.

101. Duchesne-Guillemin, *Symbols and values*, p. 72.

102. Zajonc, *Catching the light*, pp. 42, 43.

103. Jean Kellens, *Essays on Zarathustra and Zoroastrianism*, trad. Prods Oktor Skjaervo (Costa Mesa, Ca.: Mazda Publishers, 2000), pp. 48, 49.

104. Zajonc, *Catching the light*, pp. 42, 43.

105. Duchesne-Guillemin, *Symbols and values*, p. 65.

106. Park, *The fire within the eye*, p. 24.

107. Zajonc, *Catching the light*, p. 48.

108. Ibid., pp. 48, 49.

109. Ibid., pp. 53, 54.

110. Park, carta ao autor, 18/10/2001.

111. Park, *The fire within the eye*, p. 73.

112. Park, carta ao autor, 18/10/2001.

113. Alfred L. Ivry, "Al-Kindi's *On first philosophy* and Aristotle's *Metaphysics*", in George F. Hourani (ed.), *Essays on Islamic philosophy and science* (Albany: State University Press of New York, 1975), p. 15.

114. Ibid., p. 18.

115. Park, carta ao autor, 18/10/2001.

116. Park, *The fire within the eye*, pp. 73-5.

117. Saleh Beshara Omar, *Ibn al-Haytham's optics: A study of the origins of experimental science* (Chicago: Bibliotheca Islamica, 1977), pp. 20-37.

118. Park, *The fire within the eye*, pp. 73-5.

119. Ibid., pp. 76, 77.

120. John D. Cutnell e Kenneth W. Johnson, *Physics* (Nova York: Wiley, 1995), pp. 817, 818.

121. Park, *The fire within the eye*, pp. 76, 77.

122. Ibid., p. 77.

123. Seyyed Hossein Nasr, *Science and civilization in Islam* (Cambridge, Mass.: Harvard University Press, 1968), pp. 130, 131.

124. Ornar, *Ibn al-Haytham's optics*, pp. 67, 69.

125. Nasr, *Science and civilization*, p. 129.
126. Ibid.
127. Park, *The fire within the eye*, pp. 77, 78.
128. Ibid., p. 80.
129. Ibid., p. 84.
130. Ibid., pp. 80-2.
131. Contribuição do conceito feita pelo matemático Robert Kaplan (durante entrevista ao autor, 1/1/2000).
132. C. A. Qadir, *Philosophy and science in the Islamic world* (Croom Helm: Londres, 1988), pp. 141-3.
133. Nasr, *Science and civilization*, p. 130.
134. Qadir, *Philosophy and science*, pp. 42, 43.
135. Alnoor Dhanani, "Atomism in Islamic thought", in Helaine Selin (ed.), *Encyclopaedia of the history of science, technology, and medicine in non-western cultures*, pp. 139, 140.
136. Timothy McGrew, "Physics in the Islamic world", em Helaine Selin (ed.), *Encyclopaedia of the history of science, technology, and medicine in non-western cultures*, p. 820.
137. Shlomo Pines, *Studies in Arabic versions of Greek texts and in medieval science* (Jerusalém: Magnes Press, Hebrew University, 1986), pp. 192, 193.
138. Max Jammer, *Concepts of space: The history of theories of space in physics* (Nova York: Dover, 1954), pp. 63, 65.
139. Qadir, *Philosophy and science*, p. 67.
140. Jammer, *Concepts of space*, p. 63.
141. Ibid., pp. 63, 64.
142. Ibid., p. 64.
143. Qadir, *Philosophy and science*, p. 67.
144. Seyyed Hossein Nasr, *An introduction to Islamic cosmological doctrines* (Cambridge, Mass.: Harvard University Press, 1964), p. 64.
145. Jammer, *Concepts of space*, pp. 91, 92.
146. Ibid., pp. 64, 65.
147. Pines, *Studies in Arabic versions of Greek texts and in medieval science*, pp. 356, 357.
148. Marshall Clagett, *The science of mechanics in the Middle Ages* (Madison: University of Wisconsin Press, 1959), pp. 511-3.
149. Pines, *Studies in Arabic versions of Greek texts and in medieval science*, pp. 356, 357.

6. GEOLOGIA [pp. 225-69]

1. Kenneth F. Weaver, "The search for our ancestors", *National Geographic* 168, nov./1985, p. 616.
2. Gordon Childe, "The prehistory of science: Archaeological documents", in Guy S. Metraux e François Crouzet (eds.), *The evolution of science: Readings from the history of mankind* (Nova York: New American Library, Mentor Books, 1963), pp. 39-40.
3. Ibid.

4. Weaver, "Search for our ancestors", p. 616.

5. Childe, "Prehistory of science", pp. 39, 40.

6. Ibid., p. 72.

7. V. V. Tikhomirov, "The development of the geological sciences in the USSR from ancient times to the middle of the nineteenth century", in Cecil J. Schneer (ed.), *Toward a history of geology: Proceedings of the New Hampshire Inter-Disciplinary Conference on the History of Geology, Sept. 7-12, 1967* (Cambridge, Mass.: MIT Press, 1969), pp. 357-9.

8. Childe, "Prehistory of science", pp. 66, 67.

9. Debiprasad Chattopadhyaya, *History of science and technology in ancient India: The beginnings* (Calcutá: Firm KLM, 1986), pp. 316, 317.

10. Tikhomirov, "Development of the geological sciences in the USSR", pp. 357-9.

11. R. Campbell Thompson, *A dictionary of Assyrian chemistry and geology* (Oxford: Clarendon Press, 1936), pp. xix, xx.

12. Samuel Noah Kramer, *The Sumerians: Their history, culture, and character* (Chicago: University of Chicago Press, 1963), p. 103.

13. H. J. J. Winter, *Eastern science: An outline of its scope and contribution* (Westport, Conn.: Greenwood Press, 1952, reimpressão ed., 1985), pp. 5, 6.

14. Kramer, *The Sumerians*, p. 90.

15. A. Leo Oppenheim, *Ancient Mesopotamia: Portrait of a dead civilization* (Chicago: University of Chicago Press, 1977), p. 247.

16. R. Campbell Thompson, *A dictionary of Assyrian chemistry and geology*, pp. xix, xx.

17. Ibid., pp. 200-5.

18. Ibid., pp. xxxvi, xxxvii.

19. Ibid., p. xxi.

20. Oppenheim, *Ancient Mesopotamia*, pp. 41, 42, 84.

21. S. Terry Childs, "Metallurgy in Africa", in Helaine Selin (ed.), *Encyclopaedia of the history of science, technology, and medicine in non-western cultures* (Norwell, Mass.: Kluwer Academic Publishers, 1997), p. 721.

22. Winter, *Eastern science*, p. 14.

23. Childe, "Prehistory of science", p. 721.

24. Marshall Clagett, *Ancient Egyptian science: A source book* (Filadélfia: American Philosophical Society, 1989), pp. 49, 50.

25. Ibid., pp. 68, 69.

26. Ibid., p. 109.

27. Ibid., pp. 109-13.

28. Ibid., pp. 237-41.

29. Ibid., pp. xi, xii.

30. Ibid., pp. 247, 248; p. 28.

31. Chattopadhyaya, *History of science and technology in ancient India*, pp. 70-2.

32. Winter, *Eastern science*, p. 16.

33. D. M. Bose, S. N. Sen e B. V. Subbarayappa (eds.), *A concise history of science in India* (Nova Délhi: Indian National Science Academy, 1971), p. 570.

34. Chattopadhyaya, *History of science and technology in ancient India*, pp. 295, 296.

35. R. C. Majumdar, "Scientific spirit in ancient India", in Metraux e Crouzet (eds.), *Evolution of science*, p. 85.

36. Chattopadhyaya, *History of science and technology in ancient India*, p. 330.

37. Bose, Sen e Subbarayappa (eds.), *A concise history of science in India*, p. 280.

38. Ibid., p. 290.

39. Majumdar, "Scientific spirit in ancient India", p. 85.

40. Bose, Sen e Subbarayappa (eds.), *A concise history of science in India*, pp. 299, 300.

41. S. Warren Carey, *Theories of the earth and universe: A history of dogma in the earth sciences* (Stanford, Calif.: Stanford University Press, 1988), p. 338.

42. Susan J. Thompson, *A chronology of geological thinking from antiquity to 1899* (Metuchen, N. J.: Scarecrow Press, 1988), p. 1.

43. Bose, Sen e Subbarayappa (eds.), *A concise history of science in India*, p. 450.

44. K. S. Murty, "History of geoscience information in India", in Anthony P. Harvey e Judith A. Diment (eds.), *Geoscience information: A state-of-the-art review: Proceedings of the First International Conference of Geological Information, London, 10-12 April, 1978* (Heathfield, Inglaterra: Broad Oak Press, 1979), p. 51.

45. Chattopadhyaya, *History of science and technology in ancient India*, p. 278.

46. Ibid., pp. 295, 296.

47. Carey, *Theories of the Earth and universe*, p. 14.

48. Thompson, *Chronology of geological thinking*, p. 1.

49. Carey, *Theories of the Earth and universe*, pp. 16, 17.

50. Winter, *Eastern science*, pp. 37-40.

51. Ashok K. Dutt, "Geography in India", in Selin (ed.), *Encyclopaedia of the history of science, technology, and medicine in non-western cultures*, p. 353.

52. Lin Wenzhao, "Magnetism and the compass", in Institute of the History of Natural Sciences (ed.), *Ancient China's technology and science* (Pequim: China Books & Periodicals, 1983), pp. 160, 161.

53. Tong B. Tang, *Science and technology in China* (Londres: Longman, 1984), Introdução e cap. 7; Joseph Needham, *Science and civilization in China* (Cambridge: Cambridge University Press, 1976), 2, p. 295.

54. Ibid., p. 323; Yang Wenheng, "Rocks, mineralogy and mining", in Institute of the History of Natural Sciences (ed.), *Ancient China's technology and science*, p. 262.

55. Tang, *Science and technology*, Introdução e cap. 6.

56. Wenheng, "Rocks, mineralogy and mining", p. 259.

57. Needham, *Science and civilization in China*, 2, pp. 306, 307.

58. Ibid., pp. 307, 308.

59. Ibid., p. 299.

60. Ibid., p. 296.

61. Carey, *Theories of the Earth and universe*, p. 35.

62. Needham, *Science and civilization in China*, 2, p. 297.

63. Carey, *Theories of the Earth and universe*, p. 35.

64. Frank Dawson Adams, *The birth and development of the geological sciences* (Baltimore: Williams & Wilkins, 1938), p. 12.

65. Needham, *Science and civilization in China*, 2, p. 292.
66. Tang, *Science and technology*, Introdução e cap. 5.
67. Tang Xiren, "Earthquake forecasting, precautions against earthquakes and anti-seismic measures", in Institute of the History of Natural Sciences (ed.), *Ancient China's technology and science*, p. 273.
68. Needham, *Science and civilization in China*, 2, p. 301.
69. Tang, *Science and technology*, Introdução e cap. 5.
70. Needham, *Science and civilization in China*, 2, p. 301.
71. Ibid., pp. 301, 302.
72. Ibid., pp. 302 ss.
73. Edward J. Tarbuck e Frederick K. Lutgens, *Earth: An introduction to physycal geology*, 5ª ed. (Upper Saddle River, N. J.: Prentice Hall, 1996), p. 381.
74. Needham, *Science and civilization in China*, 3, p. 3.
75. Wen-yuan Qian, *The great inertia: Scientific stagnation in traditional China* (Londres: Croom Helm, 1985), pp. 78, 79.
76. Lin Wenzhao, "Magnetism and the compass", in Institute of the History of Natural Sciences (ed.), *Ancient China's technology and science*, p. 153.
77. Kiyosi Yabuuti, "Sciences in China from the fourth to the end of the twelfth century", in Metraux e François Crouzet (eds.), *The evolution of science*, pp. 126, 127.
78. Carey, *Theories of the Earth and universe*, p. 27.
79. Ibid.
80. Needham, *Science and civilization in China*, 3, p. 11.
81. Ibid., pp. 9, 10; Wenzhao, "Magnetism and the compass", p. 154.
82. Yabuuti, "Sciences in China", pp. 126, 127.
83. Needham, *Science and civilization in China*, 3, pp. 14, 15.
84. Carey, *Theories of the Earth and universe*, p. 15.
85. Needham, *Science and civilization in China*, 2, p. 238.
86. Ibid., pp. 238-41.
87. Tang, *Science and technology*, Introdução e cap. 5.
88. Needham, *Science and civilization in China*, 2, p. 245.
89. Ibid., pp. 261, 262.
90. Ibid., pp. 224-5.
91. Ibid.
92. Ibid., p. 231.
93. J. M. Millas-Vallicrosa, "Translations of oriental scientific works", in Metraux e François Crouzet (eds.), *The evolution of science*, p. 128.
94. Ibid., p. 130.
95. Abdul Latif Samian, "Al-Biruni", in Selin (ed.), *Encyclopaedia of the history of science, technology, and medicine in non-western cultures*, p. 157.
96. Winter, *Eastern science*, p. 71; Seyyed Hossein Nasr, *Science and civilization in Islam* (Cambridge, Mass.: Harvard University Press, 1968), p. 231.
97. Medhi Aminrazavi, "Ibn Sina", in Selin (ed.), *Encyclopaedia of the history of science, technology, and medicine in non-western cultures*, p. 434.

98. Adams, *Birth and development of the geological sciences*, p. 19. Ver também Winter, *Eastern science*, p. 72.

99. Tikhomirov, "Development of the geological sciences in the USSR", pp. 361, 362.

100. Ibid., p. 360.

101. R. J. Forbes, *Studies in early petroleum history* (Leiden, Países Baixos: E. J. Brill, 1958), pp. 154, 155.

102. Nasr, *Science and civilization in Islam*, pp. 152, 153; Winter, *Eastern science*, p. 69.

103. W. C. Krumbein e L. L. Sloss, *Stratigraphy and sedimentation* (San Francisco: Freeman, 1951).

104. Winter, *Eastern science*, p. 71.

105. Nasr, *Science and civilization in Islam*, p. 114.

106. Ibid., pp. 115, 116.

107. Tikhomirov, "Development of the geological sciences in the USSR", pp. 360, 361.

108. Adams, *Birth and development of the geological sciences*, pp. 333-5, citação de uma tradução.

109. Tarbuck e Lutgens, *Earth*, p. 116.

110. E. J. Homeyard e D. C. Mandeville (eds. e trad.), *Avicenne de congelatione et conglutinatione lapidum: Being sections of the Kitab al-Shifa* (Paris: Librairie Orientaliste Paul Geuthner), pp. 20, 22.

111. S. Thompson, *Chronology of geological thinking*, p. 15; também em Winter, *Eastern science*, p. 69.

112. Tarbuck e Lutgens, *Earth*, p. 266.

113. Ibid., p. 142.

114. Tikhomirov, "Development of the geological sciences in the USSR", p. 360.

115. Adams, *Birth and development of the geological sciences*, p. 254.

116. S. Thompson, *Chronology of geological thinking*, p. 16.

117. Adams, *Birth and development of the geological sciences*, pp. 333-5, citação de uma tradução.

118. Arthur N. Strahler e Alan H. Strahler, *Modern physical geography* (Nova York: Wiley, 1978), p. 291.

119. Citado em Frank Dawson Adams, *The birth and development of the geological sciences* (Baltimore: William & Wilkins, 1938), pp. 333-5, citação de uma tradução.

120. Tarbuck e Lutgens, *Earth*, p. 132.

121. Ibid., p. 146.

122. Tikhomirov, "Development of the geological sciences in the USSR", pp. 359, 360.

123. Ibid., p. 361.

124. Nasr, *Science and civilization in Islam*, pp. 99, 101.

125. Ibid., p. 98.

126. Ibid., p. 106.

127. Strahler e Strahler, *Modern physical geography*, pp. 4, 5; ver também Carey, *Theories of the Earth and universe*, p. 15.

128. Nasr, *Science and civilization in Islam*, pp. 107, 108.

129. K. V. Sarma, "Varahamihira", in Selin (ed.), *Encyclopaedia of the history of science, technology, and medicine in non-western cultures*, pp. 999, 1000.

130. S. Thompson, *Chronology of geological thinking*, pp. 13, 14.

131. Ibid., pp. 13, 14.

132. K. S. Murty, "History of geoscience information in India", p. 52.

133. Needham, *Science and civilization in China*, 2, pp. 306, 307.

134. Sheila Seaman, professora adjunta de geologia da Universidade de Massachusetts em Amherst, numa carta ao autor, outono/2001.

135. Tong B. Tang, *Science and technology in China*, Introdução e cap. 6.

136. Wenzhao, "Magnetism and the compass", p. 263.

137. Seaman, carta ao autor, outono/2001.

138. Needham, *Science and civilization in China*, 2, p. 291.

139. Ibid., p. 299.

140. Carey, *Theories of the Earth and universe*, p. 35; Winter, *Eastern science*, p. 13; Needham, *Science and civilization in China*, 2, p. 299; Seaman, carta ao autor, outono/2001.

141. Needham, *Science and civilization in China*, 2, p. 299.

142. Ibid., pp. 292-3.

143. Seaman, carta ao autor, outono/2001; Needham, *Science and civilization in China*, 2, pp. 290-2.

144. Ibid., p. 267, pp. 226-7.

145. Tang, *Science and technology*, Introdução e cap. 5; Needham, *Science and civilization in China*, 2, p. 236.

146. Ibid., pp. 233-5.

147. Ibid., p. 236.

148. Dava Sobel, *Galileo's daughter* (Nova York: Walker, 1999), pp. 74-6. [Edição brasileira: *A filha de Galileu*. São Paulo: Companhia das Letras, 2000.]

149. Tarbuck e Lutgens, *Earth*, p. 123.

150. G. Milne, "Normal erosion as a factor in soil profile development", [carta] *Nature*, 26/9/1936, pp. 548-9.

151. Paul Richards, "Agriculture in Africa", in Selin (ed.), *Encyclopaedia of the history of science, technology, and medicine in non-western cultures*, p. 15.

152. Gary A. Wright, *People of the high country: Jackson Hole before the settlers* (Nova York: Peter Lang, 1984), pp. 12-8.

153. Ibid., p. 46.

154. Barry Holstun Lopez, *Giving birth to thunder, sleeping with his daughter: Coyote builds North America* (Nova York: Avon Books, 1977), pp. 9, 10.

155. Joseph Weixelman, "The power to evoke wonder: Native Americans and the geysers of Yellowstone National Park", Merrill G. Burlingame Special Collections, Montana State University, Bozeman, 19/7/1992, p. 21.

156. Seaman, carta ao autor, outono/2001.

157. Leslie B. Davis, Stephen A. Aaberg, James G. Schmitt e Ann M. Johnson, *The obsidian cliff plateau prehistoric lithic source, Yellowstone National Park, Wyoming*, seleções de Division of Cultural Resources nº 6, Rocky Mountain Region, National Park Service, Denver, Colorado, 1995.

158. Richard Erodes e Alfonso Ortiz (eds.), *American Indian trickster tales* (Nova York: Viking, 1998), pp. 23-4.

159. William R. Gray, "The northwest", in Robert L. Breeden (ed.), *America's majestic canyons* (Washington, D. C.: National Geographic Society, 1979), p. 26.

160. Weixelman, "The power to evoke wonder", p. 37.

161. Ibid., pp. 51, 52.

162. Roman Pina Chan, *The Olmec: Mother culture of Mesoamerica*, ed. Laura Laurencich Minelli (Nova York: Rizzoli, 1989), p. 70.

163. Ibid., p. 46.

164. Joyce Marcus e Kent V. Flannery, *Zapotec civilization: How urban society evolved in Mexico's Oaxaca valley* (Nova York: Thames and Hudson, 1996), pp. 96, 97, 101-3, 109, 110.

165. Warwick Bray, John L. Sorenson e James R. Moriarty III, *Metallurgy in ancient Mexico* (Greeley, Colo.: University of Northern Colorado, Museum of Anthropology, 1982), p. 17.

166. Dorothy Hosler, *The sounds and colours of power* (Cambridge, Mass.: MIT Press, 1994), pp. 13-6.

167. Bray, Sorenson e Moriarty, *Metallurgy in ancient Mexico*, p. 2.

168. Ibid., p. 5.

169. Dennis Tedlock (trad.), *Popol vuh: The Mayan book of the dawn of life and the glories of gods and kings* (Nova York: Simon & Schuster, 1996), p. 224.

170. D. G. A. Whitten, com J. R. V. Brooks, *The Penguin dictionary of geology* (Nova York: Penguin Books, 1972).

171. Jacques Soustell, *Daily life of the Aztecs: On the eve of Spanish conquest*, trad. Patrick O'Brian (Stanford, Calif.: Stanford University Press, 1961), p. xv.

172. Ibid., p. xix.

173. Bernardino de Sahagún, *Florentine Codex: General history of the things of New Spain*, Livro 11: *Earthly things*, trad. Charles Dibble e Arthur Anderson (Santa Fé, N. M.: School of American Research/University of Utah, 1963), nº 14, pt. XII, p. 229.

174. Ibid., p. 222.

175. Barbara J. Williams, "Pictorial representation of soils in the Valley of Mexico: Evidence from the Codex Vergara", in William V. Davidson e James J. Parsons (eds.), *Geoscience and man*, vol. 21: *Historical geography of Latin American* (Baton Rouge: Louisiana State University Press, 1980), p. 60.

176. Sahagún, *Florentine Codex* nº 14, pt. XII, p. 247.

177. David Freidel, Linda Schele e Joy Parker, *Maya cosmos: Three thousand years on the shaman's path* (Nova York: Morrow, 1993), pp. 132-5.

178. Ibid., pp. 135, 139.

179. J. Eric Thompson, *Maya history and religion* (Norman, Okla.: University of Oklahoma Press, 1970), pp. 183, 184, 245.

180. Marcus e Flannery, *Zapotec civilization*, p. 95.

181. Tedlock, *Popol Vuh*, pp. 240, 241.

182. Ibid., p. 77.

183. Ibid., p. 241.

184. John B. Carlson, "Lodestone compass: Chinese or Olmec primacy?", *Science*, 5/9/1975, p. 753.

185. Ibid., p. 758.

186. Vincent H. Malmstrom, "Knowledge of magnetism in pre-Columbian Mesoamerica", *Nature*, 5/2/1976, pp. 390-1.

187. Tedlock, *Popol Vuh*, p. 220.

188. Bray, Sorenson e Moriarty, *Metallurgy in ancient Mexico*, p. 6.

189. Ibid., pp. 7, 8.

190. Salvador Palomino, "Three times, three spaces in cosmos Quechua", in Inter Press Service (comp.), *Story Earth: Native voices on the environment* (San Francisco: Mercury House, 1993), p. 59.

191. Francisco de Ávila (comp.), *The Huarochirí Manuscript: A testament of ancient and colonial Andean religion*, trad. Frank Salomon e George L. Urioste (Austin: University of Texas Press, 1991), p. 15.

192. William Sullivan, *The secret of the Incas: Myth, astronomy, and the war against time* (Nova York: Crown, 1996), pp. 23, 303.

193. Ávila, *The Huarochirí Manuscript*, p. 15.

194. Gary Urton, *At the crossroads of the Earth and the sky: An Andean cosmology* (Austin: University of Texas Press, 1981), p. 64.

195. Ibid., pp. 88, 89.

196. Ávila, *The Huarochirí Manuscript*, p. 15.

197. Ibid., pp. 140, 141 (sec. 422-30) e anotações.

198. Ibid., pp. 141, 142 (sec. 431-6) e anotações.

199. Sullivan, *Secret of the Incas*, pp. 233, 234.

200. Ibid.

201. J. Eric Thompson, *Maya history and religion*, pp. 262-3.

202. Tarbuck e Lutgens, *Earth*, pp. 383, 384.

203. Sullivan, *Secret of the Incas*, p. 303.

204. Loren McIntyre, "Lost empire of the Incas", *National Geographic* 144, dez./1973, p. 757.

205. Sonia P. Juvik e James O. Juvik (eds.), *Atlas of Hawaii* (Honolulu: University of Hawaii Press, 1998), pp. 161-2.

206. David Malo, *Hawaiian antiquities* (*Moolelo Hawaii*), trad. Nathaniel B. Emerson (Honolulu: Bernice P. Bishop Museum, 1951), p. 2.

207. Ibid., pp. 19, 20.

208. Ibid., pp. 2, 3.

209. Michael Kioni Dudley, *A Hawaiian nation: Man, gods, and nature* (Honolulu: Na Kane O Ka Malo Press, 1990), pp. 10, 11.

210. Malo, *Hawaiian antiquities*, p. 132.

211. Seaman, carta ao autor, outono/2001.

212. Ibid.

213. Dudley, *A Hawaiian nation*, p. 11.

214. Malo, *Hawaiian antiquities*, p. 2.

215. Nathaniel B. Emerson, *Pele and Hiiaka: A myth from Hawaii* (Honolulu: 'Al Pohaku Press, 1915), pp. 213, 214.

216. Ibid., pp. 215-24.

217. Seaman, carta ao autor, outono/2001.

218. Dudley, *A Hawaiian nation*, pp. 20-5.

219. Ibid., pp. 15-9.

220. Nancy Hudson-Rodd, "Geographical knowledge", in Selin (ed.), *Encyclopaedia of the history of science, technology, and medicine in non-western cultures*, p. 349.

221. Stanley Breeden, "The first Australians", e Joseph Judge, "Child of Goodwana", *National Geographic* 173, fev./1988, pp. 176, 177, 270, 274, 280.

222. David Suzuki e Peter Knudtson, *Wisdom of the elders: Sacred native stories of nature* (Nova York: Bantam Books, 1992), p. 173.

223. Damien Arabagali, conforme contado a Herbert Paulzen, "They trampled on our taboos", in Inter Press Service (comp.), *Story Earth*, pp. 80, 81.

224. Tarbuck e Lutgens, *Earth*, p. 540.

7. QUÍMICA [pp. 270-312]

1. Leon Lederman (com Dick Teresi), *The God particle* (Boston: Houghton Mifflin, 1993), pp. 108-10.

2. Wang Kuike, "Alchemy in ancient China", in Institute of the History of Natural Sciences, Chinese Academy of Sciences (eds.), *Ancient China's technology and science* (Pequim: China Books & Periodicals, 1983), pp. 214, 215.

3. Ralph E. Lapp, *Matter*, série LIFE Science Library (Nova York: Time Inc., 1963), p. 33; John W. Hill e Doris K. Kolb, *Chemistry for changing times* (Upper Saddle River, N. J.: Prentice Hall, 1998), p. 34.

4. H. J. J. Winter, *Eastern science: An outline of its scope and contribution* (Westport, Conn.: Greenwood Press, 1952, cd. reimpressão, 1985), p. 24.

5. Ibid.

6. Burton Feldman, *The Nobel prize* (Nova York: Arcade Publishing, 2000), pp. 207, 235.

7. *Dictionary of scientific biography*; e Lederman, *The God particle*, pp. 182-4.

8. Feldman, *The Nobel prize*, p. 134.

9. Ibid., p. 135.

10. Emilio Segre, *Enrico Fermi, physicist* (Chicago: University of Chicago Press, 1970), pp. 98-9.

11. Feldman, *The Nobel prize*, p. 162.

12. Eduard Farber, *The evolution of chemistry* (Nova York: Ronald Press, 1952), p. 15.

13. A. Leo Oppenheim, *Ancient Mesopotamia: Portrait of a dead civilization* (Chicago: Chicago University Press, 1977), p. 321.

14. John Read, *Prelude to chemistry* (Nova York: Macmillan, 1937), p. xxi.

15. Ibid., p. 2 (citado de M. A. Atwood).

16. Ibid., pp. 6, 9.

17. Ibid., p. 4.

18. Arthur Greenberg, *A chemical history tour* (Nova York: Wiley-Interscience, 2000), p. 43.

19. Edward Bruce Bynum, *The African unconscious: Roots of ancient mysticism and modern psychology* (Nova York: Teachers College Press, 1999), pp. 37, 38.

20. John Maxson Stillman, *The story of alchemy and early chemistry* (Nova York: Dover, 1960), p. 137.

21. Ibid., p. 135.

22. Farber, *The evolution of chemistry*, p. 16.

23. Ibid., pp. 16, 17.

24. Read, *Prelude to chemistry*, pp. 14-6; Farber, *The evolution of chemistry*, pp. 33-5.

25. Ibid.

26. Will Durant, *The story of civilization*, vol. 1: *Our oriental heritage* (Nova York: Simon & Schuster, 1953), p. 150.

27. R. Campbell Thompson, *A dictionary of Assyrian chemistry and geology* (Oxford: Clarendon Press, 1936), p. xxx.

28. R. J. Forbes, *Studies in ancient technology* (Leiden: E. J. Brill, 1965), 3, p. 181.

29. Cathy Cobb e Harold Goldwhite, *Creations of fire: Chemistry's lively history from alchemy to the atomic age* (Nova York: Plenum Press, 1995), p. 15.

30. Ibid.

31. David Malo, *Hawaiian antiquities*, trad. Nathaniel B. Emerson (Honolulu: Bernice B. Bishop Museum, 1951), p. 97.

32. Marshall Clagett, *Ancient Egyptian science: A source book* (Filadélfia: American Philosophical Society, 1989), 1, pp. 229-34.

33. Stillman, *The story of alchemy*, pp. 6-8.

34. Cobb e Goldwhite, *Creations of fire*, p. 7.

35. Stillman, *The story of alchemy*, pp. 78-9.

36. Ibid., p. 81.

37. Ibid., p. 82.

38. Ibid., pp. 87-98.

39. Citado em Forbes, *Studies in ancient technology*, 3, p. 2.

40. Ibid., pp. 6, 7-10, 11.

41. Ibid., p. 15.

42. Ibid., pp. 6, 7.

43. Hill e Kolb, *Chemistry for changing times*, p. 496.

44. Forbes, *Studies in ancient technology*, 3, p. 183.

45. Stillman, *The story of alchemy*, p. 95.

46. Cobb e Goldwhite, *Creations of fire*, p. 13.

47. Stillman, *The story of alchemy*, pp. 94-7.

48. Farber, *The evolution of chemistry*, p. 19.

49. Giovanni Curatola, *The Simon and Schuster book of oriental carpets* (Nova York: Simon and Schuster, 1981), p. 17.

50. Forbes, *Studies in ancient technology*, 4, p. 110.

51. Stillman, *The story of alchemy*, p. 86.

52. John S. Mbiti, *An introduction to African religion* (Londres: Heinemann, 1975), p. 17.

53. J. Olumide Lucas, *The religion of the Yorubas* (Brooklyn, N. Y.: Athelia Henrietta Press, 1996), pp. 235, 349-54.

54. Rose Egbinládé Sakey-Milligan, sacerdotisa da religião ifá-òrisà, comunicação pessoal ao autor, 12/11/2000.

55. Afolabi A. Epega e Philip John Neimark, *The sacred ifa oracle* (Brooklyn, N. Y.: Athelia Henrietta Press, 1995), p. xvi.

56. M. J. Field, *Religion and medicine of the Ga people* (Nova York: Oxford University Press, 1961), p. 111.

57. Gloria Thomas-Emeagwali, "Textile technology in Nigeria in the nineteenth and early twentieth centuries", in Gloria Thomas-Emeagwali, (ed.), *African systems of science, technology, and art: The Nigerian experience* (Londres: Arnak House, 1993), pp. 25, 26, 133.

58. Ibid., p. 26.

59. Okedji Moyo, "The mythic mechanics: Art and technology in western Nigeria", in Thomas-Emeagwali, *African systems*, p. 110.

60. Thomas-Emeagwali, "Textile technology in Nigeria", p. 26.

61. Curatola, *The Simon and Schuster book of oriental carpets*, p. 18.

62. Richard Okagbue, "The scientific basis of traditional food processing in Nigerian communities", in Thomas-Emeagwali, *African systems*, p. 66.

63. Ibid., pp. 69-72.

64. John Mann, *Murder, magic, and medicine* (Nova York: Oxford University Press, 1992), p. 48.

65. Peter Holmes, *The energetics of western herbs: Integrating western and oriental herbal medicine traditions* (Boulder, Colo.: Artemis, 1989), 1, pp. 21-4. Hoje em dia a medicina ocidental está incorporando cada vez mais algumas das abordagens holísticas da medicina oriental, sobretudo a acupuntura chinesa; a medicina ocidental sempre foi extremamente eficaz em curar problemas agudos e identificáveis, mas menos bem-sucedida com as queixas complexas, vagas ou crônicas.

66. Field, *Religion and medicine of the Ga people*, p. 131.

67. Ibid., pp. 114, 115.

68. Ibid., p. 121.

69. Ibid., p. 125.

70. Malidoma Patrice Some, *Of water and the spirit* (Nova York: Penguin, 1994), p. 263.

71. Hill e Kolb, *Chemistry for changing times*, p. 227.

72. Jeremy Narby, *The cosmic serpent: DNA and the origins of knowledge* (Nova York: Tarcher/Putnam, 1998), pp. 114, 195.

73. Citado em ibid., p. 195, de W. I. B. Beveridge, "The art of scientific investigation" (1950).

74. Mann, *Murder, magic, and medicine*, pp. 58, 62.

75. Ibid., pp. 31-5.

76. Hill e Kolb, *Chemistry for changing times*, p. 329.

77. Campbell Thompson, *A dictionary of Assyrian chemistry and geology*, p. xvi.

78. Forbes, *Studies in ancient technology*, 1, pp. 131, 132.

79. Lucas, *The religion of the Yorubas*, p. 239.

80. Campbell Thompson, *A dictionary of Assyrian chemistry and geology*, pp. xi, xii.

81. Forbes, *Studies in ancient technology*, 1, p. 128.

82. Lederman, *The God particle*, p. 108.

83. Campbell Thompson, *A dictionary of Assyrian chemistry and geology*, pp. 140, 141.

84. Forbes, *Studies in ancient technology*, 3, p. 219.

85. Campbell Thompson, *A dictionary of Assyrian chemistry and geology*, pp. 102, xxxii, xxxiii.

86. R. J. Forbes, *A short history of the art of distillation* (Leiden: E. J. Brill, 1970), pp. 1-16.

87. Forbes, *Studies in ancient Technology*, 5:120.

88. Ibid., pp. 120, 131, 132.

89. Hill e Kolb, *Chemistry for changing times*, p. 282.

90. A. Leo Oppenheim, *Ancient Mesopotamia: Portrait of a dead civilization* (Chicago: University of Chicago Press, 1977), p. 231.

91. Campbell Thompson, *A dictionary of Assyrian chemistry and geology*, p. xxiii.

92. Farber, *The evolution of chemistry*, p. 21.

93. Forbes, *Studies in ancient technology*, 5, pp. 135, 136.

94. Ibid., pp. 136, 138.

95. H. Moore, "Reproductions of an ancient Babylonian glaze", *Iraq* 10 (1948), citado em Forbes, *Studies in ancient technology*, 5, p. 136.

96. Campbell Thompson, *A dictionary of Assyrian chemistry and geology*, p. xxiii-xxiv.

97. Forbes, *Studies in ancient technology*, 5, p. 141.

98. Ibid., pp. 138-41, 143, 144.

99. Ahmad Y. al-Hassan e Donald R. Hill, *Islamic technology: An illustrated history* (Cambridge: Cambridge University Press, 1987).

100. Martin Levey, "Chemical notions of the early ninth-century", in Henry M. Leicester (ed.), *Chymia: Annual Studies in the History of Chemistry,* vol. 11, ed. (Filadélfia: University of Pennsylvania Press, 1966), pp. 29-33.

101. Gareth Roberts, *The mirror of alchemy: Alchemical ideas and images in manuscripts and books from antiquity to the seventeenth Century*, ed. Henry M. Leicester (Toronto: University of Toronto Press, 1994), p. 26.

102. Al-Hassan e Hill, *Islamic technology*, p. 133; Hamed Abdel-reheem Ead (ed.), "Alchemy in Islamic times", www.levity.com/alchemy/islam01.html.

103. Joseph Needham, *Science in traditional China: A comparative perspective* (Cambridge, Mass.: Harvard University Press, 1981), p. 68.

104. S. Nomanul Haq, "Jabir ibn Hayyan", in Helaine Selin (ed.), *Encyclopaedia of the history of science, technology, and medicine in non-western cultures* (Norwell, Mass.: Kluwer Academic Publishers, 1997), p. 459.

105. Roberts, *The mirror of alchemy*, pp. 45, 47-50.

106. Winter, *Eastern science*, p. 64.

107. Roberts, *The mirror of alchemy*, p. 51.

108. Seyyed Hossein Nasr, *An introduction to Islamic cosmological doctrines* (Cambridge, Mass.: Harvard University Press, 1964), p. 247.

109. Frank Dawson Adams, *The birth and development of the geological sciences* (Baltimore: Williams & Wilkins, 1938), p. 19. Ver também Winter, *Eastern science*, p. 72.

110. Winter, *Eastern science*, p. 83.

111. Ralph E. Lapp, *Matter*, série LIFE Science Library (Nova York: Time Inc., 1963), p. 34.

112. National Institutes of Health, "Islamic culture and the medical arts: Pharmaceutics and alchemy", www.nlm.nih.gov/exhibition/islamic_medical/islamic_11.html.

113. Martin Levey e Noury Al-Khaledy, "Chemistry in the medical formulary of al-Samarqani", in Henry Leicester (ed.), *Chymia*, p. 41.

114. Hill e Kolb, *Chemistry for changing times*, pp. 64-9; Lapp, *Matter*, pp. 126-49.

115. Lapp, *Matter*, p. 37.

116. Winter, *Eastern science*, p. 64.

117. Greenberg, *Chemical history tour*, p. 46.

118. Seyyed Hossein Nasr, *Science and civilization in Islam* (Cambridge, Mass.: Harvard University Press, 1968), p. 269.

119. Ibid., pp. 273-7.

120. P. C. Ray, "History of Hindu chemistry", citado em R. C. Majumdar, "Scientific spirit in ancient India", in Guy S. Metreaux e François Crouzet (eds.), *The evolution of Science* (Nova York: New American Library, 1963), p. 83.

121. Durant, *The story of civilization*, p. 529.

122. Read, *Prelude to chemistry*, p. 19.

123. Majumdar, "Scientific spirit in ancient India", p. 86.

124. Stillman, *The story of alchemy and early chemistry*, pp. 105-11.

125. Lederman, *The God particle*, pp. 128, 374.

126. Feldman, *The Nobel prize*, p. 367.

127. Winter, *Eastern science*, p. 28.

128. Wang Kuike, "Alchemy in ancient China", Institute of the History of Natural Sciences (ed.), *Ancient China's technology and science* (Pequim: Foreign Language Press, 1983), p. 214.

129. Read, *Prelude to chemistry*, p. 6.

130. Kuike, "Alchemy in ancient China", p. 213.

131. Joseph Needham, *Science and civilization in China*, vol. 5, pt. 3: "Chemistry and chemical technology" (Cambridge: Cambridge University Press, 1976), p. 145.

132. Read, *Prelude to chemistry*, p. 6.

133. Needham, *Science and civilization in China*, 5:144.

134. Ibid., pp. 149, 150.

135. Winter, *Eastern science*, p. 25.

136. Joseph Needham, *Science in traditional China* (Cambridge, Mass.: Harvard University Press, 1981), p. 29.

137. Kuike, "Alchemy in ancient China", pp. 220-2.

138. Ibid., pp. 221, 222.

139. Mann, *Murder, magic, and medicine*, pp. 111-2.

140. Hill e Kolb, *Chemistry for changing times*, p. 242.

141. Richard Evans Schultes, "Amazonian ethnobotany and the search for new drugs", in Ciba Foundation, *Ethnobotany and the search for new drugs* (Nova York: Wiley, 1994), pp. 107, 108.

142. Richard Evans Schultes e Robert F. Raffauf, *The healing forest: Medicinal and toxic plants of the northwest Amazonia* (Portland, Ore.: Dioscorides Press, 1990), p. 35.

143. Schultes, "Amazonian ethnobotany", pp. 108, 109.

144. Mann, *Murder, magic, and medicine*, pp. 60-4.

145. Ibid.

146. Dennis J. McKenna, L. E. Luna e G. N. Towers, "Biodynamic constituents in ayahuasca admixture plants: An uninvestigated folk pharmacopeia", in Richard Evans Schultes e Siri von Reis (eds.), *Ethnobotany: Evolution of a discipline* (Portland, Ore.: Dioscorides Press, 1995), p. 351.

147. Schultes, "Amazonian ethnobotany", pp. 108, 109.

148. Citado em Narby, *The cosmic serpent*, pp. 10, 11.

149. Richard Evans Schultes e Robert F. Raffauf, *Vine of the soul: Medicine men, their plants and rituals in the Colombian Amazonia* (Oracle, Ariz.: Synergistic Press, 1992).

150. Schultes, "Amazonian ethnobotany", pp. 108, 109.

151. Mann, *Murder, magic, and medicine*, p. 19.

152. Schultes e Raffauf, *The healing forest*, pp. 264-70, 302-10.

153. Mann, *Murder, magic, and medicine*, p. 39.

154. Schultes e Raffauf, *The healing forest*, pp. 264-70.

155. Mann, *Murder, magic, and medicine*, p. 21.

156. Narby, *The cosmic serpent*, p. 40.

157. Ibid., p. 171.

158. Schultes e Raffauf, *The healing forest*, pp. 303-9.

159. Schultes, "Amazonian ethnobotany", pp. 109, 110, 112.

160. Michael J. Balick, "Ethnobotany, drug development and biodiversity conservation — Exploring the linkages", in Ciba Foundation, *Ethnobotany and the search for new drugs*, Simpósio 185 (Chichester: John Wiley, 1994), p. 5.

161. M. M. Iwu, citado em ibid., p. 20.

162. Walter H. Lewis e Memory P. Elvin-Lewis, "Basic, quantitative and experimental research phases of future ethnobotany with reference to the medicinal plants of South America", in Ciba Foundation, *Ethnobotany and the search for new drugs*, pp. 65-7.

163. Narby, *The cosmic serpent*, pp. 28, 29.

164. Ibid., pp. 26, 27.

165. F. Trupp (1981), citado em Richard Evans Schultes & Robert F. Raffauf, *Vine of the soul: Medicine men, their plants and rituals in the Colombian Amazonia* (Oracle, Ariz.: Synergetic Press, 1992), p. 22.

166. T. McKenna, citado em Schultes e Raffauf, *Vine of the soul*, p. 58.

167. Schultes e Raffauf, *Vine of the soul*, p. 58.

168. Linda Schele Freidel e Joy Parker, *Maya cosmos: Three thousand years on the shaman's path* (Nova York: Morrow, 1993), pp. 234, 244.

169. Ibid., pp. 210, 211.

170. Ibid., pp. 248, 249, 455, nota 31.

171. Dennis Tedlock (trad.), *Popol vuh: The Mayan book of the dawn of life* (Nova York: Simon & Schuster, 1996), pp. 34, 340.

172. Bernardino de Sahagún, *Florentine Codex: General history of the things of New Spain*, Livro 11: *Earthly things*, trad. Charles Dibble e Arthur Anderson (Santa Fé, N. M.: School of American Research/University of Utah, 1963), nº 14, pt. XII, pp. 239, 240.

173. Forbes, *Studies in ancient technology*, 4, p. 104.

174. Sahagún, *Earthly things*, p. 243.

175. Elizabeth Andros Foster (ed. e trad.), *Motolinía's history of the indians of New Spain* (Berkeley, Calif.: Cortes Society, 1950), p. 220.

176. Ibid., pp. 2, 69.

177. Ibid., pp. 218, 219; Sahagún, *Florentine Codex*, Livro 10: *The people*, trad. Charles Dibble e Arthur Anderson, pt. XI, p. 90.

178. *American heritage dictionary* (Boston: Houghton Mifflin, 1970); Sahagún, *The people*, p. 89.

179. Anthony P. Andrews, *Mayan salt production and trade* (Tucson: University of Arizona Press, 1983), p. 11.

180. Forbes, *Studies in ancient technology*, 5: 19.

181. David L. Feigman, *Legal alchemy* (Nova York: Freeman, 2000), p. lx.

8. TECNOLOGIA [PP. 313-55]

1. Multnomah County School Board, *Portland African-American baseline essays* (Portland, Ore.: Multnomah County School Board, c. 1982).

2. Robert Patton, "Ooparts", *Omni*, set./1982, p. 54.

3. Charles C. Mann, "1491", *Atlantic Monthly*, mar./2002.

4. Alfred Crosby, *Ecological imperialism: The biological expansion of Europe, 900-1900* (Cambridge: Cambridge University Press, 1986), p. 22.

5. Ibid., p. 17.

6. Peter James e Nick Thorpe, *Ancient inventions* (Nova York: Ballantine Books, 1994), p. 355.

7. Ibid., p. 206.

8. Ibid., p. 355.

9. Arnold Pacey, "Technology", in Helaine Selin (ed.), *Encyclopaedia of the history of science, technology, and medicine in non-western cultures* (Dordrecht/Boston/Londres: Kluwer Academic Publishers, 1997), p. 937.

10. Howard R. Turner, *Science in medical Islam: An illustrated introduction* (Austin: University of Texas Press, 1995), p. 165.

11. Pacey, in *Encyclopaedia*, p. 937.

12. Alfred Crosby, professor de história da Universidade do Texas, em carta ao autor, 29/12/2000.

13. James e Thorpe, *Ancient inventions*, p. 384.

14. Arnold Pacey, *Technology in world civilization: A thousand year history* (Cambridge, Mass.: MIT Press, 1990), p. 8.
15. Donald R. Hill, "Technology in the Islamic world", in *Encyclopaedia*, p. 948.
16. Ibid., p. 949.
17. Pacey, *Technology in world civilization*, pp. 10-1.
18. James e Thorpe, *Ancient inventions*, p. 393.
19. Ahmad Y. al-Hassan e Donald R. Hill, *Islamic technology: An illustrated history* (Cambridge: Cambridge University Press, 1987), p. 264.
20. Pacey, *Technology in world civilization*, p. 34.
21. James e Thorpe, *Ancient inventions*, p. 139.
22. Al-Hassan e Hill, *Islamic technology*, p. 45.
23. Ibid., pp. 59, 90, 61.
24. Turner, *Science in medieval Islam*, p. 188.
25. James e Thorpe, *Ancient inventions*, p. 140.
26. Pacey, *Technology in world civilization*, p. 58.
27. Jack Weatherford, *Indian givers* (Nova York: Fawcett Columbine, 1988), p. 204.
28. Michael D. Coe, *The Maya* (Londres: Thames and Hudson, 1999), p. 114.
29. Ibid., p. 6.
30. Weatherford, *Indian givers*, p. 221.
31. Coe, *The Maya*, p. 30.
32. Ibid., p. 29.
32. Mann, "1491".
33. Coe, *The Maya*, p. 118.
34. Linda Schele e Mary Ellen Miller, *The blood of kings: Dynasty and ritual in Maya art* (Londres: Sotheby's, 1986), pp. 241-3.
35. Dorothy Hosler et al., "Prehistorical polymers: Rubber processing in ancient Mesoamerica", *Science*, 18/6/1999, pp. 1988-9.
36. Ibid.
37. Ibid.
38. Michael E. Smith, *The Aztecs* (Oxford: Blackwell, 1998), pp. 86-9.
39. Coe, *The Maya*, p. 103.
40. Ibid., p. 73.
41. Ibid.
42. Ibid., p. 114.
43. Ibid., p. 78.
44. Ibid.
45. Smith, *The Aztecs*, p. 231.
46. Ibid., p. 228.
47. Ibid., pp. 34, 36.
48. Ibid., p. 31.
49. Ibid., p. 199.
50. Ibid., pp. 76, 69.
51. Thomas E. Lynch, "The identification of Inca posts and roads from Catarpe to Rio Frio",

in Michael A. Malpass (ed.), *Provincial Inca: Archaeological and ethnohistorical assessment of the impact of the Inca state* (Iowa City: University of Iowa Press, 1993), p. 123.

52. Sue Grosbol, "... And he said in the time of the Ynga, they paid tribute and served the Ynga", in Malpass (ed.), *Provincial Inca*, p. 50.

53. Susan A. Niles, "The provinces in the heartland: Stylistic variation and architectural innovation near Inca Cuzco", in Malpass (ed.), *Provincial Inca*, p.153.

54. Katharina J. Schreiber, "The Inca occupation of the province of Andamarca Lucanas, Peru", in Malpass (ed.), *Provincial Inca*, p. 87.

55. Alfred Crosby em carta ao autor, 29/12/2000.

56. Jared Diamond, *Guns, germs, and steel* (Nova York: Norton, 1997), p. 377.

57. Martin Bernal, *Black Athena*, vol. 2: *The archaeological and documentary evidence* (New Brunswick, N. J.: Rutgers University Press, 1996).

58. Stanley Burstein (ed.), *Ancient African civilizations* (Princeton, N. J.: Marcus Wiener Publishers, 1998), pp. 3-4.

59. Ibid., p. 4.

60. Ibid., p. 13.

61. Basil Davidson, *The lost cities of Africa* (Boston: Little, Brown, 1987), p. 65.

62. Burstein, *Ancient African civilizations*, p. 31.

63. Davidson, *Lost cities of Africa*, pp. 46, 47, 36.

64. Ibid., p. 67.

65. Burstein, *Ancient African civilizations*, p. 14.

66. Davidson, *Lost cities of Africa*, pp. 81-7.

67. Ibid., p. 143, 154, 165.

68. Norimitsu Onishi, "A wall, a moat, behold! A lost Yoruba kingdom", *The New York Times*, 20/9/1999, p. A4.

69. Alfred Crosby, em carta ao autor, 29/12/2000.

70. Onishi, "A wall, a moat", p. A4.

71. James e Thorpe, *Ancient inventions*, p. 445.

72. Ibid., pp. 442-5, 455.

73. Ibid., p. 362.

74. Jonathan Mark Kenoyer, *Ancient cities of the Indus valley civilization* (Oxford: Oxford University Press, 1998).

75. Pacey, *Technology in world civilization*, p. 29.

76. William Broad, "Fascination is forever: The arts and sciences of diamonds", *The New York Times*, 31/10/1997, p. E31.

77. Pacey, *Technology in world civilization*, pp. 80-1.

78. Al-Hassan e Hill, *Islamic technology*, p. 248.

79. O. P. Jaggi, *History of science and technology in India*, vol. 7: *Science and technology in medieval India* (Delhi: Atma Ram, 1969), p. 150.

80. Ibid., pp. 150-4.

81. Ibid., p. 167.

82. Pacey, *Technology in world civilization*, pp. vii, 117.

83. Ibid., pp. 166, 120.

84. Joseph Needham, *Science in traditional China* (Cambridge, Mass.: Harvard University Press, 1981), pp. 27-8. Needham, a fonte de todas as informações no Ocidente sobre ciência e tecnologia na China, publicou uma série de imensos volumes sobre o assunto, *Science and civilization in China*, à qual a palavra *monumental* foi aplicada. O crítico literário e social George Steiner considerava essas obras pioneiras como as únicas sucessoras de Proust, por serem uma tentativa de recriar na memória um mundo desaparecido. Um sábio on-line replica que ele gosta mais de Needham do que de Proust, sobretudo por não sentir o desejo de chutar o traseiro do narrador.

85. Ibid., p. 55.

86. Ibid.

87. Derek J. de Solla Price, *Science since Babylon* (New Haven, Conn.: Yale University Press, 1961), p. 124.

88. Needham, *Science in traditional China*, p. 28.

89. Robert Temple, *The genius of China: 3,000 years of science, discovery, and invention* (Londres: Prion Books Limited, 1998), p. 242.

90. Ibid., p. 224; Pacey, *Technology in world civilization*, p. 47.

91. Needham, *Science in traditional China*, p. 40.

92. Pacey, *Technology in world civilization*, p. 47.

93. Ibid., p. 45.

94. Temple, *The genius of China*, pp. 229-35.

95. Pacey, *Technology in world civilization*, p. 45.

96. Needham, *Science in traditional China*, p. 43.

97. Hans Breuer, *Columbus was Chinese: Discoveries and inventions of the far east*, trad. Salvator Attanasio (Nova York: Herder and Herder, 1972), p. 128.

98. Ibid.

99. Alfred Crosby, em carta ao autor, 29/12/2000.

100. Breuer, *Columbus was Chinese*, p, 144.

101. Fred L. Wilson, Rochester Institute of Technology, http://www.rit.edu/~flwstv/china.html.

102. Diamond, *Guns, germs, and steel*, p. 111.

103. Qiu Lianghui, "A preliminary study of the characteristics of metallurgical technology in ancient China", in Fan Daidian e Robert S. Cohen (eds.), *Chinese studies in the history and philosophy of science and technology* (Norwell, Mass.: Kluwer Academic Publishers, 1996), p. 238.

104. Temple, *The genius of China*, p. 42.

105. Ibid.

106. Ibid., p. 16.

107. Ibid., p. 49.

108. Ibid., pp. 49-50.

109. Ibid., p. 68.

110. Ibid., pp. 58-61.

111. Ibid., p. 72.

112. Breuer, *Columbus was Chinese*, p. 135.

113. Diamond, *Guns, germs, and steel*, pp. 231-5.

114. Ibid., pp. 231-5.

115. Temple, *The genius of China*, p. 81.
116. Ibid., p. 84.
117. Philip Morrison, "A great explorer", *The New York Review of Books*, 12/12/1974.
118. Gail Collins, "Pre-2K Thanksgiving", *The New York Times*, 23/11/1999, p. A27.
119. Alfred Crosby, *Ecological imperialism: The biological expansion of Europe, 900-1900* (Cambridge: Cambridge University Press, 1986), p. 106.
120. Linda Shaffer, "China, technology & change", *World History Bulletin*, outono-inverno/1986-7, http://acc6.its.brooklyn.cuny.edu/~phalsall/texts/shaffer.html.
121. Stephen Jay Gould, "A Cerion for Christopher", *National History* 105, out./1996, p. 22.

Bibliografia selecionada

A ciência antiga e medieval não-ocidental é celebrada em muitas fontes excelentes, mas saber empregá-las é perigoso e incerto. Mesmo em livros e artigos notáveis, encontram-se exageros ou afirmações sob outros aspectos dúbias. (O mesmo pode ser dito quanto a obras sobre a ciência ocidental.) Tive nove estudiosos a me ajudar e orientar no exame do material. O leitor não terá essa vantagem. O meu conselho: seja cético, use o bom senso e compare com outras fontes.

Assinalei com um asterisco (*) as fontes que achei especialmente valiosas. Você notará que os livros escritos pelos membros da minha junta de consultores estão todos com asterisco. Embora isso talvez pareça servir aos meus interesses ou a uma visão enviesada, eu de fato procurei esses consultores tendo primariamente como base os seus livros publicados. É tão-somente natural que os seus livros estejam entre os mais úteis.

Nesse campo de estudos, há apenas dois livros que tentam ser abrangentes. Ambos são obra de Helaine Selin, bibliotecária de ciência do Hampshire College, de Amherst, Massachusetts. Um deles é uma bibliografia:

* Selin, Helaine. *Science across cultures: An annotated bibliography of books on non-western science, technology, and medicine.* Nova York e Londres: Garland Publishing, Inc., 1992. Selin lista 836 livros sobre o tópico, e, apesar de diversos serem dedicados à saúde e outras ciências menos exatas ou da nova era, há muita coisa de valor nessas fontes. Os resumos concisos de Selin transformam esse volume, que de uma bibliografia passa a ser um livro legível *per se*. O livro é um tanto caro a $72 e está esgotado, mas exemplares usados podem ser encontrados.

O outro é uma enciclopédia de um volume:

Selin, Helaine (ed.). *Encyclopaedia of the history of science, technology, and medicine in non-western cultures.* Dordrecht/Boston/Londres: Kluwer Academic Publishers, 1997. Este volume de tamanho exagerado, com 1118 páginas, é mais uma coletânea de seiscentos artigos do que uma enciclopédia abrangente. A qualidade e a cobertura dos temas são irregulares. Uma bibliotecária universitária observou sua "incoerência". Alguns colaboradores, como George Gheverghese Joseph e Takao Hayashi, são de primeira categoria, enquanto um outro colaborador afirma que os alquimistas indianos transformavam literalmente o mercúrio em ouro, usando frutas, ervas, barro e um fogo de carvão. Ainda assim, não há nada que se equipare a essa obra. Caro, tem um preço de tabela de $572, mas existem exemplares usados mais baratos, e umas poucas bibliotecas o têm.

1. UMA HISTÓRIA DA CIÊNCIA

Bernal, Martin. *Black Athena: The afroasiatic roots of classical civilization.* Vols. I e II. New Brunswick, N. J.: Rutgers University Press, 1991.
Bernal, Martin. *Black Athena writes back.* Durham e Londres: Duke University Press, 2001.
Boorstin, Daniel J. *The discoveries: A history of man's search to know his world and himself.* Nova York: Random House, 1983.
* Bowersock, Glen. "Rescuing the Greeks". *The New York Times Book Review,* 25/2/1996. [Trata-se de uma resenha de *Not out of Africa,* de Mary Lefkowitz (ver a referência neste capítulo). Na resenha, Bowersock resume com fineza como a história tem sido revisada em favor da Grécia Antiga.]
Bronowski, J. *The ascent of man.* Boston: Little, Brown and Company, 1973.
Gross, Paul R. e Levitt, Norman. *Higher superstition: The academic left and its quarrels with science.* Baltimore: The Johns Hopkins University Press, 1994. [Os autores acreditam que os negros e as mulheres estão arruinando a academia e a ciência.]
Kuhn, Thomas S. *The structure of scientific revolutions.* Chicago: University of Chicago Press, 1962.
* Lefkowitz, Mary. *Not out of Africa.* Nova York: Basic Books, 1996. [Este livro merece atenção pelo modo como retrata a raiva de alguns estudiosos para com a história não-ocidental.]
* Powers, Richard. "Eyes wide open", *The New York Times Magazine,* 18/4/1999. [Um artigo, mas a leitura vale a pena.]
Russell, Bertrand. *A history of western philosophy.* Nova York: Touchstone/Simon & Schuster, 1945.
* Sagan, Carl. *Cosmos.* Nova York: Random House, 1980. [De todos os divulgadores da ciência, Sagan é o que menos rejeita a cultura não-ocidental, além de ser o mais franco sobre as lacunas na ciência e na matemática dos antigos gregos.]
Stengel, Marc K. "The diffusionists have landed". *The Atlantic Monthly,* jan./2000. [Histórias malucas de como o rei Artur e outros europeus chegaram até a América.]

2. MATEMÁTICA

Ball, W. W. Rouse. *A short account of the history of mathematics.* Nova York: Dover, 1960; Londres e Nova York: Macmillan, 1893.

Bell, E. T. *Men of mathematics*. Nova York: Simon & Schuster, 1937. [Tudo apenas sobre cientistas ocidentais, de Zenão a Poincaré, mas vale a pena ler pelo contexto.]

* Dantzig, Tobias. *Number: The language of science*. Nova York: The Free Press, 1930. [Albert Einstein escreveu: "Este é sem dúvida o livro mais interessante sobre a evolução da matemática que já caiu nas minhas mãos".]

Fowler, D. H. *The mathematics of Plato's academy*. Oxford: Clarendon Press, 1987.

* Joseph, George Gheverghese. *The crest of the peacock: Non-European roots of mathematics*. Londres: Penguin Books, 1991. [O livro mais abrangente sobre a matemática não-européia. Joseph também explora a história revisionista da matemática.]

* Kaplan, Robert. *The nothing that is: A natural history of zero*. Nova York: Oxford University Press, 2000. [Uma "biografia" detalhada, deliciosa e refletida de um número essencial.]

Kline, Morris. *Mathematics: A cultural approach*. Nova York: Addison-Wesley, 1962. [Vale a pena ler pela opinião do autor sobre a matemática não-ocidental.]

Machmer, Peter (ed.). *The Cambridge companion to Galileo*. Cambridge, Inglaterra: Cambridge University Press, 1998. [Como Galileu usou a antiga geometria grega, e não as notações algébricas dadas em livros-texto modernos.]

Marty, Martin E. e Jerald C. Brauer. *The unrelieved paradox: Studies in the theology of Franz Bibfeldt*. Grand Rapids, Mich.: William B. Eerdmans Publishing Company, 1994. [Uma visão interessante da controvérsia do ano zero.]

* Menninger, Karl. *Number words and number symbols: A cultural history of numbers*. Cambridge, Mass.: MIT Press, 1969. [Um extraordinário livro elementar sobre o conhecimento básico dos números. Menninger apresenta, na página 360, detalhes adicionais sobre o método de multiplicação do "camponês russo" que descrevo neste capítulo.]

* Sobel, Dava. *Galileo's daughter*. Nova York: Walker & Company, 1999. [Uma nova visão do primeiro físico real do Ocidente e a relação da ciência com a religião.] [Edição brasileira: *A filha de Galileu*. São Paulo: Companhia das letras, 2000.]

Wells, David. *The Penguin dictionary of curious and interesting numbers*. Londres: Penguin Books, 1986.

3. ASTRONOMIA

* Aveni, Anthony F. *Ancient astronomers*. Montreal e Washington: St. Remy Press e Smithsonian Books, 1993.

* Aveni, Anthony F. *Between the lines: The mystery of the giant ground drawings of ancient Nasca, Peru*. Austin: University of Texas Press, 2000.

* Aveni, Anthony. *Stairways to the stars: Skywatching in three great ancient cultures*. Nova York: John Wiley & Sons, Inc., 1997. [Os maias, os incas e a Grã-Bretanha.]

* Coe, Michael D. *The Maya*. Nova York: Thames and Hudson, 1999. [Um bom livro geral sobre os maias.]

Drake, Frank, e Dava Sobel. *Is anyone out there?* Nova York: Delacorte Press, 1992. [Um livro sobre o programa de busca extraterrestre — Search for Extraterrestrial Intelligence (SETI) —, que é valioso pelos fatos sobre o espaço.]

Krupp, E. C. *Echoes of the ancient skies*. Nova York: Harper & Row, 1983.
* Neugebauer, Otto. *Astronomy and history: Selected essays*. Nova York: Springer-Verlag, 1983. [Neugebauer é o pioneiro nesse campo.]
Sullivan, William. *The secret of the Incas: Myth, astronomy, and the war against time*. Nova York: Crown Publishers, Inc., 1996.
* Swerdlow, N. M. (ed.). *Ancient astronomy and celestial divination*. Cambridge, Mass.: MIT Press, 1999. [Swerdlow é um pesquisador de suma importância no campo da astronomia antiga.]
Temple, Robert. *The genius of China*. Londres: Prion Books, Limited, 1986.
Turner, Howard R. *Science in medieval Islam*. Austin: University of Texas Press, 1995.
Walker, Christopher (ed.). *Astronomy before the telescope*. Nova York: St. Martin's Press, 1996.

4. COSMOGONIA

* Aveni, Anthony. *Conversing with the planets: How science and myth invented the cosmos*. Nova York: Kodansha International, 1992.
Greenstein, George. *The symbiotic universe*. Nova York: William Morrow & Co. Inc., 1988.
Guth, Alan H. *The inflationary universe*. Reading, Mass.: Addison Wesley, 1997. [Um físico sozinho salva o universo do big bang.]
* Harrison, Edward. *Masks of the universe*. Nova York: Macmillan Publishing Company, 1985. [Um dos poucos livros sobre cosmologia a admitir que a cosmologia atual, como todas as outras, deve acabar definhando.]
Harrison, Edward. *Cosmology: The science of the universe*. 2ª ed. Cambridge, Inglaterra: Cambridge University Press, 2000. [Mais técnico do que o livro acima, mas ainda legível.]
Kolb, Rocky. *Blind watchers of the sky*. Reading, Massachusetts: Addison-Wesley Publishing Company, 1996. [Um relato legível da visão ocidental da cosmologia por um cientista eminente.]
Kragh, Helge. *Cosmology and controversy: The historical development of two theories of the universe*. Princeton, N. J.: Princeton University Press, 1996. [Como a teoria do big bang, que postula um universo em expansão com um início no tempo, triunfou sobre a teoria do estado estacionário, que postula um universo estacionário de idade infinita.]
Leslie, John. *Universes*. Londres e Nova York: Routledge, 1989. [Um exame das cosmologias e a lógica por trás delas.]
Lightman, Alan, e Roberta Brawer. *Origins: The lives and worlds of modern cosmologists*. Cambridge, Mass.: Harvard University Press, 1990. [Entrevistas com cosmólogos contemporâneos. É de notar a falta de um senso de história ou de uma menção a cosmologias passadas, antigas ou não.]
Long, Charles. *Alpha: The myths of creation*. Nova York: George Braziller, 1963.
* Sproul, Barbara C. *Primal myths: Creation myths around the world*. San Francisco: HarperSanFrancisco, 1979. [Quase tão completo quanto possível: mitos dos bosquímanos, hotentotes, egípcios, sumérios, muçulmanos, jainistas, budistas, mongóis, assiniboins, jívaros, maoris e muitos outros.]

Tedlock, Barbara. *Time and the highland Maya.* Albuquerque: University of New Mexico Press, 1982.

Turner, Howard R. *Science in medieval Islam.* Austin: University of Texas Press, 1995. [Excelentes desenhos e fotografias em preto-e-branco.]

5. FÍSICA

* Aveni, Anthony F. *Empires of times: Calendars, clocks and cultures.* Nova York: Basic Books, 1989.
* Bose, D. M., S. N. Sen, e B. V. Subbarayappa (eds.). *A concise history of science in India.* Nova Délhi: Indian National Science Academy, 1971. [Um livro que contém uma fonte abrangente de informações para a história de todas as ciências indianas com colaborações de cientistas indianos.]

Charya, Sri Umasvami. *The sacred book of the Jainas: Tattvarthadhigama sutra.* Vol. II, ed. J. L. Jaini. Arrah, India: Kumar Devendra Prasad, 1920.

Chattopdhyaya, Debiprasad. *History of science and technology in ancient India.* Calcutá: Firma KLM PVT, 1991. [Ver especialmente o capítulo "A hipótese atômica".]

Clagett, Marshall. *Ancient Egyptian science: A source book.* Filadélfia: American Philosophical Society, 1989.

* Cole, K. C. *The hole in the universe: How scientists peered over the edge of emptiness and found everything.* Nova York: Harcourt, Inc., 2000. [Um ensaio elegante e legível sobre a importância do vazio na ciência.]

Dasgupta, S. N. *Yoga philosophy in relation to other systems of Indian thought.* Délhi: Motilal Banarsidass, 1930.

Duchesne-Guilemin, Jacques. *Symbols and values in Zoroastrianism.* Nova York: Harper & Row, 1966.

* Graham, A. C. *Later Mohist logic, ethics and science.* Hong Kong: Chinese University Press; Londres: School of Oriental & African Studies, University of London, 1978. [Uma discussão técnica da escola moísta e suas contribuições para as ciências chinesas.]

Hart, George. *A dictionary of Egyptian gods and goddesses.* Londres: Routledge & Kegan, 1986.

* Hill, John W., e Doris K. Kolb. *Chemistry for changing times.* Upper Saddle River, N. J.: Prentice Hall, 1998. [Um texto de química, mas também relevante para a física.]

Hunt, Frederick Vinton. *Origins in acoustics: The science of sound from antiquity to the age of Newton.* New Haven: Yale University Press, 1978. [Interessante, ainda que superficial.]

* Jain, N. L. "Chemical theories of the Jains", in *Chymia: Annual Studies in the History of Chemistry.* Vol. 11, ed. Henry M. Leicester. Filadélfia: University of Pennsylvania Press, 1966. [Uma discussão das antigas teorias jainistas sobre o átomo e a natureza da matéria.]

Jammer, Max. *Concepts of space: The history of theories of space in physics.* Nova York: Dover Publications, 1954. [Um clássico, mas note-se que o autor da introdução, Albert Einstein, discorda em parte do conteúdo do livro.]

Kroeber, Theodora. *Ishi in two worlds: A biography of the last wild Indian in North America.* Berkeley: University of California Press, 1965.

Léon-Portilla, Miguel. *Time and reality in the thought of the Maya.* Norman: University of Oklahoma Press, 1988.

* Nasr, Seyyed Hossein. *An introduction to Islamic cosmological doctrines.* Cambridge, Mass.: Harvard University Press, 1964. [A filosofia e a ciência islâmicas medievais estão entrelaçadas neste relato que cobre o atomismo, a cosmologia e a natureza da matéria.]

Nasr, Seyyed Hossein. *Science and civilization in Islam.* Cambridge, Mass.: Harvard University Press, 1968.

Needham, Joseph. *Science & civilization in China.* Vol. 5: *Chemistry and chemical technology.* Cambridge, Inglaterra: Cambridge University Press, 1976. [Needham é valioso, mas acho que seu entusiasmo às vezes turva sua objetividade.]

Omar, Saleh Beshara. *Ibn al-Haythan's optics: A study of the origins of experimental science.* Chicago: Bibliotheca Islamica, 1977.

* Park, David. *The fire within the eye: A historical essay on the nature and meaning of light.* Princeton: Princeton University Press, 1997. [Uma síntese das antigas teorias ocidentais da luz, cobrindo tanto as contribuições islâmicas como as gregas. Park acompanha a luz até o século XX inclusive.]

Qadir, C. A. *Philosophy and science in the Islamic world.* Londres: Croom Helm, 1988.

* Ronan, Colin A., e Joseph Needham. *The shorter science and civilization in China.* Vol. 2. Cambridge, Inglaterra: Cambridge University Press, 1981. [Uma introdução clara e geral à ciência chinesa.]

Stillman, John Maxson. *The story of alchemy and early chemistry.* Nova York: Dover Publications, 1960.

Stone, R. M. "The shape of time in African music", in J. T. Fraser, N. Lawrence e F. C. Haber (eds.) *Time, science, and society in China and the west: The study of time.* Amherst: University of Massachusetts Press, International Society for the Study of Time, 1986.

Zajonc, Arthur. *Catching the light.* Nova York: Bantam, 1993.

6. GEOLOGIA

Adams, Frank Dawson. *The birth and development of the geological sciences.* Baltimore: The Williams & Wilkins Co., 1938.

Ávila, Francisco de (compilador, cerca de 1598). *The Huarochirí Manuscript: A testament of ancient and colonial Andean religion,* trad. Frank Salomon e George L. Urioste. Austin: University of Texas Press, 1991.

* Bose, D. M., S. N. Sen e B. V. Subbarayappa (eds.). *A concise history of science in India.* Nova Délhi: Indian National Science Academy, 1971. [Uma fonte abrangente de informações para a história de todas as ciências indianas, com a colaboração de cientistas indianos.]

Carey, S. Warren. *Theories of the Earth and universe: A history of dogma in the Earth sciences.* Stanford, Ca.: Stanford University Press, 1988.

Chattopadhyaya, Debiprasad. *History of science and technology in ancient India: The beginnings.* Calcutá: Firma KLM, 1986.

Chattopadhyaya, Debiprasad. *History of science and technology in ancient India: Formation of the theoretical fundamentals of natural science.* Calcutá: Firma KLM, 1991.

Clagett, Marshall. *Ancient Egyptian science: A source book.* Filadélfia: American Philosophical Society, 1989.

* Dudley, Michael Kioni. *A Hawaiian nation: Man, gods, and nature.* Honolulu: Na Kane O Ka Malo Press, 1990. [As crenças e práticas do antigo Havaí são interpretadas como uma combinação de observação científica e crença espiritual, segundo a visão de um havaiano moderno.]

Forbes, R. J. *Studies in early petroleum history.* Leiden: E. J. Brill, 1958. [Forbes é um eminente historiador da ciência.]

* Freidel, David, Linda Schele e Joy Parker. *Maya cosmos: Three thousand years on the shaman's path.* Nova York: William Morrow, 1993. [Esse livro entrelaça as crenças espirituais maias com as realizações científicas e tecnológicas. Os autores são pioneiros na pesquisa maia.]

Geikie, Sir Archibald. *The founders of geology.* Londres: Macmillan, 1905.

Kramer, Samuel Noah. *The Sumerians: Their history, culture, and character.* Chicago: University of Chicago Press, 1963.

Lopez, Barry Holstun. *Giving birth to thunder, sleeping with his daughter: Coyote builds North America.* Nova York: Avon Books, 1977.

* Malo, David. *Hawaiian antiquities (Moolelo Hawaii),* trad. Nathaniel B. Emerson. Honolulu: Bernice P. Bishop Museum, 1951. [O relato em primeira mão de um havaiano criado antes do contato com os brancos à época da invasão de Cook. As crenças antigas e as européias são comparadas.]

* Nasr, Seyyed Hossein. *Science and civilization in Islam.* Cambridge, Mass.: Harvard University Press, 1968. [Um relato da compreensão islâmica da geografia e da geologia, entre outras ciências, por um renomado filósofo e erudito islâmico.]

* Needham, Joseph. *The shorter science and civilization in China: An abridgment of Joseph Needham's original text,* resumido por Colin A. Ronan. Cambridge, Inglaterra: Cambridge University Press, 1981. Vols. 2 e 3. [Needham é talvez demasiado predisposto a ver evidências de compreensão científica em tudo, mas este é um dos poucos textos sobre a China que atribui conceitos geológicos à China pré-moderna.]

Popol vuh: The Mayan book of the dawn of life and the glories of gods and kings, trad. Dennis Tedlock. Nova York: Simon & Schuster, 1996.

* Sahagun, Bernardino de. *Florentine Codex: General history of the things of New Spain,* Livro 11: *Earthly things,* trad. Charles Dibble e Arthur Anderson. Santa Fé: School of American Research/University of Utah, 1963. [Esta é uma fonte primária para o conhecimento asteca dos fenômenos naturais compilada por um padre espanhol à época de Cortés.]

Sullivan, William. *The secret of the Incas: Myth, astronomy, and the war against time.* Nova York: Crown Publishers, 1996.

* Tarbuck, Edward J. e Frederick K. Lutgens. *Earth: An introduction to physical geology.* 5ª ed. Upper Saddle River, N. J.: Prentice Hall, 1996. [Uma boa introdução básica à ciência da geologia.]

* Thompson, J. Eric. *Maya history and religion*. Norman: University of Oklahoma Press, 1970. [Um célebre estudioso da ciência cobre uma ampla área da crença e práticas maias.]

Thompson, R. Campbell. *A dictionary of Assyrian chemistry and geology*. Oxford: Clarendon Press, 1936.

* Thompson, Susan J. *A chronology of geological thinking from antiquity to 1899*. Metuchen, N. J.: Scarecrow Press, 1988. [Uma obra de referência básica com a crônica das descobertas geológicas das civilizações do Velho Mundo.]

Urton, Gary. *At the crossroads of the Earth and the sky: An Andean cosmology*. Austin: University of Texas Press, 1981.

* Weixelman, Joseph. *The power to evoke wonder: Native Americans and the geysers of Yellowstone National Park*. Bozeman: Merrill G. Burlingame Special Collections, Montana State University, 1992. [Relatos históricos das atitudes dos americanos nativos para com os fenômenos naturais, misturados com entrevistas de americanos nativos contemporâneos.]

7. QUÍMICA

Clagett, Marshall. *Ancient Egyptian science: A source book*. Vol. 1. Filadélfia: American Philosophical Society, 1989.

* Cobb, Cathy e Harold Goldwhite. *Creations of fire: Chemistry's lively history from alchemy to the atomic age*. Nova York e Londres: Plenum Press, 1995. [Uma introdução boa e clara à história da química cobrindo Egito, Mesopotâmia e Grécia.]

Farber, Eduard. *The evolution of chemistry*. Nova York: Ronald Press Co., 1952.

* Forbes, R. J. *Studies in ancient technology*. Vols. I, III, IV, V. Leiden: E. J. Brill, 1965. [Uma discussão técnica detalhada das contribuições egípcias, mesopotâmicas e islâmicas à química prática moderna.]

* Hill, John W. e Doris K. Kolb. *Chemistry for changing times*. Upper Saddle River, N. J.: Prentice Hall, 1998. [Uma boa introdução básica à química ocidental moderna.]

* Mann, John. *Murder, magic, and medicine*. Oxford: Oxford University Press, 1992. [A história dos remédios modernos, com relatos detalhados das contribuições das culturas africana e sul-americana.]

* Needham, Joseph. *Science & civilization in China*. Vol. 5: *Chemistry and chemical technology*. Cambridge, Inglaterra: Cambridge University Press, 1976. [Um dos vários imensos volumes que descrevem os primeiros processos alquímicos e químicos chineses.]

* Sahagún, Bernardino de. *Florentine Codex: General history of the things of New Spain*. Livro 11: *Earthly things*, trad. Charles Dibble e Arthur Anderson. Santa Fé: School of American Research/University of Utah, 1963.

* Schultes, Richard Evans e Robert F. Raffauf. *The healing forest: Medicinal and toxic plants of the northwest Amazonia*. Historical, Ethno- and Economic Botany series, vol. 2. Portland, Ore.: Dioscorides Press, 1990. [Schultes é um preeminente etnobotânico. Esta é uma obra de referência básica sobre as plantas medicinais usadas pelos índios da Amazônia.]

* Sivin, Nathan. *Chinese alchemy: Preliminary studies*. Cambridge, Mass.: Harvard University

Press, 1968. [Renomado especialista em alquimia chinesa, Sivin tenta compreender os testes alquímicos em relação a reações químicas demonstráveis.]

Stillman, John Maxson. *The story of alchemy and early chemistry*. Nova York: Dover Publishing, 1960. [Inclui receitas reais do antigo Egito.]

Thomas-Emeagwali, Gloria. "Textile technology in Nigeria in the nineteenth and early twentieth centuries", in *African systems of science, technology, and art: The Nigerian experience*, ed. Gloria Thomas-Emeagwali. Londres: Karnak House, 1993. [Um livro fundamental sobre o processamento de alimentos e tecidos na África.]

8. TECNOLOGIA

Al-Hassan, Ahmad Y. e Donald R. Hill. *Islamic technology: An illustrated history*. Cambridge, Inglaterra: Cambridge University Press, 1986. [Imagens encantadoras.]

* Coe, Michael D. *The Maya*. Londres: Thames and Hudson, 1999. [Um bom texto geral sobre os maias.]

* Crosby, Alfred W. *Ecological imperialism: The biological expansion of Europe, 900-1900*. Cambridge, Inglaterra: Cambridge University Press, 1986. [Este historiador une os primórdios do mundo antigo na Mesopotâmia com a Europa e o Novo Mundo.]

Davidson, Basil. *The lost cities of Africa*. Boston: Little, Brown and Company, 1987.

* Diamond, Jared. *Guns, germs, and steel: The fates of human societies*. Nova York: W. W. Norton & Company, 1997. [O autor escreve: "Alguns leitores talvez sintam que estou indo ao extremo oposto das histórias convencionais, dedicando muito pouco espaço para a Eurásia ocidental".]

* James, Peter e Nick Thorpe. *Ancient inventions*. Nova York: Ballantine Books, 1994. [Sem uma pesquisa ou competência tão cabal como se desejaria, mas muito interessante e com muitas ilustrações divertidas.]

* Needham, Joseph. *Science in traditional China*. Cambridge, Mass.: Harvard University Press, 1981.

Pace, Arnold. *Technology in world civilization: A thousand years history*. Cambridge, Mass.: The MIT Press, 1990.

Price, Derek J. de Solla. *Science since Babylon*. New Haven, Conn.: Yale University Press, 1975.

Smith, Michael E. *The Aztecs*. Oxford: Blackwell Publishers, 1998.

Temple, Robert. *The genius of China: 3,000 years of science, discovery, and invention*. Londres: Prion Books, Limited, 1998.

Turner, Howard R. *Science in medieval Islam*. Austin: University of Texas Press, 1995.

Weatherford, Jack. *Indian givers*. Nova York: Fawcett Columbine, 1988.

Conselho de consultores

Os cientistas, matemáticos e eruditos relacionados a seguir revisaram o manuscrito para fins de precisão científica, matemática e histórica. Alguns foram escolhidos por um viés não-ocidental, outros por um viés ocidental. Embora tenha acatado a orientação desses consultores sobre questões factuais, eles nem sempre concordaram com a minha interpretação dos fatos. Meu ponto de vista foi muito influenciado pelas visões expressas pelos meus consultores, mas é em última análise o meu próprio. Sempre que foi prático, apresentei as diferentes visões do conselho consultivo nas notas finais.

Anthony Aveni é professor Russell B. Colgate de astronomia e antropologia da Universidade Colgate. É autor de *Conversing with the planets: How science and myth invented the cosmos* e outras obras de arqueoastronomia.

Alfred W. Crosby é professor emérito de história da Universidade do Texas. É autor de *Ecological imperialism: The biological expansion of Europe, 900-1900*, entre outras obras.

Harold Goldwhite é professor de química da Universidade Estadual da Califórnia em Los Angeles e co-autor, com Cathy Cobb, de *Creations of fire: Chemistry's lively history from alchemy to the atomic age*.

George Gheverghese Joseph é professor de matemática da Universidade de Manchester (U. K.) e autor de *The crest of the peacock: Non-Europeans roots of mathematics*.

Robert Kaplan tem ensinado matemática em várias instituições, muito recentemente na Universidade Harvard. É autor de *The nothing that is: A national history of zero*.

David Park é professor emérito de física do Williams College. É autor de *The fire within the eye: A historical essay on the nature and meaning of light.*

George Saliba é professor de ciência árabe e islâmica do departamento de línguas e culturas da Ásia e do Oriente Médio, da Universidade Columbia. É autor de *A history of arabic astronomy: Planetary theories during the golden age of Islam*, entre outras obras.

Sheila J. Seaman é professora adjunta de geologia da Universidade de Massachusetts, em Amherst.

Barbara C. Sproul é diretora do programa sobre religião do Hunter College, da Universidade da Cidade de NovaYork (CUNY). É autora de *Primal myths: Creation myths around the world* e foi uma das fundadoras da seção americana da Anistia Internacional, que ganhou o prêmio Nobel da Paz em 1977.

Agradecimentos

Tim Onosko foi o primeiro a sugerir uma "história multicultural da ciência" e me passou a idéia. Judith Hooper, Janet MacFadyen e Kathleen Stein contribuíram com pesquisa extensa, idéias, críticas, verificação de fatos e edição do texto. Quando era editora da *Omni*, Stein me designou, a meu pedido, para escrever o artigo negativo sobre esse tópico, que era um impulso contrário à minha pesquisa.

Meus agradecimentos a Alice Mayhew, Anja Schmidt, Lynn Nesbit e Eric Simonoff. Bonnie Thompson copidescou um manuscrito difícil com graça e rigor, e Loretta Denner guiou o livro ao longo da produção.

William Bridegam, bibliotecário do Amherst College, e sua equipe não só ofereceram voluntariamente o uso da biblioteca, mas procuraram materiais necessários para mim em bibliotecas e arquivos distantes. Também valiosa foi a Biblioteca W. E. Du Bois, da Universidade de Massachusetts, em Amherst, com suas bibliotecas associadas. Elas abrigam uma extraordinária coleção de livros sobre ciência e matemática não-ocidentais.

Índice remissivo

Aaron, Hank, 360
ábaco, 18, 69, 70, 368
aborígines australianos, 268, 269
Abuta, 306; *A. grandifolia*, 306
acádios, 51, 227, 315, 316, 317
aceleradores de partículas, 21, 184, 189, 211, 216
achaninca, 308
acústica, 199, 330
adagas do Sol, 106
Adams, Fred, 158, 369, 387, 389, 397
adharm, 209
adição *ver* aritmética
adivinhação, 96, 118, 128, 145, 206, 207; *ver também* astrologia
administração da água, tecnologia da, 315, 319, 320, 321, 322
Admirável mundo novo (Huxley), 65
África, 11, 12, 40, 73, 86, 226, 229, 233, 284, 285, 288, 289, 309, 323, 324, 334, 335, 336, 337, 342, 354, 368; geologia da, 251; química da, 278, 284, 285, 286, 287, 288, 289; tecnologia da, 319, 335, 336, 337
afrocentrismo, 15

Agatárquides de Cnido, 336
agricultura, 34, 169, 248, 270, 335
aids, 307, 377
Ajayi, J. E. A., 229
akasa, 207, 209
Aksum, império de, 335, 336, 337
Alberto Magno, 245
Aldebarã, 109
Alexandre, o Grande, 41, 85
Alfa Draconis, 126
álgebra, 13, 18, 22, 28, 29, 32, 33, 54, 57, 59, 60, 61, 66, 74, 75, 76, 78, 132, 134, 358, 364, 367; arábica, 74, 75, 78; babilônica, 54, 55, 119, 121; chinesa, 71; gregos e, 56, 57, 59, 60; indiana, 66, 130, 134
Alhazen, 15, 16, 23, 26, 217, 218, 219, 220
al-Kimya, 294
Almagesto (Ptolomeu), 9, 122, 123, 143
Alnitak, 183
alquimia, 20, 212, 235, 271, 276, 277, 278, 279, 281, 294, 300, 301, 302, 303, 311; árabe, 220, 292, 294, 295; chinesa, 197, 235, 271, 272, 277, 300, 301, 302, 343; egípcia, 278, 279,

280, 281, 282, 283, 284; grega, 278; indiana, 212, 278, 299; mesopotâmica, 290
Altair, 113
alucinógenas, drogas, 305, 307, 309
Alzheimer, mal de, 290
Amenemhat, 126
americanos nativos *ver* ameríndios
ameríndios, 11, 94, 159, 303, 326, 328, 354; astronomia dos, 104, 105, 106, 107, 108, 109, 110, 111; geologia dos, 252, 253; química dos, 303, 304, 305, 306, 307, 308, 309; *ver também povos específicos*
Amherst College, 31, 164, 214
Ammi-Saduqa, rei da Babilônia, 13, 117
analema, 129, 135
análise de freqüência, 73
análise infinitesimal, 57
anasazi, 104, 105, 106
anatomia humana, 330, 331
andoke, 306
Andrômeda, nebulosa de, 110, 142, 159, 160
Anomospermum, 306
Antares, 147
"Anterior ao Céu", diagrama, 72
antibióticos, 14, 354
antimatéria, desequilíbrio da matéria sobre, 157
anti-semitismo, 17
anu, 209
Apolônio, 12, 18, 57
árabes, 8, 9, 11, 12, 13, 18, 19, 22, 31, 33, 35, 36, 37, 73, 74, 75, 76, 77, 78, 83, 86, 88, 94, 142, 154, 157, 196, 205, 216, 221, 241, 247, 249, 280, 293, 294, 295, 296, 297, 314, 315, 322, 323, 341, 352, 368; astronomia dos, 8, 9, 10, 94, 123, 134, 135, 136, 137, 138, 139, 140, 141, 142, 143, 144, 154; cosmologia dos, 157; física dos, 196, 205, 216, 217, 218, 219, 220, 221, 222; geologia dos, 241, 242, 243, 244, 245, 246, 247, 249; matemática dos, 22, 31, 33, 35, 36, 73, 74, 75, 76, 77, 83, 86, 88, 368; óptica dos, 15, 16; química dos, 280,
292, 293, 294, 295, 296, 297; tecnologia dos, 314, 315, 320, 321, 322, 323, 341, 352
Arcturus, 113
Areyabrahmana, 130
arianos, 13, 129, 173, 213, 231, 232, 240
Áries, 120, 182
Aristarco de Samos, 7
Aristóteles, 12, 33, 36, 50, 62, 193, 195, 196, 206, 216, 217, 218, 220, 222, 232, 235, 242, 294, 295, 380, 381; astronomia de, 143; cosmologia de, 157; física de, 190, 193, 195, 196, 206, 216, 218, 219, 220, 221, 222; geologia de, 235; matemática de, 33, 36; química de, 294, 295
aritmética, 28, 29, 33, 47, 57, 58, 59, 68, 72, 120, 132; arábica, 74, 77; babilônica, 54; binária, 72; chinesa, 70; de números irracionais, 59; egípcia, 44, 45, 46, 47; grega, 56, 58; indiana, 66, 68, 85, 132; modelo binário de, 33
armas de fogo, 345, 347, 354
armênios, 74
Arp, Halton, 187
arqueoastronomia, 92, 369
Arquimedes, 12, 35, 57, 86, 87, 202, 203, 318
arquitetura, 66, 95, 101, 115, 293, 322, 328, 330, 360, 367
Artuqid, dinastia, 322
Arunachalan, J., 232
Aryabhata, 132, 133, 360, 373
Aryabhatiya, 132, 133, 361
Asimov, Isaac, 155
assírios, 51, 117, 228, 290, 291, 292, 297, 303, 315, 317, 336; calendário dos, 117; geologia dos, 226, 227, 228; química dos, 290, 291, 292, 293, 297, 303; tecnologia dos, 317, 320
Associação Americana para o Progresso da Ciência (AAAS), 17, 19, 20
astecas, 92, 93, 94, 100, 198, 255, 256, 257, 309, 310, 311, 325, 326, 327, 330, 331, 332, 333, 354; astronomia dos, 92, 100; geologia dos, 255, 256; química dos, 310, 311; tecnologia dos, 325, 326, 330, 331, 332
astrolábio, 134, 138, 139, 140, 141; esférico, 140

astrologia, 20, 21, 92, 93, 96, 118, 128, 129, 135, 136, 141, 145; árabe, 135, 136; babilônica, 117, 118, 121; chinesa, 145, 350, 351; indiana, 128, 129, 130, 134

astronomia, 9, 10, 18, 20, 21, 26, 50, 81, 92, 93, 94, 96, 97, 101, 102, 104, 106, 107, 111, 114, 115, 116, 117, 118, 119, 120, 122, 123, 126, 127, 128, 129, 130, 131, 132, 133, 134, 135, 136, 137, 140, 141, 142, 144, 145, 146, 149, 153, 154, 156, 158, 164, 187, 215, 242, 360, 367, 369, 370; ameríndia, 104, 105, 106, 107, 108, 109, 110, 111; árabe, 8, 9, 10, 94, 123, 134, 135, 136, 137, 138, 139, 140, 141, 142, 143, 144, 154; asteca, 92, 100; babilônica, 93, 97, 115, 116, 117, 118, 119, 120, 121, 122, 123, 124, 125, 128, 129, 130, 137, 147; chinesa, 94, 115, 145, 146, 147, 148, 149, 150, 151, 152, 153, 154, 184; copernicana, 7, 8, 9, 10, 19; cosmologia e, 154, 156, 158, 159, 160, 168, 169, 182, 183, 184, 187; dos povos da Oceania, 111, 112, 113, 114; egípcia, 97, 123, 124, 125, 126, 127, 128, 133, 136; grega, 7, 8, 9, 98, 115, 119, 122, 123, 124, 125, 128, 129, 130, 131, 133, 135, 139, 143, 147; inca, 101, 102, 103, 104; indiana, 7, 32, 93, 94, 115, 122, 128, 129, 130, 131, 132, 133, 134, 135, 143; maia, 92, 94, 95, 96, 97, 98, 99, 100, 117; matemática e, 8, 9, 10, 31, 32, 51, 75, 77, 84, 115, 117, 118, 119, 120, 121, 128, 129, 130, 131, 132, 133, 134, 135, 136, 137, 138, 139, 141, 144, 149; persa, 135, 144; suméria, 116, 184

Atahualpa, imperador dos Incas, 333
"Atena Negra", teoria da, 335
Atharva veda, 278, 299
Atlantic Monthly, The, 325, 370, 399
atomismo, 205, 208, 222; química e, 296, 298
autômatos, 322, 323
Aveni, Anthony, 92, 93, 94, 99, 100, 101, 102, 107, 108, 109, 119, 120, 127, 131, 169, 180, 181, 182, 183, 185, 369, 370, 371, 372, 373, 374, 375, 376, 377, 379

Avicena, 220, 221, 222, 241, 242, 243, 244, 245, 246, 249, 294, 295
Ávila, Francisco de, 263, 392
Avogadro, número de, 87
aya kachi, 262
azimute, curvas do, 140
Azophi, 142

babilônios, 12, 18, 22, 23, 31, 32, 33, 34, 35, 49, 51, 52, 53, 54, 55, 56, 57, 59, 60, 70, 76, 84, 97, 115, 116, 117, 119, 120, 121, 126, 137, 158, 170, 187, 228, 290, 291, 315, 317, 318, 362; astronomia dos, 93, 97, 115, 116, 117, 118, 119, 120, 121, 122, 123, 124, 125, 128, 129, 130, 137, 147; cosmologia dos, 158, 168, 169, 170, 187; geologia dos, 226, 227, 228; matemática dos, 22, 31, 32, 33, 34, 49, 50, 51, 52, 53, 54, 55, 56, 57, 59, 70, 74, 75, 84, 88, 89, 362, 366; química dos, 290, 291, 292; tecnologia dos, 315, 317, 318
Bacon, Francis, 14, 18, 314, 342, 343
Baghdadi, Abul-Barak al-, 222
Bait al-Hikmah (Casa da Sabedoria), 75, 137
Bakhshali, manuscrito, 68, 69, 364
Balick, Michael, 307, 398
Ball, Rouse, 35, 36, 361
Banisteriopsis caapi, 305
bannocks, 254
Banu Musa, irmãos, 322
Baquillani, Qadi Abu Bakr Al-, 220
baterias antigas, 15
Battani, al-, 144
Baudhayana, 65
Bauer, Brian, 103, 104, 370
Beda, o Venerável, 81, 82
Beg, Ulugh, 141, 142, 375
Bekerie, Ayele, 34, 35, 361
Benavente, Toribio de *ver* Motolinía
Benin, reino de, 338
Bernal, Martin, 16, 17, 335, 401
Berthelot, Marcelin, 281, 282
Bessemer, Henry, 349, 350, 354
Bhaskara I, 133, 361

Bi Sheng, 353
Bíblia, 74, 115, 155, 353; Êxodo, 290
Biblioteca Bodleian, 142, 347
Biblioteca Britânica, 151
Biblioteca do Congresso (EUA), 84
big bang, 87, 156, 157, 158, 159, 161, 162, 163, 164, 165, 166, 167, 170, 171, 172, 173, 174, 181, 184, 185, 186, 187, 189, 278; mitos de criação e, 170, 171, 173, 175, 179
biologia, 11, 20, 21, 31, 93, 180, 381; molecular, 31
Biruni, al-, 135, 137, 138, 139, 141, 241, 242, 243, 244, 247, 249, 374, 388
Bixa orellana, 310
Bohr, Niels, 24, 193
Bondi, Hermann, 165
Boorstin, Daniel, 24
Born, Max, 193
borracha, 14, 309, 311, 314, 324, 326, 327, 353
Boscovich, Roger Joseph, 209, 210
Bose, D. M., 211, 231, 232, 377, 383, 386, 387
botânica, 248, 300
Bowersock, Glen, 19, 358
Boyle, Robert, 270, 299
Brahe, Tycho, 13, 92, 142, 153, 154
Brahmagupta, 86, 134, 361, 367, 374
Brahmanas, 63, 172
Brahmapaksa, escola, 132
Brahmasphutasiddhanta (Brahmagupta), 134, 136, 367
Brahmi, numerais, 67
Brandt, John, 106
Bray, Warwick, 261, 391, 392
Breeden, Stanley, 268, 391, 393
Britton, John, 122, 371, 372
Broderick, Matthew, 69
Bronowski, Jacob, 22, 23, 24, 358
Buck, Peter, 114
Buda, 205, 214, 344
budismo, 29, 83, 209, 211; tântrico, 367
Bunaratna, 206
Burkett, Sandra, 327

Busca final a respeito da retificação de princípios, A (Shatir), 144
bússolas magnéticas, 14, 233, 314, 342
Bynum, Bruce, 279, 394

Cabeleira de Berenice, 110
Cahokia, habitantes de, 107, 108
Cai Lun, 352
"Cair da noite, O" (Asimov), 155
calcinação, 298
cálculo, 26, 28, 29, 33, 47, 66, 71, 72, 74, 87, 119, 121, 138, 139, 366
caldeus, 51, 62, 318
calendários, 41, 50, 51, 64, 76, 79, 81, 82, 84, 88, 93, 96, 97, 99, 100, 101, 102, 107, 108, 109, 110, 111, 116, 117, 123, 124, 125, 130, 132, 137, 139, 141, 148, 149, 152, 248, 261, 324, 348; ameríndio, 105, 107, 109, 110; árabe, 76, 137, 139; assírio, 117; asteca, 93; chinês, 148, 152, 351; egípcio, 50, 123, 124; gregoriano, 64, 76, 81, 82; inca, 100, 101; indiano, 130, 132, 135, 248; juliano, 51; maia, 79, 95, 96, 99; olmeca, 324; sumério, 116; zero e, 81, 82, 83
campo de Higgs, 192, 207, 224
cananeus, 16
câncer, curas para o, 307
canoas de pedra, 112
Canopus, 137
Canton, John, 197
Cantor, Georg, 26, 77, 219, 359
Capítulo sobre os deuses da gruta de Dao Zang, O, 302
Caranguejo, nebulosa do, 147
Carey, S. Warren, 238, 239, 240, 387, 388, 389, 390
Carlos Magno, 147, 216
Carlson, John, 259, 260, 392
cartografia, 150, 240, 247; árabe, 140, 141, 247; chinesa, 150, 151, 240, 250; inca, 102
Cassini, Jacques, 82
Cassiopéia, 110, 149
Castilla elastica, 311, 326

catenas, 251
Cefeu, 149
Centro Nacional para Pesquisa Atmosférica: Observatório de Alta Altitude do, 108
Centros para o Controle de Doenças, 377
ceque, sistema, 101, 102
CERN, 223
César, Júlio, 51
ch'i, 148, 198, 202, 234, 235, 239, 248, 272, 301; clima e, 241; terremotos e, 236, 238
Ch'iwu Huai Wen, processo, 350
ch'ulel, 309
Chamberlain, Von Del, 106, 110, 111, 370
Chan Bahlum, 183
Chandahsutra, 367
Chandogya upanishad, 173, 207
Chang Heng, 150, 153, 236, 237
Chang Ssu-Hsun, 350, 351
Chang Yin Chiu, 301
Chemistry for changing times (Hill e Kolb), 290, 383, 393, 394, 395, 396, 397
Chen Ho, 354, 355
Cheng-yih Chen, 381, 382
Chi ni tzu, 240
Chia Kmuei, 153
Chiang Chi, 241
Childe, Gordon, 225, 226, 227, 385, 386
Chin Chiu Shao, 71
Chin, dinastia, 150, 201
China: astronomia da, 94, 115, 145, 146, 147, 148, 149, 150, 151, 152, 153, 154, 184; cosmologia da, 184, 185; física da, 196, 197, 198, 199, 200, 201, 202, 203, 204, 205, 214; geologia da, 226, 233, 234, 235, 236, 237, 238, 239, 247, 248, 249, 250, 257, 259, 260; matemática da, 12, 31, 33, 35, 36, 69, 70, 71, 72, 74, 88, 361, 366; química da, 18, 271, 272, 277, 280, 293, 300, 301, 302, 303, 311; tecnologia da, 199, 201, 239, 313, 314, 321, 323, 338, 341, 342, 343, 344, 345, 346, 347, 348, 349, 350, 351, 352, 353, 354
chinampas, 333
Chindoy, Salvador, 309

chochones, 252, 253, 254
Chondodendron, 306, 307; *C. tomentosum*, 307
Chou Kung, duque, 70
Chou pei suan ching, 70
Chou, dinastia, 351
Chu tzu Chhuan Shu, 250
Chu-Hsi, 249
ciência multicultural, 14
Clagett, Marshall, 230, 385, 386, 394
clepsidra *ver* relógio de água
clima, 240; manchas solares e, 147
Cobb, Cathy, 281, 394
COBE, satélite (Explorador do fundo Cósmico), 161, 187
cocaína, 289, 304, 305
Códice Dresden, 97, 98, 117
Códice florentino, 256
Códice Grolier, 97
Códice Madri, 97
Códice Paris, 97
Coe, Michael D., 97, 98, 260, 326, 369, 400
Collca, 104
Collins, Gail, 354, 403
Colombo, Cristóvão, 11, 111, 114, 248, 315, 354, 355
cometas, 23, 82, 129, 148
Coming of age in the milky way (Ferris), 184, 379
Concepts of space (Jammer), 221, 385
Confúcio, 72, 234
Conhecimento adquirido a respeito do aperfeiçoamento do ouro (Qasim), 296
conjuntos infinitos, 26, 207, 219, 359
conquistadores espanhóis, 78, 95, 326
constelações, 93, 95, 109, 110, 111, 112, 116, 122, 128, 130, 150, 169, 176
contagem, 36, 38, 39, 50, 81, 82, 85, 96, 116, 123, 124, 126, 135, 138, 139, 151, 156, 182, 368; *ver também* calendários; relógios
Cook, capitão James, 113, 177, 265, 268
Copérnico, Nicolau, 7, 8, 9, 10, 11, 12, 19, 32, 52, 93, 123, 131, 133, 144
Corão, 73, 242, 374

423

coreanos, 18, 184
Coroa Boreal, 110, 111
Cortés, Hernán, 326, 331, 333, 354
cosmética, 283
cosmologia, 21, 154, 156, 157, 158, 161, 165, 166, 170, 171, 172, 173, 174, 175, 177, 178, 179, 182, 183, 184, 187, 224, 258, 262, 330, 376; árabe, 157, 165; babilônia, 158, 168, 169, 170, 187; big bang, 14, 87, 157, 158, 159, 160, 161, 162, 163, 164, 165, 166, 167; dos povos da Oceania, 175, 176, 177, 178, 179; grega, 157; inca, 262; indiana, 157, 167, 171, 172, 173, 174, 175, 179, 182, 187; maia, 166, 179, 180, 181, 182, 183, 187, 257; suméria, 168, 169, 170, 171, 176, 184
cosmologia do plasma, 165
Cosmos (série de televisão), 90, 171, 377, 378
Creations of fire (Cobb e Goldwhite), 281, 394
Crick, Francis, 11
criptoanálise, 73
cristalização, 298
cristianismo, 17, 18, 72, 157, 165, 166, 213, 241, 265; cosmologia do, 157, 165
Crosby, Alfred W., 314, 315, 319, 320, 334, 338, 348, 354, 399, 401, 402, 403
Croton sanguifluus, 310
cruzados, 337, 347
cubos, 54
cultura islâmica *ver* árabes
cura por ervas *ver* farmacologia
curare, 305, 306, 307
Curie, Marie, 274
Cush, reino de, 229, 335, 336
Cyperus: C. articulatus, 308; *C. prolixus*, 308

dagara, povo, 288
Dai Nianzu, 202, 381, 382
Dalton, John, 11, 209, 296, 297
Dantzig, Tobias, 37, 38, 39, 57, 60, 83, 89, 359, 362, 363, 365, 368
Dario, rei da Pérsia, 213
Darling, Peter, 337, 338
Dartmouth College, 260

Dasgupta, 207, 377, 383
Davidovits, Joseph, 313
Davidson, Basil, 336, 337, 379, 391, 401
De congelatione et conglutatione lapidum (Avicena), 242
De Luce (Grosseteste), 215
De Respiratione (Aristóteles), 236
De revolutionibus orbium coelestium (Copérnico), 7
Dearborn, David, 103, 104, 370
decanos, 124, 125
declinação, 113, 239, 259
Demócrito, 12, 16, 35, 36, 50, 56, 62, 194, 195, 206, 207, 220, 297
Denab, 128
Departamento de Energia (EUA), 156
Descartes, René, 59, 77, 204
destilação, 273, 280, 292, 294, 298
desvios para o vermelho (*redshifts*), 160, 166, 187
dharma, 209
Diamond, Jared, 348, 401, 402
Díaz del Castillo, Bernal, 311
dimensões extras, 224
Diodoro Sículo, 318
Diofanto, 56, 57, 59, 60
Dionísio, o Pequeno, 81
Diplopterys cabrerana, 305
Dirac, Paul, 193
Discursos ponderados na balança (Wang Chong), 198
dispositivos de medição, 63
divisão *ver* aritmética
2001 — Uma odisséia no espaço (filme), 90
Dondi, Giovanni di, 323
Doppler, efeito, 160
dravidianos, 174
Dravyavardhana, rei Maharajadhiraja, 248
Dream pool essays (Shen Kua), 353
drogas psicoativas, 289
Dua-Khety, 281
Duchesne-Guillemin, Jacques, 213, 384
Dudley, Michael Kioni, 267, 378, 392, 393

Duns Scotus, John, 245
duplicações, 27, 28, 44, 45, 46
duração, 91, 98, 133, 146, 183, 204, 205, 211, 305
Durant, Will, 298, 299, 394, 397
dvipas, 233

eclipses, 13, 82, 93, 95, 96, 97, 105, 117, 118, 119, 122, 132, 133, 134, 135, 136, 146, 147, 369
economia, 72, 342, 343
Eddington, Arthur, 161
Eddy, John A., 108, 109, 370, 371
efik, povo, 289
Egito: astronomia do, 97, 123, 124, 125, 126, 127, 128, 133, 136; física do, 213; geologia do, 226, 229, 230, 232, 264; matemática do, 16, 22, 23, 30, 31, 32, 33, 34, 36, 41, 42, 43, 44, 45, 46, 47, 48, 49, 50, 51, 52, 53, 54, 56, 58, 59, 61, 62, 65, 74, 89, 362; química do, 278, 279, 280, 281, 282, 283, 284, 291, 292, 301, 303; tecnologia do, 313, 315, 320, 322, 323, 338, 339, 352
eidolon, 195
Einstein, Albert, 11, 14, 21, 160, 162, 275, 299
Elementos (Euclides), 9, 58, 59
elementos químicos, 210, 228, 272, 273, 276, 285, 287, 291, 293, 302, 310, 343, 345
eletromagnetismo, 157, 165, 166, 191, 203
Eliade, Mircea, 171, 172, 377, 378
elixires da vida, 280, 300, 343
Elvin-Lewis, Memory, 308, 398
emanação, 197, 198, 216, 217, 235
embalsamamento, 279, 280
Emerson, Nathaniel B., 265, 378, 392, 393, 394
Empédocles, 13, 195, 207, 217
empirismo, 23, 34, 50, 119, 196, 220, 273, 300, 308, 361; lógica *versus*, 50
encanamento, 340
engenharia, 34, 320, 321, 322, 323, 332, 334
Ensaios de Base Afro-americanos de Portland, 14
Enuma Anu Enlil, 117, 118, 130
Enuma elish, 168, 169

epiciclos, 8, 131, 132, 143, 144
epiolmecas, 94
Epopéia de Gilgamesh, 51
equações, 23, 30, 31, 32, 54, 59, 60, 68, 69, 71, 75, 76, 77, 135, 136, 299, 361; equações de segundo grau, 68, 76; *ver também* álgebra
equante, problema do, 8
equinócios, 100, 105, 107, 143
"Era da Limpeza", 339
Era do gelo, 268
Era Paleolítica, 226
Eratóstenes, 152, 235, 247
Eredo de Sungbo, 338
erosão, 225, 232, 243, 245, 246, 249, 250, 251, 262
ervas medicinais *ver* farmacologia
Erythroxylon, 289, 304
escapulomancia, 146
escolas de cálculo, 26, 29
Escorpião, 99, 104, 116, 168
escrita, 351
esferas armilares, 140, 153
esgotos, 339, 340
esmaltes de cerâmica, 292
espaço, teorias do, 204
espadas de Damasco, 340
Espanha mourisca, 18, 19, 135, 136, 144, 241, 323, 341, 368
espectroscopia, 210, 285, 302, 327
estereocomparador, 159
Estrabão, 235
estrela zenital, 113
Estrelas Normais, 119
éter, 196, 207, 212, 224, 299
etíopes, 34
Euclides, 9, 12, 15, 16, 18, 23, 35, 57, 58, 59, 76, 77, 78, 217, 380
Eudoxo, 60
evolução, 21, 31, 245
Exact Sciences in Antiquity (Neugebauer), 92
expoente, 66, 58

falsificação, 21, 230, 343

425

Farabi, al-, 220
Faraday, Michael, 11, 30, 31, 193, 194, 210
Farber, Eduard, 277, 279, 393, 394, 396
farmacologia, 242, 285, 287, 300, 303; africana, 285, 286, 287, 288, 289; asteca, 354; chinesa, 300; mineralogia e, 234; sul-americana, 303, 304, 305, 306, 307, 308, 309
Fash, Barbara, 88, 368
fenícios, 16, 24, 335
Fermat, último teorema de, 24
fermentação, 286
Fermi, Enrico, 276, 393
Ferrel, William, 17
Ferris, Timothy, 184, 379
Ferris, Warren, 254
feudalismo, 347
Feynman, Richard, 69, 70
Fibonacci, 86, 368
Field, M. J., 285, 288, 395
filipinos, 314
filosofia natural *ver* física
Fire Within the Eye, The (Park), 214, 358, 381, 384, 385
Fire-Drake Artillery Manual, 346
física, 11, 21, 24, 29, 31, 33, 59, 62, 103, 104, 140, 155, 185, 187, 190, 191, 192, 193, 194, 195, 196, 199, 202, 205, 206, 210, 211, 212, 214, 215, 216, 217, 221, 223, 233, 269, 273, 275, 278, 280, 287, 290, 321, 338, 358, 367, 380; árabe, 196, 205, 216, 217, 218, 219, 220, 221, 222; chinesa, 196, 197, 198, 199, 200, 201, 202, 203, 204, 205, 214; cosmologia e, 186; egípcia, 213; grega, 192, 193, 194, 195, 205, 206, 207, 214, 215, 216, 217, 218, 220, 221, 222; indiana, 192, 195, 198, 205, 206, 207, 208, 209, 210, 211, 212, 214, 224; matemática e, 29, 190, 217, 221, 274; newtoniana, 13, 21, 131, 192, 193, 196, 203, 204, 205, 220, 222, 223; persa, 205, 213, 214, 215; quântica, 193
fisostigmina, 289
fissão, 277
Floresta Nacional de Big Horn, 109

fogos de artifício, 343, 344
fogos-fátuos, 197, 198
Fomalhaut, 109
Forbes, R. J., 283, 291, 292, 293, 389, 394, 395, 396, 399
forças nucleares, 158
fosforescência, 197
fósseis, 13, 235, 243, 249, 250
Fowler, D. H., 57, 58, 359, 363
frações, 32, 33, 48, 49, 53, 58, 60, 66, 68, 79; decimais, 33; gregos e, 58, 60; os maias evitam, 79; sexagesimal, 32, 52; tabelas egípcias de, 48; uso babilônico de, 53; uso indiano de, 66, 68
Freidel, David, 257, 258, 309, 391, 398
Friedmann, Alexander, 161
Frisch, Henry, 185, 186, 224, 379
Frisch, Otto, 277
Frozen star (Greenstein), 90
Fu An, 153
Fu Hsi, 33, 72
função em ziguezague, 121
função utilidade, 30

ga, povo, 287
galáxias, 20, 91, 160, 161, 162, 163, 165, 184, 186, 187, 191
Galeno, 19
Galilei, Galileu, 11, 26, 60, 61, 93, 190, 193, 204, 223, 251; astronomia de, 131, 133; física de, 190, 192, 196, 223; matemática de, 26, 60, 61, 359; método empírico de, 23, 50
Gama, Vasco da, 314
Gamow, George, 161
Gan De, 150
Gangopadhya, Mrinal Kanti, 209
Geber, 294, 295
gêiseres, 253, 254
geleiras, 246, 252
Gell, Alfred, 175, 378
Gell-Mann, Murray, 216, 224
Gelon, rei de Siracusa, 86
gemologia, 248

General Electric, 15
geocentrismo, 8, 9
geografia, 72, 137, 247, 248; matemática, 136, 137; *ver também* cartografia; navegação
Geographia (Ptolomeu), 244
geologia, 11, 21, 225, 226, 232, 233, 234, 246, 248, 251, 252, 257, 258, 268, 269, 385, 390; ameríndia, 252, 253; árabe, 241, 242, 243, 244, 245, 246, 247, 249; chinesa, 226, 233, 234, 235, 236, 237, 238, 239, 247, 248, 249, 250, 257, 259, 260; dos povos da Oceania, 265, 266, 267, 268; egípcia, 226, 229, 230, 232, 264; grega, 226, 232, 235, 238, 240, 242, 247; inca, 261, 262, 263, 264; indiana, 226, 231, 232, 236, 241, 242, 247, 248; mesoamericana, 238, 254, 255, 256, 257, 258, 259, 260, 264; mesopotâmica, 226, 227, 228, 231, 261, 264
geomancia, 238, 239
geometria, 9, 19, 23, 29, 50, 55, 57, 59, 60, 61, 62, 64, 66, 74, 76, 78, 81, 120, 133, 322; árabe, 9, 10, 19, 74, 77; babilônica, 54, 55, 119; egípcia, 49; grega, 56, 57, 58, 59, 60, 61, 131; indiana, 65, 66; maia, 79; provas na, 23
geometria euclidiana, 23
Giese, Paula, 107, 370
Gilbert, William, 17, 111, 112, 175
gnômon, 134, 151, 152
Gold, Thomas, 165
Goldwhite, Harold, 270, 281, 300, 394
goma de mascar, 311
Goodyear, Charles, 326, 353
Gould, Stephen Jay, 355, 403
Graham, A. C., 202, 382
Grande Nebulosa, 182
gravitação, 7, 8, 9, 13, 131, 134, 191, 233; big bang e, 163, 166
Greenberg, Arthur, 298, 394, 397
Greenstein, George, 90, 164, 376
gregos, 12, 13, 16, 33, 34, 35, 36, 55, 57, 58, 59, 60, 77, 85, 206, 238, 279, 315, 335, 360; astronomia dos, 7, 8, 9, 98, 115, 119, 122, 123, 124, 125, 128, 129, 130, 131, 133, 135, 139, 143, 147; cosmologia dos, 157; física dos, 192, 193, 194, 195, 205, 206, 207, 214, 215, 216, 217, 218, 220, 221, 222; geologia dos, 226, 232, 235, 238, 240, 242, 247; matemática dos, 15, 32, 33, 34, 36, 48, 50, 54, 55, 56, 57, 58, 59, 60, 61, 62, 63, 66, 68, 74, 76, 77, 83, 84, 85, 86, 88, 361, 362; química dos, 278, 279, 281, 293, 294, 295, 297, 303; tecnologia dos, 319, 323
Grosseteste, Robert, 215
Guan zi, 234
guayusa, 304
Gui gu zi, 238
Guia dos perplexos, O (Maimônides), 221
Guo Shoujing, 152, 154
gurutvakarshan, 131
Gutenberg, Johannes, 18, 314, 353
Guth, Alan, 162, 188
Gwalior, numerais, 13, 29, 75

Hahn, Otto, 277
Halley, cometa de, 21, 92, 148
Hamurabi, rei da Babilônia, 116, 317
Han Wu Ti, 236
Han, dinastia, 70, 148, 150, 240, 349, 352
harápicos, 231, 232
Harrison, Edward, 156, 157, 158, 159, 376, 379
Hartner, Wily, 11
Harvey, William, 19, 330, 387
Havraja tantra, 367
Hawkins, Gerald, 92
Hayashi, Takao, 69, 364
Haytham, Abu Ali al-Hasan ibn al- *ver* Alhazen
Heinzelin, J. de, 41
Heisenberg, Werner, 11, 72, 193
heliocentrismo, 129, 131
Henry, Teuira, 176, 185, 224, 349, 350, 378, 379, 383, 396, 397
Herbert, Frank, 319
hermetismo *ver* alquimia
Heródoto, 17, 36, 50, 235, 280, 318
hidrologia, 101, 228, 319
hieróglifos, 42, 46, 179

Hill, John W., 290, 383, 393
Hinayana, budismo, 211
Hindenburg, explosão do, 275
hinduísmo, 209
Hiparco, 131, 133, 150
Hípias, 60
Hipócrates, 60
hipótese dos muitos mundos, 164, 172, 181
História da dinastia Wei, 236
História dos índios da Nova Espanha (Motolinía), 255
hititas, 51, 315, 317
HIV, 307
Hoernle, Rudolph, 68
Hogben, Lancelot, 49, 85, 86, 359, 363, 366
Holt, Jim, 22, 358, 377
Horóscopo dos gregos, O, 85
Horowitz, Wayne, 168, 377
Hosler, Dorothy, 327, 391, 400
Houdini, Harry, 38, 39, 362
Hoyle, Fred, 106, 165
Hsia, dinastia, 351
huacas, 101, 102, 115
Huai nan Tzu, 350
huanka, povo, 313
Hubble, Edwin, 160, 166, 187, 376, 379
Hubble, telescópio, 184
huli, tribo, 269
Humason, Milton, 159, 160
Hume, David, 17, 164, 165, 182, 377
Hunter College, 156, 372
hurritas, 51
Hussen, Abdul Hassan ibn, 337
Huxley, Aldous, 65

I ching, 72
Idade da Pedra, 227, 281, 315, 320, 328, 338
Idade do Bronze, 16, 227, 229, 338
Idade do Ferro, 16, 227
Ifá, 284, 285
I-Hsing, 239
Ikhwan al-Safa, 220, 221
Ilex quayusa, 308

Iluminismo, 93, 205, 216
Império Otomano, 19
incas, 14, 15, 41, 94, 101, 102, 103, 104, 261, 262, 263, 264, 304, 313, 333, 334; astronomia dos, 100, 101, 102, 103, 104; geologia dos, 261, 262, 263, 264; matemática dos, 41; tecnologia dos, 333
Índia, 12, 14, 17, 18, 19, 28, 32, 36, 54, 62, 66, 68, 73, 77, 88, 94, 123, 128, 129, 132, 134, 135, 141, 165, 166, 167, 176, 182, 192, 205, 208, 210, 213, 231, 232, 241, 243, 248, 278, 293, 294, 298, 299, 314, 321, 323, 337, 339, 340, 341, 342, 352, 354, 363, 366, 367, 368; astronomia da, 7, 32, 93, 94, 115, 122, 128, 129, 130, 131, 132, 133, 134, 135, 143; cosmologia da, 157, 167, 171, 172, 173, 174, 175, 179, 182, 187; física da, 192, 195, 198, 205, 206, 207, 208, 209, 210, 211, 212, 214, 224; geologia da, 226, 231, 232, 236, 241, 242, 247, 248; matemática da, 17, 22, 26, 28, 31, 32, 35, 36, 54, 62, 63, 64, 65, 66, 68, 69, 74, 77, 81, 83, 85, 86, 87, 88, 89, 128, 360, 362, 366; química da, 278, 293, 298, 299; tecnologia da, 314, 321, 323, 337, 338, 339, 340, 341, 342
Índia de al-Biruni, A, 243
Indigofera tinctoria, 285, 286
índios amazônicos, 304, 305, 306, 307, 308
índios das planícies, 107, 108, 109, 110, 111
indo-europeus, 213, 317
inércia, lei da, 222
infinito, 204
Infinity (filme), 69
Informações coligidas sobre os metais preciosos (Biruni), 242
Inocêncio IV, papa, 346
Instituto de Tecnologia de Massachusetts (MIT), 82, 162, 327
Institut Géopolymère, 313
Instituto de Tecnologia da Califórnia (Caltech), 184, 187
Instituto Max Planck de Astrofísica, 187
Instituto Nacional do Câncer (NCI), 307
Instituto para Estudo Avançado, 230

Institutos Nacionais de Saúde, 377
iorubas, 41, 284, 285, 286
Ipomoea batatas, 114
Irmãos da Pureza, 220
Irmãos da Sinceridade, 242
irrigação, 229, 230, 262, 263, 319, 320, 335
isotropia, 161, 162
israelitas *ver* judeus
Itália (antiga), 94
itz, 309
Ivry, Alfred I., 216, 384
Iwu, M. M., 307, 398

Jabir ibn Hayyan, 292, 294, 295, 396
jainismo, 174, 209
jainistas, 26, 174, 209, 210, 299
Jâmblico, 62, 363
James, E. O., 170, 377
Jammer, Max, 221, 222, 385
Japão, 66, 353
Jardins Botânicos de Nova York, 307
Jardins Suspensos da Babilônia, 318
javaneses, 314
Jayasimha, 135
Jazari, Badi al-Zaman al-, 322, 323
jesuítas, 72
Jesus, 81, 214
Jildaki, Aidamir al-, 296
Jin, dinastia, 200
Jinasena, 174
Jing-Guang Wang, 201, 382
Jiuzhang suanshu, 70
jiva, 209
jogos de bola mesoamericanos, 98, 327
Joseph, George Gheverghese, 29, 32, 36, 47, 78, 358, 359, 360, 362, 363, 364, 365
judaico-cristã, tradição, 166
judeus, 335
Júpiter, 23, 95, 97, 98, 116, 183
jyotihshastra, 128

K'ao kung chi, 13
kala, 209

Kalam, 220, 221, 222
Kan Balam, 98
Kan Te, 147
Kanada, 208, 212, 232
Kanda, Shigeru, 148
Kant, Immanuel, 159
kaons, 223
Kaplan, Robert, 23, 30, 59, 71, 84, 85, 86, 87, 358, 359, 360, 362, 363, 364, 365, 366, 368, 385
karijona, 306
Kaye, G. R., 24, 68
Kekulé, Friedrich August, 288, 289
Kelly, William, 350
Kemet, civilização de, 279
Ken Shou-Ch'ang, 153
Kennedy, Edward S., 9, 144
Kepler, Johannes, 11, 16, 92, 94, 133, 217, 220
Khayyan, Omar, 76
Khmer Vermelho, 84
Khwarizmi, al-, 75, 76, 137, 139, 140, 141, 144, 368
Kidinnu, 121
Kindi, Yaqub ibn Ishaq al-, 73, 216, 217, 218, 220, 294, 384
Kitab al-Hiyal (irmãos Banu Musa), 322
Kitab al-Manazir (Alhazen), 218, 220
Kline, Morris, 33, 34, 35, 36, 49, 50, 60, 89, 359, 360, 362, 363
Knudtson, Peter, 269, 393
Ko Hung, 300, 303
Kochab, 127
Kolb, Doris K., 290, 383, 393
Kolb, Rocky, 165, 184, 377
Kremer, Gerard, 151
Kuan tzu, 234
Kubrick, Stanley, 90, 346
Kuhn, Thomas, 7
Kuike, Wang, 271, 272, 302, 303, 393, 397
Kumu-llipo, 266
Kuo Shou-Ching, 154

Laboratório de Propulsão a Jato, 146

Laboratório do Acelerador Nacional Fermi (Fermilab), 165, 184, 185, 186, 189, 190, 223, 224, 379, 380, 382
Laboratório Lawrence Berkeley, 188
Laboratório Nacional Brookhaven, 313
Laboratório Nacional de Los Alamos, 156
lâminas prismáticas, 328
Landau, Lev, 187
Latin American Antiquity, 103
latitude, 76, 95, 101, 112, 113, 137, 140, 152, 154, 371; determinação da, 113
latrinas, 339
Laughlin, Greg, 158, 369
Lavoisier, Antoine-Laurent, 11, 223, 270, 271, 272, 273, 276, 291, 296
Leão, 116
Lederman, Leon, 186, 192, 210, 362, 363, 375, 376, 379, 380, 381, 393, 396, 397
Leibniz, Gottfried, 11, 33, 72, 221, 364
Lemaître, Georges, 161
léptons, 191, 195
Leslie, John, 164, 376, 390
Leucipo, 195
levantamento topográfico, 141, 322
Lévi-Strauss, Claude, 351
Lewis, Walter, 308
Li Tao-Yuan, 249
Liballit-Marduk, 292
Linde, Andrei, 167
Lira, 109
Liu Hui, 12
Livro da indicação e da revisão (Mas'udi), 245
Livro das estrelas fixas (sufi), 142
Livro do príncipe Huai Nan, 235
Livros de Chilam Balam, 261
Lo Han, 235
Locke, John, 17
Lockyer, Norman, 92
logaritmos, 66
London School of Economics, 175
Long, Charles, 177, 378
longitude, 76, 131, 134, 137, 247
Lounsbury, Floyd, 98

Lu Tsan-Ning, 197
Lun Heng (Wang Ch'ung), 251
luz, 195, 196, 197, 199, 200, 201, 212, 213, 214, 215, 216, 217; dualidade partícula-onda da, 192, 193, 212; velocidade da, 15, 139, 160, 162
Lynch, Thomas, 334, 400

Ma'mun, Califa al-, 137, 141, 142
Machamer, Peter, 61, 363
Madhava, 134
Madhyamika, budismo, 211
magnetismo, 233, 238, 239, 260, 261; *ver também* eletromagnetismo
magos caldeus, 62
Mahayana, budismo, 211
"maia" (conceito hindu), 192
maias, 7, 17, 18, 24, 31, 32, 78, 79, 81, 83, 84, 86, 87, 88, 89, 92, 93, 94, 95, 96, 97, 98, 99, 101, 167, 180, 181, 182, 183, 184, 187, 255, 256, 257, 258, 259, 264, 269, 309, 310, 324, 325, 326, 327, 328, 329, 330, 331, 332; astronomia dos, 92, 94, 95, 96, 97, 98, 99, 100, 117; cosmologia dos, 166, 179, 180, 181, 182, 183, 187, 257; geologia dos, 257, 258, 259, 260, 264, 269; matemática dos, 32, 69, 78, 79, 81, 82, 83, 86, 87, 89, 366; química dos, 309, 310; tecnologia dos, 324
Maimônides, Moisés, 221
Majid, Mhmqad Ibn, 314
makuna, 306
malária, 14
Malo, David, 265, 266, 378, 392, 394
Malstrom, Vincent, 260
Mamum, al-, 13
Manasollasa, 367
manchas solares, 147
mangaianos, 177
Mani, 213, 214, 215
maniqueísmo, 213, 214, 215
Mann, Charles, 325, 370, 399
Mann, John, 304, 395
Mansur, al-, 136, 368

Manu, Leis de, 173
Manuscrito Huarochirí, O, 262, 263
Maomé, 73, 135, 319, 323
maori, 114, 177, 178
mapas de estrelas, 111
mapeamento *ver* cartografia
Marco Histórico Nacional da Roda Medicinal, 109
Marduk, templo de, 318
marés, 23, 196, 250, 251, 321
Maris, Roger, 194
Mark's Meadow School (Amherst, Massachusetts), 25, 26
Marte, 8, 95, 96, 97, 116, 183, 372
Marx, Karl, 343
Mas'udi, al-, 242, 245, 247
Masks of the Universe (Harrison), 157, 376
massa, conservação da, 272
matemática, 12, 18, 21, 25-89; árabe, 22, 31, 33, 35, 36, 73, 74, 75, 76, 77, 83, 86, 88, 368; astronomia e, 8, 9, 10, 31, 32, 50, 75, 77, 84, 115, 117, 118, 119, 120, 121, 128, 129, 130, 131, 132, 133, 134, 135, 136, 137, 138, 139, 141, 144, 148; babilônica, 22, 31, 32, 33, 34, 49, 50, 51, 52, 53, 54, 55, 56, 57, 59, 70, 74, 75, 84, 88, 89, 362, 366; baseada em prova e empírica, 23; chinesa, 12, 31, 33, 35, 36, 69, 70, 71, 72, 74, 88, 361, 366; como língua da ciência, 29, 30; cosmologia e, 185; definições de, 29; egípcia, 16, 22, 23, 30, 31, 32, 33, 34, 36, 41, 42, 43, 44, 45, 46, 47, 48, 49, 50, 51, 52, 53, 54, 56, 58, 59, 61, 62, 65, 74, 89, 362; européia medieval, 26, 28; física e, 29, 190, 217, 221, 274; grega, 15, 32, 33, 34, 36, 48, 50, 54, 55, 56, 57, 58, 59, 60, 61, 62, 63, 66, 68, 74, 76, 77, 83, 84, 85, 86, 88, 361, 362; indiana, 17, 22, 26, 28, 31, 32, 35, 36, 54, 62, 63, 64, 65, 66, 68, 69, 74, 77, 81, 83, 85, 86, 87, 88, 89, 128, 360, 362, 366; maia, 32, 69, 78, 79, 81, 82, 83, 86, 87, 89, 366; não escrita, 39
matéria, 296; desequilíbrio sobre a anti-matéria, 157; natureza da, 13, 220, 232; *ver também* atomismo

Mathematics: A cultural approach (Kline), 33
matrizes, 72
Maxwell, James Clerk, 31, 193, 212, 299
Mazur, Barry, 30, 56, 89, 365, 368
Mbiti, John, 284, 395
McMillan, Edwin, 277
mecânica, 121, 124, 199, 202, 204, 238, 320, 340, 352
mecânica quântica, 72
medição de terras, 261
medos (povo), 318
meia-vida, 195
Memória sobre astronomia (Tusi), 144
Mendeleiev, Dmitri, 273, 274, 275, 276, 297
"Meninos Gordos", 261
Menispermáceas, 306
Menninger, Karl, 39, 362
menor denominador comum, 32
Mercator, projeção, 151
Mercúrio, 97, 116, 272
Méroe, habitantes de, 335, 336
Merton, Robert K., 22
Mesoamérica *ver* astecas; maias; olmecas; toltecas
Mesopotâmia, 12, 14, 33, 36, 37, 51, 84, 94, 115, 116, 118, 124, 129, 131, 135, 166, 167, 170, 228, 231, 282, 283, 292, 293, 314, 315, 316, 317, 319, 339, 352; astronomia da, 94, 115, 124, 129, 130, 135; cosmologia da, 166, 179; matemática da, 33, 36; química da, 282, 283; *ver também* assírios; babilônios; sumérios
metafísica, 206
metalurgia, 226, 256, 294, 314, 335, 348; alquimia e, 281; tecnologia e, 316, 335, 336, 340, 348, 349, 350
meteorologia, 240, 248
Meteorologica (Aristóteles), 242
método do camponês russo, 47
Michelson, Albert, 299
micronésios, 111
Miller, William C., 106
Milne, G., 251, 390
mineralogia, 229, 292

431

Ming, dinastia, 69, 148, 154, 198
Mississippi, cultura do, 107
mitos de criação, 14, 157, 168, 252; ameríndios, 252; chineses, 184, 185; da Nova Guiné, 269; da Oceania, 175, 176, 177, 178, 179; dos aborígines australianos, 268; indianos, 171, 172, 173, 174; maias, 179, 180, 181, 182, 183, 258, 325; mesopotâmicos, 167, 168, 169, 170, 171
mixteca, 94
Mizar, 127
Mo jing, 200, 202, 204
Mo Zi, 199, 200
moagem, tecnologia de, 321
modelo ariano, 17
modelo-padrão, 191, 192, 208, 223
Mohs, teste de dureza, 228
moinhos de vento, 321
Moisés, 290
Moissan, Henri, 274
moístas, 13, 200, 202, 203, 204, 222
moléculas, 31, 87, 191, 209, 210, 285, 327
mongóis, 345, 347, 353
montagem equatorial, 152, 154
montagem inglesa, 154
montanhas, formação de, 236, 245
Monte do Monge, 107
montes, 107
Monumento Nacional Hovenweep, 105
Moore, H., 293, 396
Moose Mountain, rodas de, 109
Morrison, Philip, 353, 403
Motolinía, 255, 310, 311, 399
movimento escolástico, 220
movimento planetário, 130, 131, 132, 136, 143; física e, 191; *ver também* heliocentrismo
movimento, leis do, 13, 203, 204, 222
muçulmanos *ver* árabes
Mul apin, 117, 130
multiplicação *ver* aritmética
mumificação, 279
Murder, magic, and medicine (Mann), 304, 395, 397, 398

Murdock, George, 156
murngin, povo, 269
Museu Britânico, 119, 351
Museu Guimet (Paris), 344
musteriana, ferramenta, 225
muwaqqit, 144

nabateus, 320
Nabonassar, rei da Babilônia, 119, 122
Nabucodonosor, rei da Babilônia, 168, 318, 319
Naburiannu, 121
nakshatravidya, 129
Nangong Yue, 152
Narby, Jeremy, 306, 308, 395, 398
NASA, 91, 146, 375
Nasr, Seyyed Hossein, 221, 247, 384, 385, 388, 389, 396, 397
natrão, 280, 283, 284
Nature, 127, 373, 390, 392
navegação, 50, 109, 111, 112, 113, 114, 151, 238, 239, 247, 268, 314, 322
navios, construção de, 354
Nazca, linhas, 102
neandertais, 225
nebulosas, 159, 160
Needham, Joseph, 147, 154, 196, 197, 235, 236, 237, 238, 239, 240, 250, 294, 301, 314, 343, 344, 345, 347, 381, 382, 387, 388, 390, 396, 397, 402
neoconfucionismo, 250
Neolítico, 146, 226, 336
neoplatônicos, 214
Neugebauer, Otto, 9, 24, 54, 92, 118, 121, 123, 124, 372, 373
neurotransmissores, 289, 290
New Instruments, The (Bacon), 314
New York Times Magazine, 15
New York Times, The, 354, 358, 401, 403
Newton, Isaac, 9, 11, 13, 20, 21, 23, 131, 191, 193, 194, 203, 204, 205, 212, 220, 222, 299; física de, 13, 21, 131, 192, 193, 196, 203, 204, 205, 220, 222, 223; matemática de, 72
Nez Percé, 253

Nianzu, 199, 202, 382
Nietzsche, Friedrich, 312
Nilakantha, 361, 363
nilômetros, 230
norte verdadeiro, 239
Northern Arizona University, 40
Norton history of chemistry (Greenberg), 298
notação posicional, 32, 52, 57, 68, 79, 119, 366, 367, 368; astronomia e, 118; babilônica, 52, 53, 54, 84; maia, 79; zero e, 86; *ver também* numerais Gwalior
Novo projeto para uma esfera armilar mecanizada e para um globo celeste (Su Sung), 151
noz de cola, 285
núbios, 15
numerais arábicos *ver* Gwalior, numerais
numerais hindu-arábicos, 28, 29; *ver também* Gwalior, numerais
numerologia, 296
números: atômicos, 276; demóticos, 42; hieráticos, 42; irracionais, 54, 59, 77, 361, 362, 363; Kharosthi, 67; negativos, 32, 68, 69, 71, 72, 83, 86; perfeitos, 77; primos Mersenne, 360; racionais, 26, 54, 59, 359
Nyaya-Vaisesika, escola, 208, 209, 212

observatórios: árabes, 93, 137, 141, 142; chineses, 152; incas, 104; indianos, 134; nos Estados Unidos, 159, 160
Observatório da Montanha Púrpura, 154
Observatório Monte Palomar, 187
Observatório Monte Wilson, 159
Observatórios Carnegie, 187
obsidiana, 255, 327, 328, 331
Oceania, povos da, 111, 175; astronomia dos, 111, 112, 113, 114; cosmologia dos, 175, 176, 177, 178, 179; geologia dos, 265, 266, 267, 268
oitante, 141
Okagbue, Richard, 286, 395
olmecas, 15, 94, 238, 254, 255, 258, 259, 313, 314, 324, 325; geologia dos, 238, 257, 258, 259; tecnologia dos, 324, 327, 331

On the majesty, wisdom, and prudence of kings, 347
onda-partícula, dualidade, 193, 212
Onomástico de Amenope, 230
oopart, 325
óptica, 16, 199, 202, 217, 218, 220
Orellana, Francisco de, 305
Órion, 99, 110, 182, 183
Osso Ishango, 40, 41
ossos oraculares, 69, 146, 352
oxidação, 286, 298

Pacal, rei de Palenque, 183
Paitamahasiddhanta, 131
Pali-ku, 266
Pancasiddhantika (Varahamihira), 133
Pang, Kevin, 146
Pao P'u Tzu (Ko Hung), 300
papel, fabricação de, 14, 18, 314, 342, 352
Papiro Ahmes, 30, 48, 49
Papiro cirúrgico Edwin Smith, 283
Papiro Ebers, 303
Papiro Rhind ver *Papiro Ahmes*
Papua Nova Guiné, habitantes de, 269
Paramesvara, 134
Park, David, 190, 191, 196, 214, 216, 358, 380, 381
Parque Nacional Kakadu (Austrália), 268
Parque Nacional Yellowstone, 253
parses, 74
Partenon, 19, 66
partículas, física de, 191, 195, 204, 208, 209, 221, 223, 224
Patanjali, 367
Pauli, Wolfgang, 11, 31, 193, 274, 275, 276, 312
pauzinhos para marcar contas, 39
pawnee, 109, 110, 111
pedra frígia, 284
Pedro, o Grande, czar da Rússia, 72
Pen tshao kang mu, 234
Peratt, Anthony, 156, 376
Peret Sepdet (A Partida de Sothis), 124
perfil do solo, 251

433

persas, 51, 205, 243, 279, 284, 318, 319, 320; astronomia dos, 134, 135, 144; física dos, 205, 213, 214, 215; geologia dos, 241, 242; química dos, 279, 284; tecnologia dos, 320, 341
perturbações, 121
petróleo, 233, 242, 294
Phei Hsiu, 240
pi, 12, 23, 32, 55, 59, 66, 76, 134, 359, 360, 362, 363
Pi Sheng, 314, 353
Pines, Shlomo, 220, 222, 385
Pingala, 367
Pingree, David, 128, 133, 134, 373, 374
Pioneer, nave espacial, 91
pirâmides, 16, 18, 95, 107, 108, 126, 127, 128, 179, 313, 319, 325, 329; egípcias, 34, 66, 126, 127, 319, 338; mesoamericanas, 94, 101, 325, 330
Pitágoras, 7, 12, 22, 23, 24, 30, 34, 35, 36, 55, 57, 59, 62, 65, 70; influências egípcias sobre, 16, 48, 56, 62
Pizarro, Francisco, 304
plágio, 10
planadores no antigo Egito, 14
Planck, Max, 11, 14, 187, 193
Planetário Hansen, 106, 110
Platão, 16, 59, 60, 195, 214, 216, 363
Plêiades, 98, 100, 104, 110, 111
Pleistoceno, 225
Plínio, o Velho, 115, 232, 284
Plotino, 214, 217
Po wu chih (*Registro da investigação das coisas*), 198
polinésios, 111, 112, 113, 114, 175, 266
Polkinghorne, John, 164, 377
Polo, Marco, 355
Polomino, Salvador, 261
poluição luminosa, 91
Pólux, 113
pólvora, 14, 314, 342, 343, 344, 345, 346, 347, 348
Popol vuh, 179, 180, 181, 183, 259, 261, 325

Popper, Karl, 21, 381
Pot, Pol, 84
potências inteiras, regra das, 46
Powers, Richard, 15, 16, 358
Prados de ouro e as minas de pedras preciosas, Os, 337
prakrti, 207
prelo, 18, 353
prêmio Nobel, 190, 192, 274, 276, 299
pré-socráticos, filósofos, 18, 195, 206, 220
Primal Myths (Sproul), 168, 377, 378
Principia Mathematica (Newton), 23
princípio de exclusão de Pauli, 31, 275, 312
processamento de alimentos, 286
produtos têxteis, 341, 342
progressões, 68, 115
projeção, sistemas de, 150, 151
Proust, Marcel, 47, 402
provas matemáticas, 23, 34
psi, 15
Psychotria viridis, 305
Ptah-Hotep, 282
Ptolomeu, 7, 8, 9, 15, 16, 18, 76, 123, 131, 132, 143, 144, 217, 244, 357; astronomia de, 7, 8, 9, 119, 122, 131, 133, 134, 139, 142, 143, 357

Qarqar, batalha de, 317
Qasim, Muhammad ibn Ahmad abu al-, 296
Qazwini, Al, 242
Qian Luozhi, 150, 151
qibla, 136, 137
Qin Shi Huang, 300
Qin, dinastia, 300
quadrado inverso, lei do, 131
quadrados, 33, 54, 58; de triângulos, 133
quadrante horário, 145
quadrantes, 13, 115, 138, 140, 285
quarks, 186, 191, 194, 195, 208, 209, 216, 278, 297, 379
quasares, 187
quebra-nozes de Clark, 39
quíchua, 261, 334
química: africana, 279, 285, 286, 287, 288, 289;

ameríndia, 303, 304, 305, 306, 307, 308, 309; árabe, 280, 292, 293, 294, 295, 296, 297; chinesa, 18, 272, 277, 280, 294, 300, 301, 302, 303, 311; egípcia, 278, 279, 280, 281, 282, 283, 284, 291, 292, 301, 303; grega, 278, 279, 281, 293, 294, 295, 297, 303; indiana, 278, 298, 299; mesoamericana, 309, 310, 311; mesopotâmica, 290, 291, 292, 293; persa, 279, 284
quinino, 14
quipos, 41
Quirishari, 308
Qurrah, Tahbit ibn, 141

Rá, culto a, 128
Rachid, Harum al-, 216
radiação de corpo negro, 302
Raffauf, Robert F., 304, 305, 307, 398
raio, teoria do, 15, 16
raios N, 20
raízes cúbicas, 54, 59
raízes quadradas, 36, 55, 59, 65, 66, 76, 86, 359, 362, 368; irracionais, 55, 59
Ramanujan, Srinivasa, 23
Ramsay, William, 274
Ramsés IV, 230
Ramsés IX, 126
Ramsés VI, 126, 128
Ramsés VII, 126
razão áurea, 66
Razi, abu Bakr al-, 220, 221, 222, 294, 296, 298
Read, John, 277, 278, 299, 393
Recherche, La, 289
recíprocos, quocientes, 54
reconhecimento de padrão simétrico, 39
refração, 217, 218, 220
Régulus, 113
relatividade, 204; teoria da (de Einstein), 162
religião, 7, 18, 21, 22, 66, 101, 106, 107, 136, 150, 155, 156, 159, 165, 170, 187, 213, 214, 325, 333, 347, 372, 376, 395; astronomia e, 96, 97, 101, 129, 136, 137, 138; cosmologia e, 156, 159, 171, 187; matemática e, 63, 64, 65, 66,

73, 81, 87, 88; química e, 277, 278, 284; *ver também religiões específicas*
relógios: de água, 126, 130, 222; de sol, 138; mecânico, 350
Renascença, 11, 12, 17, 19, 32, 37, 50, 59, 75, 88, 92, 123, 140, 149, 195, 331
República, A (Platão), 214
Revolução Francesa, 270
Revolução Industrial, 342
Rig veda, 13, 129, 130, 172, 205, 232, 367
Rigel, 109, 113, 183
Risha Vatsa, 233
roca de fiar, 341
Roda Medicinal Big Horn, 108, 109
roda, invenção da, 315, 316
rodas medicinais, 108, 109
romanos antigos, 12, 28, 41, 51, 56, 57, 67, 74, 82, 84, 115, 241, 319, 334, 368; astronomia dos, 133; calendário dos, 51, 123; matemática dos, 41, 56, 57, 74, 84; tecnologia dos, 319, 334
Rosenthal, David, 99
Rubaiyat de Omar Khayyam, 76
Ruhawi, al-, 294
Rutherford, Ernest, 11, 190, 193, 194, 276, 277
Ruysbroeck, Willen van, 347

sabão, 284, 341
Sábios Nus da Índia, 62
Sachua, E. C., 243
Sagan, Carl, 24, 90, 91, 171, 377
Saggiatore, Il (Galileu), 61
Sahagún, Bernardino de, 256, 310, 391, 399
Sahl, Ibn, 217, 218
Saiph, 183
sakuma, língua, 251
Salah, Ibn al-, 143
Saliba, George, 9, 10, 19, 75, 131, 357, 358, 364
Salmanasar III, rei da Assíria, 317
Salomon, Frank, 262
Samkhya, sistema filosófico, 207
Sandage, Allan, 166
sang thien, 250

sangue, circulação do, 19, 308, 330
sânscrito, 29, 68, 129, 209, 232, 241, 367
Santiraksita, 211
Sargão, o Grande, 316
Sarraj, Ibn al-, 140
Saturday Night Live (programa de televisão), 354
Saturno, 23, 95, 116, 183
Sautrantika, budismo, 211
Sayre, Edward V., 313
Schele, Linda, 182, 183, 309, 379, 391, 398, 400
Schleiden, Matthias, 17
Schrödinger, Erwin, 193
Schultes, Richard Evans, 304, 305, 307, 309, 398
Schwann, Theodor, 17
Schweitzer, Albert, 174, 377, 378
Schwitters, Roy, 380
Science, revista, 17, 18, 19, 20, 187, 259
Seaborg, Glenn, 277
Seaman, Sheila, 249, 250, 264, 266, 267, 390, 392, 393
sedimentação, 225, 243, 246
Segredo dos segredos (Razi), 298
Segunda Guerra Mundial, 290
Senaqueribe, rei da Assíria, 320
Sêneca, 230
Senechal, Marjorie, 79, 365
senso numérico, 37, 38, 39
Seti I, 128
sextantes, 13, 142
Shan hai jing, 234
Shang Kao, 70
Shang, reinado: ossos oraculares, 69
Shapley, Harlow, 159, 160, 187
Shatir, Ibn al-, 9, 144
Shen Gua, 200
Shen Kua, 239, 249, 251, 353
Shi Shen, 150
Shirakatsi, Ananii, 247
Shirazi, Qutb al-Din al-, 220
Shu-Ching, 13
siddhantas, 130, 360
Siemens, processo, 350

Silvestre II, papa, 85
Simplício, 115
Simpósio Internacional sobre Arqueometria, 313
Sina, Ibn *ver* Avicena
Singh, Simon, 73, 364
sírios, 74, 231
Sirius, 109, 113, 123, 124, 125
sismologia, 236, 237
Sistema A e Sistema B, 121
sistema circulatório, 19, 308, 330
sistema métrico, 270
sistema numérico sexagesimal, 32, 118
sistema numérico vigesimal, 366
sistema solar, 7, 8, 9, 20, 32, 91, 132, 142, 159, 166, 232, 269
sistemas de lugar-valor *ver* notação posicional
sistemas numéricos: babilônicos, 52; chineses, 69, 70; egípcios, 41; maias, 78; *ver também* Gwalior, numerais
sistemas sanitários, 339
Sivin, Nathan, 149, 375, 382
skandha, 209
Smith College, 79, 358
Smithsonian, 92
Smoot, George, 187, 188, 379
Snell, lei de, 217, 218
Sobre a filosofia primeira (Kindi), 216
Sociedade Física Americana, 20
Sócrates, 157
Soddy, Frederick, 276
soerguimento geológico, 249
Sofaer, Anna, 104, 105, 106
solstícios, 103, 105, 109, 130, 152
som, 198, 199
sombras, análise das, 138
Song Yingxing, 198
Sonhos de uma teoria final (Weinberg), 191, 223
sopa primordial, 180
Soto, Hernando de, 108
Southern Cross (navio), 112
Spence, Kate, 127, 373

Sproul, Barbara C., 156, 168, 169, 175, 372, 376, 377, 378, 380
sriyantra, 66, 67
Steiner, George, 402
Stigler, Stephen, 22
Stillman, John Maxson, 212, 383, 384, 394, 397
Stonehenge, 41, 92, 107, 108
Strassman, Fritz, 277
Strychnos, 305, 306; *S. toxifera*, 306
Su Sung, 151, 351
Subbarayappa, B. V., 211, 383, 386, 387
sublimação, 278, 280, 298
subtração *ver* aritmética
Sufi, Abd al-Rahman al-, 142
Suhrawardi, al-, 219, 220
Sui, dinastia, 353
Sulbasutras, 36, 63, 64, 65
Sullivan, William, 264, 392
sumérios, 18, 51, 52, 84, 91, 116, 159, 170, 184, 227, 228, 231, 290, 293, 301, 315, 316, 317, 319; astronomia dos, 116, 184; cosmologia dos sumérios, 167, 168, 169, 170, 171, 176, 184; geologia dos, 226, 227, 228, 231, 261, 264; matemática dos, 32, 51, 57, 63, 75, 84, 88; química dos, 290, 291, 292, 293, 301; tecnologia dos, 314, 315, 316, 320
Sung, dinastia, 197, 200
sunyata, 29, 83, 211, 366
Superconducting Super Collider (SSC), 192, 380
supernovas, 147
Suryasiddhanta, 131
Sutra diamante, 351
Suzuki, David, 269, 393
svabhava, 205, 206
Swerdlow, Noel, 9, 371, 372

tabela periódica, 31, 194, 273, 274, 275, 276, 296, 297
tabuadas, 44, 47, 54
tabuletas cuneiformes, 228, 291
Tahuantinsuyu, 101
"Taittriya brahmana", 129
taiwano, 306
Tales de Mileto, 12, 62, 238
Tang, dinastia, 199, 239, 302, 303, 343, 353
tangentes, 138, 152
taoísmo, 300
Tarbuck, Edward J., 237, 246, 264, 388, 389, 390, 392, 393
Tariq, Ya'qub ibn Tariq, 134
Tarkanian, Michael, 327
tártaros jurchen, 345
Tattvarthadhigama sutra, 209
Te Rangi Hiroa, 114
tecnologia: africana, 319, 335, 336, 337; árabe, 314, 315, 320, 321, 322, 323, 341, 352; chinesa, 199, 201, 239, 313, 314, 321, 323, 338, 341, 342, 343, 344, 345, 346, 347, 348, 349, 350, 351, 352, 353, 354; egípcia, 313, 315, 320, 322, 323, 338, 339, 352; grega, 319, 323; inca, 333; indiana, 314, 321, 323, 337, 338, 339, 340, 341, 342; marítima, 354; mesoamericana, 324, 325, 326, 328, 329, 330, 331, 332; mesopotâmica, 314, 315, 316, 317, 318, 320
Tedlock, Dennis, 180, 183, 256, 259, 379, 391, 392, 399
telescópios, 115, 152, 154, 159, 184, 185
Temple, Robert, 147, 150, 349, 358, 375, 402
tempo: contagem do, 124, 125, 135, 138; geológico, 250; teorias do, 204, 205, 220, 223, 224
teodolito, 141
Téon de Alexandria, 217
teorema de Pitágoras, 12, 22, 24, 34, 36, 55, 57, 58, 65, 70
teoria das cordas, 20, 21, 211, 223, 224
teoria das supercordas *ver* teoria das cordas
teoria de campo, 194
Teoria de Tudo, 211, 223
teoria profunda, 224
Teotihuacán, 95, 96, 100, 101, 331, 332
termodinâmica, 165
Terra: cálculo do tamanho da, 152, 247; idade da, 13, 157, 243; redonda, 13, 232, 240, 247, 248

437

terremotos, 177, 178, 236, 237, 244, 245, 248, 259, 264, 265, 266, 325
Thang Meng, 233
Thompson, R. Campbell, 228, 291, 292, 386, 387, 389, 390, 391, 392, 394, 395, 396
Thomson, J. J., 194
Thuillier, Pierre, 289
tinturas, 284, 285, 294, 310, 314
Tollestrup, Alvin, 380
toltecas, 255, 256, 331, 332
torquetum, 154
Torre dos Ventos, 152
Tou Shu-Meng, 250
Touro, 116, 147
transmissões por correia, 351
transmutação, 270, 271, 276, 277, 294, 300
transporte, sistemas de, 348
triangulação, 139
trigonometria, 29, 66, 74, 78, 129, 132, 133, 135, 136, 137; astronomia e, 131, 132, 133, 134, 135, 136, 137, 140
trigonometria esférica, 132, 133
Ts'an t'ung ch'i (Wei Po-Yang), 272
Tseng Kung-lang, 344
Tshan Thung Chhi Wu Hsiang Lei (Chang Yin Chiu), 301
Tupaia, 113
Tusi, Nasir al-Din al-, 9, 10, 11, 141, 144, 154
tzompantli, 326, 331

Udayana, 299
uniformidade do movimento, princípio da, 143
Universidade Americana de Beirute, 9
Universidade Brown, 9, 128
Universidade Colgate, 92, 369
Universidade Columbia, 9, 55, 131, 357; coleção Plimpton, 55
Universidade da Nigéria, 307
Universidade de Calcutá, 209
Universidade de Cambridge, 127
Universidade de Chicago, 9, 103, 185, 359, 370
Universidade de Cornell, 16, 34
Universidade de Idaho, 254
Universidade de Londres, 170
Universidade de Manchester, 29, 360
Universidade de Massachusetts, 25, 26, 156, 249, 377, 390
Universidade de Oxford, 13, 68; Biblioteca Bodleian, 142, 347
Universidade de Pádua, 28
Universidade de Pittsburgh, 61
Universidade de Princeton, 24
Universidade de São Petersburgo, 273
Universidade de Tóquio, 237
Universidade de Utah, 170
Universidade de Washington, 308
Universidade do Novo México, 106
Universidade do Texas, 182, 314, 399
Universidade Estadual da Califórnia, Los Angeles, 270
Universidade George Washington, 106
Universidade Harvard, 30, 82, 88, 368; Museu Peabody, 88, 368
Universidade Hebraica, 168
Universidade Yale, 98
universo do estado estacionário, 165
universo em expansão, teorias do, 161, 166, 175, 187; *ver também* big bang
universo inflacionário, 162, 188
universo, modelos de *ver* cosmologia
"universos insulares", teoria dos, 159
Upanishads, 205, 206, 207
Uqlidisi, Abdul Hassan, 77
uranometria, 136
Urdi, lema de, 10, 11
Ursa Maior, 109, 110, 127
Ursa Menor, 127
Urton, Gary, 104, 392
Userkaf, rei, 128
Ussur-an-Marduk, 292

Vagbhatta, 248
Vaibhasika, budismo, 211
Vaisesika, filosofia, 208, 232
Varahamihira, 133, 134, 248, 390

variáveis cefeidas, 159
vazio, 29, 195, 211, 212
Vedanga Jyotisa, 32
védica, cultura, 22, 63, 64, 65, 66, 129, 173, 174, 213, 231, 232, 236, 244, 298
vento solar, 148
Vênus, 13, 18, 95, 96, 97, 98, 99, 100, 106, 116, 117, 147, 180, 183, 324, 369
Vênus, anos de, 79
Via Láctea, 91, 109, 110, 149, 159, 160, 182, 184, 262
vibração, 198, 199, 210, 237
vidro, fabricação do, 290, 292, 316
vikings, 111
violação CP, 223
Virola, 307
vulcanismo, 253, 259

waika, 307
Wang Ch'ung, 250
Wasilewska, Ewa, 170, 377
Watson, James, 11
wedda, tribo, 39
Wei Po-yang, 272
Weinberg, Steven, 190, 191, 193, 195, 223, 381
Weisskopf, Victor, 274, 382
Wheeler, Mortimet, 339
Wile, Andrew, 24
Wilkinson, James, 253
William da Normandia, 337
Williams College, 190, 380
Williams, Ted, 360
Williamson, Ray, 106
Winter, H. J. J., 296, 386, 387, 388, 389, 390, 393, 396, 397
Wise, Human, 254
won, 285, 287, 288
Woodhenge, 107
wootz, 337, 340
Wright, Gary, 252, 390
Wu ching tsung yao, 239
Wu Tsheng, 301

Wu Xian, 150

Xenófanes, 235
Xiloj Peruch, Andres, 183
Xu Fu, 300

yadrccha, 206
Yaqut, Mu'jamu'l-Buddan, 242
Yen Chen-Chang, 249
Yi Xing, 152
yin–yang, 196, 197, 285, 346, 361
Yoga, 211, 377, 383
Yogasutra, 367
You Yang za zu (*Miscelânea das montanhas You Yang*), 248
Yu Hsi, 240
Yu Kung, 240
Yun Lin shih phu, 249
Yunus, Ibn, 136, 141, 374
za tu, 291

Zajonc, Arthur, 214, 384
Zanj, 337
zapotecas, 254, 255, 259
zênite, 95, 99, 100, 113
zero, 17, 18, 28, 42, 53, 71, 77, 81, 82, 83, 84, 85, 86, 87, 88, 89; calendários e o, 81, 82, 83; em número grandes, 75, 86; invenção do, 32, 68, 69, 78, 82, 83, 84, 85, 86, 88, 89; na física de partículas, 210
Zhan guo ce (*Anais dos reinos combatentes*), 300
Zhang Hua, 200
Zhang Peiyu, 146
Zhang Yinzhi, 205, 382
Zhao Youqin, 201
zigurates, 51, 115, 184, 316
zij, 136, 137
Zij al-sindhind al-kabir, 136
zodíaco, 96, 97, 116, 119, 120, 140
zoroastrismo, 213
Zuidema, R. Tom, 102, 103, 369, 370

ESTA OBRA FOI COMPOSTA PELA SPRESS EM MINION E IMPRESSA EM OFSETE
PELA RR DONNELLEY SOBRE PAPEL PÓLEN SOFT DA SUZANO PAPEL E CELULOSE
PARA A EDITORA SCHWARCZ EM MARÇO DE 2008